髙村ゆかり　亀山康子　編

京都議定書の国際制度

地球温暖化交渉の到達点

信山社

発刊にあたって

　京都議定書の実施に必要なルールに関する国際交渉が，2001年11月モロッコの古都マラケシュで開催された気候変動枠組条約第7回締約国会議（COP7）でまとまった。1997年12月，我が国の古都京都で開催されたCOP3で京都議定書が合意され，採択されてから実に4年近くの日時を費やしたことになる。

　この間，発展途上国グループ（G77及び中国）は，京都議定書の実施により先進国の温室効果ガス排出量を削減することは必要であるが，同時に，既に発効している気候変動枠組条約で規定されている先進国の資金，技術移転等の面での途上国支援義務が実施されておらず，これを早急に具体化する必要があるとして，京都議定書実施ルールに関する政府間交渉に併せて条約実施に関する事項についても交渉すべきことを強く主張した。こうして，1998年11月にアルゼンチンのブエノスアイレスで開催されたCOP4では，京都議定書実施ルール及び条約実施に関する事項の双方を含む作業計画が合意され，これらに関する政府間交渉はCOP6での合意を目指すことになった。

　もともと気候変動問題は，地球温暖化の進行に伴う人類や生態系への深刻な影響の防止という環境保全の要請であると同時に，その要請に応えるためには，エネルギーや産業，交通，都市構造から人々の生活スタイルに至るまで，経済・社会の広範な改革が必要とされる極めて根の深い大きな課題である。そこで，この問題へのアプローチは，環境保全の観点から対策が効果的かどうか，十全かどうかを重視する立場があれば，同じ目標を達成するにもできる限り経済上の負担を少なくする，経済効率性を重視する立場もある。先進国間でも，典型的には環境保全上の十全性を重視する欧州連合（EU）と，経済効率性を重視する米国の間で主張が大きく異なっていた。

　その上に，気候変動問題に限らず地球環境問題を議論する国際場裏で発展途上国が常に主張する「共通だが差異のある責任」の原則の問題が重なってくる。先進国は，「地球環境の危機を回避するためには，先進国のみならず途上国の取り組みが必要」と主張する反面，途上国は，「今日の危機を招いたのは先進国のこれまでの経済活動であり，先ずはその環境負荷を削減する

発刊にあたって

ことが必要で，その責任を途上国に押しつけ途上国の発展の権利を奪うことは許されない」と主張する。「先進国はCOP3で新たな削減目標にコミットしたのだから，次は途上国の対策への参加を議論すべき」とする先進国に対し，「先進国は京都会議での約束を未だ実行していない，途上国の新たな取り組みを云々する前に条約に定められた途上国の支援義務を履行すべき」とする途上国が対立した。

こうした状況の下で交渉は複雑な様相を呈した。2000年11月にオランダのハーグで開催されたCOP6では政府間交渉を終了させるべく精力的な交渉が行われたが，結局合意に至らず，いったん中断して翌2001年夏に再開することとなった。他方，米国では2000年秋の大統領選挙の結果ブッシュ大統領が2001年1月に就任し，同年3月に京都議定書不支持を表明した。COP6再開会合の交渉の行方もはっきりしない状況下での米国大統領の不支持表明であったことから，京都議定書は瀕死の危機にあると見られた時期もあった。

このような危機感が漲る中で同年7月ドイツのボンで開催されたCOP6再開会合では，難しい交渉の末，COP4以来の交渉の中核的事項に関し政治的合意が成立した。そして，その基礎の上に，前記のマラケシュ合意がついに成し遂げられたのである。

前記のとおり，地球温暖化対策は経済・社会の広範な分野に影響が及ぶものであるが，その反面この間の政府間交渉の内容は部外者には極めて難解であった。今回のマラケシュ合意で交渉は大きな区切りを迎えるに至ったが，ここで改めてこの間の交渉を振り返り，そこでは何が問題とされ，どのような交渉が行われたのか，そして合意された内容はどのような意味を持つのかを検証することは，この問題に関心を有するものにとって極めて重要な作業であると確信する。

このような意味で，今回本書が発刊されることになったことは極めて意義深いものがある。本書が多くの人々にとって，京都議定書を巡るこの間の政府間交渉の本質を考察するよすがとなり，人類の未来に大きな陰を投げかける気候変動問題に対する今後の取り組みの一助となることを期待している。

2002年3月1日

環境省地球環境審議官

浜中　裕徳

はしがき

　異常気象や生態系の変化を伝えるニュースは，ここ数年珍しいものではなくなってきた。これらの多くが，私たち人間の活動から生じる温室効果ガスが引き起こす「地球温暖化」が原因であることは，その寄与の度合いについての意見の違いはあるものの，世界中のほぼすべての科学者が共通して認識するところとなっている。同時に，こうした気候変動による経済的影響も見過ごすことができないほどのものとなっている。2001年7月，ボンで開催された気候変動枠組条約第6回締約国会議（COP6）再開会合での国連環境計画（UNEP）の発表によると，1990年以降生じた31の自然災害のうち28が気象に関連して生じており，こうした気象に関連する自然災害による今後10年の損害額は，毎年1500億米ドルにも達するだろうと予測している。

　こうした気候変動の原因となっている温室効果ガスの排出の抑制と削減のための国際的枠組として，1997年12月，京都において，京都議定書が採択された。京都議定書は，先進国と旧社会主義国が，2008年から2012年までの5年間に，1990年の排出水準よりも温室効果ガスの排出を全体で5.2%削減することを目標とし，各国にその削減の負担を割り当てている。議定書は，同時に，削減費用が安いところで削減が行われるのを促す，市場メカニズムを利用した京都メカニズムを設けることを予定している。しかしながら，議定書は，議定書を運用するための具体的な規則については，議定書発効後の議定書の締約国会合（COP/MOP）にその決定を委ねた。そのため，締約国は，議定書の早期の発効と運用のために，議定書採択以後，COP/MOPが採択する予定の運用の規則について交渉を重ねてきた。

　本書は，議定書採択から4年にわたる京都議定書の運用規則策定交渉の経緯をまとめ，運用規則の大枠について政治的に合意をしたCOP6再開会合でのボン合意，そして，ボン合意をもとに運用規則について包括的に合意したCOP7でのマラケシュ合意の内容を，できるだけわかりやすく，かつ詳細に紹介することをめざすものである。今後京都議定書が発効し，本格的に気候変動対策が進められていくと予想されるなかで，国内外における気候変動対策に様々な立場から関わる方々に，こうした国内外での政策と措置を枠づけ

はしがき

る国際的枠組についての一つのガイドを提供することをめざしている。さらに，本書は，日本の研究者が，京都議定書の国際制度を包括的かつ詳細に分析した初めてのものであり，とりわけ，それぞれの立場から，長年にわたって，気候変動問題の国際交渉に参加し，交渉の経過を見守ってこられた研究者により執筆されたものである。

まず，第1部では，COP7までの気候変動問題をめぐる交渉の展開（亀山康子論文）と，その交渉の中で誕生した2つの国際条約（「気候変動枠組条約」と「京都議定書」）の法的枠組を紹介する（髙村ゆかり論文）。第2部では，京都議定書の運用規則に関する合意を生み出したCOP6再開会合，COP7の成果を概観し，全体的に評価する（亀山康子論文）のをかわきりに，合意された京都議定書の運用規則について，主要な論点ごとに，その交渉の経緯，合意された内容とその評価について紹介する。京都メカニズムについては，その交渉の経緯について詳説した（沖村理史論文）あと，3つのメカニズムに共通する問題（西村智朗論文），そして，排出量取引（西村智朗論文），共同実施（沖村理史論文），クリーン開発メカニズム（加藤久和論文）という3つのメカニズムそれぞれについてその合意事項と評価を提示する。次に，ボン合意に至るまでの交渉の最大の争点となった森林等吸収源の取り扱いについて論じる（山形与志樹・石井敦論文）。そして，議定書の義務が履行されているかどうかを検証するために作成され，提出される国家目録と国家通報の内容とその審査について，技術的な側面から（歌川学論文）と手続的な側面から（髙村ゆかり論文）検討を行った後，こうした報告・審査手続を経て，議定書の義務を締約国が遵守しない場合に，不遵守の認定と対応を決定するための遵守手続について論じる（髙村ゆかり論文）。最後に，発展途上国が今後議定書の削減義務を負うことを展望しながら，気候変動枠組条約上の義務がようやく具体化されることとなった発展途上国に対する支援をはじめとする発展途上国に関する問題を論じる（松本泰子論文）。第3部では，これまでの交渉に関与してこられた方々のうち，産業界から太田元氏に，環境NGOから浅岡美恵氏に，それぞれ，これまでの交渉と合意事項への評価をしていただく。なお，論稿の中には，COP7でのマラケシュ合意よりも，COP6再開会合でのボン合意に重点を置いて分析されたものがあるが，それは，その取り扱う問題が，COP6再開会合の段階で，主要な部分について合意ができていたためである。

はしがき

　本来，本書出版の企画は，2000年11月のハーグで開催されたCOP6において，合意ができあがるだろうとの見込みで開始したものであったが，ご存じのとおり，最終的な包括的合意は，COP6再開会合を経て，マラケシュでのCOP7でようやくできあがることとなる。このような予期せぬ交渉の展開のなかで，編者の無理なお願いを御快諾，御執筆いただいた執筆者の方々に，まず心からお礼申し上げたい。また，当初の企画では，環境省，経済産業省，外務省三省の交渉担当者の方々にそれぞれの立場から御執筆いただく予定で，御執筆を御快諾していただいていたものの，交渉の劇的な展開とマラケシュ合意後の議定書締結に向けての公務の御多忙ゆえ，残念ながら御執筆いただくことはかなわなかった。環境省の梶原成元氏，高橋康夫氏，経済産業省の谷みどり氏，関総一郎氏，外務省の松永大介氏，岡庭健氏には，その御厚意と御協力に厚く御礼を申し上げたい。

　本書の出版にあたっては，編者の一人である亀山が研究代表者を務める，平成12年度および平成13年度環境省地球環境研究総合推進費による「地球温暖化対策のための京都議定書における国際制度に関する政策的・法的研究」プロジェクトのもとでの研究成果に依拠するところが大きい。加えて，平成13年度静岡大学教育改善推進費（学長裁量経費）研究成果刊行費から本書の出版に助成をいただいている。かかる研究と出版への支援に，編者として，執筆者として，心から感謝の意を表したい。また，信山社の村岡俞衛氏には，うつりかわる交渉と出版スケジュールの変更にも泰然自若と，若い編者の我が儘なお願いを忍耐強く受けとめて御尽力いただき，父親のように本書の出版を見守っていただいた。村岡俞衛氏の御尽力なしには，本書の刊行はなかったであろうことを，謝意とともに，ここに記しておきたい。

　最後に，本書が，今後の我が国での気候変動対策の推進と，ひいては国際的な気候変動防止の取り組みのささやかな一助となれば編者として幸甚である。

　　2002年2月25日

　　　　　　　　　　　　　　　編者を代表して

　　　　　　　　　　　　　　　　　　髙村　ゆかり

髙村ゆかり　亀山康子
京都議定書の国際制度

目　次

発刊にあたって …………………………… 浜中裕徳
はしがき …………………………………… 髙村ゆかり

第1部　気候変動枠組条約・京都議定書レジームの展開

1　気候変動問題の国際交渉の展開 …………… 亀山康子　2
2　気候変動枠組条約・京都議定書レジームの概要
　　…………………………………… 髙村ゆかり　23

第2部　京都議定書の国際制度
COP6再開会合とCOP7で何が決まったか

3　COP6再開会合とCOP7における成果と評価　亀山康子　52
4　京都メカニズム
　4－1　京都メカニズム ── 交渉の歴史 …… 沖村理史　62
　4－2　京都メカニズムの共通課題 ………… 西村智朗　74
　4－3　排出量取引（Emissions Trading）… 西村智朗　81
　4－4　共同実施（JI）……………………… 沖村理史　90
　4－5　クリーン開発メカニズム（CDM）… 加藤久和　104
5　吸収源に関する主要論点と交渉経緯 …… 山形与志樹
　　　　　　　　　　　　　　　　　　　　石井　敦　121
6　国家目録と国家通報 ……………………… 歌川　学　146
7　京都議定書のもとでの報告・審査手続 … 髙村ゆかり　173
8　京都議定書のもとでの遵守手続・メカニズム
　　…………………………………… 髙村ゆかり　202

目次

9 京都議定書における途上国に関連する問題について
　　　　　　　　　　　　　　　　　　　　松本泰子　231

第3部　各界関係者の評価と今後の見通し

10 京都議定書 ―― 産業界からの見方　………太田　元　262

11 京都議定書 ―― 環境保護団体からの見方…浅岡美恵　270

あとがき …………………………………………亀山康子

資　料

資料1	気候変動に関する国際連合枠組条約条文（公定訳）	
	………………………………………………	280
資料2	京都議定書条文（英文原文と日本語訳）　…………	299
資料3	京都議定書の構造（図）　……………………	345
資料4	日本政府代表団「COP6再開会合　評価と概要」（平成13年7月30日）　……………………	347
資料5	日本政府代表団「気候変動枠組条約第7回締約国会議（COP7）(概要と評価)」（平成13年11月10日）…	350
資料6	Statement of H.E. Mme Yoriko Kawaguchi, Minister for the Environment on behalf of the Delegation of Japan　………………………	355
資料7	気候変動問題に関連する基本的用語と解説　………	356
資料8	京都議定書の国際制度に関する参考文献と情報源……………………………………川阪京子	370

第 1 部

気候変動枠組条約・京都議定書レジームの展開

1　気候変動問題の国際交渉の展開　亀山康子

2　気候変動枠組条約・京都議定書レジームの概要　髙村ゆかり

1 気候変動問題の国際交渉の展開

[亀山康子]

1 気候変動問題とは

　気候変動問題とは，大気中の温室効果ガス濃度が上昇することにより地球から宇宙に放射される熱の量が減り大気が温まる，という地球温暖化現象の結果，地球上でさまざまな気候の変動が生じる問題を指す。温室効果ガスには，二酸化炭素（CO_2），メタン（CH_4），亜酸化窒素（N_2O）などいくつかの種類があるが，特に問題とされているのは，人間活動の結果生じるCO_2である。CO_2は，石油や石炭等の化石燃料の燃焼によって生じるため，エネルギー利用の増加に合わせて排出量も急増してきた。18世紀末以前には280 ppmv（百万分の1容積比）であった大気中CO_2濃度は，その後急速に増加し，現在では，370ppmvにまで増加している。このまま放っておけば，この増加傾向はさらに続くと予想されている。

　2001年に提出された気候変動に関する政府間パネル（Intergovernmental Panel on Climate Change, IPCC）の第3次評価報告書によれば，20世紀中に地球の表面の平均気温はすでに0.6℃上昇している。そして，今後，何も対策を取らなかった場合，2100年頃までにさらに約1.4～5.8℃上昇すると予想されている。そして，このような気温の変化は，地域ごとに異なる気候パターンや降水パターンの変化を生じさせ，その結果，生態系への影響や異常気象の多発，海面上昇による沿岸地域への影響が懸念されている。

　このような現象を回避するためには，温室効果ガスの排出量を抑制しなければならない。産業革命以前の大気中濃度の2倍である550ppmvでの安定化を当面の目標水準と仮定した場合，この水準で最終的にとどめるためには，世界の温室効果ガスの総排出量を現在の水準に抑えなければならないと言われている。しかし，先進国を含め，ほとんどの国では，CO_2排出量はまだ増

1 気候変動問題の国際交渉の展開

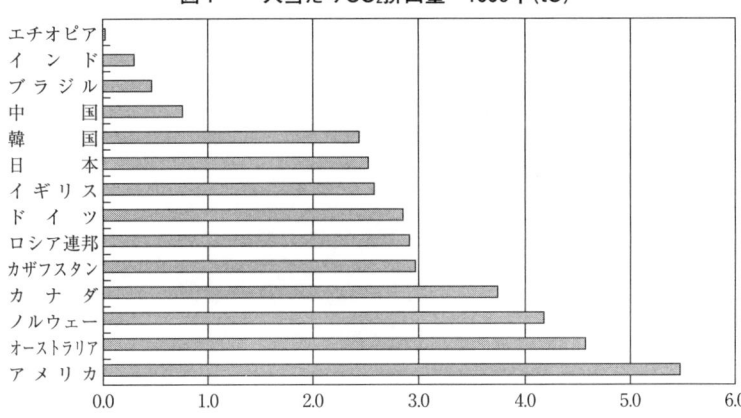

図1　一人当たりCO₂排出量　1996年(tC)

出典：筆者作成（数値はWorld Bank, 2000に基づく）。

加し続けている。また，550ppmvはあくまで仮の目標水準であり，人間や生態系にとって危険とはならない濃度の水準は科学的知見からは示されていない。

　気候変動問題に関する国際的取り組みは，このような科学的知見の集積をふまえて1980年代後半に国際政治問題化して以来，集中的に行われてきた。しかし，その話し合いは単純ではない。

　現在，地球全体で年間約62億トン（炭素換算）のCO₂が大気中に放出されており，そのうち，約23％は米国一国から排出されている（1996年数値）。その後には，中国，ロシア，日本，インド，ドイツ，と続く。また，一人当たりの排出量で見ると，米国やカナダ，豪州が突出しており，中国の一人当たりの排出量と比べると約8〜10倍となっている。このように国ごとに格差が大きいために，どの国がどれだけ排出量を抑制すべきかという議論になると，互いに他の排出抑制の潜在的可能性を指摘し合い，自らの責任を最小限にとどめようと四苦八苦することになる（図1，2）。

　本章では，この十数年間の取り組みの経緯を概観する。この一連の流れの中では，1992年の気候変動枠組条約採択，及び，1995年の第1回締約国会議（The First Conference of the Parties, COP1, 以下同様に表記する），そして1997年の京都議定書採択が節目となっているので，ここでは，COP6の意義

3

第1部　気候変動枠組条約・京都議定書レジームの展開

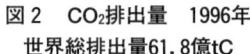

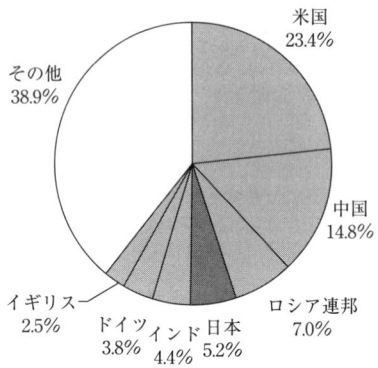

出典：筆者作成（数値はWorld Bank, 2000に基づく）。

を理解するためにも，3つの節目ごとの経緯を説明する。

　なお，2つの合意文書である気候変動枠組条約と京都議定書の内容については，次章で詳しく扱うことにして，ここでは全体の交渉の流れに焦点をあてることにする。また，COP4以後の議論は，COP6での議論に直接つながっていくため，第2部の各々の課題で説明する。

2　条約採択まで（1980年代〜1992年）

　気候変動の説の発祥は，19世紀末にまでさかのぼる。気候変動研究の先駆者として有名なアレニウスやティンダールは，大気中のCO_2が地上からの放射熱を吸収し，地上に再放射する性質を持っていると指摘した。それは一つの理論としては存在していたが，当時は，人間が化石燃料を燃やしたくらいで大気中CO_2濃度が上昇するほどではないだろうという思いが強かっただろう。第二次世界大戦後，1950年代からようやく大気中のCO_2濃度の計測が始まった。計測していくうちに，大気中のCO_2濃度が本当に上昇していることが確認され，問題を重視する科学者が増えてきた。

　気候変動問題が地球規模で取り組むべき重要な課題として国際政治の場で認識され始めたのは，1980年代の後半だった（表1）。1985年から87年にか

1 気候変動問題の国際交渉の展開

表1 気候変動問題に関する国際的取り組みの経緯

年	国際的取り組みの経緯
〜1987	1958年，マウナロア山においてCO_2観測開始
	1980年，1985年，フィラハ国際会合にて科学的知見を中心に議論
	国際会合にて，政策形成を中心に議論（フィラハ，ベラジオ）
1988	「変化する地球大気に関する国際会議」（トロント）
	気候変動に関する政府間パネル（IPCC）発足
1989	「大気問題に関する法律・政策専門家の国際会合」（オタワ）
	「地球大気に関する首脳会議」（ハーグ）
	UNEP管理理事会にて，気候変動防止の条約作りを決定
	「地球環境保全に関する東京会議」開催（東京）
	「気候変動に関する閣僚会議」（ノルトヴェイク）
1990	「地球環境ホワイトハウス会議」（ワシントン）
	「EC地球環境に関する会合」（ノルウェー，ベルゲン）
	第2回世界気候会議
	国連総会にて，気候変動枠組条約の作成を決議
1991	第1回政府間交渉会合（INC1）（ワシントン）
	途上国による北京宣言
	INC2（ジュネーブ）／INC3（ナイロビ）／INC4（ジュネーブ）
1992	INC5（ニューヨーク）
	INC5再開（ニューヨーク）気象変動枠組条約採択
	国連環境開発会議
	INC6（ジュネーブ）
1993	INC7（ニューヨーク）／INC8（ジュネーブ）
1994	INC9（ジュネーブ）
	条約発効
	INC10（ジュネーブ）
1995	INC11（ジュネーブ）
	第1回締約国会議（COP1），ベルリンマンデート採択（ベルリン）
	第1回ベルリン決議に基づく会合（AGB M1）（ジュネーブ）
	AGBM2（ジュネーブ）
1996	AGBM3（ジュネーブ）
	AGBM4，COP2（ジュネーブ）
	AGBM5（ジュネーブ）
1997	AGBM6（ボン）
	国際連合環境特別総会（ニューヨーク）
	AGBM7（ボン）／AGBM8（ボン）
	COP3（京都）京都議定書採択
1998	SBI，SBSTA8（ボン）
	COP4，SBI，SBSTA9（ブエノスアイレス）
1999	SBI，SBSTA10（ボン）
	COP5，SBI，SBSTA11（ボン）
2000	SBI，SBSTA12（ボン）
	SBI，SBSTA13パート1（リヨン）
	COP6，SBI，SBSTA13パート2（ハーグ）
2001	COP6パート2（ボン）
	COP7（マラケシュ）
2002	世界持続可能性サミット（ヨハネスブルグ）
	COP8（インド予定）

けてオーストリアのフィラハやイタリアのベラジオで開催された国際会議では，科学者と政策決定者との間で，気候変動に国際的に取り組んでいかなければならないという認識が広まった。また，1988年6月，カナダのトロントにて開催された「変化する地球大気に関する国際会議」は，大気関連の問題解決のために科学者と政策決定者が一同に介した会議となった。ここでは，全地球の目標として，2005年までにCO_2排出量を1988年レベルの20％削減，長期目標として50％削減を目指すべきという勧告が出され，この目標はその後トロント案と呼ばれるようになった。この勧告に対し，気候変動に関する科学的知見を集積するために1988年秋に設立されたのが，IPCCである。IPCCでは，世界中から気候変動に関係のある分野の研究者が集まり，気候変動のメカニズムや影響の予測，そして対応策に関する知見をまとめる作業が開始された。

研究者がIPCCで気候変動の実態を科学的側面から検討している間にも，政治の方では，条約の作成に向けた動きが進んでいた。1989年11月，オランダのノルトヴェイクで開催された閣僚級会議では，約70か国の大臣が集まり，初の閣僚レベルの会合として重要な会議となった。そこでは，CO_2の排出量に関する目標値を設定すべきである，と主張するオランダやスウェーデンなどと，明示的な数量目標設定に反対の米国，先進国の中でも省エネが進んでいるとして一律削減割合に反対の日本などが対立した。その閣僚宣言では，排出量の目標値に関する文言に議論が集中し，最終的には，「CO_2の排出およびモントリオール議定書（オゾン層保護のために，フロンを規制した議定書）に含まれないその他の温室効果ガスを，世界経済の安定的発展を保証しつつ安定化させる必要性を認識する」という文章で合意された。

翌年1990年8月に採択されたIPCCの第1回の評価報告書では，科学的に不確実な部分が残されてはいるものの，気候変動が生じる恐れは否定できないという結論が出され，それをふまえて，1992年の採択を目指した条約交渉が開始された。1992年6月にブラジルのリオデジャネイロで国連環境開発会議が開催されることが予定されていたため，それまでに条約を採択しようという目標がたてられた。1991年初頭から1992年5月までの一連の条約交渉は，政府間交渉会合（Intergovernmental Negotiating Committee, INC）と呼ばれた（INC交渉について詳細は，赤尾，1993；Bodansky, 1993を参照）。

1991年2月から開始した条約交渉では，まず，条約の内容に入る以前に，

全体会議の議長，副議長等の選出，交渉の態様，議事規則等交渉の体制およびルールが論争を呼んでしまった。

例えば，条約のみについて話し合うのか，議定書も並行して交渉するか。前年の第2回世界気候会議の決議では，オゾン層保護に関する交渉方法を参考に，まずは，特に義務規定を設けずに「気候変動は深刻な問題だ」ということと今後の協力についてのみ合意するいわゆる枠組条約を締結し，その後，科学的知見や技術の進展に合わせて，条約の下に具体的な義務を定めた議定書を置くという，2段階の交渉方法を採用することが合意されていた。この交渉方法は，欧州の長距離越境大気汚染条約や，オゾン層保護のためのウィーン条約で採用され，その有用性が認められてきた方法である。オゾン層保護問題の場合，オゾン層破壊という現象そのものに不信感をもつ国があったために，1985年のウィーン条約では，対策の義務を含めることができなかった。しかし，その直後に，南極のオゾン層が極端に薄くなる，いわゆるオゾンホールが実際に観測されたために，一気に関心が高まり，2年後の1987年に，オゾン破壊物質の生産および消費を規制するモントリオール議定書が採択されたという経緯がある。

この手続きの問題に関して，EC（現EU）諸国は，気候変動は早急に取り組むべきなのは明らか，として，枠組条約と議定書を同時並行で作成すべきと主張した。しかし，米国，日本などは，交渉が1992年までに成立しなければならないという時間的制約もあるため，枠組条約だけを先に締結し，より詳細な科学的知見が明らかになった段階で議定書を作成すべきと主張し，議定書交渉には慎重な態度を取った。交渉期間が限られていたことから，枠組条約の作成に専念することになった。

ようやく内容に論点が移ると，そこでもさまざまな論点が出されたが，その最大の焦点は当然ながら各国の排出量に関する論争であった。

EC諸国は，2000年までに1990年レベルでの排出量の安定化を主張していた。しかし，欧州の中でも各国がさらに独自の案を提出しており，2000年と言わず可能な限り早くCO_2排出量をある基準年で安定化すべきとするイギリス案，一人あたりのCO_2排出量を基準とした排出量を義務規定に盛り込むべきとするフランス案，全締約国が最大の努力を払うことを義務とし，その努力の厳しさは，気候変動を生じさせた責任に応じて課すべきとするスウェーデン案などが提案された。これに対し，日本は，排出量目標値について明確

に数値を記すのでは各国の合意を得られそうにないので、各国がそれぞれ目標を宣言し、後にその目標を達成したか評価する「プレッジ・アンド・レビュー」という制度を提案した。他方、米国は、具体的な排出量の義務は議定書で設定すべきなので、今回の交渉の対象である枠組条約の中には、排出量に関する義務は一切必要ないという主張であった。

先進国間では、先進国の排出量に関する義務規定については、上記のとおり意見の違いがあったが、途上国にも何らかの義務を設けるべきという部分では、意見が一致していた。しかし、途上国側では、気候変動を起こした責任は今まで大量に化石燃料を浪費してきた先進国にあるのだから、先進国だけが一切の義務を負うべきである、という態度を変えなかった。

条約交渉のスケジュールを計画した当初は、INCは計5回予定されていたが、4回目が終了した時点で残り一回の交渉で合意できる目途が立たなかったため、国連環境開発会議直前の5月に再度、交渉する機会を設けることにした。第5回INC再開会合と呼ばれた最後の会合では、直前に米国とイギリスの間で非公式に協議した仲裁案が提出されたが、これは目標数値を条約義務としない文章であったため、各国から批判を受けた。しかし、限られた交渉時間の中で、米国がその妥協案より厳しい内容の条約には署名できないという強い態度を維持したため、その案は若干の訂正を経て採用された。

最終合意文は、附属書Ⅰ締約国（Annex Ⅰ Parties、条約の最後に附属書が2つ添付されており、1番目の附属書である附属書Ⅰには、先進国及び旧ソ連、東欧の国名が箇条書きされている。以降、「附属書Ⅰ締約国」という場合には、これらの国を指す。また、非附属書Ⅰ締約国は、途上国を指す）が、「CO_2その他の温室効果ガスの人為的な排出の量を1990年代の終わりまでに従前の水準に戻すことは、このような修正に寄与するものであることが認識される」ことを念頭において「温室効果ガスの人為的な排出を抑制すること並びに温室効果ガスの吸収源及び貯蔵庫を保護し及び強化することによって気候変動を緩和するための自国の政策を採用し、これに沿った措置をとる」という、政策をとった結果、排出量の安定化目標に達成しなくても義務違反にはならないと解釈される極めて難解な文章となった。2000年以降の排出量に関しては合意できず、何も書かれなかった。

また、先進国と途上国の間の争点の一つとして、気候変動のための基金創設に関する議論があった。途上国は、途上国での気候変動対策を支援するこ

とを目的とした新たな基金設立を主張したが，先進国は消極的だった。この問題については，最後まで主張がかみあわず，結局，UNEPと世界銀行が共同で設立した地球環境基金（Global Environmental Facility, GEF）を暫定機関とし，第1回締約国会議で改めて議論することで決着した。気候変動枠組条約は，1992年5月に採択され，6月にブラジルのリオデジャネイロで開催されたUNCEDにて署名のために開放された。

3　第1回締約国会議（COP1）1995年

　条約は，その採択後，各国内での批准手続きを経て，1994年3月に発効した。附属書Ⅰ締約国は，条約第12条の通報に関する規定に従い，温室効果ガスの排出量及び吸収量を記した目録と，排出量抑制のために講じている政策・措置に関する国別報告書を作成し，条約事務局に通報した。この通報の結果，多くの附属書Ⅰ締約国が，2000年までに排出量を1990年の排出量にまで戻す見通しがたっていないことが明らかになった。また，条約には，2000年以降の排出量に関しては全く書かれていなかった。このことから，今の条約だけでは気候変動問題の解決には不十分であり，先進国に追加的な義務を課す議定書が必要，との声が高まった。

　このような状況をふまえ，1995年3月から4月にかけて，ドイツのベルリンにて第1回締約国会議（COP1）が開催された。COP1での最大の議題は，現在の枠組条約が気候変動の解決に不十分であるか否か，不十分であるならば，今後いかなる行動を取るべきか，ということであった。

　この課題に対し，多くの途上国は，先進国だけが対策を強化すべきであり，気候変動の責任が途上国に負わされるべきでないと強調した。一方，先進国側は，現在の条約では不十分としながらも，条約における自らの責任には積極的な言及を控えた。EU（欧州連合）は，先進国がさらなる削減目標をたてる必要があるとし，COP1で，議定書交渉開始に向けた決議を行うべきであるとした。また，米国や日本，オーストラリア等EU以外の先進国は，議定書交渉開始自体に慎重な態度を取った。また，同じ附属書Ⅰ締約国である旧ソ連，東欧諸国などの経済移行中の国（Economy in Transition, EIT）は，議定書交渉には前向きな姿勢を示しながらも，自らの義務に関しては曖昧な態度をとった。

これに対し，途上国の中では，先進国の対策強化を主張したいと考える島国グループ（AOSIS）や，インド，中国などの主要な途上国が，それに強く反発する産油国との間で歩調が合わず，途上国全体として要求を一本化することができずにいた。しかし，その中で，産油国以外の途上国は，インドを中心に「グリーングループ」と称するグループを結成し，先進国の義務をさらに強めた案，いわゆる「グリーンペーパー」をまとめ，先進国に提示した。グリーンペーパーに込められた主な主張は，附属書Ⅰ締約国の義務の強化（排出量抑制義務，及び，非附属書Ⅰ締約国への資金，技術移転義務）や，非附属書Ⅰ締約国への新たな義務は課さない，などであった。

このような途上国の意見がたたき台となり議論を進めた結果，最終的に合意された決議がいわゆるベルリン・マンデートである。この決議では，まず，現状の条約にある義務は，気候変動問題の解決に不十分であることが確認され，1997年に開催される予定の第3回締約国会議（COP3）までに，新たな議定書あるいはそれに代わる法的文書に合意するよう，決議された。その法的文書には，(1)目標達成に必要な政策・措置，及び，(2)2000年以降の附属書Ⅰ締約国の温室効果ガス排出量及び吸収源による吸収に関する数量目標，が盛り込まれることになった。また，途上国には新たな義務は課さないが，条約に書かれている既存の義務について，実施を促進する方策を検討することになった。

4 京都議定書交渉とCOP3 1995―1997年

ベルリン・マンデートを受け，早速COP3に向けて新たな交渉が開始された。その一連の交渉は，ベルリン・マンデートに基づくアドホック会合（Ad hoc Group on the Berlin Mandate, AGBM）と呼ばれた。

この2年間にわたった交渉では，内容を4つに分けて議論を進めた。その4つとは，(1)数量目標，(2)政策・措置，(3)途上国の義務（条約の4条1項），(4)手続き規定である。当然ながら，一番の関心は，排出量の目標値である(1)数量目標に集中した。京都議定書の内容に関しては詳しく次の章で述べることにし，ここでは交渉の主要な論点と交渉の経緯を中心に記述する。

(1) 数量目標

　ここでいう数量目標とは，先進国などの国の2000年以降の排出量をどのくらいに抑えるかという議論である。目標数値そのもののみならず，その数値の算定の前提条件など，議論は多岐にわたった。

　目標数値の設定方法に関しては差異化の議論が活発化し，具体的な差異化の方法が各国から提案された（表2）。ノルウェーやアイスランドは，GDP当たりの排出量や一人当たり排出量といった基準を複数考慮した定式を用いて各国の削減率を算出する案を出した。オーストラリアは，GDP成長率，人口の伸び，化石燃料の輸出入量，輸出に占めるCO_2集約製品の割合，などを基に公平性の基準を定めるべきであるとした。フランスやスイスは一人当たり排出量を基準にした目標設定案を提示，日本も一人当たり排出量と削減率のいずれかを選択できる案を提案した。EUやAOSISは，目標年は早い方が対策が前倒しされるので好ましいとしたが，米国は，気候変動は長期的に解決していく問題なので，あまりあせって短期的に目標年を定めるべきではないと主張した。つまり，どの国も，自分の国の事情が考慮された計算方法を「最も公平だ」と考え，提案したのだった。

　1997年3月，EU全体として2010年までに温室効果ガス排出量を15％削減という交渉ポジションがEU内で合意され，交渉の場でも正式にEU提案として公表された。EUは，他の国には一律15％の削減率の提案を維持したが，EU内では，30％削減するルクセンブルグから40％増加を認められたポルトガルまで幅広く異なる割合が合意されていた（表3）ことから，日本やノルウェーなど差異化を支持する国から批判され，その説明に苦心することになった。

　ただし，EU以外の先進国は，EU案を非現実的と批判しながら，自らは具体的な数値を示せないでいた。日本は，1970年代の石油危機以来省エネに努めた結果，他の先進国と比べて一人当たりのCO_2排出量が少ないため，このような既存の努力の差を考慮した負担配分が必要と主張した。米国は，国際排出量取引制度を譲れない最優先課題としていたことと，国内で意見がまとまらなかったことから，具体的な数量目標に関しては発言がなかった。これらの主張の隔たりは大きく，1997年7月の第7回会合（AGBM7）でも，各国が自らの立場を主張する以上に進展はなかった。

　日本は，ようやく10月に「基本削減率5％，ただし，GDP当たり排出量

表2 AGBM6時点での各国の数量目標に関する交渉ポジション

国名	数量目標	対象ガス	吸収源	柔軟性措置
日本	一人当たり排出量の目標と,1990年比削減目標かの選択性	CO_2のみ	含めない	言及なし
米国	一律削減	全ての温室効果ガスのバスケット	含める	国ごとに排出バジェットを割り当て,取引やバンキング,ボローイングを認める
オーストラリア	人口成長見込み,一人当たり実質GDP成長見込み,GDPの排出強度,輸出の排出強度,化石燃料の輸出量の5項目を指標として差異化	全ての温室効果ガスのバスケット	含める	言及なし
ニュージーランド	各国が選択,ある時期の削減量は,その前の削減量より多くなるようにする	全ての温室効果ガスのバスケット	含める	言及なし
ノルウェー	GDP当たりの排出量,一人当たりの排出量,一人当たりGDPの3指標による差異化	全ての温室効果ガスのバスケット	含める	言及なし
アイスランド	GDP当たりの排出量,一人当たりの排出量,一人当たりGDP,再生可能エネルギーの使用割合の4指標による差異化	全ての温室効果ガスのバスケット	含める	言及なし
スイス	全体で2010年までに1990レベルより10%削減,一人当たり排出量で差異化	バスケット	含めない	言及なし
EU	2010年までに1990年レベルより15%削減(EITには柔軟性)	CO_2, CH_4, N_2Oの3ガスのバスケット,2000年までに残りの3ガスを含める		ボローイングに反対 排出量取引に消極的
(EU案に吸収される以前の欧州諸国の提案)				
フランス	21世紀末の一人当たり排出量が1.6から2.2tCとなるよう差異をもうける	CO_2のみ		
ドイツ	排出量を1990年比で2005年までに10%,2010年までに15〜20%削減	CO_2のみ		
イギリス	排出量を1990年比で2010年までに5〜10%削減	全ての温室効果ガス		
ロシア	差異化(特にEITに関し)	CO_2, CH_4, N_2Oガス・バイ・ガス,まず,CO_2,その後その他のガス	含める	柔軟性支持
AOSIS	CO_2を2005年までに1990年レベルより20%削減		含めない	排出量取引や共同実施など全ての柔軟性措置に反対
G77+中国	決まったポジションなし	決まったポジションなし		排出量取引や共同実施など全ての柔軟性措置に反対

1 気候変動問題の国際交渉の展開

表3　AGBM6期間中にEU内で合意された排出量の削減割り当て

国名	2010年の温室効果ガス（CO_2, CH_4, N_2O），1990年比
ベルギー	−10%
デンマーク	−25%
ドイツ	−25%
ギリシャ	+30%
スペイン	+17%
フランス	0%
アイルランド	+15%
イタリア	−7%
ルクセンブルグ	−30%
オランダ	−10%
オーストリア	−25%
ポルトガル	+40%
フィンランド	0%
スウェーデン	+5%
イギリス	−10%
EU全体	−10%＊

＊ EUの各国の合意した削減量を合計すると10%しか削減できないが，残りの5%はEU全体で協調して政策を取ることで合計−15%目標を達成することとなった。

あるいは一人当たり排出量が附属書I締約国平均よりも低い場合，あるいは，今後の人口増加率が平均を上回る場合は，その分だけ削減率を下げられる」という主旨の案を条約事務局に提出した。米国も，10月6日にクリントン大統領が産業界，科学者，環境保護団体などの代表者を招いて気候変動に関するホワイトハウス会議を開催するなど議論を進めた結果，10月末に「2008年から2012年までの5年間に，温室効果ガスの純排出量を1990年レベルで安定化，さらに，排出量取引や共同実施といった方策が認められ，現条約では排出量に関して義務を負っていない途上国に対しても何らかの義務が課されることが条件」という米国案を出した。さらにカナダが「温室効果ガス排出量を2010年までに1990年比で3%，2015年までの5%削減」という提案を行った。

COP3に入ると，これらの各国から提案された数値は，対象ガスや吸収源

の扱いといった前提条件が異なっていたために，それが決まるまでは数値について交渉に入ることができなかった。一旦は，数値で一向に歩み寄りを見せない各国の態度に苛立った議長が，議長からのオファーとして，1990年比でEU 8％，米国 5％，日本4.5％案を提示した。しかし，これに対しては，排出量の多い米国に甘すぎるとするEUの反対があり，日米の削減率が引き上げられ，2008年から2012年までの 5 年間，1990年比でEU 8％，米国 7％，日本 6％それぞれ削減することで決着した。その他の附属書Ⅰ締約国についても差異化が認められ，オーストラリアなど排出量の増加が認められる国もあった。附属書Ⅰ締約国全体としては，5.2％削減することとなった。

　数値自体はこのような経緯で合意に至ったが，数値を議論する背景には，そもそもその数値の前提となる検討事項があり，それが数値の議論と並行して話し合われた。

　まず，対象ガスの問題があった。日本及びEUは，計測が比較的確実なCO_2，CH_4，N_2Oの主要 3 ガスの排出量のみを対象とすべきだとしたが，米国などその他の先進国は，対象ガスはその他のハイドロフルオロカーボン（HFC），パーフルオロカーボン（PFC），六フッ化硫黄（SF_6）などの温室効果ガスも含めるべきだとした。最終的には，IPCCで求められた温室効果係数を用いて炭素換算して，6 ガスをまとめて削減対象とすることになった。

　2 つ目には，土地利用変化及び林業の分野における吸収量の増減を含めるかどうかの議論があった。日本やAOSISは，不確実性が大きすぎるとして考慮すべきでないとしたが，オーストラリアやニュージーランドなど多くの国は，排出量から吸収量を差し引いた純排出量（ネットアプローチ）を主張していた。いずれを選択するかによって目標とすべき数値は大きく変わるために，この問題についても各国とも自らの主張に固執し続けた。京都会議の時点では含めるべきとする意見が多数を占め，含め方が議論の中心となった。各国とも自国に最も有利になるような算入方法を主張したが，最後には，比較的測定の不確実性が低いと考えられる「1990年以降に生じた植林，再植林及び森林減少」による温室効果ガス排出量の変化に限り，排出量から差し引くことが認められた。そして，森林管理や保全などのその他の炭素固定については，今後の課題として京都以降に残された。

　第 3 として，基準年や目標年の問題があった（例えば，「2000年までに1990年の水準に排出量を抑える」場合，1990年が基準年，2000年が目標年と呼ばれる）。

欧州諸国は，基準年は，特殊事情を有する旧ソ連・東欧諸国を除いては1990年を基準年とすること，目標年については，2005年，2010年といった特定の年を主張していたが，最後は，米国や日本が主張した5年間平均を対象とする案を受け入れた（1年だけを目標年とした場合，その年の気候やその他の特殊事情によって排出量が大きく変わってしまうおそれがあるため）。

　最後に，排出量取引や共同実施が大きな争点となった。従来EUは，排出量取引が経済学的には費用効果的な手法であっても，実際に導入するには時期尚早であるとして反対し，先進国間に限ってプロジェクトベースの協力である共同実施だけを認めるべきだと主張していた。しかし，排出量取引の導入に固執する米国に妥協して，認める方向に動き始めた。他の先進国，特に米国は，排出量取引や共同実施を途上国も含め積極的に活用し，世界全体で温室効果ガスの排出量を抑制するメカニズムの確立を支持した。しかし，途上国は反対に，このような取引は，先進国が自らの責任を途上国に押しつける制度であるとして，強く反対した。途上国は，たとえこのような取引メカニズムが先進国間だけに限定されたとしても，一旦導入されてしまえば，近いうちに途上国にも参加が要請される可能性が高いと考え，先進国間に限定した取引であっても導入すべきでないとした。

　この問題は，京都会合の最終段階で急に重要性を帯びた。この項目が米国にとって最重要項目であったことや，他の先進国も米国を支持したことから，最終的には，排出量取引，共同実施，クリーン開発メカニズム（CDM）という3つの制度が認められた。ただし，これらについては，途上国の反発が大きかったこともあり，制度を導入することが認められただけに過ぎず，実際にそのような制度の実施に必要な細則については，今後の議題として持ち越された。

(2) 政策・措置

　ここでの「政策・措置」とは，国ごとに好きな政策をばらばらに取っていくか，あるいは，合意できる範囲で協調して政策を導入するかという議論である。各国の主権を尊重すると，それぞれの政府がそれぞれの国内事情や制度に合った政策を導入すべきだという主張になる。しかし，例えば炭素税などを考えた場合，ある国だけで単独に炭素税を導入すると，その国の製品の値段が他の国の製品の値段よりも高くなり，国際競争力を損なうことになる。

このような事態を防ぐためには、全ての国が同様の炭素税を導入する必要がある。このように、政策の中には、複数の国が協調して実施した方が効果的なものがある。

　非EU先進諸国、特に米国は、各国の事情をふまえ、自主性にもとづいた政策・措置が講じられるべきであるとして政策のすり合わせに消極的であった。他方、EU諸国は、いくつかの政策は先進国全体で協調して導入されるべきであると主張し、特に協調が効果的な政策・措置として、再生可能エネルギーの開発、製品の基準設定、エネルギー集約型産業への政策、代替フロン、国家間の航空や船舶による輸送を対象とした対策などを挙げた。

　その中で、日本や豪州はその中間に立ち、欧州案ほど詳細な政策措置まで本議定書で定める必要はないが、省エネ推進や吸収源の保全など、ほぼ支持が得られている範囲での大まかな方向性は示しておいても良いのではないかという立場を維持した。京都会議までには、この中間意見を持つ国が主張をまとめ、EUや米国に歩み寄りを打診する状態にまで進んだ。

　COP3では、EUが歩み寄り、議定書案に理解を示したが、それでもなお政策協調の重要性を主張し続けた。その結果、最後の合意文では、2条において省エネや森林保全等の政策が、義務ではないが、国情に配慮しつつ導入すべき優先的項目として掲げられ、先進国全体で協調して導入する政策・措置については、今後の必要性に応じて検討されることになった。そして、2条4項では、本議定書の締約国会合として機能する締約国会議（COP/MOP、以下、議定書締約国会議とする）は、政策措置の協調が有益であると決定した場合には、その協調を発展させる方法を検討しなければならないとして、EUの主張が今後改めて議論される可能性を残した。

(3) 途上国の義務（4条1項）

　途上国の義務に関しては、ベルリン・マンデートにおいて、「新たな義務は設けない」ということが明記されていたため、条約に示されている義務を再確認する以上の内容にはしないことにほぼ合意が得られていた。しかし、米国内では、1997年7月、上院議会によって「途上国の意味ある参加が義務とされない議定書には反対する」という決議が可決されたことを受け、米国政府は交渉の終盤になって、急激な排出量増加が予想される中国やインドなど途上国の排出量に関し、なんらかの形で制約をかけるべきと提案するよう

になった。

　このような米国と，米国の意向を配慮する先進諸国に対し，途上国は，先進国の義務が実行に移されるまでは途上国の義務について議論されるべきでないこと，先進国の支援が途上国の国別報告書提出の義務を遵守するために不可欠であることを繰り返した。

　先進国側は，京都議定書の中に途上国義務を盛り込むという案は断念し，その代わりに京都会議以降に途上国の義務について話し合うという内容の「京都マンデート」案を出したが，これに対しても途上国からは強い反発があった。結局，議定書には，条約にすでに書かれている自主性を尊重した義務を上回る内容を書き込むことはできなかった。

　また，これと並行して，条約交渉時と同様，途上国から新たな資金供給機関の設立が求められた。途上国は，地球環境ファシリティー（GEF）等の既存の資金メカニズムでは不十分として，新規の資金供与の必要性を主張したが，先進国は，新たな資金メカニズムの創設に反対し，最終的には，できるだけ条約の条文をそのまま使う形で決着し，資金に関する新たな進展は見られなかった。

(4) その他（制度関連事項）

　附属書I締約国が実施する気候変動対策が，途上国経済に及ぼす影響について議論すべきであるという意見が，途上国，特にサウジアラビアなどの産油国から強く主張された。これは，先進国が石油消費量を減らすことによって産油国が経済的損失を被ることを懸念したものであった。この問題については，先進国はそもそも議論する必要性に乏しいとしていた。

　その他の項目として，締約国会議の構成，不履行を是正する遵守措置，議定書加入国の責任分担，発効要件等の点が挙げられた。

　中でも，最後までもめたのが，不履行を是正する遵守措置と議定書発効要件であった。2012年に排出量の数量目標を達成できなかった場合に，途上国は，厳しい罰則が必要として罰金制度を提案したが，先進国が抵抗し，結局，後日，再検討することとなった。また，議定書の発効要件に関しては，「50か国以上が批准した時」というような条件で途上国だけが50か国以上批准して発効しても，肝心の先進国が批准していなければ意味がないため，上記の条件に加えて「附属書I締約国の総排出量の55％以上を占めるだけの附属書

I 締約国が批准する」ことも条件となった。

1997年12月のCOP3で採択された京都議定書は，ベルリン・マンデートの結果である。COP3は，京都の国立京都国際会議場で開催され，参加者数は，約1万人（政府代表者約1,500人，その他関係者約700人，環境保護団体や産業界，地方自治体関係者約4,000人，報道関係者約4,000人）と日本で開催された会議の中でも史上最大規模の国際会議となった。また，会議期間中は，産業界や環境保護団体の関連イベントが，京都市内及び全国のさまざまな場所で開催され，会議の参加者のみならず，一般市民の関心を高めることとなった。

5 京都会議後　1998年〜

京都議定書は，先進国の2000年以降の排出量に数量目標を設定できたという意味では十分意義のある合意であったが，残りの点においては，多くの課題を残すこととなった。

一つには，京都議定書関連の課題があった。議定書で認められた制度について，詳細な規則が詰めきれなかったことである。先進国がその排出量の数量目標を達成するにあたり，排出枠の国家間移転を認める排出量取引や共同実施，CDMといった制度や，吸収源による吸収の計算方法が，今後の課題として残された。

第2は，条約関連の課題であった。多国間協議プロセスや技術移転，資金供給など，条約で定められているさまざまな条項について，京都議定書では条約を追認する形でしか書ききれなかった。

第3としては，途上国の排出量の扱いがあった。議定書で決定された附属書I締約国の排出抑制量は，気候変動を解決するには不十分である。これに関して，今後ますます排出量の増加が予想される途上国に対して，いかに取り組んでいくか，という問題があった。これらの検討課題が，京都議定書後の宿題として残された。

京都議定書が採択された時点で，ベルリン・マンデートは完了したと見なされ，1998年からは新たな交渉の目標設定から改めて議論されることになった。1998年11月，アルゼンチンのブエノスアイレスにて第4回締約国会議（COP4）が開催された。この締約国会議では，COP3でまとめきれなかった

いくつかの重要課題について，交渉のスケジュールを決めることが焦点となった。交渉スケジュールを決めることが目標であったという意味では，COP1の時と類似していた。COP1やCOP4では，COP3とは違い，何かに合意しなければならないという切迫感がなく，各国が歩み寄る雰囲気が生じにくかった。そのような状況の中で，最終日にようやく合意できた計画がブエノスアイレス行動計画（Buenos Aires Plan of Action）である。この行動計画では，以下の6つの項目に関して，それぞれに決められた期間に協議することとなった。その多くは，2年後であるCOP6までに合意に達することを目指していた。

(1) 資金メカニズム

条約や京都議定書では，GEFを暫定的に資金供給機関として位置づけているが，これに対して，途上国からはGEFの資金量の少ないことに加えて，手続きに非常に時間がかかりなかなか実際に資金が下りて来ないことなど，不満が出されていた。この要求を反映させるために，GEFの改革を含めて新たな資金的支援の可能性について議論することになった。

(2) 技術開発及び移転

条約では，途上国に対する技術移転を先進国の義務と明記した条項があるが，十分に進んでいないという指摘が途上国から出された。これに対して，先進国は，技術移転は民間を主体にして行われるべきであって，政府は，技術移転そのものよりも，移転を促進するためのインセンティブ作りに努めるべきであるとした。そこで，途上国への技術移転を促進する方法が議論されることになった。

(3) 条約第4条8，9項

条約4条8，9項は，海面上昇や異常気象といった気候変動による悪影響と，原油の輸出量の減少といった気候変動対策による経済的悪影響という2種類の異なる性質の悪影響に関してなんらかの配慮を行うべきとしている条項である。産油国は，先進国において石油消費量が減少して輸出量が減ることを恐れ，後者の経済的悪影響に関して補償を含めた交渉を進めるべきだと強く主張していた。しかし，他の途上国は，前者の気候変動の悪影響の方に

関心を持ち，先進国もこの議題には慎重になっていた。この項目は，主に産油国の強硬な主張に対応するために検討課題の一つとして含まれることになった。

(4) 共同実施活動（AIJ）

1995年のCOP1で，共同実施活動という制度が合意された。これは，京都議定書の6条に書かれた共同実施と，12条のクリーン開発メカニズム（後に詳細を説明）とほぼ同じ制度であるが，当時，途上国が強く反対したこともあり，試験期間として2000年まで制度の有用性を試してみることが合意された。試験期間が終わった段階で，改めて本格的に導入するかどうか議論しなおす，ということにしたのだった。そこで，2000年に開催予定のCOP6で，共同実施活動の評価とその後の方針を決めることが確認された。

(5) 京都メカニズム

COP3で採択された京都議定書には，排出量目標を国内対策だけで達成できない場合に他国からいわば排出許可枠を購入することができる3つの制度——排出量取引，共同実施，CDM——が認められている（後述）。しかし，COP3では時間がなかったために，実施に必要な細かいルール作りは，COP3以降に協議していくことになった。これらの制度作りは，2008年から排出量を決められた量にまで抑制しなければならない先進国にとって最優先の議題であった。

しかし，先進国の間でも，メカニズムの議論を開始すべきという点では意見は一致していたが，いかなるルールを望ましいと考えているかに関しては，EUとEU以外の国で意見の相違があった。例えば，米国や日本，ロシアなどの非EU諸国は，世界全体でできるだけ費用の安いところでより多くの排出削減ができるよう，メカニズムをフルに利用できるような制度作りを目指したが，EUは，排出量の目標達成への努力はあくまで国内対策が主体とされるべきであって，他の国から購入できる排出枠の量は制限されるべきであるとした。

これに対して，途上国側からは，再々，そもそもメカニズムの議論だけが先に進行することに不満を表明し，4条8，9項や技術移転など途上国に関係した問題と並行して議論を進めるべきだという強い意向が示された。その

うち，途上国の中でも，ラテンアメリカやアフリカ諸国が，CDMに関する議論を進めるべきだという意見を表明し，途上国間の意見の相違が表面化した。

このように，内容に関する議論は発散していたため，COP4では，3種類のメカニズムに関する議論を並行して進め，COP6までに一定の成果を挙げることになった。

(6) 京都議定書の締約国会議の準備

議定書第1回締約国会合（COP/MOP1）までに話し合わなければならない議題が，複数挙げられた。中でも重視されたのが，政策・措置の協調と，京都議定書18条に規定されている遵守に関する手続きである（後述）。特に，後者に関しては，京都議定書に記された義務がある国に履行されなかった時の規定が京都会議では決められなかったために，今後の課題として残されたものであった。これらの問題について，今後さらに話し合っていくことが合意された。

ブエノスアイレス行動計画に基づいて，新しい交渉がスタートした。目標は2年後のCOP6である。1999年のCOP5を経て，2000年になると，この行動計画がいかに多くのことを要求していたかに，人々は気づき始めた。メカニズム一つをとっても，議論すべき点は多岐にわたり，それぞれの点で意見が分かれ，互いに歩み寄る姿勢はなかなか見られなかった。COP6は，2年間にわたる複雑な交渉を経てたどり着くべき，終着点であるはずだった。しかし，COP6は単純な終着点とはならなかった。各国の国内の政治や国際的状況から，COP6と，その次のCOP7は，ブエノスアイレス行動計画をたてた頃からは想像できないほど困難でかつ長期にわたる交渉となった。

[参考文献]

Bodansky, Daniel (1993) "The United Nations Framework Convention on Climate Change: A Commentary," *Yale Journal of International Law*, Vol. 18: 451, pp. 451-558.

Grubb, Michael, Christiaan Vrolijk and Duncan Brack (1999) *The Kyoto Protocol: A Guide and Assessment*, The Royal Institute of International Affairs, London: Earthscan.

Mintzer, Irving and J. Leonard eds. (1994) *Negotiating Climate Change: The In-*

第1部　気候変動枠組条約・京都議定書レジームの展開

　　side Story of the Rio Convention, Stockholm Environmental Institute, Cambridge University Press, 392 p.
Oberthür, Sebastian and Hermann Ott (1999) *The Kyoto Protocol: International Climate Policy for 21st Century,* Berlin: Springer.
World Bank (2000) World Development Report 1999/2000, Oxford University Press.
赤尾信敏（1993）「地球は訴える」財団法人世界の動き社，pp. 97-137.
竹内敬二（1998）「地球温暖化の政治学」朝日選書.
田邊敏明（1999）「地球温暖化と環境外交」時事通信社.

2 気候変動枠組条約・京都議定書レジームの概要

[髙村ゆかり]

1 はじめに

　地球温暖化に関する問題を研究する世界の研究者で構成される「気候変動に関する政府間パネル（IPCC）」[(1)]の第二作業部会は，その第三次評価報告書（2001年）のなかで，1990年から2100年までの間に地球の気温は1.4～5.8度上昇するとしている。その結果，海面は9～88cm上昇し，また，干ばつや豪雨が発生しやすく，農業生産が減少したり，マラリアなど熱帯地方の感染症が広い地域に広がるなど，深刻な影響が出ると予測している。さらに，仮に，現時点で二酸化炭素濃度が安定化したとしても，気温上昇と海面水位の上昇は数百年間継続するとしている。

　気候変動問題が，初めて国連総会で取り上げられたのは，1988年の国連総会であった。マルタの提案をうけて，総会は，同年12月，「人類の現在および将来の世代のための地球の気候の保護に関する決議」（国連総会決議43/53）[(2)]を採択した。決議は，IPCCの設置を支持しながら，「気候変動が人類の共通の関心事（common concern of mankind）」であり，「国際的枠組のなかで気候変動を取り扱う必要かつ時宜を得た取り組みがなされるべき」ことを決議した。翌年，総会は，交渉の準備を開始するUNEPの決定を支持し，「気候に関する枠組条約と，具体的な義務を定める関連する議定書を緊急に作成」することを国家に要請する決議（国連総会決議44/207）[(3)]を採択し，1990年，総会のもとでの政府間交渉プロセスとして，政府間交渉委員会（INC）を設置する決議45/212[(4)]を採択した。INCは，1991年2月より交渉を開始し，5回の会合を経て，1992年5月9日，「気候変動に関する国際連合枠組条約」（以下「条約」）を採択した[(5)]。条約は，同年6月の国連環境開発会議（リオ会議）で署名のために開放され，1994年3月21日発効した。日本は，1993年

第1部　気候変動枠組条約・京都議定書レジームの展開

5月28日に受諾書を寄託し締約国となった。2000年9月7日現在，185カ国と欧州共同体が条約に加入し，イラク，トルコ[6]など数カ国を除けば，世界中のほぼすべての国が加入する普遍的な条約となっている。

　一般に，環境条約は，その採択から発効まで2, 3年を費やすことが多い[7]。そのため，条約採択までに解決に至らないまま残された問題についての交渉を継続し，発効後直ちに条約がその運用を開始するのを確保するために，INCは，条約の採択から発効後の第一回締約国会議（COP1）までの間，みずから会合を継続することを定める決議を採択した[8]。1995年3月のCOP1までに6回のINC会合がもたれ，資金供与メカニズム，共同実施，条約4条2(a)(b)の定める約束（commitments）[9]の妥当性，国家通報の審査などが主として議論された。

　COP1は，1997年のCOP3での採択をめざして，附属書I国が温室効果ガスを削減する目標とスケジュールを定める法的文書を作成するプロセスを開始することを定める「ベルリン・マンデート」という決定（決定1/CP.1）[10]を行った。この決定に基づき，ベルリン・マンデートに関するアド・ホック・グループ（AGBM）が設置された。このAGBMは，8回の公式会合を開催し，交渉を進めた。しかし，温室効果ガス削減の数値目標をはじめとする法的文書の基幹となる事項について合意できないまま，COP3（京都）での交渉に持ち越された。京都での厳しい交渉を経て，1997年12月11日，「気候変動に関する国際連合枠組条約の京都議定書」（以下「議定書」）が採択された[11]。議定書は，1998年3月16日，署名のために開放された（未発効）。議定書は，1990年の附属書I国の二酸化炭素換算総排出量の55％以上を占める附属書I国が批准し，かつ，条約の締約国55カ国が批准書を寄託してから90日目に発効する。2002年2月18日現在，84カ国と欧州共同体が署名し，47カ国が批准または受諾をしている（附属書I国は，チェコとルーマニアのみ。残りは非附属書I国）。日本は，1998年4月28日に署名した。

　本稿では，条約と議定書の規定について概括したあと，国際法の視角から気候変動枠組条約・京都議定書レジームの特徴について論じる。

2 条約の概要

(1) 条約の目的と原則

① 目的（2条）

　条約およびCOPが採択する関連する法的文書[12]は，「気候系に対して危険な人為的干渉を及ぼすこととならない水準において大気中の温室効果ガスの濃度を安定化させること」を究極的目的としている。そして，この安定化の水準は，「生態系が気候変動に自然に適応し，食糧生産が脅かされず，かつ，経済開発が持続可能な態様で進行することができるような期間内に」達成されるべきであるとしている。ここでいう「気候変動」とは，「地球の大気の組成を変化させる人間活動に直接または間接に起因する気候の変化であって，比較可能な期間において観測される気候の自然な変動に対して追加的に生ずるもの」（1条2項）をいう。したがって，上記の目的は，人間活動に起因する温室効果ガスの濃度の増加が気候変動の原因であり，そのような気候変動に国際的に対処することを確認したものであると言える。なお，「温室効果ガス」は，「大気を構成する気体（中略）であって，赤外線を吸収しおよび再放出するもの」（1条5項）とのみ定義され，モントリオール議定書が対象とする温室効果ガスを条約の適用対象から排除していない。

　これらの規定が示すように，大気中の温室効果ガス濃度をどの水準で安定化させるのか，このような目的をいつまでに達成するべきなのかについては，曖昧な表現にとどまっている。締約国に明確に義務づける規定ではなく宣言的な規定となっていること，また，交渉の早い段階で出されていた，温室効果ガスの安定化をすべての締約国が共同して負うべき義務として定めるという趣旨の諸提案が採用されなかったことに照らして[13]，大気中の温室効果ガス濃度の安定化という究極の目的が，締約国に何らかの具体的な行動をとる法的義務を課すものと理解するのは難しい。むしろ，条約およびCOPで採択される法的文書の解釈に際して，参照すべき指針としての役割を果たすものと理解すべきであろう[14]。

② 原則（3条）

　A　5つの原則

　　3条は，条約の目的を達成し，条約を実施するための措置をとるにあ

たって，指針とすべき5つの原則を定める。
a　衡平の原則および共通だが差異のある責任原則

　　衡平の原則，共通だが差異のある責任，および，各国の能力にしたがって，現在および将来の世代のために気候系を保護すべきであり，それゆえ，先進国は率先して気候変動およびその悪影響に対処すべきという原則である。後述するように，条約は，先進国と発展途上国の間で義務の内容に差異を設け，また，議定書は，第一約束期間については，先進国のみが数量化された削減義務を負い，発展途上国はこのような削減義務を負わない内容となっている。このような規定は原則の具体的な現れである。なお，条約の前文冒頭は，同時に，「地球の気候の変化とその悪影響が人類の共通の関心事」であることを承認している[15]。「人類の共通の関心事」という概念は，気候変動問題の性質に照らして，すべての国によるできる限り広範な協力と，効果的で適切な国際的対応への参加を要請している。

b　発展途上国などの個別のニーズ，特別な事情への考慮原則

　　発展途上国（特に気候変動の悪影響を著しく受けやすい途上国）および条約により過重なまたは異常な負担を負うこととなる締約国の個別のニーズおよび特別な事情について十分な考慮が払われるべきという原則である。

c　予防原則

　　条約は，深刻なまたは回復不可能な損害のおそれがある場合には，科学的な確実性が十分にないことをもって，気候変動の原因を予測し，防止し，または，最小限にするための予防措置をとることを延期する理由とすべきではないとする。ただし，このような気候変動に対処するための政策および措置は，費用対効果の大きいものとすることを考慮すべきであるとしている。これらの文言は，第二回世界気候会議閣僚宣言やリオ宣言原則15[16]とほぼ同じものである。予防原則における費用対効果性の言及に欧州の数カ国が異議を唱えたことなどから，費用対効果性については分けてこのように言及されることとなった。

d　持続可能な発展の原則

　　締約国は，持続可能な発展を促進する権利と責務を有する。発展途上国は，発展の権利を承認する文言を入れることを主張したが，先進

国，とりわけアメリカは，発展の権利の承認が，途上国が先進国からの資金援助を要求する根拠となることを懸念して反対した。他方，途上国は，発展が持続可能なものであるべきことを承認する文言となることが，新たな資金援助のコンディショナリティになることをおそれて「持続可能な発展」の文言を挿入することに反対した。条約3条の文言は，これらの主張の妥協であるが，持続可能な発展を促進する「権利」を承認しつつ，他方で，その「権利」の実現にあたっては，その発展が持続可能なものとなることを条件としている。ただし，持続可能な発展を促進するのは「責務」（should）であって，法的義務としては定められていない。

e　協力的で開放的な国際経済体制の確立に向けての協力原則

とりわけ，気候変動に対処する措置と貿易の関係について言及し，「国際貿易における恣意的もしくは不当な差別の手段または偽装した制限となる」ような措置を禁止するGATT20条の規則を取り入れている。ただし，条約上，どのような措置が「恣意的もしくは不当な差別の手段または偽装した制限」として具体的に禁止されるのかは予断していない。

B　原則の法的性格

これまでの多数国間環境条約の中にも「原則」を定めているものが見られるが，その法的性格は様々である[17]。条約3条の原則については，条約を実施し発展させる指針としてこうした「原則」を定めることを発展途上国が主張したのに対し，とりわけアメリカは，その法的性格が明らかでないとして反対した。アメリカは，原則がたんに締約国の意思を表明したり，条約上の義務を解釈する文脈を定めるのであれば，条約の規定として挿入する必要はなく前文に定めればよいとし，また，原則が条約上の義務であるならば，そのようなものとして条約上定めるべきであると主張した[18]。最終的には，条約の文言は，途上国の主張が認められる形で合意されたが，合意にあたって，3条の原則が，一般国際法上の原則として条約の適用範囲を超えて国家を一般的に拘束するものとならないように，アメリカはいくつかの変更を要求し，それが受け入れられた。第一に，これらの原則が，締約国が条約の目的達成と実施のためにとる措置の指針であることを明記するシャポー（冒頭部分（chapeau））が追加された。第二に，規定の名宛人が一般的な「国家（States）」から「締約国（Parties）」に変更された。第三に，シャポーに「特に（inter alia）」と付け加えることで，3条の原則が網羅的または絶対的なものではなく，これらの原則以外の原則も条約実施の指針となりうることを示唆するものとした。

以上のような交渉経過をふまえると，これらの原則に何らの法的意味もないものともいうこともできない。交渉において，上記のアメリカの主張が認められず，また，アメリカじしんが，他の条約の規定と同様に法的拘束力を有するものとして，3条の適用範囲を限定しようと試みたことからも明らかである。しかしながら，3条の原則は，その規定が一般的であるがゆえに，その解釈と実施にあたって締約国に大きな裁量を与えるものであり，「should」という法的義務を示すのには通常使用しない用語を使っていることから考えて，現実には3条の原則違反の法的責任を追及することは容易ではないだろう[19]。ただし，少なくとも，条約の目的達成と実施のために措置をとるにあたって，また，これらの措置を評価するにあたって，参照すべき基準を提供するものということはできるであろう。

(2) 締約国の義務

条約は，モントリオール議定書[20]などに見られるように，発展の度合いにより締約国が負う義務に差異を設けている。義務は，その適用対象により大きく以下の3つに分類される。①すべての締約国に適用される義務，②①の義務に加えて附属書Ⅰ締約国に適用される義務，③附属書Ⅱ締約国のみに適用される義務である。締約国をどのように分類するかは，交渉上の大きな争点であったが，INCは，一人あたりの収入など客観的な基準により定義をするという方法ではなく，リストによる締約国の分類という方法をとった。附属書Ⅰには，OECD加盟国と，旧社会主義国である「市場経済への移行の過程にある国」が記載されている。附属書Ⅱには，OECD加盟国のみが記載されている。なお，これらのリストの再検討が，1998年末までに行われることとなっている（4条2(f)）。また，非附属書Ⅰ国は，批准書の寄託の際またはその後いつでも，附属書Ⅰ国に課されている4条2(a)と(b)の義務を負う意図を寄託者に通告できる。

① すべての締約国に適用される義務

すべての締約国に適用される義務は，以下の4つである。

A　4条（約束）1項
B　5条（研究及び組織的観測）
C　6条（教育，訓練及び啓発）
D　12条（実施に関する情報の送付）

このうち，基幹となる義務は4条1項で，5条は4条1項(g)の，そして，6条は4条1項(i)の実施にあたって行われるべき具体的な措置を定める。

まず，4条1項は，共通に有しているが差異のある責任，各国特有の開発の優先順位，目的，事情を考慮して，すべての締約国が以下のことを行うことを義務づけている。

・温室効果ガス[21]の発生源による人為的な排出と吸収源による除去に関する目録の作成，定期的更新，公表，12条に基づくCOPへの提供（1項(a)）
・気候変動の緩和措置および適応措置などを定める気候変動に対処する国家計画の作成，実施，公表，定期的更新（1項(b)）
・温室効果ガスの人為的排出を抑制，削減，防止する技術，慣行および方法の開発，利用，普及の促進とその協力（1項(c)）
・吸収源および貯蔵庫の持続可能な管理および保全の促進とその協力（1項(d)）
・気候変動の影響に対する適応準備の協力（1項(e)）
・関連する社会，経済および環境に関する政策および措置における気候変動の考慮と，気候変動の緩和措置および適応措置が与える経済，公衆衛生および環境への悪影響を最小限にするための適当な方法の利用（1項(f)）
・気候系に関する研究，組織的観測，資料の保管制度の整備の促進とその協力（1項(g)）
・十分で，開かれた，迅速な気候変動に関する情報の交換の促進とその協力（1項(h)）
・気候変動に関する教育，訓練および啓発の促進とその協力，および，これらへの広範な参加の奨励（1項(i)）

29

第1部　気候変動枠組条約・京都議定書レジームの展開

・12条の規定にしたがった実施に関する情報のCOPへの送付（1項(j)）

　4条1項の定める義務の大半が，促進義務，協力義務などの形で定められ，その実施にあたって締約国に大きな裁量を与えているなかで，目録の作成，更新とCOPへの提供の義務，および，実施に関する情報のCOPへの送付義務は，それじしんが具体的な行動をとることを締約国に明確に義務づけるものである。それに加えて，その実施にあたって締約国に大きな裁量が与えられている，その他の義務の実施に関する情報をCOPに提出することを義務づけることにより，これらの義務の実施を国際的監視のもとにおいて促進するという役割を果たしている。

　12条は，4条1項(a)の定める目録と，4条1項(j)の定める実施に関する情報のCOPへの送付について具体的な規則を定める。12条のもとでの情報の送付については，附属書Ⅰ締約国，附属書Ⅱ締約国，発展途上締約国で，送付する情報に含めるべき事項や最初の情報送付の期限が異なっている（条約のもとでの情報送付については，本書所収拙稿「京都議定書のもとでの報告・審査手続」参照）。

②　①の義務に加えて附属書Ⅰ締約国に適用される義務（4条2項）

　①のすべての締約国に課される義務に加えて，附属書Ⅰ国は，以下の3つの義務を負う。

　まず，温室効果ガスの人為的な排出の抑制ならびに吸収源および貯蔵庫の保護と強化により，気候変動を緩和するために政策と措置をとらなければならない。これらの政策と措置は，先進国が率先して，温室効果ガスの人為的な排出の長期的な傾向を条約の目的に沿って修正することを明白に示すものであり，1990年代の終わりまでにその排出量を従前の水準に戻すことがこのような修正に寄与するものである。附属書Ⅰ国は，これらの政策と措置を他の締約国と共同して実施したり，他の締約国を支援することができる（2項(a)）。COP1が共同実施についての基準を決定するものとされており（2項(d)），COP1は，共同実施活動の試験段階を設け，2000年末までに試験段階とその後の進展について最終的に決定するために，毎年検討を行うことを決定した[22]。この規定が，議定書における京都メカニズムと共同達成の規定の基礎となる[23]。

2　気候変動枠組条約・京都議定書レジームの概要

　第二に，附属書Ⅰ国は，A　これらの政策と措置，B　政策と措置をとったことにより予測される，温室効果ガスの発生源による人為的な排出と吸収源による除去に関する詳細な情報を12条の規定にしたがって送付する。この送付は，温室効果ガスの人為的な排出の量を1990年の水準に戻すという目的で行われる（2項(b)）。温室効果ガスの排出の量と除去の量の算定は，入手可能な最良の科学的知見を考慮に入れるべきとされ，COPは，算定のための方法についてCOP1で検討かつ合意し，その後定期的に検討する（2項(c)）。
　第三に，附属書Ⅰ国は，適当な場合には，他の附属書Ⅰ国と経済的手法，行政的手法の調整を行い，かつ，補助金やエネルギー価格設定政策など，温室効果ガスを発生させる活動を助長する自国の政策と慣行の特定と定期的検討を行う（4条2項(e)）。これらの義務は，当初すべての締約国の義務として提案されていたが，いくつかの途上国の反対により，附属書Ⅰ国のみの義務として定められた。
　これらの義務についてまず問題となるのは，その法的性格，すなわち，4条2項が，附属書Ⅰ国に対して，法的拘束力ある温室効果ガスの削減の目標とスケジュールを定めたものかどうかである。前述のように，気候変動の緩和のための政策と措置に関する情報の送付は，温室効果ガスの人為的な排出の量を1990年の水準に戻す「という目的で（with the aim of returning to）」行われるが，いつまでにその水準に戻すのかは明確ではない。他方で，政策と措置に関しては，「1990年代の終わりまでにその排出量を従前の水準に戻すことが［長期的な傾向の］修正に寄与する」とされるのみで，1990年代終わりまでにどの水準に戻すのかは必ずしも明確ではない[24]。また，これらの「目標」を定める条約の条文は，「shall」という用語を用いておらず，「という目的で」という表現を使用するなど，義務的ではなく叙述的な表現が用いられ，締約国への明確な義務づけを回避するような文言となっている。条約交渉中はもちろん条約交渉前からも，温室効果ガスの安定化のための数値目標とその達成スケジュールを国際的に設定することが欧州諸国，AOSISなどから強く主張された[25]。それに対して，アメリカをはじめとするいくつかの先進国は，数値目標の導入に強く反対したため，妥協の結果，このような文言となった[26]。
　このような文言は，条約の定める目標について異なる解釈を可能とする。例えば，条約採択時のアメリカのブッシュ大統領の国内政策助言者は，「い

31

第1部　気候変動枠組条約・京都議定書レジームの展開

ずれかの時点でいずれかの特定の排出の水準とすることの約束に相当するものは条文の文言にはない」とした[27]のに対し，イギリスの交渉代表者は，条約の規定は絶対的な保証と「区別し得ない」とした[28]。また，ECを代表して，ポルトガルは，1992年6月の条約の署名の際に，条約は「今世紀の終わりまでに，二酸化炭素とモントリオール議定書で規制されていないその他の温室効果ガスの人為的排出を1990年の水準に戻すことを目的とした措置を導入する義務」を定めるものであるとの声明を発している[29]。条約そのものは拘束力ある法的文書であるが，条約が定める目標とスケジュールは曖昧な文言となっており，ある締約国がこれらの目標やスケジュールを履行しないことを法的に争うのは容易でないと言わざるを得ない。

　なお，このような附属書Ⅰ国の排出削減義務について，条約は，附属書Ⅰ国の義務の実施に一定の柔軟性を与えることとなる包括的アプローチをとっていると言える。まず，条約は，二酸化炭素に限らず，モントリオール議定書により規制されていないその他の温室効果ガスも対象とし，各附属書Ⅰ国が最も費用対効果の高い措置を選択できるようにしている。次に，包括的アプローチの一環として，吸収源による除去も条約の対象としている。ただし，条約は，吸収源を定義せず，また，ネット・アプローチをとるのか，グロス・アプローチをとるのかを明確に定めないまま，「発生源による排出及び吸収源による除去」という文言を用いており，他方で，4条2項の目標に関する部分は「排出」のみに言及している[29a]。

③　附属書Ⅱ締約国（OECD加盟国）にのみ適用される義務
　A　資金の供与（4条3項，4項）
　　　附属書Ⅱ国は，まず，条約の一般的約束を実施するための費用に宛てるため，新規のかつ追加的な資金を供与する（4条3項）。こうした資金供与には2種類ある。
　　a　発展途上国が，12条1項のもとでの報告義務を遵守するのを援助するための資金供与
　　b　発展途上国が，4条1項が定める気候変動の緩和措置，研究，情報交換，教育，訓練といった報告義務以外の措置を実施するのを援助するための資金供与
　　　である。

2 気候変動枠組条約・京都議定書レジームの概要

表1　条約のもとで差異化された義務

	条約で課されている義務
発展途上国 （非附属書Ⅰ国）	・目録の作成，定期的更新，公表，12条に基づくCOPへの提供（4条1項(a)），国家計画の作成，実施，公表，定期的更新（同(b)），12条にしたがった実施に関する情報のCOPへの送付（同(j)）など（4条1項） ・研究および組織的観測（5条） ・教育，訓練および啓発（6条） ・実施に関する情報の送付（12条）
附属書Ⅰ国	上記の発展途上国に課される義務に加えて ・気候変動を緩和するための政策と措置の実施（4条2項(a)） ・これらの政策と措置とそれによる効果の予測に関する情報を12条にしたがって送付（同(b)） ・適当な場合，他の附属書Ⅰ国との経済的手法，行政的手法の調整を行い，温室効果ガスを発生させる活動を助長する自国の政策と慣行を特定，定期的に検討（同(e)）
（附属書Ⅰ国のうちの） 附属書Ⅱ国	上記の発展途上国および附属書Ⅰ国に課される義務に加えて ・資金の供与（4条3項，4項） ・技術移転（4条5項）

　aは，途上国が条約を批准して義務を履行するのにとりあえず必要な費用であり，途上国が目録を作成することが望ましいと先進国にも認識されたこと，また，報告義務の履行に必要な資金は限定されると考えられたことから，発展途上国がこうした義務を履行するために負担する「すべての合意された費用」が資金供与の対象となった。それに対して，bの費用は，条約の実施につれて相当の額となり，また，際限がなくなるおそれがあったため，先進国は，その費用のすべてを負担することに異議を唱えた。その結果，bの費用については，発展途上国が，条約の資金供与メカニズムに計画を提出し，資金供与メカニズムがその計画を承認したら，その計画の「すべての合意された増加費用」が資金供与の

対象となる。

　次に,附属書Ⅱ国は,気候変動の悪影響を特に受けやすい発展途上国がそのような悪影響に適応するための費用を負担することについて途上国を支援する（4条4項）。4条3項が,気候変動対策を目的とする措置の費用負担に関する規定であるのに対し,4条4項は,実際に生じる気候変動により生じる悪影響に適応するための費用を誰が負担するのかを問題としている。4条3項の資金供与が,気候変動対策費用を対象とし,世界的な効果があるのに対して,適応費用への資金供与は,原則として特定の地域の利益にとどまるため,資金供与のインセンティヴは4条3項よりも乏しいものであった。4条4項の規定は,4条3項より曖昧なものとなっており,気候変動に起因すると推測される損害が生じても,それが自然の変動ではなく気候変動に起因するものであることの因果関係を証明するのは困難と考えられる。また,4条3項と異なり,費用についてどこまで先進国が資金供与を行うのかについては明確ではない。

　条約の資金供与メカニズムでは,課徴金を課すなど自動的に資金が得られる方法ではなく,先進国による分担金の支払いを通じた資金確保の方法を選択している。附属書Ⅱ国がこれらの規定のもとで資金供与を行う法的義務があるかどうかという問題について,4条3項,4項は,附属書Ⅱ国が上記のような資金供与を行うことを義務的な用語で定めているが,附属書Ⅱ国が行う資金供与の水準を明示に規定しておらず,それゆえ,個別の附属書Ⅱ国に対して4条3項,4項違反の法的責任を問うということは相当に困難であろう。なお,4条3項も4条4項も,気候変動の緩和措置から生じる間接的な費用（例えば,他国による化石燃料消費の削減から生じる化石燃料生産国の経済的損失など）や気候変動の対応措置から生じる悪影響への適応費用については対象としていない。

B　技術移転（4条5項）

　附属書Ⅱ国は,他の締約国（特に発展途上国）が条約を実施できるようにするため,適当な場合には,環境上適正な技術およびノウハウの移転または取得の機会の提供について,促進し,容易にしおよび資金を供与するための実施可能なすべての措置をとる。「適当な場合には」「実施可能なすべての措置をとる」といった文言が示すように,技術移転をす

2　気候変動枠組条約・京都議定書レジームの概要

る附属書Ⅱ国に大きな裁量を与える規定となっている。

なお，4条3項から5項にしたがってとる措置の詳細について，附属書Ⅱ国は，12条1項のもとで送付する情報に含めなければならない。

(3)　**条約の実施メカニズム**
① 　資金供与メカニズム（11条および21条3項）
　条約は，贈与または緩和された条件による資金供与の制度を設ける。この制度は，COPの指導のもとに機能し，COPに対して責任を負う。COPが，条約に関連する政策，計画の優先度および適格性の基準について決定する。資金供与の制度は，透明性の高い管理のしくみの下に，すべての締約国から衡平かつ均衡のとれた形で代表される。条約が新規の資金供与制度を設けるかどうかについて，先進国と途上国の間に大きな意見の違いがあったため，条約は，新しい制度を設けるか，地球環境ファシリティ（GEF）を条約実施のための資金供与メカニズムとするかについて定めないまま，資金供与メカニズムの一般的特性としくみを定めている。そして，COP1までの間，GEFに資金供与制度の運営について暫定的に委託し（21条3項），COP1においてこの暫定的措置を維持するかどうかを決定する。COP1において，GEFが，暫定的に資金供与制度の運営を委託された機関として引き続き機能することが決定され，4年以内に見直しを行うことも決定された[30]。

② 　条約の遵守確保メカニズム
　A　情報の送付[31]と検討（12条）
　　前述のように，12条のもとで，締約国は，それぞれ事務局を通じてCOPに情報を送付する。事務局は，これらの情報をCOPと関連する補助機関に伝達する。COPと補助機関は，これらの情報を検討する。実施に関する補助機関（SBI）は，個別の締約国が条約の実施のためにとった措置を評価するものではなく，締約国によってとられた措置の影響を全体として評価し（10条2項(a)），4条2項(d)に規定する気候変動の緩和措置と情報の送付の妥当性の検討を行う（10条2項(b)）ために，情報の検討を行う。COPは，「この条約により利用が可能となるすべての情報に基づき，締約国によるこの条約の実施状況，この条約に基づいてと

られる措置の全般的な影響……及びこの条約の目的の達成に向けての進捗状況を評価する」（7条2項(e)）任務を担うが，個別の締約国による条約の実施について評価するものではない。

B　多数国間協議手続（13条）

　COPは，COP1において，条約の実施に関する問題の解決のための多数国間の協議手続（multilateral consultative process; MCP）を定めることを検討する。COP1は，MCPの設置に関する問題を検討する，13条に関するアド・ホックの作業グループを設置し[32]，COP4において，手続を担う多数国間協議委員会の構成を除いて，手続が採択された[33]。

C　紛争解決手続（14条）

　条約は，その他の多数国間環境条約と類似の紛争解決規定を定めている。条約の解釈または適用に関して締約国間で紛争が生じた場合には，紛争当事国は，交渉またはその他の平和的手段により紛争の解決に努める（14条1項）。これらの手段により紛争が解決されない場合，紛争は，いずれかの紛争当事国の要請により調停に付される（14条5項）。これらの調停は，調停委員会により行われ，調停委員会は勧告的な裁定を行い，紛争当事国はその裁定を誠実に検討する（14条6項）。なお，双方の紛争当事国が，事前に国際司法裁判所（ICJ）への付託または仲裁に関する附属書に定める手続による仲裁に合意する場合，これらの義務的な手続が利用されうる（14条2項）。

③　条約の改正，附属書の採択と改正，議定書

　条約の改正は，COPの通常会合で行われ，改正案は，会合の少なくとも6カ月前に，事務局が締約国に通報する（15条1項）。改正案については，コンセンサス方式で合意に達するようあらゆる努力を払うが，合意に達しない場合には，会合に出席しかつ投票する締約国の4分の3以上の多数による議決で採択する（15条3項）。採択された改正は，条約の締約国の少なくとも4分の3の受諾書を寄託者が受領した日の後90日目に，改正を受諾した締約国について効力を発する（15条4項）。

　条約の附属書は，条約の改正に関する手続を準用して提案され採択される（16条2項）。採択された附属書は，6カ月以内に受諾しない旨を書面により寄託者に通告した締約国を除き，寄託者がその採択を締約国に通報した日か

ら6カ月で，すべての締約国について効力を生ずる（16条3項）。同意の表明により法的に拘束される通常の条約の場合と異なり，不同意を表明することにより法的に拘束されなくなる，コントラクティング・アウト方式を採用し，通常の条約の場合と比べて規則の制定を容易にできる方式としている。

議定書は，COPの通常会合で採択され（17条1項），会合の少なくとも6カ月まえに，事務局が議定書案を締約国に通報する（17条2項）。効力発生の要件は，議定書案が定める（17条3項）。

(4) 条約の機構
① COP（7条）

COPは，条約の最高機関として，条約およびCOPが採択する関連する法的文書の実施状況を定期的に検討し，権限の範囲内で，条約の効果的な実施を促進するために必要な決定を行う。COPは，通常毎年一回開催される。国際連合，その専門機関，国際原子力機関およびこれらの国際機関の加盟国またはオブザーヴァである条約の非締約国に加えて，会合に出席する締約国の3分の1以上が反対しない限り，条約の対象とされている事項について認められた政府または民間の団体・機関もオブザーヴァとして出席できる（7条6項）。なお，7条3項に基づいて，COP1において，COPの手続規則を採択しようとしたが，意見の違いから採択できないままである。そのため，COP1は，実質事項についての決定の採択方法に関する規則42を除いて手続規則草案を適用することを決定したまま，その慣行が継続している[34]。今のところ，決定はすべてコンセンサスで行われている。

② 事務局（8条）

事務局は，COPの会合および補助機関の会合の準備と補佐，締約国による情報のとりまとめと送付に対する支援，事務局に提出される報告書のとりまとめと送付などを行う。なお，事務局には，締約国による条約の実施についてデータを収集したり，審査または報告する権限は与えられていない。

③ 科学上及び技術上の助言に関する補助機関（SBSTA）（9条）

SBSTAは，COPおよび，適当な場合には，他の補助機関に対して，この条約に関連する科学的および技術的な事項に関する情報と助言を提供する。

SBSTAは，関連専門分野に関する知識を十分に有している政府の代表者により構成される。SBSTAは，COPの指導の下に行動し，COPに対して定期的に報告を行う。

④ 実施に関する補助機関（SBI）（10条）

SBIは，条約の効果的な実施について評価し検討することに関してCOPを補佐する。とりわけ，12条1項および2項の規定にしたがって送付される情報を検討する役割を担っている（前述（3）条約の実施メカニズムの項目参照）。SBIは，気候変動に関する事項の専門家である政府の代表により構成される。SBIは，COPの指導の下に行動し，COPに対して定期的に報告を行う。

⑤ ビューロー（Bureaux）

条約上規定はないが，手続規則案にもとづいて，継続性の確保のため，COPと上記の2つの補助機関のビューローがそれぞれ選出される。COPのビューローは，5つの国連地域グループから2人ずつ，AOSISから1人，指名され，COPごとにCOPにより選出される。メンバーは，COP議長，7人の副議長，SBSTAおよびSBIの議長，報告者からなる。1年の任期で選出され，1回にかぎり再選が可能である。SBSTAとSBIのビューローは，議長，副議長，報告者からなり，2年の任期で選出される。

3 京都議定書の概要

(1) 附属書I国の排出抑制削減義務

京都議定書は，条約の枠組のもとで，条約の附属書I国（OECD加盟国と市場経済移行国）が個別にまたは共同して，議定書の附属書Aに定める6つの温室効果ガス（二酸化炭素，メタン，一酸化二窒素，ハイドロフルオロカーボン，パーフルオロカーボン，六フッ化硫黄）の排出を削減することを義務づけている。附属書I国の削減義務は，以下のように定められる。1990年を基準年とし[35]，1990年の上記6つのガスを二酸化炭素に換算した排出量の総計に，附属書Bが定めるパーセンテージを乗じたものの5倍（1990年の排出量の総計×（附属書Bが定める数値/100）×5）が，第一約束期間である2008〜2012年5年間の各国の割当量となる。附属書I国は，2008〜2012年の間の自

2 気候変動枠組条約・京都議定書レジームの概要

図1　排出抑制削減義務（割当量）の考え方

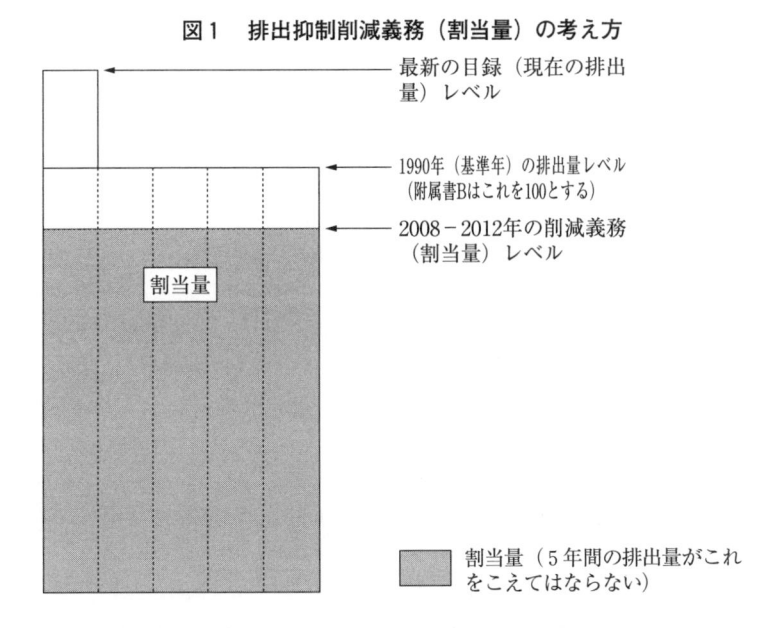

- 最新の目録（現在の排出量）レベル
- 1990年（基準年）の排出量レベル（附属書Bはこれを100とする）
- 2008－2012年の削減義務（割当量）レベル

　割当量（5年間の排出量がこれをこえてはならない）

　国の総排出量をこの割当量の範囲に抑制・削減しなければならない。日本を例にとれば，附属書Bは日本について94と定めているので，1990年の日本の排出量の94％分（すなわち，1990年の排出量を基準にして6％を削減した分）の5倍が日本の割当量となり，2008～2012年の5年間の総排出量がこの割当量の範囲におさまるよう確保する義務を負っている（附属書Ⅰ国の削減義務については本書巻末資料附属書B参照）。議定書の定める削減義務の基礎となる基準年である1990年の「排出量」には，発生源による排出のみが含まれ，吸収源による除去は含まれていない。それに対して，2008～2012年の排出量の換算には，発生源による排出だけではなく，吸収源による除去も含まれる[36]（グロス／ネット・アプローチ）。したがって，吸収源により除去された分は，その分排出を削減したものとして取り扱われることになる。なお，附属書Ⅰに記載されていない発展途上国は，第一約束期間についてこのような数量化された削減義務を負っていない。
　第一約束期間以降の削減義務については，議定書発効後の交渉となることが予定されている。3条9項は，COP/MOPが，2005年末までに交渉を開始

すると定める。第一約束期間以降の削減義務は，21条7項に基づき，20条の定める改正の手続にしたがって採択され，効力を発する。また，約束期間の排出量が割当量を下回った場合，附属書Ⅰ国は，要請に基づいて，その割当量を下回った分量を次の約束期間の割当量に，追加できる，いわゆるバンキングが認められている（3条13項）。

(2) 柔軟性メカニズム（京都メカニズム）（6条，12条，17条）

この削減義務の達成のために，附属書Ⅰ国は，省エネルギー措置などの国内での削減措置による排出削減に加えて，市場メカニズムを利用した3つのメカニズムを利用できる。6条は，一定の条件のもとで，附属書Ⅰ国が，別の附属書Ⅰ国内での温室効果ガスの排出削減事業または吸収源による除去事業から得られる排出削減単位（ERUs）を得ることができるとしている（共同実施（JI））。また，12条は，一定の条件のもとで，附属書Ⅰ国が，非附属書Ⅰ国内での事業から得られる認証された排出削減量（CERs）を得ることができるとしている（クリーン開発メカニズム（CDM））。さらに，17条は，

表2　共同達成のもとでのEUの構成国間での削減負担の再配分
（基準年比で構成国が排出量を削減する水準）

オーストリア	－13%	イタリア	－6.5%
ベルギー	－7.5%	ルクセンブルグ	－28%
デンマーク	－21%	オランダ	－6%
フィンランド	0%	ポルトガル	＋27%
フランス	0%	スペイン	＋15%
ドイツ	－21%	スウェーデン	＋4%
ギリシャ	＋25%	イギリス	－12.5%
アイルランド	＋13%		
欧州共同体	\multicolumn{3}{c}{－8%}

出典：Commission of the European Communities, Proposal for a Council Decision concerning the conclusion, on behalf of the European Community, of the Kyoto Protocol to the United Nations Framework Convention on Climate Change and the joint fulfilment of commitments thereunder, COM（2001）579.

附属書Ⅰ国間での排出量取引について定めている。これらのメカニズムの利用により得たクレジットは，削減義務の達成のために利用することができる[37]。また，締約国は，私的主体がこれらのメカニズムに参加することを認めることができる[38]。詳細については，本書所収の京都メカニズムの論稿を参照されたい。

(3) **共同達成**（Joint fulfillment）

共同達成は，複数の附属書Ⅰ国が，3条の削減義務を達成するために，取極に参加する附属書Ⅰ国全体の総割当量を総排出量が超えないという条件で，各国の排出量水準を割り当てる取極を結び，共同して削減義務を達成しようとするしくみである（4条）。このしくみは，いずれの附属書Ⅰ国も利用できるが，当面のところ，このしくみを利用しようとしているのはEUの15の構成国である。EUは，議定書のもとで，1990年比8％の排出削減を行う義務を負うが，構成国の発展の度合いなどを考慮して，全体で8％の削減という削減の負担を，15カ国で配分しなおして議定書を実施しようとしている（表2参照）。この共同達成のしくみを利用する附属書Ⅰ国が全体として削減水準を達成できなかった場合は，取極に参加する各国が，取極の定める自国の排出水準について責任を有する。なお，EUのような地域的経済統合機構の枠組みで共同達成を行う場合には，その地域的経済統合機構も責任を有する。共同達成は，「第四の柔軟性メカニズム」と呼ばれることもある。

(4) **議定書の実施メカニズム**
① 報告・審査制度と遵守手続

議定書は，他の環境条約と同様に，締約国による目録や一定の情報の報告と，議定書の機関によるその審査のしくみを定めている（5条，7条，8条）。削減義務の実施を検証する基礎となる目録作成のための国内制度の設置にはじまり，かつてない詳細な報告制度が設けられ，そのようにして提出された情報は，専門家審査チーム（ERT）が審査を行う。その過程で発見された実施上の問題は，遵守手続のもとで，不遵守の認定とそれに対する対応が決定される（18条）。また，18条の定める遵守手続と別個に，議定書の解釈および適用に関する締約国間の紛争を解決するため，必要な変更を加えて，前述の条約の定める紛争解決手続を議定書に適用する（19条）。議定書のもとでの報告・審査制度および

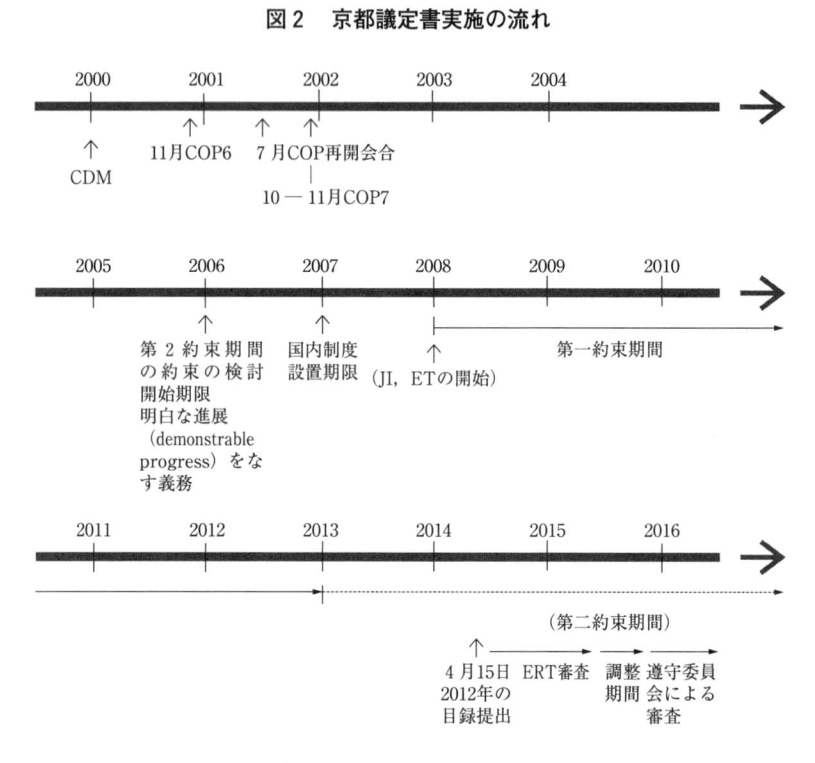

第1部　気候変動枠組条約・京都議定書レジームの展開

図2　京都議定書実施の流れ

```
2000    2001        2002        2003    2004
 ↑       ↑           ↑
CDM    11月COP6   7月COP再開会合
                     |
                  10－11月COP7
```

```
2005    2006        2007        2008        2009    2010
         ↑           ↑           ↑
       第2約束期間   国内制度    (JI, ETの開始)   第一約束期間
       の約束の検討  設置期限
       開始期限
       明白な進展
       (demonstrable
        progress)をな
        す義務
```

```
2011    2012    2013    2014    2015    2016
                                      (第二約束期間)
                         ↑    ERT審査  調整  遵守委員
                      4月15日            期間  会による
                      2012年の                 審査
                      目録提出
```

遵守制度については，本書所収の拙稿をそれぞれ参照いただきたい。

② 資金供与メカニズム

　先進国は，発展途上国が，10条(a)の対象となっている，条約4条1項(a)のもとでの目録の作成とCOPへの提供の義務の実施を推進する際に生じる合意された費用全体を満たす，新規の追加的な資金源を提供する義務を負っている（11条2項(a)）。さらに，10条の対象となっており，発展途上国と条約11条の定める国際主体（GEF）との間で合意された，条約4条1項のもとでの目録の作成と提出以外の義務の実施を推進するための合意された増加費用全体を満たすのに発展途上国が必要な資金源（技術移転のための資金源も含む）を提供する（11条2項(b)）。発展途上国によるこれらの義務の実施は，資金の流れの適切さと予測可能性の必要性，および，先進締約国間での適切な負

担配分の重要性を考慮する。議定書のもとでの資金供与メカニズムの詳細については，本書の途上国問題に関する論稿を参照されたい。

③　議定書の機構

条約のCOPが，議定書の締約国会合（COP/MOP）として機能する（13条1項）。議定書の非締約国は，COP/MOPにオブザーヴァとして参加できるが，議定書のもとでの決定には参加できない（13条1項）。条約の事務局と補助機関（SBSTAおよびSBI）が，議定書のもとで，議定書の事務局と補助機関の機能を果たす（14条，15条）。COPと上記の2つの補助機関のビューローそれぞれが，議定書のもとででCOP/MOP，2つの補助機関のビューローとしてそれぞれ機能する。ただし，非締約国の代表は，議定書に関する事項が議論される場合には，ビューローの構成員として参加できない（同じ交渉ポジショングループから，議定書の締約国の代表が代わりに参加する）（13条3項）。基本的に，議定書の非締約国は議定書の意思決定に参加をしないという条件で，条約の機構が必要な変更を加えて利用される。

4　気候変動枠組条約・京都議定書の特徴

(1)　枠組条約方式

気候変動枠組条約・京都議定書は，枠組条約方式を採用している。地球環境問題の解決をその目的とする多数国間環境条約の多くが採用しているこの枠組条約方式は，基本的な原則やその後の交渉の枠組についての合意（枠組条約）をまず採択し，科学的知見の発展や技術の進歩などに応じて，それをもとにより具体的で明確な義務を定める議定書や附属書を作成するものである。それにより，科学的不確実性などを理由に問題解決の枠組について一気に合意を形成するのが困難であったり，また，時間がかかる問題について，まず今後の交渉の土俵を作り，時間をかけて交渉を推進していくことができる[39]。また，京都議定書も，附属書Ⅰ国の数量化された削減義務をはじめとする温室効果ガス削減の基本的枠組を定めたが，その実施にあたっての詳細な規則の策定は，議定書採択後のCOP/MOPを軸とする締約国間の交渉に委ねた．京都議定書が時折「枠組議定書」といった呼ばれ方をするのはその所以である．しかし，厳密には，京都議定書は，いわゆる「枠組条約」と異

なり，数量化された排出抑制削減義務をはじめとする相対的にずっと厳格な法的枠組を課しており，その後の交渉において，締約国が負う具体的な義務の水準までをあらためて議論しなおす余地を残しているものではない。

(2) 柔軟性の確保と発展の不平等解消の確執

京都議定書のもう一つの特徴は，市場メカニズムを利用して，温室効果ガスを削減しようとするしくみ，「京都メカニズム」を国際レベルで採用したことである。多数国間環境条約でのこのような市場メカニズムの導入は，京都議定書がおそらく最初の事例であろう。取引により他国の割当量を獲得したり，国外での削減事業による削減分を自国の削減と見なすことができるため，温室効果ガスの削減費用が低いところで削減を行い，削減義務を達成することができる。このことは，削減が相対的に容易なところから削減を行うことができ，議定書のもとで本格化するであろう温暖化防止対策を早急に行うインセンティヴを生じさせるだろう。しかし，他方で，一般に先進国における削減費用は高いと考えられているが，市場メカニズムの利用が，削減費用の低い先進国国外での削減措置や事業のみを優先させ，先進国国内における排出削減を回避または遅らせるということになると，一人あたりの温室効果ガス排出量の先進国と発展途上国間の格差を拡大させ，先進国と発展途上国間にすでに存在する経済発展の不平等を固定化し，さらには拡大させるおそれもある。また，途上国は，先進国がまず率先して排出削減を行うことを示すことを要求しているため，先進国国内における削減を回避，遅らせるということになると，発展途上国が議定書のもとで何らかの削減義務を負うことも遅らせかねない。こうした「柔軟性の確保」と「衡平な発展を考慮しての先進国国内における削減」の2つをどのように調整し，均衡させるのかが，メカニズム利用の「補完性」に関する問題をはじめ，メカニズムの交渉において常に問題となってきた。

(3) 他の条約との関係

今後問題となると思われるのは，策定された議定書の詳細な実施規則と他の環境条約やWTO協定などの貿易協定との関係である。

例えば，議定書のもとでの森林等吸収源活動について，かかる活動から獲得される除去量が，附属書Ⅰ国の排出抑制削減義務の達成に利用できるということになれば，例えば，半乾燥地における在来種の植林やアグロフォレス

トリー（樹木と農作物または家畜とを意図的に組み合わせた土地利用方法）などが促進され，砂漠化防止に一定の効果を期待できるかもしれない。また，自然林の伐採の回避などが促進されれば，その地域の生物多様性を保護する効果を得ることも期待しうる。しかし，他方で，炭素除去の最大化を目的として単一樹種の植林が進められれば，生物多様性などに対して悪影響を生じさせるおそれもある[40]。したがって，土地利用及び土地利用変化に関するIPCC特別報告書も言及するとおり[41]，これらの関連する問題との相互連関，そして，生物多様性条約，ラムサール条約，砂漠化対処条約といった関連する環境条約の目的と義務を考慮して，森林等吸収源に関する国際的枠組が構築されることが不可欠である。この点につき，ボン合意およびCOP/MOP決定草案において，かかる活動の実施が生物多様性の保全と天然資源の持続可能な利用に資することが，森林等吸収源活動を規律する原則の一つとして合意された[42]こと，ならびに，COP9で採択が予定されている，第一約束期間におけるCDMのもとでの森林等吸収源活動の方式の作成において，社会・経済への影響，生物多様性や生態系への影響を含む環境影響が考慮されることが合意された[43]ことに留意されるべきである。

また，京都メカニズム，とりわけ排出量取引の文脈で，WTO協定との関係が問題となりうる。ある附属書Ⅰ国が，何らかの理由で（例えば，国際的排出量取引と連動した国内排出量取引制度を設ける場合，ホット・エアを利用することにより私人が国内での削減義務を達成するのを回避するため），特定国からの，または，特定の性質を持った排出枠の取引を制限するような措置をとる場合，これがWTO協定に反する措置とみなされるのかどうかといった問題がその一つの事例である。取り引きされる排出枠や取引が，果たしてWTO協定の適用対象となる製品やサービスとして扱われうるのかどうか，議定書の実施のためにとられる国内措置はどのような条件で，どの程度，WTO協定上正当化されうるのか，といった諸問題について，今後さらなる法的検討が必要とされるだろう。

5　結びにかえて

温室効果ガスの排出はあらゆる人間活動に関係している。それゆえ，地域，国家，国際の各レベルでのあらゆる政策への気候変動問題に関する考慮の統

第1部　気候変動枠組条約・京都議定書レジームの展開

合が求められる。また，かかる問題の特質ゆえに，気候変動防止のための措置は，よいにしろ悪いにしろ，経済活動に少なからぬ影響を与える。したがって，情報の公開と，措置により影響を受ける産業界や市民など関係者との協議に基づく透明性の高い政策決定が，その効果的実施のために必要とされるだろう。そして，先進国と途上国間の発展の不平等を解消しつつ，どのように気候変動問題に対処していくのかが問われるだろう。それは，まさに，持続可能な発展をどのように実現していくかの試金石である。

(1) IPCCは，1988年に世界気象機関（WMO）と国連環境計画（UNEP）により設立された機関で，条約の機関ではないが，気候変動の交渉に重要な科学的知見を提供している。IPCCが作成する報告書は，気候変動に関する最も信頼性の高い情報源として広く認められている。

(2) U.N. GAOR, 43rd Sess., Supp. No. 49, at 133, 134, U.N. Doc. A/43/49 (1988).

(3) U.N. GAOR, 44th Sess., Supp. No. 49, at 262, U.N. Doc. A/44/862 (1989).

(4) U.N. GAOR, 45th Sess., Supp. No. 49, at 147, 148, U.N. Doc. A/45/49 (1990).

(5) 詳細な条約の交渉過程については，本書所収亀山康子「気候変動問題の国際交渉の展開」およびDaniel Bodansky, "The United Nations Framework Convention on Climate Change: A Commentary", 18 *Yale Journal of International Law* 451 et s. (1993)。

(6) トルコは，OECD加盟国のため，附属書Ⅰ，附属書Ⅱに記載され，条約の締約国となれば，温室効果ガスの削減義務のみならず，（トルコよりも経済的に発展した，例えばサウジアラビアなどを含む）発展途上国への資金供与義務も負うことになった。このことに反発し，トルコは条約に署名もせず，加入もしていない。なお，COP7で，トルコを附属書Ⅱから削除する附属書Ⅱの改正が採択された。

(7) 例えば，オゾン層破壊物質に関するモントリオール議定書（以下「モントリオール議定書」）は発効までに約2年，バーゼル条約は約3年を費やした。

(8) U.N. GAOR, INC/FCCC, 5th Sess., 2nd Part, U.N. Doc. A/AC. 237/L. 15 (1992).

(9) 4条は「約束」というタイトルがつけられているが，4条の規定を見る限り，一般の条約上の義務と何ら変わるものではない。

(10) FCCC/CP/1995/7/Add. 1, at 4-6.

(11) 詳細な議定書の交渉過程については，前掲註(5)　亀山論文参照。また，Sebastian Oberthür and Hermann E. Ott, *The Kyoto Protocol-International Climate Policy for the 21st Century-*, at 43-91にも詳しい。

(12) 「締約国会議が採択する関連する法的文書」には，京都議定書が含まれる。

(13) 前掲註(5)　Bodansky, 500.

(14) 条約法条約31条1項。

⑮ 1960年代後半以降，深海底や月などの天体の規制の文脈で唱えられた「人類の共同遺産（common heritage of mankind）」という概念は，規制対象となる空間の専有の禁止やそこで得られる利益の衡平な配分といった帰結を導くものであったためか，用いられていない。

⑯ リオ宣言原則15は，「環境を保護するために，予防的アプローチは各国によってその能力に応じて広く適用されなければならない。深刻または回復不可能な損害のおそれがある場合には，科学的な確実性が十分にないことをもって，環境悪化を防止するための費用対効果の大きな措置とることを延期する理由とすべきではない」としている。

⑰ 例えば，絶滅のおそれのある野生植植物の種の国際取引に関する条約（CITES）2条，長距離越境大気汚染防止条約（LRTAP）2条〜5条は「基本原則」を定めているが，気候変動枠組条約と異なり，締約国の一般的な法的義務を「基本原則」のもとで定めている。また，生物多様性条約3条も「原則」を定めているが，3条はすでに国際慣習法の規則とみなされている規則を再確認するものとなっている。

⑱ 前掲註⑤ Bodansky, 501.

⑲ アメリカは，14条の紛争解決手続のもとで，締約国は3条違反を認定されないことを明記しようとしたが認められず現在の条文になった。前掲註⑤ Bodansky, 502, at note 308. したがって，14条は，3条を紛争解決手続の適用対象から自動的に除外することを意図するものではない。

⑳ モントリオール議定書5条は，オゾン層破壊物質の消費量に関する一定の基準を満たす発展途上締約国が規制措置の実施を10年間遅らせることを認めるなど，先進国と発展途上国の間で義務に差異を設けている。

㉑ 4条1項の適用上，「温室効果ガス」には，モントリオール議定書によって規制されているものは除かれている。

㉒ 決定5/CP. 1, FCCC/CP/1995/7/Add. 1, p. 18–20.

㉓ 「取引可能な排出権」という名の下で，排出量取引制度の設置についても，アメリカなどいくつかの国から主張されたが，制度の複雑さ（それによって交渉に時間がかかること），条約そのものが排出量取引の基礎となるほど明確な数値目標とスケジュールを定めていなかったことなどから，条約に挿入されることは本格的には議論されなかった。

㉔ さらに，「安定化（stabilize）」ではなく「戻す（return）」という用語を利用していることで，一度1990年の水準に達すれば，その後排出量の増加が容認されているとの主張もあながち不可能ではなく，4条2項の規定が，1990年またはある水準での安定化を意味するものかどうかは必ずしも明らかではない。

㉕ 例えば，INC1でのデンマーク提案（2005年までに1990年レベルで20％削減）など。Compilation of Proposals Related to Commitments, INC/FCCC, 3d Session, U.N. Doc. A/AC. 237/Misc. 7 (1991), at 30. 1991年12月のジュネーヴでの会合でも，交渉テキスト案には，第一段階として，2010年までに1990年レベルで25％先進国が排出を削減するという代替案が含まれていた。Article IV (2)

(C). Alternative B of the Consolidated Working Document in Report of the Intergovernmental Negotiation Committee for a Framework Convention on the Work of Its Fourth Session, U.N. GAOR INC/FCCC, 4th Session, U.N. Doc. A/AC. 237/15 (1992).

(26) 日本は、「誓約と審査（pledge and review）」というしくみを交渉において提案した。U. N. Doc. A/AC. 237/-misc. 1/Add. 7. この日本提案については、兼原敦子「国際環境法の発展における『誓約と審査』手続の意義」『立教法学』38号、46頁以下（1994年）参照。

(27) Letter from Mr. Clayton Yeutter to Representative John Dingell, Chair of the House Energy and Commerce Committee. Rose Gutfield, "How Bush Achieved Global Warming Pact with Modest Goals", *Wall Street Journal*, May 27, 1992.

(28) James Erlichman, "Howard Defends Emissions Treaty", *Guardian*, May 12, 1992, at p. 2（David Fiskの言葉を引用）。

(29) 前掲註(5) Bodansky, 516-517.

(29a) 吸収源に関するアプローチについては、橋本征二・髙村ゆかり「京都議定書における森林等吸収源の取り扱いに関する検討」『行財政研究』48号、4-6頁（2001年）参照。

(30) 決定9/CP. 1, FCCC/CP/1995/7/Add. 1, p. 32.

(31) 「報告（reporting）」ではなく「情報の送付（communication of information）」という用語が使用されたのは、「報告」という用語の使用が、国家主権に介入するプロセスを示唆するものとの理由から、いくつかの途上国が異議を唱えたからであった。前掲註(5) Bodansky, 544.

(32) 決定20/CP. 1, FCCC/CP/1995/7/Add. 1, p. 59.

(33) 決定10/CP. 4, FCCC/CP/1998/16/Add. 1, p. 42-46.

(34) 手続規則草案については、FCCC/CP/1995/2によって改正されたA/AC.237/L. 22/Rev. 2. COP1の決定については、FCCC/CP/1995/7, at 8, para. 10.

(35) 議定書3条5項により、市場経済移行国は、1990年以外の年または期間を基準年とすることができる。COP2の決定9/CP. 2は、ブルガリア、ハンガリー、ポーランド、ルーマニアについて、COP4の決定11/CP. 4が、スロヴェニアについて、1990年以外の年または期間を基準年とすることを決定している。条約12条のもとでの第一回国家通報を議定書採択段階で提出していなかった市場経済移行国については、COP/MOPに通告し、COP/MOPの承認を得ることで、1990年以外の年または期間を基準年とすることができる。また、3条8項により、ハイドロフルオロカーボン、パーフルオロカーボン、六フッ化硫黄の3ガスについては、附属書Ⅰ国は、1995年を基準年として使用することができる。

(36) 議定書3条7項は、基準年または期間における「附属書Aに掲げる温室効果ガスの人為的な二酸化炭素換算総排出量」が割当量の計算の基礎となるとし、基準年の「排出量」の計算には吸収源による除去は含まれていない。ただ

し，1990年の森林等吸収源（土地利用の変化及び林業）活動が温室効果ガスの純発生源となる附属書Ⅰ国は，その純排出量を排出基準年（1990年）の排出量として取り扱うこととしている。

(37)　締約国が獲得したERUs, CERsが割当量の一部となるのか，割当量とは別のものとして削減義務の達成に利用できるのかは，これらのクレジット相互間の交換可能性（fungibility）の問題や売りすぎによる削減義務の不遵守の防止のための約束期間リザーヴ（commitment period reserve）などとの関係で，交渉上の一つの争点となってきた。

(38)　6条3項は，附属書Ⅰ国が共同実施への「法的主体（legal entities）」の参加を認めることができるとする。12条9項は，「私的主体および／または公的主体（private and/or public entities）」がCDMに参加できるとしている。17条は，排出量取引への私的主体の参加について何も言及していないが，締約国が私的主体の参加を認めることができることを前提に交渉が進められた。

(39)　枠組条約方式については，山本草二「国際環境協力の法的枠組の特質」『ジュリスト』No. 1015, 145-150頁（有斐閣，1993年）。

(40)　IPCC特別報告書の政策決定者向け要約（Summary for Policy Makers ; SPM），para. 84-90。

(41)　*Ibid*, para. 88。

(42)　FCCC/CP/2001/L. 7, p. 10, para. 1 (e) およびDraft decision-/CMP. 1 Land use, land-use change and forestry, para. 1 (e), FCCC/CP/2001/13/Add. 1. p. 56。

(43)　*Ibid*, p. 11, para. 9およびDecision 11/CP. 7 Land use, land-use change and forestry, para.2 (e), FCCC/CP/2001/13/Add. 1, p. 54。

第 2 部

京都議定書の国際制度
COP 6 再開会合とCOP 7 で何が決まったか

3　COP 6 再開会合とCOP 7 における成果と評価　亀山康子

4　京都メカニズム
　　4 — 1　京都メカニズム —— 交渉の歴史　沖村理史
　　4 — 2　京都メカニズムの共通課題　西村智朗
　　4 — 3　排出量取引（Emissions Trading）　西村智朗
　　4 — 4　共同実施（JI）　沖村理史
　　4 — 5　クリーン開発メカニズム（CDM）　加藤久和

5　吸収源に関する主要論点と交渉経緯　山形与志樹・石井 敦
6　国家目録と国家通報　歌川 学
7　京都議定書のもとでの報告・審査手続　髙村ゆかり
8　京都議定書のもとでの遵守手続・メカニズム　髙村ゆかり
9　京都議定書における途上国に関連する問題について　松本泰子

3 COP6再開会合とCOP7における成果と評価

[亀山康子]

　1998年のCOP4で採択されたブエノスアイレス行動計画にもとづき，2年間の交渉が進められた。その交渉の期限として設定されていたのがCOP6だった。COP6は，2000年11月にオランダのハーグで開催された。しかし，そこでは合意に達することができず，翌年のなるべく早い時期まで延期するということに合意した。COP6再開会合は，実際には2001年7月に開催された。そこでは，ハーグで合意できなかった部分について環境大臣レベルで政治決断としてのボン合意が達成された。そして，ボン合意という政治合意を国際法文書に書きなおしたのがCOP7でのマラケシュ合意である。

　第2部では，この2回に分けられたCOP6およびCOP7で話し合われ合意された内容を，議題ごとにわけて分析する。これは非常に複雑な交渉の結果であり，それと同時にいくつかの新たな国際制度が生まれる契機ともなった。この次の章以降，その特徴を順次テーマごとに扱っていく。

　テーマごとの議論に入る前に，COP6とCOP6再開会合，そしてCOP7に至る時期の背景と，その状況下におけるCOP6および7の意義をまとめる。全体像を把握することにより，各論の意味やそのような形で合意された理由がより明確に分かるだろう。

1　COP6第1部（ハーグ会議）までの動き

　1998年COP4でブエノスアイレス行動計画が合意されて以来，半年に一度，補助機関会合という会合を開催して協議が続けられていた。また，1999年にはボンでCOP5が開催され，COP6までの道のりの折り返し地点として，残り1年で最大の努力をしようという機運が上がった。

　また，この動きと並行して話題に上り始めたのが，2002年の地球環境サ

ミットである。1972年にストックホルムで開催された国連人間環境会議以来，10年ごとに国連が大規模な環境会議を開催してきた。1982年に国連環境計画（UNEP）が設置されているナイロビで開催された会議はあまり一般の人々の注目を浴びなかったが，1992年にリオ・デジャネイロで開催された地球環境開発会議は，地球環境サミットとも呼ばれ，多くの人々の関心を呼んだ。気候変動枠組条約の採択が1992年であるのも，この会議に時期を合わせたからに他ならない。さらにこの10年後が2002年であり，「リオ＋10」会議という仮称がつけられ（その後，正式名称は，「世界持続可能性サミット」となり，ヨハネスブルグで開催されることとなった），それに合わせて2002年を地球環境のイベント年としようとする動きが高まってきた。

京都議定書が発効するためには，附属書I締約国の1990年のCO_2排出量の合計の少なくとも55％を占める附属書Ⅰ締約国を含み，55か国以上の条約の締約国が批准する必要がある（同議定書25条）。ここで，わざわざ付け加えられた「附属書Ⅰ締約国の総排出量の55％」という条件は，微妙なバランスから来るものであった。一方で，55か国の批准を唯一の発効要件にすると，義務が発生すべき先進国が全く批准しなくても，小さな途上国が55か国批准しただけで議定書が発効してしまうという問題がある。他方，附属書Ⅰ締約国の排出量のうち，米国の排出量は36.1％を占めている。発効要件のラインが例えば「65％」だったとすると，他の全ての附属書Ⅰ締約国が批准していても，米国1国が拒否するだけで議定書が発効しなくなってしまう。「55％」という数値は，主だった先進国が批准しなければ発効しないように，同時に，米国とその他数か国が批准しなくても発効するように，という考えから慎重に選ばれた数字であった。

2002年内に議定書の発効を目指すのであれば，2002年の9月末までにこの条件が満たされなければならない。ある国が議定書を批准するためには，その国が京都議定書の義務を確実に履行できると言えるだけの法制度が国内で準備されなければならない。この時，日本を含め，ほとんどの先進国では，排出量取引が確実に利用できるか否か，排出量の数量目標が達成できなかった時にはいかなる罰則が科せられるのか，といった点が明らかになっていなければ，批准は困難である。このような条件をふまえて逆算していくと，2002年早々に主要先進国が批准を済ませるには，2001年早々に詳細ルールが決定していなければならない。COP6にてブエノスアイレス行動計画を

満たそうとする動機の背景には，このようなスケジュールが念頭にあったことによる。

2000年11月13日から11月24日までの2週間，オランダのハーグにて，気候変動枠組条約第6回締約国会議（COP6）が開催された。各国政府代表団や産業界，環境保護団体など合わせて10,000人程が参加する大規模の会議となった。本会合では，ブエノスアイレス行動計画で示された議題について成果を出し，各国の批准に必要な詳細ルールを決定しようとしたが，国ごとに関心事項が異なり，結局，議論は収束しなかった。

最終日にかけた数日間では，同行動計画で挙げられていた議題は，メカニズム，土地利用（吸収源），遵守，途上国問題の4グループに整理され，各々主要な争点が洗い出された。そこで整理された項目がCOP6議長のオランダ環境大臣プロンクによってまとめられ，一つの調停案として提示された。「プロンク・ペーパー」と呼ばれたこの議長からの調停案を叩き台に，会期を一日延長し最終夜には夜を徹して調整が続けられた。最後はEUの議長国であったフランスと，アンブレラ諸国を代表して米国との間で，イギリスを仲介役として調整が進められた。いくつかの争点が残されていたが，最後まで対立した点は土地利用などによる吸収量をどれほど考慮してよいとするかということで，米国での吸収量が多く認められてしまうことにEUは反発した。2国の間で一旦合意した案をフランスがEU加盟国に打診したところ，EU内で反対意見が出され，調整は失敗に終わった。最終日，プロンク議長は，COP6を閉会するのではなく翌年の早いうちに再開することを提案し，各国から了承された。

2　COP6（第1部）からCOP6再開会合までの動向

COP6再開会合が開催されることが決まった当初，再開会合の時期は5月末周辺と考えられていた。半年ごとに開催されていた補助機関会合が毎年その時期に開催されていたからである。しかし，その時期は，一つの大国の事情に振り回されることとなった。米国である。

米国では，2001年1月に民主党クリントン政権から共和党ブッシュ政権に移ったが，ブッシュ新大統領にしてみれば，京都議定書とは，政敵クリントン前大統領とゴア前副大統領が共和党への十分な打診もなく合意したもので

あった。それを支持することは，新政権にとって決して面白いことではなかった。また，父であるブッシュ前大統領と同様，テキサス州出身のブッシュとしては，石油・石炭産業が重要な支持基盤であり，温室効果ガス排出量の削減など容易に口にすることはできなかった。このような理由から，京都議定書はブッシュ新政権にとって，大きな悩みの種となった。

2月下旬，一旦はホイットマン環境保護庁長官が，発電所に対してCO_2排出規制を実施すると発表した。しかし，その後，3月にはブッシュ大統領が，発電所に対してCO_2規制を行わない方針であることを明言，さらに同月下旬には，京都議定書からの離脱を公式に表明した。

振り返ってみれば，1990年頃，ブッシュ前大統領が気候変動問題に消極的だった理由として挙げられたのは，科学的不確実性であった。本当に地球が温かくなるのかまだ分からないのに対策を今から講じていく必要があるのか。数年前までは，氷河期が来る，とも言われていたのではないか。あるいは，もしかしたら温かくなった方が，特に冬などは寒くなくなって良いのではないか，という考えが広がっていた。

それと比べると，2001年における息子のブッシュ大統領は，気候変動問題の重要性は認めており，その点で10年前と大きく違っていた。IPCC第3次評価報告書が各国政府に認められ，温室効果ガスの大気中濃度の上昇により気候変動が生じるという現象について科学者の認識が一致してきていることが確認された。また，その影響についても，温かくなってよいことばかりではないことも理解されてきた。米国も，気候変動が問題であるという説について反論することは困難になっていたのである。今回ブッシュ大統領が反論したのは，気候変動が生じるかどうかという点ではなく，いかなる対策手段を導入していくかという点であった。1997年の夏，京都議定書交渉の最終段階の時期に米国上院議会が採択したいわゆる「バード＝ヘーゲル決議」においても，京都議定書に対する要望が述べられたが，そこに挙げられていたのと同様の理由で京都議定書に反対したのである。

1つには，京都議定書で合意された排出量削減目標である7％という数値が厳しすぎるという批判である。この数値を達成するために必要な対策を導入した場合，米国内経済に大打撃を与えるという研究結果が出されたりした。米国経済に損失を与える議定書に参加することはできない，という主張が繰り返された。

2つ目の理由は，途上国の排出量に対して何も制約が課せられていないことであった。例えば中国は，米国の次に排出量の多い国である。また，中国は，安価な賃金で安価な製品を生産し輸出しており，中国人が米国人から職を奪っているという考え方が米国に根付いてしまった。その中国やインド，ブラジルなどの大途上国が，排出量を気にせずに生産を続けていたら，先進国の製造業は確実に打撃を受けるだろう。また，いくら先進国が排出量を減らしても，エネルギー効率の悪い途上国での排出量が急増してしまったら，地球全体として本当に排出量が減るのか分からない，と考えられた。

さらに3つ目の理由としては，遵守の手続きが決まっていないことがあった。2008年から2012年までの排出量目標達成義務を違反した時の罰則が決まっていない以上，2012年になり米国が努力をして排出量目標を達成しても，他の国が守らなければ米国が損をするだけである，といった意見も出された。

米国の議定書離脱という対応は，他の先進国に打撃を与えた。米国が交渉に積極的になるのは難しいという予想はあったものの，京都議定書関連の協議そのものから離脱してしまう事態を予測して対応を考えていた国は少なかったのではないだろうか。日本やカナダ，オーストラリアなどの国は，米国が世界全体の4分の1弱の排出量を1国で占めていることに鑑み，米国に京都議定書交渉への復帰を促した。これに対して，欧州諸国や途上国は，自国の利益を最優先する米国の態度を強く非難した。また，米国抜きでも京都議定書を発効すべきであると主張した。この対応は，気候変動問題以外にも飛び火した。5月に行われた国連人権委員会や国連麻薬統制委員会において，長年にわたって委員に選出されていた米国が落選し，その理由が京都議定書離脱に対する途上国の反発であると言われた。

米国政府は，このような諸国の批判がこれほど大きなものとなるとは予想していなかったという。今まで京都議定書を反対する声が強かった上院議会でも，ブッシュ大統領の対応を批判する議員が現れるなど，米国内の足下が乱れてきた。さらに，5月末には，それまで共和党多数（正確には同数で，その場合には副大統領を含めて多数を判定）であった上院の中で，一人の共和党議員が党を離れ，民主党多数になってしまった。委員会の議長は多数政党が就くことになっているため，一人の離党が上院内の議長を取り替えてしまう事態を生じさせてしまったのである。後に，COP6再開会合後の8月には，上院のリーバーマン（民主党），マケイン（共和党）両議員が，気候変動問題

に対するブッシュ政権の取り組みを批判，温室効果ガスの規制法案を9月に共同提案する考えを明らかにするまでに至った。

3月に京都議定書離脱を表明した米国は，気候変動問題の重要性は認めていたため，別の議定書案を提出するつもりであると公表していた。しかし，このような国内での多様な意見の相違や気候変動問題に関連した人事の指名が遅れたりで，議定書を出せる状態にはならなかった。当初5月末に予定されていたCOP6再開会合は，米国の用意が間に合わないという理由によって7月末に延期になった。しかし，7月末にも米国は政府の主張をまとめることができないままCOP6再開会合に出席することとなった。

この時期，日本は，京都議定書が採択された会議であるCOP3のホスト国であったこともあり，この議定書の有意義な発効を強く望んでいた。また同時に，米国に政治的にも経済的にも関係の深い国として，米国の参加しない議定書は避けたかった。そこで，日本は米国が交渉のテーブルに戻ってくるよう，必死で説得に当たった。この行為は，欧州や途上国から見ると，日本が米国と歩調を合わせ，米国が批准するまで日本も批准しないという態度にも見えかねなかった。当時，日本国内では，参議院選が7月に予定されていたことから，京都議定書への対応に関する議論が選挙活動の中でも見られた。

京都議定書の発効要件について55%の意味を先に述べたが，COP6再開会合が近づくにつれ，他の先進国が批准をするかということを日本は気にした。日本が米国について批准を延期した場合，2国だけで附属書I国合計の44.6%，つまり，日米以外の附属書I締約国が全て批准すると日米抜きで京都議定書発効がぎりぎりで可能となる。その時に日米が世界から孤立することは避けられない。日本はにわかに，COP6再開会合で米国と歩調を合わせ続けるかの選択を迫られることになった。

他方，EU諸国間では，スウェーデンがEU議長国となり，EU全体の歩調の建て直しを図っていた。ハーグでの第1回COP6では，最後にEU内で意見が統一できなかったために決裂し，その後，イギリスとフランスとの間では，互いの非を責め合う状況にまで陥った。そのため，今回はEUとしてまとまり，米国やその他の先進国に対して交渉の指導権を確保することを重視した。EUは，米国の離脱に対して強く批判した。そして，日本やカナダなど米国に配慮している国に対し，米国抜きでも京都議定書を批准する努力をするよう求めていった。

このような事態は、7月のボンにおけるCOP6再開会合を、単にブエノスアイレス行動計画に回答を与えるだけでなく、米国という超大国の京都議定書離脱という新たな問題に直面する会議と性質を変え、にわかに世界中の関心を集めることとなった。

3　COP6再開会合とCOP7

　7月の2週間、世界各国からCOP6再開会合に出席するために、約4000名がボンに集まった。7月16日から27日、全体で2週間の会合であったが、その間の19日から21日の3日間に各国の環境大臣が非公式で議論するハイレベル会合を設定した。ちょうど同じ時期にイタリアのジェノバでG7サミットが開催されており、ボンで決着が困難となった場合にはジェノバに政治判断を仰ぐことが可能となる。また、大臣の政治合意を受けて、その後それを反映したルール作りに少しでも着手する時間を残そうとしたこともあった。

　COP6再開会合が始まる前日の日曜日、日本の民営テレビ番組で京都議定書が話題となり、その中で小泉首相は、COP6再開会合での決着には決して楽観的な見通しを持っていないという見解を示した。その内容は英字新聞に取り上げられ、ボンにまで知れると、日本は今回のCOP6で合意する気がないのではないかと疑念を持たれた。日本は、決してそのようなことはなく、今会合でブエノスアイレス行動計画に満足のいく成果に向けて努力を惜しまないことを強調した。COP6再開会合は幕開けから混乱した。

　19日のハイレベル会合開始後も、合意に達成するかは最後まで予断を許さなかった。米国は、京都議定書離脱を表明したままの状態で参加していたため、議定書の条項に関する議論では発言を控えていた。日本は、カナダやオーストラリアとともに、京都議定書の議論に消極的な米国と、米国なしでも進めようとするEUとの間に立たされ、その一つひとつの挙動が注目された。EUは、日本など米国へ配慮する国との協調を図り、米国なしでも合意ができるよう、昨年ハーグでの初回COP6の時と比べると大幅な譲歩が見られた。日本は、吸収源の算定方法や遵守手続きで一貫した態度を取り、22日には、日本が遵守措置の部分でこだわる以外は全ての国が合意した状態にまでなった。ここで最後まで日本が抵抗し続けていると、合意自体が危うくなってしまう。川口環境大臣は、小泉首相やその他の関連省庁と連絡を取り、

一部分だけ，補償のニュアンスを弱めた文に修文し，他国の同意を図った。

その結果，ハイレベル会合最終日の7月23日，合意は達成され，ボン合意と名付けられた。ボン合意は，ブエノスアイレス会議以来検討課題とされてきた項目の中で，今まで事務レベルでは解決できなかった争点について大まかな方向性を示したものである。

ボン合意は，環境大臣級の各項目内での調整，および項目間での政治的な調整によって達成されたものである。調整の中で，最も譲歩が見られたのがEUであった。このような譲歩を許した理由がいくつか挙げられる。

第一には，議長がオランダの環境大臣であったことである。一般的に，議長をサポートするのは，その議長の出身国である。すでにハーグでの第1回COP6でEUが合意を破棄し，今回再度同じことを繰り返すことはできなかった。自らの利害は次にしてでも，ボンでの再開会合で合意を得ることが第一の目的となっていたと言えよう。

第二の理由として，米国の離脱によって議定書そのものの意義が失われることを避けようとしたことである。EU諸国の国内では，すでに，京都議定書を理由にさまざまな気候変動対策が実施・計画されている。万が一，京都議定書が意味を持たないものとなってしまうと，国内対策までがその根拠を失ってしまう。2002年の批准・発効を目指していたEUにとっては，今，ここで京都議定書をあきらめて別の議定書交渉を一から始めるよりは，日本やオーストラリア，カナダなど米国に配慮している国を説得して米国から距離を置かせる方がよいと判断したといえる。また，第三の理由としては，京都議定書そのものが，若干EUに有利な形で合意されたということがある。放っておいても2000年以降のEUでの温室効果ガス排出量の伸びはそれほど大きくないと予想されており，排出量の削減目標達成は容易ではなくとも日本などと比べると比較的困難度は小さいと見られている。今回の争点，とりわけ土地利用・土地利用変化および森林においては，このようなEUの有利な立場を修正する形になった。森林が吸収する量として排出量から差し引ける量の上限をそれぞれの国ごとに自主的に定めた結果，日本やカナダで比較的多くの吸収量が認められた。

森林の吸収に関してEUが大幅に譲歩したことは，途上国の反発を生んだ。途上国グループであるG77＋中国は，京都議定書で合意された資金メカニズムの進展を主張した。その結果，3種類の基金が設立された。

第 2 部　京都議定書の国際制度

　同年，10月 – 11月にかけて，モロッコのマラケシュにてCOP 7 が開催された。そこでは，ボン合意で達成された政治合意を国際法としての文書に書き換える作業が進んだ。
　いくつかの課題では，ボンで合意されたと思われていた内容に対して変更を求める国が現れ，再交渉を余儀なくされた。また，別の課題では，ボンで詰めきれなかった細かい点がさらに詰められることになった。最終日に得られた文書は，マラケシュ合意（Marrakesh Accords）と名付けられた。その構成は次のとおりである。

　　・途上国における能力増強（決定 2 ）
　　・経済移行中の国における能力増強（決定 3 ）
　　・技術の開発および移転（決定 4 ）
　　・条約 4 条 8 , 9 の実施（決定 5 ）
　　・資金供給機関の運営機関に対する追加的ガイダンス（決定 6 ）
　　・条約に基づく資金供給（決定 7 ）
　　・共同実施活動パイロットフェーズ（決定 8 ）
　　・京都議定書 3 条14に関する事項（決定 9 ）
　　・京都議定書に基づく資金供給（決定10）
　　・土地利用・土地利用変化および林業（決定11）
　　・京都議定書 3 条 4 にもとづく森林管理活動：ロシア共和国（決定12）
　　・条約附属書 I 国の政策措置に関するグッドプラクティスガイドライン（決定13）
　　・約束期間の排出量への単一事業の影響（決定14）
　　・京都議定書 6 条・12条・17条に基づくメカニズムの原則・性質・範囲（決定15）
　　・京都議定書 6 条を実施するためのガイドライン（決定16）
　　・京都議定書12条に掲げられたCDMの取決めと手続き（決定17）
　　・排出量取引のための取決め・規則とガイドライン（決定18）
　　・京都議定書 7 条 4 に基づく排出許可量（決定19）
　　・京都議定書 5 条 1 に基づく国家システムのガイドライン（決定20）
　　・京都議定書 5 条 2 に基づくグッドプラクティスガイダンスと調整（決定21）
　　・京都議定書 7 条で必要となる情報の準備のためのガイドライン（決定

22)
・京都議定書8条に基づく審査のガイドライン（決定23）
・京都議定書における遵守に関する手続きと制度（決定24）

4 今後の課題

　昨年ハーグでまとまらなかったものを，どうやって今会合で合意に持ち込めるのだろう？　各国の交渉担当者はボンでの再開会合に向けて，素朴な疑問を抱いていたのではないだろうか。これほど多岐に分かれた協議に，ハーグで2週間全力を投下して合意ができなかった。まして，米国では大統領がクリントンからブッシュに替わり，米国は京都議定書離脱を宣言してしまった。状況はハーグよりさらに悪化したかに見えた。

　しかし，この離脱が，かえって米国以外の国の協調を生んだ。ハーグで歩調が乱れていたEU加盟国は，EUとしてのまとまりを回復し，日本やカナダなどのアンブレラグループにも大幅に譲歩した。米国の隣に位置し，経済的にも深く結びついているカナダも，会期中に米国に関わらず批准する可能性を示唆した。日本は，当初は，「米国の参加が重要である」という発言を繰り返していたが，吸収源やメカニズムで日本の主張が受け入れられると，なお米国に配慮し続けることは徐々に困難になった。また，吸収源関連の議論で先進国の土地利用などによる吸収量を考慮することが認められると，途上国が反発したが，この反発に対しては，先進国が新たな3種類の基金設立に同意することで決着した。このように，むしろ，米国の離脱宣言という事態が，今回のボン合意およびマケラシュ合意を引き出したといえる。

　議定書で定められている2008年から2012年までの排出量目標は，2008年まで何もしなくてよいということを意味しているのではない。現在から対策を講じることにより達成が可能となる目標であることを鑑みると，議定書の早急な発効と政策導入が必要である。今回得られた合意はまだその出発点でしかない。今後の進展は，国際合意としてのボン合意やマケラシュ合意を各国の実施段階にまで持っていけるかどうかの重要なチェックポイントとなるだろう。

4　1　京都メカニズム──交渉の歴史

［沖村理史］

　京都議定書に盛り込まれたメカニズムのうち，6条に規定された6条メカニズム（JI），12条に規定されたクリーン開発メカニズム（CDM），17条に規定された排出量取引の三制度は総称して，京都メカニズムと呼ばれている[1]。この三制度の共通点は，複数の国々が参加し，クレジットのやり取りを認めた点にある。各制度の詳細は次章以降で詳述するが，本章では，京都メカニズムが成立した過程と，京都メカニズムをとらえる視点をまとめることにする。

1　京都メカニズムの交渉過程

(1) 気候変動枠組条約の成立まで（～1992年）

　気候変動枠組条約の交渉過程で最大の問題となったのは，先進国の2000年までの排出安定化目標を義務づけるか，という点であった。その中で注目されたのが，共同実施という概念であった。気候変動問題は地球規模の問題であるため，他の公害問題と異なり，ある特定地域の温室効果ガスの濃度が問題になるのではない。したがって，温室効果ガスをどこで削減しようと，その削減効果は変わらない。このような性質を利用して，一国ではなく，複数の国が参加し，費用効果的な温室効果ガスの排出削減を目指そうとして考案されたのが共同実施というメカニズムである。

　この時点では，共同実施のあり方として，複数の国々を一体化したグループに排出目標を定める（バブル）か，他国で行うプロジェクトで削減された排出量を自国のクレジットとして移転する，という二つの可能性があった。前者は気候変動枠組条約には明記されず，後に，京都議定書の中で共同達成という条項（4条）で盛り込まれることとなった。後者は第二回政府間交渉

委員会 (1991年6月) で，ノルウェーが提案したスキームで，費用効果性の高い削減プロジェクトに先進国が投資し，削減されたクレジットを先進国の削減量とみなすというものであった。これに対しては，共同実施の名のもとで自国の排出目標を達成するために他国のクレジットを組み入れるのは，自国での排出削減の責任を放棄したものである，という批判もあった[2]。特に，発展途上国は，現在と近未来の気候変動の原因は先進国が野放図に排出してきた温室効果ガスにあるため，先進国は特別の責任を有していると指摘した。その上で，先進国はまず自国内で排出削減努力を行うべきであると主張し，発展途上国を含む共同実施に反発した。

結局，気候変動枠組条約では，附属書Ⅰ国（先進国と経済移行国）に関する規定を定めた4条2項で共同実施を認め，第一回締約国会議（COP1）で共同実施のためのクライテリアを定めることとなった。このように，共同実施は概念としては気候変動枠組条約に盛り込まれたものの，その実質的な内容はCOP1にいたる交渉に先送りされた[3]。

(2) 第一回締約国会議（COP1）——共同実施活動（AIJ）の合意（〜1995年）

COP1にいたる国際交渉では，共同実施をめぐる議論は，先進国と発展途上国間の共同実施，およびクレジットの移転を認めるかどうか，の二点が焦点となった。費用効果的なプロジェクトを数多く行うことを意図するのであれば，発展途上国を含めて対象国を広げるほうが良い。しかし，気候変動枠組条約では，発展途上国に排出抑制目標が定められず，発展途上国で行われるプロジェクトから先進国がクレジットを得ると，全体としては排出量を増やすことになるため，発展途上国は共同実施に反対する意見が多かった。また，先進国間でも米国とECの間で意見がわかれた。ECは中東欧圏での共同実施を念頭においていたため，経済移行国が対象となれば多くの共同実施プロジェクトを実施できる。これに対し，ラテンアメリカ諸国での共同実施を対象国として考慮していたアメリカは，発展途上国での共同実施を認めることに非常に積極的であった。このように，主要交渉ブロック間で意見がわかれたため，COP1には，発展途上国案，EC案，アメリカ案の三つの案が提出された[4]。

COP1では，最終的に，共同実施活動（Activities Implemented Jointly；AIJ）という玉虫色の概念が作り出された。AIJとは，実質的には共同実施

であり，アメリカの主張を汲んで，先進国と発展途上国間のAIJを認めたが，クレジットの移転については発展途上国の主張に配慮し，1990年代末までの試行期間中は認められないこととされた。その上で，今後の進め方に関しては，毎年締約国会議がAIJの進捗状況を審査し，2000年以降の共同実施は，試行期間における経験に基づいて決定されることとなった[5]。この決定のもと，2001年7月現在，条約事務局には153件のAIJプロジェクトが報告されている。AIJの具体的な実施状況については，「4—4　共同実施（JI）」の項目で詳しく述べることとする。

(3)　COP3—京都議定書の成立（〜1997年）

京都議定書が合意されたCOP3までの国際交渉では，先進国の2000年以降の温室効果ガス排出数値目標が主要課題であった。特に，COP2でまとめられたジュネーヴ閣僚宣言で，法的拘束力を持つ数値目標の設定が合意されたため[6]，附属書Ⅰ国の数値目標の達成の柔軟性を確保する上で，共同実施，排出量取引が注目されることとなった。

排出量取引制度は，研究者レベルでは，温室効果ガス排出削減に向けての経済的手法の一つとして研究課題になっており，国内排出量取引制度はすでにアメリカを中心に実施されていた。そのため，排出量取引は，AGBMの早い段階から交渉文書に触れられていたが，その時点では京都議定書に盛り込むには時期尚早であると考えられていた[7]。しかし，COP2で法的拘束力のある目標設定に賛成する姿勢に方向転換を図ったアメリカは，その後提出した議定書案で，具体的に国際排出量取引制度の導入を提案し，積極的に導入を求めた。この提案に対し，発展途上国は排出量取引は自国での排出削減努力を損なう可能性があるとして反対し，EUは排出量取引よりも国内での排出削減努力を優先すべきと主張した。

排出量取引の制度設計をめぐる議論では，取引される量に制限（シーリング）を設けるか，余剰削減量を将来の約束期間に用いること（バンキング）を認めるか，不足削減量を将来の約束期間から前借りすること（ボローイング）を認めるか，経済不況や構造転換によりすでに温室効果ガスの排出量が大幅に減少しており，ほとんど努力をせずに排出量を削減することが可能なロシア・ウクライナなどの余剰排出量（ホットエア）をどのように扱うか，などが争点となった。発展途上国は，排出量取引制度の導入に対し，COP3

に入っても反対の姿勢を示したが，当初の案に比べて数値目標が厳しくなったJUSSCANNZ諸国，とりわけアメリカの主張に配慮が払われ，COP3の最終的段階で全体会議長の采配により，京都議定書の17条に盛り込まれることとなった。

　共同実施については，対象国の範囲が争点となった。JUSSCANNZ諸国は，附属書Ⅰ国と非附属書Ⅰ国間の共同実施について賛成していたが，発展途上国は反対の立場を取る多くの国々と，アメリカとの間で多くのAIJプロジェクトを実施していたコスタリカなどの一部の発展途上国の間で意見がわかれていた。これに対し，EUは当初共同実施は附属書Ⅰ国間に限定し，非附属書Ⅰ国との間の共同実施はAIJの試行期間の結論を得てから決定するという意見を示していた。結局この問題は，COP3でそれまで別の議論とされていたクリーン開発基金（Clean Development Fund）の問題とリンケージすることになった。AGBM7でブラジルによって提案されたクリーン開発基金とは，当初案では，先進国が数値目標を達成できなかった場合，その非遵守の対価をクリーン開発基金に支払い，発展途上国はこの基金を原資に気候変動防止プロジェクトを行う，というものであった[8]。もともとの提案はこのように先進国に対する懲罰的な性格であったが，COP3に入って，アメリカ・ブラジル・コスタリカなどが中心となり，クリーン開発基金の構想を活かしながらも，実質的には先進国と発展途上国との間の共同実施であるクリーン開発メカニズム（CDM）が提案され，合意された。大きな論争を呼んだクレジットの問題は，2000年以降の排出削減量が認められることになった（12条10項）。なお，附属書Ⅰ国間の共同実施は6条メカニズム（JI）として定められ，クレジットの移転も認められた。

　共同実施と排出量取引の第二の論点は，共同実施や排出量取引を通じて得られるクレジットの量に制約を設けるか，という点であった。EUは一貫して数値目標の達成に必要な排出削減は主に国内努力を通じて達成すべきであり，共同実施と排出量取引によって得られるクレジットはあくまでも国内努力を補完する程度にとどめるべきだ，と主張したが，JUSSCANNZ諸国は，共同実施や排出量取引の利用には制限を設けるべきではない，と主張し，両グループが対立した。最終的に，京都議定書では，JIと排出量取引には補完性（supplementarity）条項が含まれ（6条1項(d)，17条），CDMについては，先進国の数値目標の達成の一部に寄与する（12条3項(b)），という形で盛り

第2部　京都議定書の国際制度

込まれることとなったが，詳細については，その後の交渉にゆだねられた[9]。

(4) **COP7──京都メカニズムの運用ルールの合意**

COP3以降，COP7にいたるまで，京都メカニズムをめぐる交渉は，京都議定書で規定された項目（表1）の解釈と，規定がない部分の解釈をめぐって行われた，といっても過言ではない。では，どのように交渉は進んだのであろうか。

COP3の付帯決議で，京都メカニズムの運用ルールは残された課題としてCOP4で検討することとされたため，COP4の成り行きが注目された[10]。しかし，COP4では，特に発展途上国を中心に，京都メカニズムの検討が進んでおらず，運用ルールの詳細を決める準備ができていなかったため，合意文書では今後検討すべき課題を列挙するにとどまった。そこで，COP4で合意されたブエノスアイレス行動計画では，今後の交渉プロセスの進め方についてCDMに優先順位を与え，COP6までに京都メカニズムの運用ルールを定めるという合意がまとまった[11]。

COP5では議論がさらに進み，CDMではAIJの経験を生かし，プロジェクトサイクルごとに必要な運用ルールを定める，という方向性が示された。また，この会議では，試行期間の終了を控えたAIJの評価が第三次AIJ統合リポートにまとめられ[12]，2000年以降もAIJを継続することを決定した[13]。

COP6を前に，補助機関会合が二回開催されたが，京都メカニズムをめぐる交渉は，他の分野に比べて進展が遅く，COP6の段階では，表1にある補完性，削減の追加性，適格性の規定，および，京都議定書ではなんら規定がない，資金の追加性，CDMの適格性，（特に，吸収源CDM，原子力施設，ポジティブリストのいずれを適格／不適格にするか），交換可能性（fungibility），収益の一部（利用料）を徴収する対象となるメカニズム，などの交渉テーマについて合意が得られない状況であった[14]。事務レベル会合でも，交渉テキストがまとめられた以外に大きな進展はなく，特に，CDMの適格性，交換可能性，補完性については対立が激しかった。閣僚級会合開始後，議長から交渉分野毎に合意案をまとめた議長ノートが出されたが，その内容は，重要な争点について各国の主張の中間をとった方向性を示したに過ぎず，包括的な運用ルールが合意される可能性は低くなっていた。交渉は一日期限を延長して続けられたが，最終的に決裂し，合意は成立しなかった。

4－1　京都メカニズム──交渉の歴史

表1　京都メカニズムの内容（[　]内は根拠となる条項）

	JI	CDM	排出量取引
対象国	附属書Ⅰ国間［6条1項］	附属書Ⅰ国と非附属書Ⅰ国間［12条2項］	附属書B国間［17条］
活動内容	温室効果ガス排出削減プロジェクト		割当量の取引
排出（削減）量単位の名称	排出削減単位（ERU）［6条1項］	認証された排出削減（CER）［12条3項(a), (b)］	割当量単位（AAU）［17条］
関連組織	規定なし	理事会［12条5項］	規定なし
実施範囲	吸収源を含む［6条1項(b)］	規定なし	規定なし
適格性	当事国の承認［6条1項(a)］ 削減の追加性［6条1項(b)］ 補完性［6条1項(d)］	持続可能性［12条2項］ 補完性［12条3項(b)］ 削減の追加性［12条5項(c)］	補完性［17条］
その他	5, 7条の義務規定遵守［6条1項(c)］	利益の一部を運営費用と適応費用のために徴収［12条8項］ 2000年から開始可［12条10項］	特になし

　2001年に入ると，米国のブッシュ政権が京都議定書から離脱する方針を明らかにし，国際交渉プロセスの政治力学が大きく変化した。実際に，COP6再開会議に参加した米国政府代表団は議定書をめぐる交渉には関与せず，様子見にとどまった。その結果，京都議定書の2002年発効を目指すEUは，発効要件を達成するのに必要な日露の批准を満たすために，両国に対して譲歩する姿勢を示した。この結果まとまったのが，ボン合意である。この段階で，資金の追加性，吸収源CDM・原子力施設・ポジティブリストの取り扱い，収益の一部（利用料）を徴収する対象となるメカニズム，約束期間リザーブ，各メカニズムの適格性の概略については合意が得られたが，補完性について

第2部　京都議定書の国際制度

表2　ボン合意とマラケシュ合意の骨子

	京都メカニズム共通	JI	CDM	排出量取引
ボン合意	・補完性：国内対策が数値目標達成に向けた努力の重要な要素 ・適格性：5条1項，2項，および7条1項，4項を遵守し，遵守に関する合意に同意している附属書I国 ・収益の一部：CERの2％	・原子力施設：差し控える ・監督委員会の設置	・原子力施設：差し控える ・資金の追加性：ODAの転用不可 ・小規模プロジェクト：簡易手続きを今後設定 ・吸収源CDM：植林，再植林のみ認め，獲得できるCERは数値目標の1％の5倍まで	・約束期間リザーブ：数値目標の90％か，最新の排出実績の5倍のいずれか低いほう
マラケシュ合意	・交換可能性：無制限に可能 ・吸収源活動による吸収量：除去ユニット（RMU）としてAAUと区別 ・適格性：遵守に関する合意を要件から除外 ・繰越し：AAUは無条件で可能，CERとERUは割当量の2.5％，RMUは不可 ・国内登録簿の規定と排出量単位の移転手続きの明文化	・検証プロセスの明文化 ・監督委員会の役割 ・ベースライン設定とモニタリング計画の内容（附表B） ・JIの早期実施：2000年以降開始されるプロジェクトが対象，2008年以降のERUを発行	・プロジェクトサイクルの明文化 ・理事会の役割 ・CDM登録簿の規定	・約束期間リザーブ：対象はERU，CER，AAU，RMUの総計，水準維持は義務化

は定性的な表現に留まり，交換可能性については，結論は先延ばしされた。
　COP7では，ボン合意を受け，残された課題を運用ルールとしてまとめることが課題となった。この時点では，交換可能性，補完性，メカニズム参加にあたっての適格性，JIやCDMのプロジェクトサイクルにおける手続きや

関連組織の役割などが残された主要な争点となっていた。また，排出割当量の算定方法や排出量の移転・獲得手続きとクレジットのバンキング（繰越し）を定める7条4項についても，京都メカニズムの交渉グループと平行して交渉が進められた。閣僚級会合では，メカニズム参加にあたっての適格性[15]，約束期間リザーブ，クレジットの繰越し，交換可能性，吸収源活動から生じる除去ユニット（RMU：Removal Units）などが最後まで焦点となったが，会期の最終日に徹夜交渉が行われ，合意が成立した[16]。京都メカニズムに関するボン合意とマラケシュ合意の骨子は表2の通りである。

2　京都メカニズムをめぐる多様な意義付け

　以上，京都メカニズムの交渉過程を時系列的に整理してきたが，単に交渉史を追いかけるという一面的な理解の方法では，京都メカニズムの全体像を見誤ってしまう。そこで，複雑な要素が絡まる京都メカニズムを多面的にとらえるために，四つの視点を提供したい。

(1) 費用効果性

　気候変動問題は地球規模の温室効果ガスの濃度が問題となるため，温室効果ガスの排出をどこで削減／吸収しようとも，その効果は変わらない。したがって，温室効果ガスをより削減費用が安い場所・方法で削減する方が費用効果的である。この視点からすれば，削減費用が安いオプションをできる限り広げ，取引費用をできる限り小さくすることが費用効果性を高める上で重要である。前者の論理は，対象国や対象活動をできる限り広げ，後者の論理は京都メカニズムの制約条件をできる限り少なくするという主張に発展した。具体的には，京都メカニズムを通じてやり取りされるクレジットの量に上限を設けない（補完性の問題と関連），京都メカニズムの組織を簡素化する，JIとCDMのベースラインの設定や削減効果の検証などを簡略化する，などがあげられる。

　しかし，発展途上国で削減費用の安い排出削減対策を行うことは，今後発展途上国が資金的にも余裕ができたとき，あるいは将来数値目標が設定されたときの発展途上国の費用効果的な排出削減対策のオプションを奪うことにつながる。発展途上国は，一般にCherry Picking問題と呼ばれるこの問題関

心から，発展途上国を含んだ制約条件無き共同実施には懸念を示した。また，吸収源CDMは削減費用は低いものの，一時的に炭素を固定するだけで長期間に渡る効果が保証されないとして，一部の環境NGOは反対した。

(2) 附属書Ⅰ国のコミットメントの達成（柔軟性）

COP3で数値目標を決めるにあたっては，各国の社会経済的状況ではなく政治的な判断が優先されたため，一部の国々からは，決定直後にもかかわらず，京都議定書の数値目標は非現実的な数字であるという批判もなされた。そこで，京都メカニズムは，クレジットをやりとりすることで数値目標を達成するための柔軟性を担保するメカニズムとして注目された[17]。

これに対し，柔軟性という視点に疑問を投げかける議論は，様々なかたちで行われてきた。COP1までの交渉では，発展途上国は，先進国は共同実施の形で発展途上国の排出削減に依存すべきではない，と主張し，クレジットの移転は先進国の数値目標を緩めるものだとして強く反対した。COP3までの国際交渉でも，環境NGOなどは発展途上国とのクレジット付きの共同実施は先進国の数値目標の抜け穴になりうると批判した。また，排出量取引に関しても，ロシアやウクライナの余剰クレジット（ホットエア）を先進国が買い取ることで，先進国は自国で削減努力を払わずとも数値目標が達成できる可能性があったため，環境NGOは排出量取引によって得られるホットエアも，数値目標の抜け穴だと批判した。このいわゆる「抜け穴」論に対する配慮として，京都議定書では補完性に関する規定がなされた。

附属書B国は，数値目標の達成に向けた政策手段として，(1)国内での努力，(2)国外のプロジェクトに投資し，クレジットを入手（JI, CDM），(3)市場でクレジットを入手（排出量取引），の三つの方法がある。国内努力を重視する立場からすれば，国外や市場から調達するクレジットの量に制限をかけた方が良い。しかし，柔軟性を最大限確保しようとすれば，獲得できるクレジットの量と質に制限を設けない方が良い。このように，この議論は，補完性と交換可能性の問題と密接に関連している。

(3) 開　発

クレジットの供給国となる発展途上国や経済移行国の立場から京都メカニズムをとらえると，以下の三つの視点が考えられる。第一は，先進国からの

資金フローという視点である。京都メカニズムを通じて，クレジットの供給国（発展途上国や経済移行国）には，クレジットの需要国（先進国）から資金が移転される。特に一部の発展途上国は，自国の気候変動対策プロジェクトをファイナンスする上でCDMを貴重な資金源として期待している。と同時に，発展途上国の多くは，先進国の援助資金がCDMに流れ，ODAが減額されることも恐れている。したがって，発展途上国はCOP6にいたる交渉で，CDMの適格性として，AIJの要件として認められている資金の追加性（additionality）を求めた。

第二点目としては，民間セクターの参加，という視点があげられる。現在では，国際的な資金移転は，現在は公的資金の移転よりも民間資金の移転の伸びの方がはるかに大きくなっており[18]，気候変動防止対策を取る上でも，この民間資金をいかに活用するかが重要な問題となっている。特に，JIとCDMはプロジェクトベースの政策であるため，民間主体の参加が認められている。COP7にいたる国際交渉では，京都メカニズム参加にあたっての適格性をめぐる議論の中で，民間セクターの参加を促進するために，京都メカニズムに付随する様々なリスクを低減し，多様な国・主体が参加しやすい形にするべきであるという主張がなされた。

最後に，技術移転という視点があげられる。気候変動防止に向けては，発展途上国に先進国の技術をどのように移転するかが課題となっており，気候変動枠組条約と京都議定書では，先進国は技術移転の促進に努力することが定められている（条約4条5項，7項，および京都議定書10条(c)）。しかし，実際にはこの条項に関する議論は低調に終わっているため，JIやCDMが技術移転の手段としても注目された。そこで問題となったのは，移転される技術はどのようなものが適切で，誰が適切性を判断するか，という点であった。発展途上国や経済移行国は先進的な技術を求めていたが，その一方で原子力施設をJIやCDMの対象に含めることに反発する発展途上国や経済移行国も多かった。また，EUからは持続可能な発展に貢献する技術の一覧をポジティブリストとしてまとめ，CDMはこのリスト上のプロジェクトを優先して行う，という主張もなされた。このように，技術移転という視点は，CDMの要件の一つとなっている持続可能性や適格性の問題と絡んでいる。

第2部　京都議定書の国際制度

(4) 市　場

　京都議定書で認められた排出量取引は，世界初の本格的な国際排出量市場の創設だといえる。この排出量取引の市場規模は様々な予測がなされているが，一説では，年間売買高が59億炭素換算トン，年間売買代金が23兆4千億円の市場になるという予測もある[19]。そのため，多くの環境ビジネス，特に仲介業者が京都メカニズムに非常に高い関心を示している。

　しかし，市場が機能するかどうかは，市場に参加する人々への正と負のインセンティヴや，市場で扱われるクレジットの量と質に左右される。市場参加へのインセンティヴは，排出量取引における私人が関与できる範囲と度合い，および責任の所在によって大きな影響を受ける。また，クレジットの質については，JIやCDMのクレジットと数値目標による割当量や吸収源活動による吸収量の区分，クレジット発行国のカントリーリスク，といった論点が大きく関わってくる。このように，市場という視点は，京都メカニズムの制度設計をめぐり，交換可能性，割当量の算定方法，適格性，市場参入と退出，などの規定と深く関連している。

(1)　6条メカニズムは一般には共同実施とよばれているが，本章では交渉過程での広義の共同実施を「共同実施」と呼び，京都議定書の6条に規定されたメカニズムをJIと呼び，両者を区別して用いることとする。
(2)　Daniel Bodansky, "The United Nations Framework Convention on Climate Change: A Commentary," *The Yale Journal of International Law* 18, no. 2, (Summer 1993): 520–523.
(3)　気候変動枠組条約の成立過程については，赤尾信敏『地球は訴える―体験的環境外交論』（世界の動き社，1993年），などを参照。
(4)　Recommendation 6, A/AC. 237/91/Add. 1, Mar. 8, 1995.
(5)　Decision 5/CP. 1, FCCC/CP/1995/7/Add. 1, Jun. 6, 1995.
(6)　FCCC/CP/1996/15/Add. 1, Oct. 29, 1996.
(7)　FCCC/AGBM/1996/2, Feb. 11, 1996.
(8)　FCCC/AGBM/1997/MISC. 1/Add. 3, May. 30, 1997.
(9)　COP3までの国際交渉については，田邊敏明『地球温暖化と環境外交―京都会議の攻防とその後の展開―』（時事通信社，1999年），竹内敬二『地球温暖化の政治学』（朝日新聞社，1998年），諏訪雄三『増補版　日本は環境に優しいのか―環境ビジョンなき国家の悲劇―』（新評論，1998年），拙稿「気候変動レジームの形成」信夫隆司『地球環境レジームの形成と発展』163-194ページ（国際書院，2000年）などを参照。
(10)　Decision 1/CP. 3, Para 5 (b), (d), (e), FCCC/CP/1997/7/Add. 1, Mar. 18,

1998.
⑾　Decision 7/CP. 4, FCCC/CP/1998/16/Add. 1, Jan. 20, 1999.
⑿　FCCC/SB/1999/5, Sep. 15, 1999, FCCC/SB/1999/5/Add. 1, Oct. 14, 1999.
⒀　Decision 13/CP. 5, FCCC/CP/1999/6/Add. 1, Jan. 17, 2000.
⒁　COP6を前にした各国の交渉スタンスとCOP6の結果については，*Joint Implementation Quarterly,* 6 no. 4, (Dec. 2000)：7-12参照。
⒂　COP6再開会議では，当初出された議長提案に対し，アンブレラグループが合意しなかったため，遵守問題についてのみ再交渉が行われ，最終的にボン合意が成立した。そのため，遵守問題と関連する他の分野の合意の間で，解釈が別れる余地が残されていた。
⒃　FCCC/CP/2001/13/Add. 1, Add. 2, Add. 3, Jan. 21, 2002.
⒄　そのため，COP4までは京都メカニズムは柔軟性メカニズムとも呼ばれていた。
⒅　Philip W. Porter and Eric S. Sheppard, *A World of Difference: Society, Nature, Development*. (New York: Guilford Press, 1998): 511-513; Hilary F. French, "Assessing Private Capital Flows to Developing Countries." in Lester R. Brown et al. *State of the World 1998*. (New York: W.W. Norton, 1998): 150-167.
⒆　日本興業銀行による中位予測。江澤誠『欲望する環境市場』237-238ページ（新評論，2000年）。

4 2 京都メカニズムの共通課題

[西村智朗]

　京都議定書は3条で附属書B国（先進締約国）に温室効果ガスの数量化された排出抑制および削減義務（以下削減義務）を課しているが，その遵守についてはいくつかの柔軟な措置を認めている。その中でも，共同実施（6条），クリーン開発メカニズム（CDM，12条），および排出量取引（17条）からなる京都メカニズム[1]は，京都議定書条文の中に置かれている位置も異なり，また，参加対象や発生する排出量単位など内容も異なる。その中で3つのメカニズムの共通点は，費用効果性を目的として，自国領域外でおこなわれた温室効果ガス削減の成果を削減義務遵守のために利用できる制度であり，さらに要約すれば，「温室効果ガス排出量単位の国際的な移転制度」ということができる。京都議定書採択後，3つのメカニズムは，1つの議題として交渉が進められた。その中では，主要な共通論点として以下のような課題が存

表　京都メカニズム

	共同実施 Joint Implementation	クリーン開発メカニズム Clean Development Mechanism	排出量取引 Emissions Trading
根拠条文	3条10，11項および6条	3条12項および12条	3条10，11項および17条
排出量単位の名称	排出削減単位（ERUs） Emission Reduction Units	認証された排出削減（CERs） Certified Emission Reductions	割当量単位（AAUs） Assigned Amount Units
補完性	ERUの取得は3条を履行するための国内行動にとって補完的である。	3条の履行の一部に資するため，CERを使用することができる	当該取引は，3条を履行するための国内行動を補完する。
参加主体	附属書Ⅰ締約国	すべての締約国	附属書B締約国
私人参加の可能性	法人legal entities ※締約国が自己の責任において参加を承認	民間および/または公的主体 private and/or public entities ※CDM理事会指針に従う	法人legal entities ※締約国が自己の責任において参加を承認（マラケシュ合意に規定）

4-2 京都メカニズムの共通課題

在する。

(1) **補完性**（supplementarity）

共同実施および排出量取引による排出量の獲得は，「3条の約束を達成するための国内措置に対して補完的（supplemental）」なものでなければならない（6条1項(d)および17条）。またCDMについては附属書Ⅰ締約国が利用できる認証された排出削減は，「(3条の) 約束の一部の遵守に寄与」させることしかできない（12条3項(b)）。このことは，共通だが差異のある責任原則（条約3条1項）に基づき，温室効果ガス削減義務を負う先進締約国は，主として国内で削減行動をとるべきであり，国際的な排出量移転メカニズムはあくまでも削減義務の遵守確保に対する補足手段にすぎないということを意味している。

COP3以後，京都メカニズムの利用方法に関する国際交渉では，早速この「補完性」原則が大きな争点となり，同原則の持つ意味について大きな意見の対立が生じた。

多くの発展途上国および欧州諸国は，議定書が「補完性」について言及している以上，メカニズムの利用については限界があるはずであり，交渉のテーマは設定されるべき数量規制（cap, ceiling）の程度であると主張し，メカニズムの利用に関する上限設定を提案した。

それに対して，米国をはじめとするアンブレラグループは，「補完性」という言葉に特別の意味はなく，メカニズムの利用に限界を設けるべきではないと反論した。

ハーグ会議（COP6）での議長提案は，「附属書Ⅰ締約国は主として（primarily）1990年以降の国内措置により排出削減約束を達成しなければならない」と述べ，先進締約国の国内での削減行動を強調しながらも，具体的なメカニズム利用限度については明言しなかった。

これに対して発展途上国グループや欧州諸国は，具体的な限度枠の数値を提示した[2]が，逆に米国やロシアは「主として」という表現を「意味ある程度に（to a significant degree）」に修正するよう要求し，補完性原則にとらわれない自由なメカニズムの利用を主張した[3]。

このようにアンブレラグループが京都メカニズムの利用制限に否定的なのは，経済学的には費用効率性を損なうということが理由であるが，より本質

75

的には，①京都議定書によって課された削減義務が国内行動では達成困難な国（米国，日本など）が排出量取引やCDMによって他の締約国からできるだけ排出枠を獲得できるシステムにしておきたい，②すでに大幅な余剰排出量（ホットエアー）を保有する国（ロシア，ウクライナなど）[4]は，排出量取引による自由度をできるだけ残しておきたい，といった事情がある。逆に発展途上国は一人当たり排出量の格差などから，先進国の温暖化対策は主として国内でおこなうべきであり，ホットエアーの利用や外国での過剰な削減事業は国内対策の「抜け穴」となると主張する。また先進締約国の中でも，欧州諸国は共同達成（議定書4条）により事実上EU域内の排出割当の再配分をおこなうことができるので，メカニズムの利用は最小限で構わないという背景がある。

このようにメカニズムの利用に数量規制を設定するか否かという対立は，市場原理主義を推進する立場とこれに懐疑的な立場の違いを反映しているが，どちらに重点を置くかは，同メカニズムの制度設計に重要な意味を持つ。しかしながら，数量規制をおこなう場合，どの程度の数値が適当かという妥当性の問題の解決は容易ではなく，ハーグ会議以降3回にわたって提示された議長提案の中でも，数量規制については明記せず，その代替策として，各締約国の国内活動を監視する役割を議定書の遵守委員会促進部に担わせる定性的な表現に終始した[5]。

最終的に，ボン合意においては，メカニズムの原則，性格および範囲の中で「メカニズムの利用は，国内活動にとって補完的であり，国内活動は，議定書3条1項に基づく数量化された排出抑制削減約束を達成するために各附属書Ⅰによってとられる努力の重要な要素を構成」し（第5項），その国内行動に関する情報については「議定書7条に従い，附属書Ⅰ締約国は，8条に基づくレビューのために提出するよう要請」される（第6項）とともに，提出された情報に関する実施の問題については，「遵守委員会促進部が対処する」（第8項）ことが合意された[6]。

この結果は，補完性原則の判断基準として，定量的制約ではなく，定性的制約を設定したということになる。もちろんこのことにより，「補完性（もしくは一部の遵守）」という議定書上の文言が何ら意味を持たないと結論づけることはできない。多様な国家が併存する国際社会では形式的な数量規制についての合意形成は困難であるが，「条約の前文を再確認（第1項）」し，

「先進締約国と発展途上締約国の一人当たり排出量の格差を縮小させるような方法で排出削減のための国内行動を実施しなければならない（第4項）」[7]というボン合意の規定から見ても，遵守委員会促進部がおこなう審査と勧告の積み重ねによって，メカニズムの適正な利用の方向性と補完性の程度が，実質的かつ衡平な形で形成される必要がある。

(2) 交換可能性（fungibility）

3つのメカニズムで移転が認められる割当排出量単位の名称はそれぞれ異なる（表参照）。問題は，これら3つの排出量単位が交換可能か否かである。より具体的には，交換可能性を認めることで，共同実施およびCDMで獲得した排出量単位を排出量取引で「転売」することが可能となる。

アンブレラグループが主張するように，温室効果ガス削減に関して効率性を追求すれば，交換可能性は肯定される[8]。これに対して発展途上国は，そもそも3つのメカニズムはそれぞれ独立しており，交換可能性は認められないと主張した。とりわけ，CDMによって獲得する排出量単位は発展途上国内で削減された排出量であり，これを他の削減と同様に取り扱うことは，結果として先進締約国における国内の割当排出量を増加させることにつながり，国内対策に対するインセンティブを低下させることになるという批判がある。

このような批判は，3条に基づく削減義務を負う先進締約国間でおこなわれる排出量取引および共同実施と，実際には先進締約国と発展途上締約国との間でおこなわれるCDMとの性格の違いから導き出される。CDMはもともと排出削減義務を設定されていない（したがって割当排出量が存在しない）発展途上国から「削減義務の遵守の一部に寄与する」排出量単位を創出する一種の「錬金術」であり，少なくとも京都議定書は削減義務の達成以外の使用，すなわち転売を認めていないと解釈することもできる。

しかしながら，CDMによって発生したCERsの自由な移転を完全に禁止することは，例えば将来の温室効果ガス削減義務の設定に備える発展途上締約国によるCERsの獲得を認めないことになり，将来的な発展途上締約国の排出削減に対するインセンティブを低下させることになりかねない。

交換可能性に関して，ハーグ会議中に提示された議長提案では，衡平性と共通だが差異のある責任を再確認した上で，共同実施と排出量取引による排出量単位のみ交換可能性を認めるが，CDMによるCERsは交換可能性を認め

るべきではないとした[9]。

　ボン合意では、京都議定書3条10,11および12項を確認したにすぎず[10]、交換可能性についての結論は出ていなかったが、マラケシュ会議では、メカニズム利用の基本的前提である7条4項（割当量の計算方法）の問題の中でこの問題が再認識された。同会議中、メカニズムに関する交渉グループ共同議長のノンペーパーをたたき台として、交渉を独立させて議論がおこなわれた結果、マラケシュ合意の中で「京都議定書7条4項に基づく割当量の計算方法」が確定し、ERUs, CERs, AAUsおよび吸収源活動から生成される除去単位（Removal Units: RMUs）といった各単位の移転・獲得に関する基本原則、登録の要件、排出目録および割当量の編集および計算に関する規則などが決定した[11]。この合意によれば、附属書Ⅰ締約国は、国家登録簿を作成し、ERUs, CERs, AAUsおよびRMUsの各排出量単位を管理しなければならない。各排出量単位（地球温暖化係数をもちいて算定される二酸化炭素換算1メトリックトンを1単位として計算）には、約束期間、発行国、タイプ、固有番号などからなるシリアルナンバーがつけられ、その移転および取得に関する記録・追跡が、条約事務局により管理される。その結果、後述の適格性要件を遵守していることを条件として、RMUsを含めたすべての排出量単位は、すべての登録簿間および登録簿内で自由な移転を可能とする構造となっている[12]。

　なお、余剰排出量の使用方法として、京都議定書は次期約束期間への繰り越し（Banking）を認めているが（3条13項）、AAUsは、次の約束期間に無制限に繰り越すことができるのに対して、ERUsおよびCERsは、それぞれ割当量の2.5%までしか次期約束期間に繰り越すことができず、また、RMUsは、繰り越しを認められていない。

(3) **適格性**（eligibility）

　共同実施に参加する締約国は議定書5条（温室効果ガス排出量を推計するための国内制度の整備）および7条（削減目標遵守の状況を明らかにするための補足情報の整備）を遵守していなければならない（6条1項(c)）。この条件は、各先進締約国における排出量について、国際移転がおこなわれる前後の情報をCOP/MOPが保有しておく必要性から導き出される。したがって、CDMおよび排出量取引においては、議定書で明文の規定はないが、必然的

にこの条件が適用されなければならない。

　ハーグ会議で提出された議長提案では，3つのメカニズムに共通する適格性の記述は存在しなかったが，その後提示された新提案および統合交渉文書では，メカニズムに参加する附属書Ⅰ締約国は5条1項（排出および吸収源による除去の推計の国内制度），5条2項（推計方法の調整），7条1項（年次報告情報）および7条4項（情報送付の指針と割当量の計算方式）における方法論的および報告に関わる要件を遵守していなければならないと明示した。

　この提案がほぼ踏襲され，ボン合意の中では，「附属書Ⅰ締約国がメカニズムに参加するための適格性（eligibility）は，京都議定書5条1および2項，ならびに7条1項および4項に基づく方法論的および報告に関する要件を遵守していること」を条件とすることとなった[13]。

　さらに上記規定の後段には，遵守手続との関連において，「京都議定書を補完する『遵守に関する合意』を受諾した締約国のみがメカニズムの利用によってもたらされる単位（credit）を移転もしくは獲得することが認められる[14]」という一文が挿入されていた。しかしながら，ボン合意は，遵守手続について遵守委員会強制部がとる措置の法的拘束性に関して最終的にその結論をCOP/MOPに先送りしたため，マラケシュ会議では，遵守手続とメカニズムにおける上記『遵守に関する合意』との整合性が大きな焦点となった。遵守強制措置に関するボン合意の解釈を大きく左右するこの問題は，会議終了間際まで交渉が続けられ，最終的にマラケシュ合意では，後段部分は削除され，適格性要件の監視は遵守に関する手続およびメカニズムに従って遵守委員会強制部がおこなうとした上で，当該手続およびメカニズムに関して法的拘束力のある帰結を必要とする修正の決定は，COP/MOPの特権であることが確認された[15]（詳しくは「遵守」の章参照）。

(1) 京都議定書採択直後は柔軟性メカニズム（Flexibile Mechanism）とも呼ばれていたが，COP4以降，京都メカニズムもしくは単にメカニズムと呼ばれるようになった。
(2) 京都メカニズムを利用して獲得する温室効果ガスは移出量について，発展途上国グループは割当排出量の9％，EUは国内活動によって達成される削減量を超えてはならない（50％は利用可能）と主張した。FCCC/CP/2001/MISC.1, pp. 88 and 128.
(3) Ibid, pp. 112 and 136.

第 2 部　京都議定書の国際制度

⑷　旧社会主義国（市場経済移行国）の多くは，1990年代の経済停滞により，すでに温室効果ガス排出量がすでにかなり減少している。この結果発生する余剰排出量のことをホットエアー（Hot Air）と呼ぶ。
⑷　Consolidated negotiating text proposed by the President, FCCC/CP/2001/2/Rev. 1, pp. 8 - 9.
⑹　The Bonn Agreements on the Implementation of the Buenos Aires Plan of Action, FCCC/CP/2001/5, p. 42.
⑺　Ibid.
⑻　米国主張参照。FCCC/CP/2001/MISC. 1, p. 136.
⑼　なお発展途上国グループは原則としてERUsとAAUsの交換可能性についても否定していた。その後の議長新提案や統合交渉文書では，ERUsとAAUsの交換可能性についても言及されなかった。FCCC/CP/2001/2/Rev. 1, p. 9 and Add. 2, p. 8
⑽　FCCC/CP/2001/5, p. 42.
⑾　The Marrakesh Accords Decision 19/CP. 7 Modalities for the accounting of assingned amounts under Art. 7, para. 4 of Kyoto Protocol, FCCC/CP/2001/13/Add. 2, pp. 55 - 72.
⑿　Ibid., para. 30, p. 63.
⒀　FCCC/CP/2001/5, pp. 42 - 43.
⒁　Ibid.
⒂　The Marrakesh Accords, Decision 15/CP. 7 Principles, nature and scope of the mechanisms pursuant to Articles 6, 12 and 17 of the Kyoto protocol, para. 5, FCCC/CP/2001/13/Add. 2, p. 4.

4

3 排出量取引（Emissions Trading）

[西村智朗]

1 排出量取引とは？

　排出量取引[1]とは，規制対象となる物質（京都議定書では附属書Aに規定される6つの温室効果ガス）の割当排出量を設定された主体が，約束期間内に当該割当量以内に排出量を抑えることができた場合に，その余剰分を逆に割当量を超えてしまった主体に移転（具体的には売却）することを認める制度である。類似の制度を置く国際条約としては，オゾン層を破壊する物質に関するモントリオール議定書（2条5項，1990年改正によって規定）がある[2]。また，国内における排出量取引の例としては，米国の大気浄化法（The Clean Air Act）に基づく二酸化硫黄および窒素酸化物の排出枠取引制度が知られている[3]。

　排出量取引をおこなっても「買い手」と「売り手」の双方の排出総量に変化はない（したがって，排出量取引自身は温室効果ガス削減に寄与しない）が，両者にとって，費用効果的に規制対象の削減を実現できる（売り手は余剰排出量を売却することで利益を得ることができ，買い手は割当排出量を遵守するよりも少ない経費で済む）ため，結果として限界削減費用が均等化する点や，削減意識や行動の向上につながるといった点でメリットがあると言われている。

　気候変動条約では排出量取引の規定は明記されていない[4]が，COP2で，米国が排出量取引に関する主張を行い[5]，以後，議定書に同制度を認めるか否かは交渉の主要な争点の一つとなった。COP3開始時の京都議定書草案の中で，排出量取引は共同実施条項と並んで規定されていたが（6条），米国を中心として取引に積極的なJUSSCANNZグループとこれに懐疑的な欧州諸国が妥協する形で，議定書最終草案では温室効果ガス削減義務を設定する3

81

条の中に組み込まれた（10項）。しかしこの制度が「汚染権（pollution rights）」の売買であるとして，議定書からの削除を要求する発展途上国の主張により，COP3最終日の交渉で，議定書の実施手続中（採択時は16条bis）に挿入される形で採択された。

このように紆余曲折の結果採択された京都議定書の排出量取引に関する規定（17条）は，COP3開始時点と異なり，簡潔に以下の3つしか規定していない。①締約国会議は，排出量取引に関する検証，報告および責任に関し，関連する原則，仕組み，規則およびガイドラインを定める，②附属書B締約国は温室効果ガス削減義務の履行のために排出量取引に参加できる，③排出量取引は温室効果ガス削減義務に関する国内的な行動に対して補完的でなければならない。京都議定書が積み残した多くの制度設計について排出量取引だけが，COP/MOPではなくCOPで決定しなければならない（すなわち議定書発効前に決定しなければならない）と規定しているのは，このメカニズムについての詳細をできるだけ早期に決定したいという意思の表れである。

2 排出量取引に関する争点

(1) 取引の方法および開始時期

代表的な排出量の取引方法としては，相対取引と市場取引が考えられる。

相対取引は，特定の売り手と買い手が直接合意して，またはブローカー等を介して，個別におこなう取引である。それぞれの取引が当事者の自由意思によっておこなえる反面，取引が標準化されていないため，取引の成立までに時間等を要し，取引コストがかかるというデメリットがある。

他方，市場取引は，管理された取引市場において，不特定多数の売り手と買い手により，競争売買をおこなう取引と位置づけることができる。取引は一定のルールを設けて標準化されるため，市場の流動性を確保するように設計される。また，取引所の設立およびその運営のための費用が必要となる。

COP 6 からCOP 7 にかけて，取引の方法については特に議論はおこなわれず，ボン合意およびマラケシュ合意の中にも何ら言及されていないが，既に英国のロンドン石油取引所をはじめとして，多くの市場が排出量取引について名乗りを上げているほか，欧州委員会が承認した地球温暖化対策包括案の中でもEU域内での温室効果ガスの排出量取引市場創設などが盛り込まれ

4—3 排出量取引（Emissions Trading）

ている[6]。

また，排出量取引をいつから開始できるかという問題に関しては，欧州諸国および多くの発展途上国は取引の具体的規則が決定してからでなければ開始できないと主張するのに対し，米国をはじめとするアンブレラグループは，できるだけ速やかな開始を期待している。事実，排出量取引は，実際には排出許可証の取引であり，先物取引も不可能ではない。そのため，既に多くの企業が実験的に温室効果ガス排出量の取引をシュミレーションしている。しかしながら，排出量取引自体が信用経済の中で機能する以上，確実性と信頼性は不可欠の要素である。すなわち，後述するように議定書締約国の国内目録の作成や登録簿の送付が確実におこなわれ，それを中立的な第三者機関によって実証するシステムが完備されていなければならない。したがって，少なくとも排出量取引に関する具体的規則が決定し，議定書が発効してからでなければ取引の効果は認められない。このことは，COP3で最終草案の第1文（排出量取引の参加主体）と第2文（具体的規則の採択）が入れ替えられて採択されたという経緯からも伺える。

(2) 取引の主体

京都議定書17条は，附属書B締約国が取引に参加できると規定している。したがって，温室効果ガス削減義務を負わない（割当排出量を保有しない）発展途上国は取引に参加することはできない。このように取引が温室効果ガス削減義務を負う締約国に限定されていることは，京都議定書によって削減しようとする排出量の流通量を一定化させるためである。さらにこのことにより，削減義務を達成し，売却可能な割当量単位を確保できる国（ロシアなどの市場経済移行国）に批准に対するインセンティブを与える役割を果たす。

しかしながら，排出量取引における参加主体の問題はもう一つ別の側面を持っている。すなわち，国際的な排出量取引に私人の参加を認めるか否かという問題である。

京都議定書の排出量取引に関する規定（17条）は，共同実施やCDMと異なり[7]，私人参加については明記していない。たしかに共同実施やCDMは，温室効果ガス削減の技術および資金の移転機能も果たしうるため，それらに関する能力を有する私人（具体的には企業）の参加はおそらく不可欠であるが，排出量取引の場合，京都議定書という国際条約で各締約国に設定された

第2部　京都議定書の国際制度

割当排出量の移転である以上，そこに私人が介在する必要性はない。私人参加を認めるべきとする根拠は，取引市場の参加者が増えること（附属書B締約国に限定された場合，最大で38）により，取引価格が下がり，より費用効果的な削減行動が実現することにある。しかしながら発展途上国グループは，排出量取引は，あくまでも先進締約国の国内行動による温室効果ガス削減義務遵守のための最終手段（したがって補完性原則に基づき上限が設定されるべき）であり，約束期間の最終段階で，不遵守に陥る可能性のある締約国が，もし余剰排出量単位を有する締約国が存在していればそれを融通してもらうことにより遵守を確保できる措置と位置づけ，取引参加主体はあくまで締約国に限定されなければならないと主張した。

もちろん附属書B締約国の国内で排出量取引市場を創設し，そこに私人を参入させる政策・措置をとることは各締約国の自由裁量である[8]。ところが，当該私人が他の附属書B国または他の附属書B国の企業から直接，もしくは（創設が仮定される）国際取引市場から温室効果ガスを売買できる制度については準拠法の調整やモニタリング制度の構築など複雑な問題を抱えている。

例えば，X国の私企業p1が，同国の私企業p2と国内の取引市場で割当量を売買することはX国国内の政策・措置の範囲内の問題であり，取引に関する準拠法もX国国内法が適用される。しかしながら，① p1がY国と直接取引する場合，② p1がY国の私企業qと直接取引する場合，あるいは③ p1が（創設が仮定される）国際取引市場で取引する場合，p1はいかなる資格で取引が認められるのか，さらには当該取引にはいかなる準拠法が適用されるのかは解釈の分かれるところである[9]。なおX国とY国が直接おこなう取引には国際法が適用されることは言うまでもない。

ハーグ，ボンの両会議では，私人参加の可能性について合意に至らなかったが，COP7でのマケラシュ合意によれば，「国内登録簿間の移転および獲得は，COP/MOP1で行われる決定（割当量のカウント方法）の規定に従い，当該締約国の責任で行われる」とした上で，共同実施（6条）と同様の規定で，締約国の法的主体（legal entities）に移転および／または獲得への参加を許可できるとしている[10]。ただし，同合意は同時に「締約国は，京都議定書に基づく義務の遵守についての責任を引き続き負い，当該（私人の）参加が本附属文書（annex）と矛盾しないよう確保する。締約国は，当該（参加）主体の最新のリストを保持し，それを国内登録簿を通じて，事務局およ

4—3 排出量取引（Emissions Trading）

び公衆に利用可能な状態にしておく。法的主体は，認証締約国が適格性要件を満たしていないか，（適格性を）停止されている期間は，17条の下で移転および／または獲得できない。」と規定しており[11]，私人の参加はあくまでも締約国の管理と監督の下で行われなければならない。

(3) **責任の所在と過剰売却の抑止**

排出量取引を利用した締約国が議定書3条の義務を遵守できなかったことが明らかになった場合，「売り手」と「買い手」のどちらが責任をとるかという問題がある。

売り手責任とは，排出量取引が成立した後で，売り手側の不遵守が発生した場合でも，取引そのものは有効とする考え方で，この場合，不遵守の責任は売り手側が負うことになる。したがって買い手側は購入する排出量が無効になる心配がないため，取引が活発におこなわれ，費用対効果が高まると言われている。

これとは逆に，買い手責任は，売り手側の不遵守が発生した場合，取引そのものを無効とする考え方で，買い手側は結果として排出量を獲得したことにならない。したがって，買い手側は必然的に，遵守が確保される締約国（もしくはその企業）の「優良な」排出量を獲得しようとするため取引は慎重におこなわれることが予想される。

また，その中間に当たる混合責任は，売り手，買い手の双方に一定程度の責任を課すというものである。

排出量取引に伴う責任問題は前述の私人参加，あるいは遵守手続にも関わる問題であり，潜在的な争点として認識されてはいたものの，具体的な議題としては俎上に上らなかった。議長提案では，責任問題に関しては，報告，レビューおよび強力な遵守制度をもってしても，締約国による過剰売却を防止するには不十分であり，したがって排出量取引制度が環境に損害を生じさせる潜在的危険性があることを認識した上で，過剰売却防止のために，附属書I締約国は約束期間の間，一定の排出割当量を保持しておかなければならないとする排出量リザーブ制度を提案したが，売り手責任－買い手責任の議論については言及しなかった。

ボン会議においても，リザーブの量が交渉の中心となり，取引に対する制約を嫌うアンブレラグループと補完性原則（「4—2」共通課題の項参照）に

基づき，取引を限定的なものとして位置づける（一方でCDMによるCERsの価値を高めたい）発展途上国が具体的な数値を提出した[12]が，最終的な合意では，議長提案が採用され，「各附属書Ⅰ締約国は，自国の国内登録簿の中で，京都議定書3条7および8項に基づいてカウントされる締約国の割当量の90％もしくは最近レビューされた目録の5倍の100％のうち，どちらか少ない方を下回ってはならない」とするいわゆる「約束期間リザーブ」を設定した[13]。なお，同リザーブは，約束期間中に移転もしくは獲得したすべてのERUs, CERsおよび／またはAAUsの総和からなり，約束遵守のための追加期間満了まで維持しなければならない。もしリザーブ量を下回った場合，事務局は当該締約国にその旨を通知し，締約国は通知後30日以内にリザーブ量を回復しなければならない。

3　残された課題

既に見たように，ボン会議での排出量取引に関する合意は約束期間リザーブだけである。マラケシュ会議においても多くの懸案事項が未解決のままである。温暖化対策にとってきわめて魅力的な制度として評価され，多くの企業が排出量取引制度の創設を期待しているにもかかわらず，制度設計が進まないのは，排出量取引が京都議定書の他の制度および温暖化レジーム以外の制度と密接な関連を有しているからである。

京都議定書の他の制度との関連では，まず，5条および7条が挙げられるであろう。そもそも国内における排出削減・抑制の見積もりを正確におこない，それに対する国内目録を締約国会議に送付する適正な手続が構築されなければ，AAUsは公布できない。すなわち，排出割当量の移転を追跡する情報送付システムとそれを精査するモニタリングシステムの完備が不可欠である。さらにこれに測定の困難な吸収源の計算が加わると，問題は一層複雑になる（詳しくは「national inventory（国家目録）とnational communication（国家通報）」および「シンク（吸収源）」の項目参照）。また，米国の大気浄化法の実例を見てもわかるように，排出量取引は，取引の公正を維持するという観点から，その違反に対し厳しい制裁が用意されていることが不可欠であると考えられるが，議定書の不遵守手続がそれをいかに担保できるかについての問題も残っている（詳しくは「遵守」の項目参照）。

4－3　排出量取引（Emissions Trading）

　また，排出量取引は温暖化レジーム以外の分野との相互関連性も意識しておかなければならない。その最も重要なものは国際貿易レジームとの関係である。周知の通りGATT/WTO体制は，多角的貿易体制を発展させるために，関税およびその他の貿易障害を実質的に軽減し，国際貿易関係における差別待遇を廃止するための相互的かつ互恵的な取極を締結することを目指している（世界貿易機関を設立するマラケシュ協定前文）。したがって，従来から国際環境条約による非締約国への貿易規制[14]はGATT/WTOレジームと抵触すると言われてきた。

　排出量取引も一つの国際的な商取引であると位置づければ当然GATT/WTOのレジームに足を踏み入れることになる。WTO自身も「貿易と環境に関する委員会」を設置し，環境条約による貿易規制との整合性を検討しているが，意見の統一は見られていない。そもそも京都議定書の認める排出量取引が，GATT/WTOレジームが目指す多角的貿易体制の枠組に沿うものなのかどうかも含めて検討する必要があろう[15]。

　COP3の交渉経緯を見てもわかるように，排出量取引は，3条の削減義務を達成できなかった先進締約国が，既に削減義務を達成し，余剰排出量を保有している他の先進締約国締約国から融通してもらうことで議定書義務違反（したがって不遵守）を回避する制度である。そのことは3条1項が附属書Ⅰ締約国全体で「少なくとも5％削減する」ことを目的として削減義務を設定したことからも推察できよう。

　ところが，この魅惑的な取引制度については，京都会議以降，国際交渉とは異なる場所で，自由な取引市場の創設を前提とした議論が活発におこなわれている[16]。そこでは国家や私人（企業）といった法主体の制限や，排出量単位の中身の吟味（ホットエアーや適格性の議論）はほとんどおこなわれず，排出量という「価値」をどのように「売買」するかが焦点となっている。

　既述したように，排出量取引という制度は，それ自体は地球全体の排出量を削減するシステムではなく，単に削減対策のコストを削減させる手法でしかない。しかもこれまで国際社会は，これほど大規模な排出量取引を経験していない。このような不透明で実績のない制度に多大な期待が集まるのは，経済のグローバル化と規制緩和の世界的潮流の中で，新たな市場（＝ビジネスチャンス）を創設することが温暖化対策を費用効果的におこなえるという観念から来るものである。しかしながら，排出量取引自身は，公平性と透明

性を確保し，適正手続に基づく厳格なルールが存在しなければ取引市場として有効に機能しないことは市場主義者自身も認めているところである[17]。現時点で国際社会がこれらの条件を完備していないことは間違いないが，このことを前提とすれば，市場放任によって排出量取引は有効に機能しないことは明白である。すなわち，国際社会が国際機関を通じて，あるいは国際条約によって，排出量取引を何処までコントロールすることができるかが，今後の重大な課題であり，地球環境問題に対する将来を占う大きな試金石である[18]。

(1) "Emissions Trading" の訳語については，排出権取引，排出枠取引，排出量取引があり，一定ではない。ここでは，Emissions Trading をはじめとする京都メカニズムがいかなる権利，権限も生み出さないという前提から排出量取引という訳語で統一する。

(2) モントリオール議定書の排出取引制度については，新澤秀則「オゾン層保護のための生産割当取引制度」神戸商科大学編『神戸商科大学創立七十周年記念論文集』（神戸商科大学学術研究会・2000）。

(3) 米国国内における排出権取引制度については，さしあたり大塚直，久保田泉「排出権取引制度の新たな展開(1)(2)」ジュリスト1171（2000）77-82頁および1183（2000）158-167頁。

(4) もっとも，枠組条約交渉の過程では「取引可能な排出権（tradeable emmissions rights）」に関する提案がノルウェーよりなされていた。A/AC.237/Misc.1/Add.2.

(5) 正式な議定書案としてはＡＧＢＭ5以後に提出した文書（FCCC/AGBM/1997/Misc.1）参照。

(6) Commission proposes ratification of Kyoto Protocol and emissions trading system, IP/01/1465, 23 Oct. 2001.

(7) 共同実施は「締約国の責任により」法主体（legal entities）の参加を認め（議定書6条3項），CDMは「執行委員会の指導に従うこと」を条件として「民間および/または公的主体（private and/or public entities）」の参加を認めている（議定書12条9項）。詳しくは共同実施およびCDMの項参照。なお，COP3開始当初の議定書案の中では，排出量取引も共同実施と同様に法的主体の参加が明記されていた。FCCC/CP/1997/CRP.4, p. 7．

(8) この場合，自国の割当排出量を，国内で各企業に再配分することになると考えられる。

(9) J. Werksmann, "Compliance and the Kyoto Protocol: Building a Backbone into a Flexible Regime", *9 Yearbook of International Environmental Law* (1998).

(10) The Marrakesh Accords, Decision 18/CP. 7 Modalities, rules and guide-

4－3　排出量取引（Emissions Trading）

lines for emissions trading, FCCC/CP/2001/Add. 2, p. 53.
(11)　Ibid.
(12)　割当量に対するリザーブ量および最新インベントリーに対するリザーブ量としては，アンブレラグループが60ないし70%，発展途上国が98%を主張した。FCCC/2001/CP/CRP.2, p.10.
(13)　前者は排出量が超過することが予想される締約国，後者は既に多くの余剰排出量（ホットエアー）を保持している市場経済移行国が該当する。The Bonn Agreements on the imprementation of the Buenos Aires Plan of Action, VI Mechanisms pursuant to articles 6, 12 and 17 of Kyoto Protocol, 4. Article 17, para. 1, FCCC/CP/2001/5, p.44.
(14)　例えば，有害廃棄物規制バーゼル条約4条5項やオゾン層破壊物質に関するモントリオール議定書4条など。
(15)　Duncan Brack with Michael Grubb and Craig Windram, *International Trade and Climate Change Policies*, RIIA, 1999 and W. Bradnee Chambers edit., *Inter-linkages; The Kyoto Protocol and the International Trade and Investment Regimes*, United Nations Univ. Press, 2001.
(16)　Robert W. Hahn and Robert N. Stavins, *What has the Kyoto Protocol wrought?; The Real Architecture of International Tradable Permit Markets*, American Enterprise Institute, 1999.
(17)　先述の責任の所在に関連すれば，売り手責任の立場をとるならば，不遵守に対する強力な制裁手続が必要となる。逆に買い手責任の立場をとるならば，国際的な取引市場の透明性を確保しなければならない。
(18)　David G. Victor, *The Collapse of the Kyoto Protocol and the Struggle to Slow Global Warming*, Princeton Univ. Press, 2001. 江澤誠『欲望する環境市場地球温暖化防止条約では地球は救えない』（新評論・2000年）。

4 共同実施（JI）

[沖村理史]

1 共同実施（JI）とは

　JIとは，京都議定書の附属書Bに記載された先進国と経済移行国間で行われる温室効果ガス排出削減プロジェクトを通じて得られた排出削減単位（ERU）を，プロジェクトを実施した国・主体とプロジェクトに投資した国・主体の間でやりとりすることを認めるスキームである。簡単に言えば，経済移行国（ホスト国）の温室効果ガス排出削減プロジェクトに投資した国（ドナー国）・主体が，プロジェクトによる削減量（クレジット）の一部を手に入れることを認めるというスキームである。同様のスキームとしては，クリーン開発メカニズム（CDM）があげられるが，両者の違いはCDMが南北間のプロジェクトであるのに対し，JIは東西間のプロジェクトであること，またプロジェクトとして認められる要件が多少異なることの二点であり，それ以外には大差はない。

　それでは，COP7では何が決まったのであろうか？　その前に，JIの前身とも言える共同実施活動（AIJ）の状況を考察することで具体的なJIのイメージを把握し，さらに，国際交渉を通じて明らかになったJIの交渉課題とCOP7でまとまった運用ルールを整理することとしたい。

2 AIJの実施状況

(1) AIJとは

　AIJとは，COP1で認められたスキームで，JIとCDMの前身である。参加国に限定はなく，先進国も発展途上国も参加できるが，クレジットは認められていない。当初は，1999年までを試行期間としていたが，COP5でその後

も継続されることが決まった。AIJの要件は，(1)参加国の自発的参加，(2)温室効果ガスの発生源，吸収源，貯蔵庫に関する活動，(3)参加国政府の承認，(4)環境上の便益が生じること，(5)ODAに追加的な資金であること，とされた[1]。この条件下で，2001年7月18日までに153件のAIJが，条約事務局にすでに通報されている[2]。

(2) AIJプロジェクトの傾向：参加国の傾向

153件のうち，先進国12カ国がドナー国として，発展途上国30カ国および経済移行国11カ国がホスト国としてAIJに参加している（表1参照）。

先進国では，スウェーデン，米国，オランダがAIJに対して積極的な姿勢を見せており，これらの国々が参加しているプロジェクトは全プロジェクトの77%をしめている。逆にホスト国の分布は，東欧・ロシア地域でのプロジェクトが多く，次いでラテンアメリカとなっており，この二地域で82%をしめている。逆にアフリカ，オセアニア地域のプロジェクトは少なく，地理的配分は極めて偏在している。また，欧州諸国はロシア・東欧を，米国はラテンアメリカを対象国とする組み合わせが多く，このパターンで全体の73%をしめている。同様に地理的近接性から，日本はアジア地域で，豪州はアジア・オセアニア地域でプロジェクトを行うことが多い。

このうち，最も多い組み合わせは，スウェーデンと東欧・ロシア間で，全プロジェクトの35%をしめている。この原因としては，スウェーデン政府の方針がエネルギー関連の小規模プロジェクトをバルト海諸国で集中的に行うことにあったことがあげられる[3]。これに対し，オランダはオセアニアを除く各地域でプロジェクトを実施しているが，これは，発展途上国におけるプロジェクトは外務省が，中東欧におけるプロジェクトは経済省が，両省の協力の取りまとめは環境省が担当する，という役割分担が行われている結果である[4]。

(2) AIJの活動種類の分布

AIJの活動は多岐にわたっており，条約事務局では，その活動を種類別に8種類に区分している（表2，3）。

表2，3にあるように，エネルギー効率化プロジェクトと再生可能エネルギープロジェクトで，全体の75%をしめている。ラテンアメリカを除くすべ

91

第2部　京都議定書の国際制度

表1　AIJプロジェクト数と参加国・地域の組み合わせ（単位：件数）

ドナー国	ホスト国・地域					計
	アフリカ	アジア	ラテンアメリカ	オセアニア	東欧・ロシア	
スウェーデン	—	—	—	—	53	53
米　国	3	2	31	—	5	41
オランダ	1	1	5	—	17	24
豪　州	2	4	1	3	—	10
ノルウェー	1	2	2	—	2	7
ドイツ	1[1]	1[1]	—	—	4	6[2]
日　本	—	5	—	—	—	5
フランス	2[1]	1[1]	—	—	2	5[2]
スイス	—	—	—	—	2	2
イタリア	1	1[1]	—	—	—	2[1]
カナダ	1[1]	1[1]	—	—	—	2[2]
ベルギー	—	—	—	—	1	1
計	10	15	39	3	86	153

注：カッコ内は，ドナー国が複数にわたるプロジェクトの件数。

ての地域で，特にこの傾向が高い。逆に吸収源関連のプロジェクト（植林，農業，森林保全，森林再植林）は全体の12％をしめるに過ぎず，その多くはラテンアメリカ地域で行われている。

さらに，国別の特徴としては，スウェーデンの全プロジェクトがエネルギー関係に集中しているのに対し，アメリカはすべてのタイプのプロジェクトを行っている。これはアメリカのAIJ政策であるアメリカ共同実施イニシアチブ（USIJI）が民間主導型であることにも関連している[5]。

(3)　AIJの活動種類毎の特徴

表4では，活動種類毎に平均ライフタイム，平均CO_2削減量を示した。これにより，多様なAIJプロジェクトの活動種類の特徴が浮き彫りになる。

吸収源関連のプロジェクト（植林，農業，森林保全，森林再植林，漏出ガス

表2　AIJの活動種類別の分布1（単位：件数）

ドナー国	植林	農業	エネルギー効率化	森林保全	森林再植林	燃料転換	漏出ガス捕捉	再生可能エネルギー	計
スウェーデン	—	—	26	—	—	—	—	27	53
米国	2	2	5	7	4	1	3	17	41
オランダ	1	—	12	1	—	6	3	1	24
豪州	1	—	2	—	—	—	2	5	10
ノルウェー	—	—	4	—	1	—	—	1	7
ドイツ	—	—	3[1]	—	—	1	—	2[1]	6[2]
日本	—	—	4	—	—	—	1	—	5
フランス	—	—	3[1]	—	—	1	—	1[1]	5[2]
スイス	—	—	2	—	—	—	—	—	2
イタリア	—	—	2[1]	—	—	—	—	—	2[1]
カナダ	—	—	1[1]	—	—	—	—	1[1]	2[2]
ベルギー	—	—	1	—	—	—	—	—	1
計	4	2	62	8	5	10	9	53	153

注：カッコ内は，ドナー国が複数にわたるプロジェクトの件数。

捕捉）はライフタイムが長い（32.3〜47年）のに対し，その他のプロジェクトのライフタイムは，十数年である[6]。また，プロジェクト一件あたりの平均CO_2削減・吸収量は，漏出ガス捕捉プロジェクトと森林保全プロジェクトが飛びぬけて多い。その理由としては，漏出ガス捕捉プロジェクトは，地球温暖化係数の大きいメタンなどを対象としているため，プロジェクトの規模は小さくてもCO_2に換算したときの削減量が大きくなることがあげられる。また，森林保全プロジェクトは，初期投資が特に必要でないため，プロジェクトの規模が大きくなる傾向が高いことがあげられる。さらに，一年あたりの平均CO_2削減・吸収量は，削減量が大きくライフタイムが短い，漏出ガス捕捉プロジェクトが飛びぬけて高い数字となっている。森林保全プロジェク

表3　AIJの活動種類別の分布2（単位：件数）

ホスト国・地域	植林	農業	エネルギー効率化	森林保全	森林再植林	燃料転換	漏出ガス捕捉	再生可能エネルギー	計
アフリカ	—	—	6	—	—	—	1	3	10
アジア	1	—	7	1	—	—	2	4	15
ラテンアメリカ	2	2	6	6	4	1	3	15	39
オセアニア	—	—	1	—	—	—	—	2	3
東欧・ロシア	1	—	42	1	1	9	3	29	86
計	4	2	62	8	5	10	9	53	153

表4　AIJの活動種類の特徴

活動種類	件数	一件あたり平均ライフタイム[年]	一件あたり平均CO_2削減・吸収量[t-CO_2]	一年あたり平均CO_2削減・吸収量[t-CO_2]
植林	4	47.0	1,638,875	34,870
農業	2	45.0	1,534,294	34,095
エネルギー効率化	62	12.1	923,860	77,527
森林保全	8	32.3	17,209,715	533,635
森林再植林	5	37.2	1,914,496	51,465
燃料転換	10	14.6	1,259,727	76,347
漏出ガス捕捉	9	15.3	23,693,233	1,553,655
再生可能エネルギー	53	14.8	727,271	49,291
計／平均値	153	16.6	3,157,380	189,065

トは，ライフタイムが長いことから，一年あたりの平均CO_2削減・吸収量は漏出ガス捕捉プロジェクトのほぼ3分の1となっているが，それでも十分に高い数字となっている。

3 京都議定書のJIの規定と争点

京都議定書6条で規定された項目は，発生源と吸収源を対象活動として認める（6条1項），関係締約国の承認（6条1項(a)），削減の追加性（6条1項(b)），5，7条の義務規定遵守（6条1項(c)），補完性（6条1項(d)），法的主体の参加を認める（6条3項），である。逆に，規定に盛り込まれなかった争点は，適格性，ベースライン，システムバウンダリー，モニタリング，監督機関，プロジェクトの報告の方法とその内容などがあげられる。このうち，COP7にいたる国際交渉の中で大きな争点となったのは，適格性，削減の追加性，検証（Verification）プロセスと監督機関であった。

(1) JIの適格性

京都議定書では，JIへの参加にあたっての適格性は，関係締約国の承認（6条1項(a)），5，7条の義務規定遵守（6条1項(c)），補完性（6条1項(d)）を定めているだけで，他の規定はない。そこで，京都議定書の他の条項，特に遵守に関する規定を適格性の要件とするのか，5，7条のどの規定を適格性の対象とするのか，原子力施設を対象活動から外すか，が争点となった。

(2) 削減の追加性

削減の追加性という項目は，ベースラインの設定やシステムバウンダリーと密接に関連している。というのも，当該プロジェクトがない場合の温室効果ガス排出予測（ベースライン）が甘い見通しであれば，削減量は過大に見積もられ，逆に技術改善などを過大に折り込んだ厳しいベースラインを設定した場合には，削減量が過小に評価されるからである。また，当該プロジェクトが与える影響範囲（地理的，対象部門などを含む）として設定されたシステムバウンダリーが非常に狭い場合，間接的な影響を見落とし，システムバウンダリー外に排出が漏れてしまうというリーケージの問題も指摘されている[7]。

AIJではベースラインの設定方法の規定がなかったため，各プロジェクトの参加者が独自にベースラインを設定することになった。AIJで用いられたベースラインは，各プロジェクトの報告書では簡単に触れられているものが多く，それぞれの計算方法は必ずしも透明性を確保したものではなかった[8]。

このようなケース・バイ・ケースのベースラインの設定方法は，プロジェクトの開発段階で実施者に時間と労力を求め，取引費用がかかるため，なんらかの方法でベースライン設定を標準化させてはどうか，という提案がなされている。その具体例としては，ホスト国・地域の技術水準に応じてベースラインを設定する技術・地域マトリックス方式，過去と実際の状況に基づいた予測パフォーマンスによってベンチマークを設定するベンチマーク方式などがあげられる[9]。また，ベースライン設定の方法は，システムバウンダリーやプロジェクトのライフタイムにも深く関連する。標準化されたベースラインの設定方法であれば，標準化の作業でシステムバウンダリーとライフタイムがある程度決まるが，ケース・バイ・ケースの場合，プロジェクトの開発段階で実施者が判断する必要がある[10]。さらに，ベースラインを静的に設定するか，動的に設定するか，という課題もある。前者の場合，ベースラインの修正などができないが，その反面，プロジェクトによる削減量の変動が少なくなり，投資者は長期的な見通しを立て易い。後者の場合，技術変化の動向や社会経済的な状況の変化を実態に合わせており込むこともでき，リーケージによる悪影響にも対応できる。しかし，その結果として，削減量が当初の計画に比べ減る可能性もあり，投資者がリスクとしてとらえる可能性もある。

　ベースラインをめぐる議論は，AIJや世界銀行のプロトタイプ炭素基金などの経験を踏まえ，プロジェクトを実施している実務レベルでは，非常に深い議論がなされている。しかし，どの方法が優れているのかという判断は，どの立場を重視するかによって異なるため，一概に結論づけることはできない。そのため，これらの議論を踏まえ，ベースラインの設定方法を合意文書にどのように盛り込むか，が争点となった。

(3) 検証プロセス，監督機関

　次に争点となったのは，削減量を誰がどのように判断し，どのような検証プロセスを経てERUが発行されるのか，という点である。京都議定書のJIの要件には関係締約国の承認（6条1項(a)）は含まれているが，監督機関はなんら規定はない。そこで一部の国は，プロジェクトの検証とERUの発行はプロジェクトのホスト国が行えば良い，と主張した。特に，JIはCDMと異なり，ドナー国とホスト国の相方で数値目標が設定されているため，両国間

でERUがやりとりされても、全体としての排出削減量は変わらない。つまり、プロジェクトを通じたクレジットの相対取引ととらえることもできる。そのため、ホスト国が過大に排出削減量を見積もり、ERUを発行するインセンティブはCDMほど大きくはないから、無駄な組織を作って取引費用を高めるのではなく、ホスト国に検証を任せれば良い、というのがその主張の背景にあった。他方、同じプロジェクトベースのメカニズムであるCDMは独立した機関がプロジェクトを精査するに対し、JIがそのプロセスを省略するのは問題がある、という意見も見られた[11]。

4 COP7の決定事項

COP6再開会合で成立したボン合意のうち、JIに関連する合意は、持続可能な発展の関係を判断するのはホスト国とする、原子力施設から得られるERUの使用は差し控える、監督委員会を設置する、の三点で、残りの争点はCOP7での交渉に持ち越された。最終的にCOP7で合意された主要な決定事項は以下の通りである。

(1) JIの適格性

附属書B国がJIによって発行されたERUを獲得するための要件として、COP7で合意された適格性は、以下の六点である[12]。

(a) 議定書の締約国であること
(b) 3条7項、8項、7条4項の計算方法に基づき、自国の割当量を定めていること
(c) 5条1項に基づき、人為的な排出量と吸収源による除去量を推定する国内制度を定めていること
(d) 7条4項に基づき、国内登録簿を定めていること
(e) 5条2項、7条1項に基づき、温室効果ガスの部門/発生源分野からの排出量と吸収源による吸収量を含む直近の目録を提出していること
(f) 7条1項に基づき割当量に関する補足的な情報を提供していること[13]

このうち、(a), (b), (d)の要件は必須とされ、(c), (e), (f)の要件を満たさない場合は、6条監督委員会が削減の検証を行うという条件下でERUを移転

できることとなった。なお，当初案にあった，議定書の遵守に関する手続きおよびメカニズムに従うこと，約束期間リザーブを確保していること，という二要件は，アンブレラグループの反対にあい，最終的に削られた[14]。

(2) 削減の追加性

マラケシュ合意では，ベースラインの設定とモニタリング計画のクライテリアがまとめられた。そこでは，ベースラインは，プロジェクト毎に設定しても，複数のプロジェクトの排出ファクターを用いても良いが，その際には，ホスト国や関連部門の政策と社会経済的状況を勘案し，システムバウンダリー外のベースライン設定に用いたアプローチ，過程，方法論，パラメーター，データ源，主要な要素などを明らかにし，その上で選択したベースラインについてプロジェクトの参加者が正当性を示す必要があるとされた。また，実施前に提出するプロジェクトデザインに記載するためのモニタリング計画には，ベースライン設定とプロジェクト範囲内の排出量を推定するために必要なデータ，プロジェクト範囲外で著しく排出量が増加する場合にはそのデータ，ホスト国が求める手続きに沿った環境への影響に関する情報，モニタリングの進め方，削減量とリーケージ効果の算定方法などの情報を含めることとされた[15]。

(3) 検証プロセス，監督機関

プロジェクトの報告の方法とその内容，および検証プロセスといった論点は，CDMでの議論が先行しており，COP6までには，CDMで用いられた方法論をほぼ踏襲してJIでも採用する方向に固まった。それが，次項以降でまとめるプロジェクトサイクルである。また，CDMにおける理事会同様，JIを監督する機関として6条監督委員会を設置することもボン合意に含まれた。6条監督委員会の主要な役割としては，マラケシュ合意ではJIプロジェクトの検証，独立機関の信任，CDM理事会との協力などが規定された。また，ホスト国による検証を主張する先進国に配慮もなされ，プロジェクト参加にあたっての適格性要件（上記参照）を満たしていない場合は，6条監督委員会が検証を行うが，適格性要件をすべて満たしている場合は，ホスト国が検証することができる，という2トラック・アプローチがとられることとなった。ただし，この場合にも，国内登録簿の情報公開の規定に基づき，(a)プロ

ジェクトの名称，(b)プロジェクトの実施場所，(c)ERUの発行年，(d)プロジェクトの提案書，モニタリング，検証，ERUの発行などプロジェクトに関連する報告書，についてはその情報が公開されることとなった[16]。

(4) JIの実施プロセス

JIとCDMの実施プロセスは，AIJの経験が強く反映され，COP5までには，プロジェクトサイクルに応じて交渉テキストを整理することがほぼ合意を見た。その際に考えられたJIとCDMの実施プロセスは，以下の図1のようなものである。

図1　JIとCDMの実施プロセス

1）プロジェクトデザイン	基本的な情報，ベースラインの設定方法，モニタリングの方法，参加国の承認などの情報を記載
2）妥当性の確認（Validation）	プロジェクトデザインを第三者機関が評価
3）登録	JI/CDMプロジェクトとして登録
4）実施，モニタリング	プロジェクトの実施，モニタリング
5）検証	プロジェクトの状況，排出削減量などについて，第三者による独立した検証
6）認証（Certification）	検証された削減量を文面化して保証
7）クレジットの発行	クレジットをERU/CERとして発行

JIでは，6条監督委員会が行う検証プロセスが，プロジェクトサイクルに沿ったものとなっている。具体的には，以下の通りである。

① プロジェクト参加者は，信任独立機関（accredited independent entity）にプロジェクトデザインに関する文書を提出する。この文書には，(a)参加国政府によるプロジェクトの承認，(b)人為的な排出削減・吸収がプロジェクトがない場合に比べて追加的であること，(c)付表Bに定められたクライテリアに基づくベースラインとモニタリング計画，が記載されている必要がある。

② 信任独立機関は，プロジェクトデザインに関する文書を事務局を通じて公開し，締約国，プロジェクトによって影響を受ける個人，団体，コミュ

ニティ,気候変動枠組条約に登録されたオブザーバーからのコメントを受け付ける。その上で,信任独立機関は,(a)参加国政府による承認の有無,(b)削減の追加性,(c)ベースラインとモニタリングの適切性,(d)参加主体が,ホスト国によって決められた手続きに基づき,プロジェクトによって生じる環境に対する影響を分析したかどうか,を判断し決定を行う。この決定は,理由書と得られたコメントを加えて事務局を通じて公表され,プロジェクトの参加国もしくは6条監督委員会のメンバーの3人が審査を求めない限り,決定されたとみなされる。審査が必要になった場合は,6条監督委員会が審査を行い,最終的な判断を下す。

③ プロジェクトの参加者は,モニタリング計画に基づき,削減量もしくは吸収量に関する報告書を信任独立機関に提出する。この報告書は公開される。

④ 信任独立機関は,報告書の受領後,削減量もしくは吸収量を決定し,公表する。この決定もプロジェクトの参加国もしくは6条監督委員会のメンバーの3人が審査を求めない限り,決定されたとみなされる。なお,決定にあたって参加者が非公開を求めた事項は,情報提供者の文書による同意がない限り公表されないが,排出削減量が追加的であるかを判断するにあたって必要な情報と,ベースラインと環境影響評価に関する情報は,公開される。

⑤ ERUはすでにホスト国で発行された割当量単位(AAU)もしくは除去ユニット(RMU)をERUに変換することで発行される[17]。

CDMでもほぼ同様のプロセスを踏んでいるが,個々の段階で実行すべき事項や運営主体と理事会の役割は大きく異なっている。なお,CDMでは登録と認証という段階があるが,JIでは見当たらない。

5 今後の展望

JIもCDMと同様,2000年以降開始されるプロジェクトも認められることになったが,ERUの発行は,2008年からとされた[18]。そのため,投資する立場からすれば,ある程度確実に,早い段階でクレジットを手に入れることができるという点で魅力がある。

しかし,実際には幾つかの不透明な点がある。最大の点は,クレジットの

4 — 4 共同実施（JI）

市場価格が見えないことである。京都議定書では2008年から2012年の第一約束期間の数値目標を定めたが，その時期の各国の温室効果ガス排出状況は，景気動向にも左右されるため不確実である。それに伴い，現段階ではクレジットの需要見通しと供給余力の見通しも大きなぶれがあるため，クレジットの予想市場価格も大きな幅がある[19]。多くのAIJプロジェクトが経済移行国で行われていることからもわかる通り，潜在的なJIプロジェクトはかなり存在しているものと考えられるが，JIプロジェクトに投資する意思決定の判断を行う上で重要な要素であるクレジットの価格が見えない状態では，投資する側が二の足を踏む可能性がある。

　第二点目としては，投資する主体が誰なのか，という点があげられる。この論点は，クレジットの需要家が誰なのか，という問題と関連する。京都議定書で認められた国際排出量取引制度の場合，最終需要家は国となる。しかし，今後一部の国々で整備されるであろう国内排出量取引制度の場合，制度設計にもよるが最終需要家は民間主体となる可能性が高い。このような場合，民間主体は自らに割り当てられた排出量を守るためにJIに投資するインセンティブがあるが，それ以外の場合，JIプロジェクトが商業ベースで採算が取れるか，クレジットが市場で売却できるか，あるいは何れかの国に買い上げてもらう制度が整備されない限り，自らの資本を用いてJIに投資するインセンティブは低い[20]。したがって，先進国の政府による，JI/CDMの活用制度や国内排出量取引制度のあり方がJIと大きく関連している[21]。

　COP7で合意が成立したことによって，京都プロセスが決裂することは避けられた。未だ，京都議定書が発効しない可能性は残されているものの，今後は欧州諸国を中心に，京都議定書で定められた数値目標を達成するために，ボン合意やマラケシュ合意に沿った路線で，各種制度を整備し，政策と措置を取る国々が増えるものと思われる。JIの将来を占う上では，京都議定書の母国である日本が，京都メカニズム活用のためにどのような制度を整備するのか，今後の動向が注目される。

(1)　Decision 1/CP. 1, FCCC/1995/7/Add. 1, Jun. 6, 1995.
(2)　UNFCCC-CC：Info/AIJ-List of AIJ Projects, Jul. 18, 2001. http://www.unfccc.int/. 表1～4は，このデータに基づき，筆者作成。
(3)　National Programme for Activities Implemented Jointly under the Pilot

101

Phase, submitted by Sweden. http://www.unfccc.int/program/aij/aijprog/aij_pswe00.html.

(4) The Netherlands' Programme on Activities Implemented Jointly, http://www.northsea.nl/jiq/.

(5) U.S. Initiative on Joint Implementation. *Activities Implemented Jointly: Fourth Report to the Secretariat of the United Nations Framework on Climate Change.* (Sept. 1999). 日本のAIJ政策であるAIJジャパンプログラムもアメリカ同様公募を行っており，すでに21件の案件が採択されているが，条約事務局に登録されているプロジェクトは新エネルギー・産業技術総合開発機構（NEDO）が関与した5件に留まっている。

(6) なお，スウェーデンのAIJプロジェクトは，エネルギー関連に集中しているため，標準化されたライフタイムが採用されている。

(7) システムバウンダリーについては，Christiane Beuermann, Thomas Langrock, and Hermann E. Ott. *Evaluation of (non-sink) AIJ-Projects in Developing Countries (Ensadec)* (Wuppertal Papers no. 100, Jan. 2000) 参照。なお，CDMではリーケージの問題は重要であるが，JIの場合，ホスト国内で一部門／地域から他部門／地域にリーケージが起きたとしても，ホスト国に数値目標が設定されているため，いわゆる「抜け穴」にはならない。

(8) OECD. *Experience with Emission Baselines under the AIJ Pilot Phase.* (Paris: OECD, 1999).

(9) 川島康子・山形与志樹『CDM・共同実施におけるベースライン設定方法に関する議論の概要』（国立環境研究所研究報告第145号，1999年）。これらの提案に対し，特に社会・経済的な変化が著しい経済移行国では，現状ではプロジェクト毎にベースラインを設定するケース・バイ・ケースアプローチの方が優れている，という意見もある。Axel Michaelowa. "Joint Implementation-The Baseline Issue. Economic and Political Aspects," *Global Environmental Change* 8 no. 1 (Apr. 1998): 81-92.

(10) OECD/IEA *Emission Baselines: Estimating the Unknown.* (Paris: OECD, 2000).

(11) メカニズムに関するテクニカルワークショップにおける意見，*Earth Negotiations Bulletin,* 12 no. 98 (Apr. 19, 1999).

(12) 附属書Ⅰ国に求められるこの適格性要件は，JI, CDM, 排出量取引全てに共通である。

(13) Decision 16/CP. 7, FCCC/CP/2001/13/Add. 2, Jan. 21, 2002.

(14) FCCC/CP/2001/CRP. 17, Nov. 10, 2001.

(15) Appendix B, Decision 16/CP. 7, FCCC/CP/2001/13/Add. 2, Jan. 21, 2002.

(16) Decision 19/CP. 7, FCCC/CP/2001/13/Add. 2, Jan 21. 2002.

(17) Decision 16/CP. 7, FCCC/CP/2001/13/Add. 2, Decision 19/CP. 7, FCCC/CP/2001/13/Add. 2, Jan. 21, 2002.

(18) Decision 16/CP. 7, FCCC/CP/2001/13/Add. 2, Jan. 21, 2002.

(19) クレジットの最大の需要国と目されていたアメリカの京都議定書離脱は，ク

4 — 4　共同実施（JI）

レジットの予想市場価格に大きな影響を与えた。さらにマラケシュ合意では，排出源からの排出量から算定される割当量単位（AAU），吸収源活動による吸収量（RMU），JIによるクレジット（ERU），CDMによるクレジット（CER）の交換可能性が完全に認められた。このため，市場に放出されるRMUがどの程度になるのかという見通しも注目される。

(20)　他に考えられるインセンティブとしては，民間主体のイメージ向上，将来のリスクに備えたクレジットのバンキングなどがあげられる。

(21)　オランダ政府は，すでにクレジットの買い上げ制度（ERUPT）を整備している。http://www.senter.nl/asp/page.asp？id＝i001244＆alias＝erupt参照。これに対し，日本政府は，経済産業省がNEDOを通じて行っている共同実施等推進基礎調査や，環境省が行っている温暖化対策クリーン開発メカニズム事業調査などで潜在的なプロジェクトの発掘に努めている。前者は過去4年間で143件の案件が，後者は過去3年間で23件の案件が採択されている。

5 クリーン開発メカニズム（CDM）

[加藤久和]

1 CDMのルーツ

クリーン開発メカニズム（Clean Development Mechanism：以下，CDMという）には，その誕生の経緯から言って2つの淵源があり，いずれも遠く気候変動枠組み条約の交渉過程にまで遡ることができる。1つは同条約にも規定のある「共同実施」，もう1つはインドをはじめとする途上国グループが条約交渉の段階から要求していた「気候基金」等，途上国における気候変動対策を支援するための新しい国際的な資金供給メカニズムの設立構想である。

(1) 共同実施（広義）をめぐる議論

共同実施（Joint Implementation：JI）をめぐっては，1990年に始まった政府間交渉委員会（INC）における気候変動枠組み条約の交渉過程でこの考え方が提唱されて以来，主に先進国と途上国の間で見解の対立が続いてきた。というのも，共同実施事業は通常，単位あたりの温室効果ガス（GHG）排出削減費用が高い先進国が費用のより安い途上国で行うことが想定されていたからである。

これに対し，途上国は一般に，先進国は地球の温暖化について特別の責任を有しているのであり，率先して対策を実施すべきであって，まず自らの国内でこそ排出削減の努力を行うべきであると主張し，そもそも共同実施の考え方に反対ないしは懐疑的な立場をとるところが多かった。したがって，共同実施による排出削減量のクレジットの扱いについては，プロジェクト参加国間で排出削減量のやりとりを認めるか否か，特に，附属書Ⅰの先進国の排出抑制に係る条約上の約束の達成手段として認めるかどうかをめぐって議論が紛糾した。また，共同実施に参加できる国の範囲とその組み合わせについ

4－5 クリーン開発メカニズム (CDM)

ても，先進国のみとするのか，途上国も含むのかが争われた。

その背景には，①共同実施を認めることが将来，途上国も否応なしに（事実上の）排出抑制義務を負うことにつながるのではないか，②先進国が比較的簡単で安上がりの対策や技術を先取りしてしまい，将来途上国にとっても貴重になる費用効果的な対策の機会を奪われてしまうのではないか（いわゆる「（採りやすい）低い枝に成っている果物から先に採る」"picking the low-hanging fruit"の問題[1]），③途上国は先進国から資金援助等をアメにして共同実施を実質的に強要されたり特定の技術を押しつけられ，先進国の技術にますます依存することになるのではないか（いわゆる「炭素植民地主義」"carbon colonialism"の問題），といった途上国側の懸念があった。

加えて，途上国側はかねてより，多国間環境条約の下において途上国が対策を講ずるに当たって必要な費用はすべて先進国が提供する「新規で追加的な」資金で賄われるべきであると主張していたが，共同実施についても「資金の追加性（additionality）」を要求し，既存の政府開発援助（ODA）等の資金がこれに転用されることを強く警戒したのである。

しかし，より根本的な問題は，具体的な排出抑制義務を負っていない途上国で多数の共同実施プロジェクトが行われることにより，先進国あるいは地球全体としてのGHG排出量が増えてしまうおそれがあることである。これは，プロジェクト実施による排出削減効果を誰がどのような基準に基づいて認定するのかの問題とも深くかかわっている。特に，評価の前提となるベースライン（プロジェクトが行われなかったとした場合の標準的な排出量）の設定のしかたが問題とされた（環境的――排出削減効果の――追加性の問題）。

この他，共同実施の対象となる温室効果ガスおよび対策の範囲（植林，森林保全等の吸収源対策も含めるのか），共同実施の費用効果性等についても，先進国を含め各国の間で見解が分かれた。

こうした議論を経て採択・締結された気候変動枠組み条約は，第3条第3項において，「気候変動に対処するための政策及び措置は，可能な限り最小の費用によって地球的規模で利益がもたらされるように費用効果性の大きいものとすることについても考慮を払うべきである。（中略）。気候変動に対処するための努力は，関心を有する締約国の協力によっても行われ得る。」と規定するとともに，第4条第2項(a)においては，「附属書Ⅰの締約国が，これらの政策及び措置を他の締約国と共同して実施することもあり得る。」と

105

したものの，その具体的な実施方法等については規定せず，同条同項(d)において，「締約国会議は，第1回会合において，(a)に規定する共同実施のための基準（クライテリア）に関する決定を行う。」として，決定を先送りにしたのであった。

(2) 共同実施活動（AIJ）の開始

ところが，1995年にベルリンで開かれた条約の第1回締約国会議（COP1）でも共同実施を進めるための諸条件について合意が得られず，これに代えて，「共同実施活動（Activities Implemented Jointly：AIJ）」という新しい概念が導入され，AIJは，次のような条件の下に2000年まで試験的に行われることとなった[2]。

① 附属書Iの締約国間，または希望するその他の国の自発的な参加のもとで行われること
② 附属書Iの締約国の温室効果ガス抑制に関する約束の履行に該当するものではないこと
③ 技術移転に関する附属書Iの締約国の約束の履行に寄与するものであること
④ プロジェクトの資金は附属書IIの締約国（経済移行過程諸国を除く先進締約国）に課された資金面での義務に対して追加的なものであり，かつ，現行の政府開発援助（ODA）に対して追加的なものでなければならないこと
⑤ パイロット段階の経験や検討結果を踏まえて，2000年までに包括的な評価と決定を行うこと

この決定に基づき，2001年7月現在までに世界で176のAIJプロジェクトが関係国政府によって承認され，順次実施に移されている[3]。なお，パイロット事業としてのAIJは2000年以降も継続して行われている[4]。

(3) 咲き分けの花：CDMの誕生

前述のとおり，途上国グループは，コスタリカ等中南米の一部の国を除いて，枠組み条約の交渉段階から一貫して共同実施に反対してきた。一方，ブラジルはCOP3京都会議に向けての準備交渉過程（AGBM会合）において，先進国の排出削減義務の不履行に対する罰金を原資とするクリーンな開発の

ための新たな基金の設立を提唱した[5]。中国および中東の産油国を含む他の途上国も，先進国の義務違反に対する懲罰的措置としての制裁金と新たな開発資金源となる基金の設立という，いわば一石二鳥のこの構想をG77として支持したのである。これに対し，先進国側はいずれも排出削減義務違反に対する罰金という考え方，およびそれとリンクした形での新たな基金の設立に反対した。

そこでCOP3京都会議では，主としてアメリカの強い働きかけにより，先進国間の共同実施と先進国・途上国間の共同実施を切り離して論ずることとし，後者についてはブラジルを中心にして調整作業を行った結果[6]，途上国は「認定された排出削減をもたらすプロジェクト活動から利益を得る」とのみ規定することによって排出削減義務の不履行と基金のリンクを避けるとともに，先進国については途上国におけるプロジェクトの実施によって生じた排出削減クレジットを先進国の数値目標達成に利用できると規定し，双方が実を取る形で決着が図られた。

また，共同実施の恩恵を受けるようなGHG排出削減・吸収対策の可能性が小さい一方で地球温暖化に伴う海面上昇等により大きな被害を受ける小島嶼国連合（AOSIS）に対しては，CDMが適応対策の資金を提供するという約束（というより期待感）を与えることで合意を取りつけた。AOSISは，議定書交渉の場であるAGBMにおいて先進国に厳しい排出削減義務を課す議定書案をいち早く提案するとともに，柔軟性メカニズム導入反対論の急先鋒でもあったのである。

2　議定書第12条の規定

「京都の驚き」[7]と言われるCDMは，こうして誕生した。京都議定書は，先進国間の共同実施に関する第6条や排出量取引に関する第17条に比べると，CDMに関して比較的詳細な規定を第12条に置いている。しかし，アメリカ，ブラジル等ごく少数のCDM構想推進国を除く大多数の締約国にとっても驚きであった事実を露呈するかのように，CDMの制度設計・運営上の原則と要件，具体的な運用ルール等については各国の理解と主張に大きな隔たりがあり，京都では時間の制約もあって十分な詰めが行われないまま，次回以降の締約国会議での検討に委ねられることになった。

(1) CDMの目的

CDMの目的は、「非附属書Ⅰ国が持続可能な開発を達成し、条約の究極の目的に貢献することを支援する」とともに、「附属書Ⅰ国が議定書第3条の排出削減数値目標を遵守することができるよう支援する」ことにある（第12条第2項）。

こうした先進国、途上国それぞれの目的を満たすため、このメカニズムの下で「非附属書Ⅰ国は、認証された排出削減量（certified emission reductions：CERs）をもたらす事業活動から利益を得る。」（第3項(a)）とともに、「附属書Ⅰ国は、第3条に基づく数量化された排出抑制及び削減の約束の一部の遵守に寄与するため、事業活動から生ずる認証された排出削減量を利用することができる。」（第3項(b)）

条文からは非附属書Ⅰ国の受ける「利益」の意味、範囲が明確でないが、CDMプロジェクトの受け入れ国が事業の実施や排出削減クレジットの売却に伴う直接利益を得るのは当然のこととして、途上国にとりCDMは新たな資金および技術移転のメカニズムとして機能することを期待されている。

すなわち、CDMは、「必要に応じ、認証された事業活動に対する資金の準備を支援する。」（第6項）。また、認証された事業活動から得られる利益の一部は、「CDMの運営費用を賄うとともに、気候変動の悪影響に対して特に脆弱な発展途上締約国の適応への費用負担を支援するために用いられる」こととなっている（第8項）。

また、「2000年から第1期の約束期間が始まるまでの期間に得られたCERは、第1期の約束期間における遵守の達成を支援するために用いられる。」（第10項）。2000年から認証された事業活動を行うことによって得られる排出削減クレジットをいわば貯蓄（バンキング）しておいて、2008年から2012年の約束期間にこれを自国の排出削減義務の履行の一部として利用できるわけで、先進国間の共同実施や排出量取引に比べて有利な扱いを受けており、途上国がCDMの制度設計を優先させ、早期にCDMの運用を開始しようとする誘因となっている。

(2) 認証の要件

各事業活動から生ずる排出削減量は、この議定書の締約国会合として機能する締約国会議（COP/MOP）の指定する運営主体（operational entities―複

数ありうる）によって，次の原則に基づいて認証される。すなわち，
- (a) 各関係締約国が承認した自主的参加によるものであること
- (b) 気候変動の緩和に関連する実質的で，測定可能な，長期的な利益があること
- (c) 認証された事業活動がない場合に生じる排出削減に対して追加的な排出削減があること

の3点である（第5項）。

(3) CDMプロジェクトの適格性

上記(b)号の要件は，CDMの目的である「開発途上締約国による持続可能な開発の達成と条約の究極の目的への貢献の支援」を若干具体化したものと言えるが，持続可能な開発の目的にかなうものであることを確認するため，事前に環境アセスメントを行うべきであるという一部の先進国やNGOの主張に対し，途上国グループは持続可能な開発か否かの判断はそのプロジェクトを受け入れる途上国のみが行い得ることであるとして，一斉に反発してきた。CDMプロジェクトの認証以前に当該途上国自身がプロジェクトを承認するのであるから，最終的には途上国の判断が尊重されるにしても，例えば原子力発電所の建設や植林・森林保全等の吸収源対策をCDMプロジェクトとして認めることには途上国グループの内部でも異論があり，何らかの外形的な判断基準を設けるべきかどうか，その場合にはCDM事業に含まれるものを列挙するポジティヴ・リスト方式か，除外されるものを列挙するネガティヴ・リスト方式かが問題となり得る。

(4) 追加性

上記(c)号がいわゆる「環境上の（排出削減の）追加性」の要件であり，「そのプロジェクトなかりせば」の状態を誰がどのように設定し，どういう基準と方法に基づいてプロジェクトによる排出削減量を計算するかという問題に還元される。プロジェクトの実施による追加的な排出削減量を算定するには，どうしてもプロジェクトが行われなかった場合を想定して，その際の排出量との差を求める必要がある。この関係で，プロジェクトのベースラインやシステム境界（そのプロジェクト自体の排出削減効果は高くても，プロジェクトの実施地域や対象部門・領域の外でむしろ排出が増えてしまうというリーケッジ

(漏れ)の問題に対応して,予めプロジェクトによる影響範囲を確定しておくこと)の設定のしかたが重要になる。

また,AIJの場合とは異なり,ODA等に対する「資金の追加性」は明文上の要件とはなっていないが,この点は前述のとおり,途上国グループが歴史的にも古くから繰り返し主張してきたところであり,CDMの運用ルールの決定に当たっては避けて通れない問題である[8]。

(5) 補足性

CERの取得は先進国の国内措置に対して補足的であるべしとの明示の規定はない(先進国間の共同実施に関する6条1項(d)号に相当する規定がない)が,12条3項(b)号において「第3条の規定に基づく数量的な排出抑制および削減の約束の一部(a part of)の遵守に寄与するため」にCERを利用することができると規定されているので,ある先進国の排出削減目標量のすべてをCERで満たすことはできないことは明らかであり,CDMについてもやはり国内対策に対する「補足性」をどのように担保するか(数量的な制限を設けるかどうか)が問題になる。

(6) CDMの運営組織,民間主体の参加等

先進国間の共同実施との大きな違いは,CDMが多国間コントロールの下におかれる点である。すなわち,CDMは,議定書の締約国会議(COP/MOP)の権威と指導の下,CDMの執行委員会(executive board)によって監督され(第4項),各事業活動から生ずる排出削減量は,COP/MOPの指定する運営主体が認証する(第5項)。

また,COP/MOPは,第1回会合において,「事業活動に対する独立した監査及び検証を通じ,透明性,効率性及び責任を確保するために,方法及び手続きを発展させる」こととなっている(第7項)。

ここでは,執行委員会の構成,機能,COP/MOPとの関係等が問題となる。また,CDMが実際にどのような役割を果たすのかについては,運営主体にどのような機能を持たせるのかによるところが大きい。

その他,先進国間の共同実施と同様,CDMについても民間の参加が認められている(第9項)。いずれの先進国においても国の財政が逼迫し,途上国へのODA資金の流れが頭打ち,もしくは低下している今日,民間資金に

よる途上国の持続可能な開発の支援が期待される。CDMはCERの獲得というインセンティブを与えることによって，それをさらに刺激しようとするものである。むしろ，CDMの円滑な運用のためには，民間企業の持つ技術と資金を十分に生かすことこそが鍵になると予想される。

3 ブエノスアイレス行動計画

　一旦，京都議定書でCDMの創設が決まると，途上国の関心はCDMの早期稼動に向けられ，3つの京都メカニズムの中では最も高い優先度が与えられることになった。しかし，翌年アルゼンチンのブエノスアイレスにおけるCOP4では実質的な交渉の進展は見られず，議定書を早期に発効させるべく各国が批准可能な状態にするため，3つのメカニズムの中でも特にCDMを優先させつつ，COP6での採択を目指してより詳細な制度の運用規則やガイドラインの策定作業を急ぐとの「ブエノスアイレス行動計画」が採択された[9]。
　その後，締約国会議の2つの補助機関（SBSTAおよびSBI）の下で，各国からの提案をまとめて交渉用の条文テキストを作る作業が進められてきたが，本格的な交渉が始まったのは，COP6を目前に控えてほぼ各国の提案が出揃った2000年9月，フランスのリヨンにおける補助機関会合（SB13）の頃からである。

4 COP6ハーグ会合：主要な論点と議長提案

　COP6ハーグ会合の第1週目はリヨンでのSB13を再開・継続する形で交渉が行われ，第2週目の閣僚レベル協議の直前になってようやく統合交渉テキストがとりまとめられた[10]が，主要な論点ごとにいくつもの選択肢や二重三重の括弧を付した非常に複雑なもので，とても閣僚レベル交渉の土台にできるものではなかった。

(1) **議長による論点整理**
　そこでCOP6の議長国オランダのプロンク議長は，閣僚レベル協議の開始に当たって議長非公式ノートを提示し，その中でこれまでの交渉での到達点と残された主要な争点・課題（"Crunch Issues"）をA（途上国への資金と技

第 2 部　京都議定書の国際制度

術の移転），B（通報・審査および遵守問題），C（京都メカニズム），D（吸収源シンク）の 4 つのクラスターに分けて整理し，各クラスターごとに先進国および途上国から 1 名ずつ共同議長を指名して非公式協議を行うこととした。

　この議長非公式ノートは，Ｃの京都メカニズムのうちCDMに関連して，

● CDMを早期にスタートさせることについては広範な合意がある。CDMの組織面での構造も明らかになってきた。重要な突破口として，執行委員会が運営主体を認定するとのコンセンサスが得られつつある。
● プロジェクトの評価・確認（validation），モニタリング，検証，認証，認証書の発行等，CDMプロジェクト・サイクルにおける運用面の必要事項について詰めの作業が進んだ。
● CDM事業の地理的分布について，地域間でバランスをとる必要があるとの認識が共有されている。

と述べている。残された主な争点・課題としては，

● CDM執行委員会の構成およびCOP/MOPと執行委員会の関係のありかた（遵守委員会の構成の問題とも関連する）。
● CDMプロジェクトの適格性，特に，吸収源や原子力発電の扱い。また，非附属書I国が単独で行うプロジェクトも適格かどうかも重要な問題。
● 資金的な追加性の問題も，重要な政治的争点である。ODAやGEFによる資金に対して追加的であるべしという要件は現実にどのようにして満たすことができるのか。これに関連して，世界銀行等の国際金融機関もCDMに参加できるか否かも問題。

　また，京都メカニズムに共通の主要な争点として，

● 補足性の問題について，各国のポジションはかけ離れている。質的，量的制限の両面からいろいろな提案がなされている一方，補足性の要件については，すでに京都議定書の 6 条，12条，17条にそれぞれ規定されている以上のことは何も制限を設ける必要はないという考え方もある。
● CDMに適用される「収益の一部」を徴収するという方式を他のメカニズムにも適用すべしという提案がある（一部には，これを 4 条のEUバブルにも適用すべしという声もある）。
● 政治的に重要な意味合いをもった論点として，京都メカニズム相互間の互換性（fungibility）の問題と「割当量（assigned amount：AA）」の定義の問題がある。

ことを挙げていた。

(2) プロンク・ペーパー

しかし，予定会期終了前日の11月23日になっても進展が見られず，プロンク議長は同日夕刻，さらなる交渉のたたき台として，議長ノートという形で妥協案を提示した[11]。そのうちCDM関連では，

- CDM執行委員会の構成について
    → 5つの国連地域グループの代表各3名と小島嶼国代表1名の計16名で構成する。
- CDMプロジェクトの適格性については，
    → 持続可能な開発の国家戦略に合致するか否かは当該締約国が判断する。
    → 再生可能エネルギー，省エネプロジェクトを優先する。附属書I国は，CDMにおいて原子力を用いないことを宣言する。
    → 植林，再植林事業を対象に含める。
- 補足性（supplementarity）について
    → いずれのメカニズムにも数量的上限は設けない。代わりに，<u>主として（primarily）</u>国内措置により排出削減目標を達成しているかどうかを「遵守委員会」の「促進部」が審査・評価する。
- 互換性（fungibility）について
    → 共同実施による排出削減量（ERU）と排出量取引による割当量の一部（parts of AA）は交換可能，CDMによるCERは交換不可能とする。

また，途上国支援問題との関連において，

- GEFの下にCDM事業の収益の一部（認証された排出削減量CER価額の2％分）からなる「適応基金」および新規・追加的な拠出金による「条約基金」を創設する。

としていた。

議長案は各国の多様な主張に配慮して総じてバランスのとれたものと言えるが，他方でいずれの国にとっても多くの点で不満を残すものでもあった。G77やEU側からはアンブレラに譲歩しすぎていると批判され，アンブレラ側からは制約が多すぎて費用効果的な（柔軟性のある）メカニズムにはなり得ないと反対されたのである。

5 COP6再開会合(ボン)の決定事項

　ハーグ会議の決裂後,数度にわたる主要国間の非公式な協議やプロンク議長主催の全締約国に開放されたハイレベル非公式協議を経て,2001年6月には再び議長提案になる修正版統合交渉テキストが提示された[12]。ボンにおけるCOP6再開会合では,ハーグから持ち越しの公式テキストと並んでこの議長提案を基にして交渉が進められたが,閣僚レベルの交渉においてプロンク議長は新たに「ブエノスアイレス行動計画の実施のための中核的要素」に関する決定案を示し,まずこれについて閣僚レベルの政治的合意を得ることに成功した。

(1) 「中核的要素」の決定

　その後これらの合意事項を条文に反映させるべく作業部会で交渉が進められたが,細部にわたる全ての点で合意するには至らず,CDMに関しては次のとおり,「中核的要素」の関連部分のみがCOP6の正式な決定として採択されたのである[13]。

① 補足性
- 京都メカニズムの利用は国内行動に対し補足的であり,国内行動が数値目標の達成のための努力の重要な要素(a significant element)でなければならない。

② 適格性
- プロジェクト活動が自国の持続可能な開発の達成に資するかどうかの判断は,受け入れ国の特権に属することを確認する。
- 附属書I国は,原子力発電から得られるCERを数値目標の達成に用いることを差し控える。

③ 資金の追加性
- 附属書I国がCDMプロジェクトに用いる公的資金がODAを転用する結果にならないようにすべきこと,また,附属書I国の資金的義務の履行とは別もので,これとは切り離して計上されるべきこと。

④ 吸収源プロジェクト
- 第1約束期間においては,新規植林および再植林プロジェクトのみが

4－5　クリーン開発メカニズム（CDM）

CDMの下における「土地利用，土地利用変化，および林業（LULUCF）」プロジェクトとして認められる。
- そのような事業の実施に当たっては，別途（決定5/CP.6の附属書Ⅶ，第1パラに）記載の諸原則およびSBSTAがCOP8での決定に向けて策定する定義と運用方法に従うこと。運用方法の検討に当たって考慮される点としては，非恒久性，追加性，漏出効果（リーケッジ），規模，不確実性，（生物多様性および自然生態系に対する影響を含む）社会的影響および環境影響などがある。
- LULUCFプロジェクトによる排出削減（吸収増大）クレジットは，第1約束期間においては，各国の基準年における排出量の1％×5年分を超えてはならない。
- 第2約束期間以降のCDMにおけるLULUCFプロジェクトの取り扱いについては，第2約束期間に向けての交渉の中で決定される。

⑤　執行委員会の構成
- 執行委員会は，国連の5つの地域グループから各1名，附属書Ⅰ国および非附属書Ⅰ国から各2名，小島嶼国の代表1名の計10名の委員で構成される。

⑥　CDMの早期開始
- CDMの早期開始を促し，COP7において執行委員会の委員を選出するため，COP7の開催までに委員候補者を指名するよう要請する。

⑦　小規模CDM事業活動
- 執行委員会は，以下のような小規模CDMプロジェクトについての簡易な運用方法と手続き案を策定し，COP8に勧告する。
  a．最大出力が15メガワット（またはこれに相当する能力）の再生可能エネルギー・プロジェクト
  b．供給および/または需要サイドにおいて，年間15ギガワット時以下のエネルギー消費の削減をもたらすようなエネルギー効率の改善プロジェクト
  c．発生源からの人為的排出を減らすとともに，それ自体では年間1万5000トンCO_2当量以下の直接排出しかもたらさないその他のプロジェクト活動

第2部　京都議定書の国際制度

(2) COP6の成果

　ハーグ会議の決裂やその後のブッシュ大統領によるアメリカの京都議定書離脱表明によって一時は交渉継続の意義すら問われたCOP6であったが，ボンの再開会合における政治的合意の成立によって，議定書の批准・発効に向けてモーメンタムを回復することに成功したと言うことができよう。もちろん，各種制度の詳細設計，運用のガイドライン等についてはまだまだ積み残した課題が多く，さらにモロッコのマラケシュにおけるCOP7で細部を詰めていくこととなった。

　CDMに関する個々のCOP6決定事項については，それまでの各国，各グループ間の深刻な対立や交渉の経過に鑑みれば，いずれもほぼ妥当な線に落ち着いたものと評価できる。ODAの転用を認めないという点は予想されたところであり[14]，従来からODAの使用を強く主張してきた日本政府としては，その他の公的資金をもっと活用する方策や，場合によってはそのために新たな財源を創出する方策を検討していくべきであろう[15]。併せて，民間資金をCDMプロジェクトに魅き付けるような周辺環境の整備をODAその他の公的資金により図っていくことも重要である。吸収源プロジェクトを植林，再植林に限り，評価の分かれる森林の保全管理や農地としての土地利用を見送ることとした点も，第1約束期間中の当面の措置としてはやむを得ないであろう。

　他方，CDMに関しては，すでにハーグ会議において実質的な合意が得られた部分も多いことは注目に値する。特に，運営主体の承認と指定，その機能と責務，CDMへの参加資格，CDMプロジェクトの評価・確認と登録，モニタリング，CERの検証と認証，認証書の発行等の技術的あるいは手続き的事項については，ほぼ全面的な合意が得られていた[16]。例えば，運用主体による評価・確認を受けるに当たってプロジェクト参加者は環境影響評価に関する文書を提出すること，ベースラインの設定方法については，現在または過去の排出量や経済性のある標準的技術を用いた場合の排出量，同様のプロジェクトによる過去5年間の平均排出量等を勘案しつつ，執行委員会が承認する標準的な方法または新しい方法の中からプロジェクト参加者が最も適当と考える方法を選んでプロジェクトごとに設定されることなどである。

6 マラケシュ合意

(1) COP7での最終決着

マラケシュにおけるCOP7では，前回積み残したCDMの運用方法と手続きに関わるCDM固有の懸案事項とともに，主として議定書5条，7条，8条等の技術的事項に関する規定との関係，遵守委員会の機能との関係など，京都メカニズム全体に共通する事項やCDMと他の京都メカニズムとの関係が交渉の焦点になった。すなわち，議定書の各規定の遵守と京都メカニズムへの参加・利用資格（適格性）の関係，特に排出目録の作成・報告義務と適格性の関係，京都メカニズム相互の互換性および排出割当量（AAU），排出削減単位（ERU），認証削減量（CER）等のバンキングや次期約束期間への繰越しの可能性の問題等である。

最終的には，これらの事項全体がパッケージ・ディールとして合意され，その一環として，「CDMの運用方法と手続き」に関する決定[17]が「京都議定書第6条，12条，17条に基づく（京都メカニズムの）原則，性質および範囲」に関する決定[18]とともに一括採択された。例えば，京都メカニズムへの参加資格（適格性）については，附属書Ⅰ国が京都メカニズムを利用するに当たっては，第5条第1項（排出量推計のための国家制度），第2項（推計方法）および第7条第1項（排出目録），第4項（情報の送付）に基づく方法および報告義務を遵守していること，ならびに遵守手続き・制度に従うことを条件とする。この遵守状況については，遵守に関する決定[19]（決定24/CP.7）に従い，遵守委員会の強制部が管轄する。

繰越しの可能性については，認証削減量（CER）はERUと同様に当該国の排出割当量の2.5%までを次期約束期間に繰り越すことができる。また，CER，ERU，AAUおよびRMUは附属書Ⅰ国間で（何らの制限なく）移転することができる。さらに，COP7は議定書第7条第4項の割当量の計算に関する決定[20]を採択し，その中で国ごとの登録簿，CDMの登録簿および取引記録簿の間で正確かつ効率的なデータ交換が行われるようにするための技術的基準を作成するよう，SBSTAに対して要請した（この取引記録簿は，遅くとも第2回のCOP/MOPまでに作成されることとなっている）。

第2部　京都議定書の国際制度

(2) 今後の展望

　こうして包括的なマラケシュ合意が成立したことにより，京都議定書はようやく主要先進国（アメリカを除く）による批准と発効に向けて準備が整ったことになる。なかでもCDMについては，COP6ボン会合の決定に基づき，マラケシュでCDM執行委員会のメンバーの選出が行われ，議定書の発効に続く第1回COP/MOPでの最終決定と同時にいつでも運用開始できる体制が整った。現実には，すでに数多くの先進国企業がCDMの事業化に向けて活発な動きを見せており，これまで試験的に行われてきた共同実施活動（AIJ）がCDM事業に転換される可能性も大きい。ちなみに，AIJは今後もパイロット事業として継続されることになっており，実際のCDM制度の運用に当たって予想されるいろいろな問題（ベースラインの設定や排出削減のモニタリング・検証方法等）について十分な経験と情報・データを蓄積していくことが期待される。

⑴　問題の本質を突く表現で，言い得て妙である。この言葉を最初に用いたのは，インドのインディラ・ガンディー開発研究所の副所長Jyoti　Parikh女史であったと言われる。
⑵　FCCC/CP/1995/7/Add. 1/Decision 5/CP. 1.
⑶　*Joint Implementation Quarterly*, Vol. 7-No. 2, p. 14, Joint Implementation Network（JIN），2001.
⑷　そのうち140のAIJプロジェクトについて条約事務局が総合分析を行った最新の報告として，FCCC/SB/2000/6を参照。
⑸　FCCC/AGBM/1997/MISC. 1/Add. 3参照。
⑹　田辺敏明『地球温暖化と環境外交』（時事通信社，1999年）参照。CDMの提案はいかにも京都会議の最後の段階になって唐突に登場したように受け取られているが，アメリカはブラジルがクリーン開発基金構想を提唱して以来，ブラジルと綿密な協議を続け，京都会議までには両者の間ではぼCDMについての合意ができていたようである。問題はそれぞれが他の先進国および途上国を説得できるかどうかにかかっていた。Oberthür, S. and Ott, H.（1999），*The Kyoto Protocol*, Springer-Verlag Berlin Heidelberg（岩間徹・磯崎博司監訳『京都議定書』210-13頁，シュプリンガー・フェアラーク東京，2001年）を参照。
⑺　Werksman, J.（1998），The Clean Development Mechanism: Unwrapping the "Kyoto Surprise", in *Review of European Community & International Environmental Law*, Vol. 7, No. 2, 147-158; Grubb, M. et al（1999），*The Kyoto Protocol: A Guide and Assessment*, 226-247, Royal Institute of International

4－5　クリーン開発メカニズム（CDM）

　　　Affairs/Earthscan（松尾直樹監訳『京都議定書の評価と意味』203-220,(財)省エネルギーセンター，2000年）；Oberthür, S. and Ott, H.（1999），op. cit. 等を参照。
(8)　これに関連して，日本政府は先進国の中でほとんど唯一，CDMプロジェクトにODAの利用を認めるよう主張してきた。その理由としては，日本のODA総額，中でも特に環境分野のODAが増え続けてきており，これらはCDMの有力な財源になり得るとともに，CDMと一体になって活用されることにより一層の効果を挙げることができること，ODAの使用によりAIJの経験に見られるようなプロジェクトの地理的分布の偏りを是正することができることなどが挙げられていた。
(9)　FCCC/CP/1999/6/Add. 1/Decision 13/CP. 5．
(10)　CDM関係についてはFCCC/SB/2000/CRP. 20を参照。
(11)　CDM関係についてはFCCC/CP/2000/CRP. 2およびAdd. 1を参照。
(12)　FCCC/CP/2001/2およびCDM関係についてAdd. 2を参照。
(13)　FCCC/CP/2001/L. 7（Decision5/CP. 6）．
(14)　もっとも，排出削減クレジットの獲得を直接の目的としない途上国のキャパシティー・ビルディング等のプロジェクトにODAを使用することまで排除する趣旨ではないと考えられる。
(15)　例えば，石井敦，明日香壽川，田邉朋行「ODAによる地球温暖化対策のオプション：債務カーボンスワップ・イニシアチブ」（環境法政策学会報告，2001年），及びAsuka Jusen（2000），"How to Make CDM additional to ODA", in *Joint Implementation Quarterly,* Vol. 6, No. 3, Joint Implementation Network（JIN），2000を参照。
(16)　FCCC/CP/2001/CRP. 11参照。
(17)　FCCC/CP/2001/13/Add. 2 /Decision 17/CP. 7．
(18)　FCCC/CP/2001/13/Add. 2 /Decision 15/CP. 7．
(19)　FCCC/CP/2001/13/Add. 3 /Decision 24/CP. 7．
(20)　FCCC/CP/2001/13/Add. 2 /Decision 19/CP. 7．

［CDM参考文献］

Grubb, M. et al（1999），*The Kyoto Protocol: A Guide and Assessment*, Royal Institute of International Affairs/Earthscan（松尾直樹監訳『京都議定書の評価と意味』(財)省エネルギーセンター，2000年）。
Oberthür, S. and Ott, H.（1999），*The Kyoto Protocol*, Springer-Verlag Berlin Heidelberg（岩間徹・磯崎博司監訳『京都議定書』（シュプリンガー・フェアラーク東京社，2001年）。
川島康子・松浦利恵子「クリーン開発メカニズムの制度設計と効果分析」，環境経済政策学会編『地球温暖化への挑戦』（東洋経済新報社，1999年）。
松尾直樹その他「気候変動問題におけるクリーン開発メカニズムの制度に関する論点と提案」（(財)地球環境戦略研究機関，1998年）。

第 2 部 京都議定書の国際制度

杉山大志「CDMの制度設計：追加性のパラドックス」,『電力中央研究所研究調査資料』№Y00921（㈶電力中央研究所，2001年）。

田辺敏明『地球温暖化と環境外交』（時事通信社，1999年）。

Dixon, Robert (ed.), *The UNFCCC Activities Implemented Jointly (AIJ) Pilot: Experiences and Lessons Learned*, IGES/Kluwer Academic, 1999.

Victor, David, *The Collapse of the Kyoto Protocol and the Struggle to Slow Global Warming*, Princeton University Press, 2001.

5 吸収源に関する主要論点と交渉経緯

[山形与志樹・石井敦]

1 はじめに

　1997年12月の気候変動枠組条約・第3回締約国会合（COP3）で採択された京都議定書は先進国に第一約束期間中（2008〜2012年）の排出量を，1990年比約5.2%（日本は6%）引き下げることを課した画期的なものとなった。多くの産業・経済活動と密接に関わっている温室効果ガスの排出を削減することは容易ではない。京都会議の合意の直後から，削減にあたって有利な条件を獲得したEU諸国と，国内政策だけでは削減目標の達成が難しい米国，日本などが名を連ねるアンブレラ・グループとの間で，吸収源や柔軟性メカニズムの具体的な運用則をめぐる駆け引きが開始された。しかし，期限となっていたCOP6（2000年11月；オランダ・ハーグ）の最終交渉局面において，吸収源等の取り扱いをめぐってEU内での調整が決裂し，全体の合意は成立しなかった。このことは，京都プロセスにとって，初めての挫折と試練を与えることとなった。さらに，21世紀に入って早々に，気候変動交渉の最重要アクターであるアメリカにブッシュ政権が誕生し，アメリカが議定書から離脱する方針が表明され，「京都議定書は死んだ」とまで言われていた[1]。しかし，COP6再開会合（2001年7月；ドイツ・ボン）では，多大な危機感を募らせていたEU側からの大幅な譲歩があり，アメリカの離脱という大きな制約はあるものの，京都議定書の実施ルールに関する「包括的合意」という名の部分合意（以下，ボン合意[2]）が採択された。COP7で成功裏にマラケシュ合意（Marrakech Accords）が採択された現時点では，京都議定書は復活し，2002年の発効に向けて大きな一歩を踏み出したと言ってもいいだろう。

　COP3からCOP6にいたる交渉のプロセスの中で，特に大きな課題として継続的に議論されたのが，森林・農業の吸収源活動の取り扱いである。「植

林」や「森林管理」等の人為的な吸収源を拡大する活動が，数値目標達成のために利用できることが京都議定書で認められたものの，従来から不確実性が高いとされてきた吸収源に関する取り扱いをどうするのか，米国等に大幅な吸収源を認めてエネルギー部門の排出削減努力を緩和することを許すか否か，などの問題をめぐって科学アセスメントと政治交渉が並行して進められてきた。特にこの問題を理解するためには高度の専門性が必要なことから，議定書における吸収源活動の定義および算定方式，計測手法などを具体的にどう定義・評価すべきかに関しての検討を，締約国会議がIPCCに対して依頼した。これを受けて，IPCCのワトソン議長（Dr. Robert Watson）と前議長のボーリン氏（Dr. Bert Bolin）が中心となり，100人以上のリードオーサーによる1年半にわたる検討を経て，「土地利用，土地利用変化および林業に関する特別報告書[3]」（以下，吸収源SR；概要は表6）が最終の報告書として2000年6月に出版された。

　本稿の目的は，COP3からCOP6における合意に至るまでの交渉過程と，吸収源の取り扱いに関する科学アセスメントを踏まえつつ，COP6における合意内容と今後に残された検討課題をまとめることにある。以下の章では，吸収源に関する主要論点と交渉経緯，ボン合意の分析と日本に対する政策的含意，今後の課題の順に見ていくことにする。

2　吸収源の主要論点と交渉経緯（〜COP6）

　吸収源をめぐる交渉は，京都議定書の交渉プロセスの中で最も専門的で複雑な交渉である（Grubb et al. (1999), p. 76；Yamin (1998), p. 437）。実際の交渉は，京都会議において数値目標を決めるために開催された直前の準備会合（Ad-hoc Group on the Berlin Mandate；AGBM）において開始された。議定書採択までの交渉における主な論点は，定義；算入の対象活動；算入方法；算入上限であったが（表1），時間的制約もあり，ほとんどの論点に関する合意が得られないままに交渉が先送りされた。そこで，議定書採択後の交渉課題を積み残した形で，吸収源に関わる条文として3条3項，4項が規定されることとなった。

　3条3項は，第一約束期間における吸収源の算入対象活動は，「新規植林，再植林，森林減少」に限定され，その算定方式は，いわゆるグロス—ネット

5 吸収源に関する主要論点と交渉経緯

表1　吸収源交渉の論点とその概要

論　　点	概　　　　　要
定　　義	森林の定義：さまざまな森林の定義がある中で[1]，議定書下で算入される「森林」を定義する。
対象活動	さまざまな吸収源活動（例えば，植林，間伐など）の中で，議定書下で吸収源活動として認められる活動を規定する。
算入方法 （アカウンティング）	議定書で認められた対象活動の吸収量を算定する具体的方法を規定する。
算入上限（キャップ）	算入量の内，議定書の第一約束期間における数値目標の達成のために用いることができる上限値を規定する。

注1）　森林の定義は470種類以上にのぼると言われている（Lund（2000））。

方式——基準年排出量には吸収源を含めず，約束期間中の対象活動による純炭素吸収量[4]を算入する方式——を採用することを規定している[5]。一方，3条4項の規定は，さまざまな科学的知見を考慮しつつ，3条3項吸収源以外の「追加的かつ人為的活動（additional human-induced activities）」を第二約束期間以降に算入することができる；ただし，算入される活動が1990年以降に開始された場合，当該活動の吸収量を第一約束期間にも算入できるようにするものである。

　吸収源の取り扱いに関しては，上記の論点のほかにも以下の問題が宿題として残された。

① 不確実性

　吸収源の問題点としてもっともよく指摘されるのは，吸収量の不確実性の問題である[6]。グローバルレベルの炭素吸収量を見ると，陸域生態系全体の正味吸収量は1.9±1.3GtC/年（約70％の誤差；信頼度90％）と推計されており（IPCC（2000），p.5），不確実性が極めて高いことが分かる。また，国レベルの吸収量においても，例えば，1995年のCOP1当時，ニュージーランドは吸収源により2005年までに正味排出量を50％削減できるとしていたが，予測値を見直した結果，逆に50％の排出増に訂正した（Greenpeace International（1998），p.49）[7]。

　このような不確実性の存在は，吸収源の取り扱いにとどまらず，他の争点にも大きな影響を与える。ボン合意では，削減目標を遵守できなかったとき

の帰結（consequence）に関する大筋の合意もなされたが，吸収源の不確実性が大きく残されたままでは，不遵守の適用を不確実性の高い排出量をもとに判断しなければならなくなってしまう恐れがある[8]。

② 永続性（permanence）

吸収源活動による炭素吸収は永続的に維持されなければ，逆に将来的には排出源となり，正味吸収量が大幅に減少してしまうリスクが存在する。一方，化石燃料消費の削減の場合には，一度削減された炭素が再び排出されるリスクが無いため，削減努力が確実に排出量抑制効果を持つ。永続性の問題は，吸収源の永続的維持が困難であるというリスクを考慮せずに，排出抑制効果が確実な排出削減努力を吸収源活動によって代替することに伴う，環境十全性（environmental integrity）の懸念が背景にある[9]。COP6では，いわゆるプロンクペーパー（プロンク議長の仲裁案[10]）における森林管理活動の大幅な割引率の設定根拠の一つに，この永続性が挙げられていた。

③ 追加性と人為性

3条4項に規定されている"追加的かつ人為的（additional and human-induced）"の定義は極めて曖昧な文言である。曖昧さや不確実性を残したままに合意することは，国際環境交渉における合意形成での常道（不確実性や柔軟性が無ければ合意が不可能な場合も多い）であるものの，議定書を批准するに際しては，これを具体的かつ明確なルールとして合意する必要がある。「追加性」の解釈としては，JI/CDMと同じように吸収量の追加性を問題にする（ベースラインを設定する）考え方と，3条3項吸収源に対する3条4項の活動自体の追加性を基準に据える考え方の二つがある。特に，「人為性」に関しては，人為的な吸収量だけを抽出するということが科学的にも極めて困難であるということが，IPCCの特別報告書の「政策決定者のための要約（SPM）」（注3参照）においても明言されているところである。議定書交渉では，この代替手段として割引率の設定が議論されるようになった[11]。IPCCはこの問題に関する検討を予定しているが，第一約束期間を対象として，この問題が再度議論の俎上に上る可能性は少ない。

④ 吸収源の多様な機能・価値

一般的に森林や農耕地等の陸域生態系は，多様な機能・価値を有している。それは，吸収源機能以外にも，他の環境問題（土地荒廃の防止，砂漠化防止，生物多様性の保全など），社会・経済的な役割（燃料，材料，コミュニティを

5 吸収源に関する主要論点と交渉経緯

1997年12月	京都議定書採択
1998年6月	SBSTA8でIPCCに科学アセスメントを依頼
2000年6月	IPCCが吸収源特別報告書を採択・発表 SBSTA12・開催
2000年11月	COP6（オランダ・ハーグ）決裂
2001年4月	米ブッシュ新政権が議定書離脱を表明
2001年7月	COP6再開会合（ドイツ・ボン）でボン合意・採択
2001年11月	COP7（モロッコ・マラケシュ）マラケシュ合意・採択

形成する自然インフラ，景観，レジャー，防砂・防風林など），食物生産など，多岐にわたり，極めて重要な役割を果たしている。京都議定書における吸収源は，炭素吸収機能だけでなく，全体の価値・機能とのバランスも考慮しながら評価する必要がある。しかしながら，3条3・4項には，これに配慮した文言が一切ないことが懸念されている（Oberthür and Ott（1999），pp. 135-136）。

　議定書の採択を受けて，1998年6月に開催された第8回補助機関会合（the eighth session of the Subsidiary Body of Scientific and Technical Advice；SBSTA8）では，吸収源に関する科学アセスメントをIPCCに依頼する決議が採択され（UNFCCC（1998），pp. 17-18），IPCCは評価作業に着手した。この時点で，SBSTAでの交渉は中断し，実質的な交渉は吸収源SRの作成過程に移った（山形（1998））。吸収源SRのもっとも重要な評価事項は，3条3項吸収源の吸収量推計と3条4項の「追加的かつ人為的活動」の候補となる活動の吸収量推計である[12]。前者に関しては，詳細な推計が実施されたが（IPCC（2000），p. 12；邦訳は山形・山田（2000），p. 5参照），その際，問題となったのは，3条3項吸収源の定義であった。定義に関する選択肢はFAO方式とIPCC方式の二者択一であり[13]，もっとも大きな違いは再植林の定義である。前者では，林業活動によって森林を伐採したあと，森林が自然に再生することも「再植林」に含まれるのに対し，後者は土地利用変化を基準にしており，農地などに転用された土地に植林して森林を回復させる活動だけが「再植林」と定義される。議定書の数値目標を遵守するために是が非でも

第 2 部　京都議定書の国際制度

　吸収源を必要としていた多くのアンブレラ諸国（特にアメリカ，カナダ等）はFAO方式を推していたが，IPCCにおける試算とその検討の結果，ほとんどの先進国において，3条3項吸収源が，排出源となってしまうことが明確に認識されるようになった（伐採を排出源としない極端かつ合意が難しい前提条件を設定した場合を除く）。この評価結果により，アンブレラ・グループは3条4項を重視するようになり，COP6における3条3項吸収源に関しては，IPCC方式が極めてスムーズに合意された（ハーグ会合の初日にほぼ合意に達した）。これ以降，3条4項に関する交渉が，吸収源に関する，さらには議定書交渉全体の中心的な争点となる。IPCCによる3条4項吸収源の推計に関しては，推計に必要な算定方式などの科学的知見が十分に検討されていないため，現状では多くの不確実性が残されているとの結論が示されている[14]。

　吸収源SRを受けて，再び交渉がスタートしたのは，2000年6月のSBSTA12（ドイツ・ボン）である。実際のところ，COP6における交渉の第2週に入ってから，プロンクペーパーが発表されるまで，各国とも以前からの交渉スタンスを繰り返すだけにとどまり，合意に向けての本格的な交渉が行われることなかった。COP6は，京都会議で先延ばしにされた論点（表1）に関して，吸収源SRの知見を考慮しつつ，3条3項と4項を実施するのに必要な具体的なルール作りのための会議と位置付けられていたものの，実際には，吸収源SRの知見が十分に反映されているとはいえない側面もあった。特に終盤の交渉では終始，3条4項の上限値と割引率をめぐる駆け引きが，米国とEU間で展開された。具体的には，米国に対して認める吸収量の上限値（一説には40〜70MtC）に関する交渉となり，一旦（最終日深夜）は米国とEU間の合意が成立したものの，EU内で合意が得られず，交渉が決裂した（最終日早朝）ことは周知の通りである。決裂の要因として，吸収源のほかに排出量取引のルールにもドイツ・フランスが難色を示したと言われているが，最終的に，アメリカの3条4項上限値（キャップ）に関するアメリカとEUの意見の隔たりはわずか20MtCであったと言われている（Agrawala and Andresen (2001), p. 123）。

　以上の交渉経緯から分かるように，吸収源SRの知見が十分に反映されていないところもあったことは否めない。それは特に3条4項吸収源に関して，顕著である。これは，吸収源が導入された背景には極めて重要な「レジーム

維持機能」が見て取れるからである。それを明らかにするためには，1997年12月の京都会議にまでさかのぼらなければならない。IPCCの前IPCC議長であるBolin氏（Dr. Bert Bolin）は，吸収源の不確実性（土壌中CO_2も含む），人為的変化と自然変化の区別が不可能であることなどの理由により，議定書に吸収源を取り入れることに関して，科学の立場から導入に対して否定的な見解を持っていた[15]。日本政府もCOP3においては当初，EUと共に同様の主張をしていた。しかし，COP3において，吸収源の科学的知見が不十分であるとの主張にも関わらず，吸収源活動が議定書に取り込まれた。これは各国の政治的動機だとする米本（2000）[16]の指摘もある。恐らく，政治的にアピールできる野心的な数値目標を掲げるためにも，また，議定書を批准可能にするためにも，吸収源の導入が必要であるとの認識がCOP3からCOP6までに大勢を占めたのであろう。COP 6 が決裂した要因の一つが吸収源であったこと（Agrawala and Andresen（2001），p. 123），COP6再開会合でEU，途上国がもっとも大幅な譲歩をしたのが吸収源だったこともすべて，京都議定書の困難な数値目標への合意のために，吸収源の不確実性が極めて重要な「レジーム維持機能」を持っていたということを物語っている。

　少なくとも第一約束期間までは，この政治的要素が吸収源問題の核心でありつづけるだろう。それ故に，長期的な地球温暖化のレジームを分析する上で，吸収源の導入の背後にある「レジーム維持機能」としての役割を，吸収源の科学的知見とともに，慎重に考慮する必要がある。吸収源は，森林・農業の多様な価値・機能を通じて，より持続可能な森林管理につながる可能性も秘めており，議定書への吸収源導入の評価は，議定書の実施段階を経たあとでも遅くはないのである。

3　ボン合意とその交渉過程

　COP6は決裂したが，非公式な交渉は引き続き行われた。COP6再開会合前に先駆けて発表されたプロンク議長包括提案（President Pronk's Consolidated Negotiating Text；以下，PCNT（2001））は，そうした外交努力を反映したものであり，COP6再開会合の交渉のベースとなった（概要は表7）。同提案が際立っているのは，日本にのみ適用される免除条項である[17]。主な論点は，重要性や時間的制約から，4つの論点（表1）のうち，算入上限に

絞られた[18]。それは，各国の関心が，経済活動に直結するエネルギー部門の排出削減をどの程度，吸収源活動の算入で代替できるかに集中したからである。

1 主要論点と各国の交渉ポジション

各国の交渉ポジションの見取り図は，基本的にアンブレラ，EU，途上国

表2　吸収源キャップに関するEUと日加豪露の提案

日加豪露提案[1]	EU提案[2]
本提案は，第一約束期間に限り，3条4項下の森林管理に関して，以下の原則に従い国別のキャップを直接交渉で決めることを提案している。 ・締約国固有の事情 ・京都議定書の削減目標を守るために必要な削減努力の程度削減努力に占める森林管理の吸収量 ・締約国が，温室効果ガスを吸収するために実施あるいは計画している森林管理 ・3条3項の吸収源が排出になっているかどうか	プロンク包括提案を基本としながらも，3条4項吸収源とCDMとをそれぞれ別々にかつ各国一律に設定するというものである。具体的数値に関しては言及していないが，プロンク包括提案よりも厳しい数字が望ましいとしている。なお，提案文書の中で，EUが他の国よりも得られる吸収源クレジットが小さくなるが，妥協のためには仕方がない旨が明記されている。

注1）　Government of Canada, Japan and Australia（2001）．同じアンブレラ・グループのニュージーランドは独自の提案を行った：
　　第一約束期間に限り，3条4項下の森林管理に関して，以下の2つから選択する：(1)　追加的森林管理プロジェクトのみをカウントする；(2)　交渉で決められた森林管理キャップを課される。(1)に関して，「追加的」はCOP/moPで合意された方法に従い，1990年以降に開始された追加的森林管理あるいは森林管理の改善が追加的削減を達成したことを示さなければならない。COP/moPで合意される方法は，SBSTAがIPCCのグッドプラクティスを参考に開発し，その結果をCOP/moPで採択するよう勧告することとしている（Government of New Zealand（2001））。
　　そもそもアンブレラ・グループは，メカニズムの交渉での共同歩調をとるために作られたものであり，吸収源の争点では必ずしも一枚岩でなかったことが窺える。なお，このニュージーランド提案はあまり注目を集めなかった。

注2）　EC（2001a）とEC（2001b）。

の三極対立構造であり，それがもっとも顕著に表れていた争点が吸収源キャップである。まず，最初の段階で，途上国は第一約束期間に3条4項吸収源を含めることに反対した。これに対し，EUはPCNTを交渉のベースとすること，アンブレラ・グループ[19]は吸収源の算入方法[20]と上限に対し，反対を表明した。以下，交渉論点に沿って，具体的に見ていくことにする（COP 6再開会合で暫定的に決まった算入方法および定義に関してはボックスを参照のこと（COP 7で同じ内容が正式決定された。））。

「吸収源キャップ」　この論点は，キャップの対象活動と上限値に分けられる。前者に関しては，アンブレラが森林管理のみを主張したが，それに対し，EUはPCNTを支持，G77＋中国はそもそも3条4項は認めないことを主張した（図1）。具体的な上限値に関しては，アンブレラに属する日加豪露，ならびにEUから提案がなされた（表2）。この2つの論点に関してはいずれもEU，途上国が譲歩し，日加豪露提案がほとんど無修正のまま採択された。最終的に合意された上限値は，プロンク包括提案のフォーミュラを参考に算定された上限値[21]と各国の言い値を合わせたもののようである。興味深いことは，この上限値がプロンク包括提案の（3条4項活動＋CDM/JIすべてに）3％を大きく超えるわけではなく，1.64％（暫定値[22]）に留まることである（図2）。

「追加的活動」　結論から言えば，「追加的活動」は合意に盛り込まれなかった。日加豪露は，「これらはそもそも定義できないものである[23]」と主張し，それが認められた形となった。今まで主張してきているG77＋中国が抵抗しなかったことから推測すると，他の譲歩（特に資金援助や遵守委員会の構成で）が引き出せれば，特にプライオリティを置いている争点ではなかったようである。

「割引率」　森林管理に適用する割引率に関しては，キャップである程度考慮された（最終的なキャップの絶対値を決めるに当たって，欧州諸国（東欧も含む）には森林管理に適用されるPNCT（2001）の算入フォーミュラが同じ形で適用された。フォーミュラは後[21]を参照のこと）ものの，日本，カナダ，オーストラリアは「議長提案の85％という割引率は，各国事情を考慮しておらず，恣意的な数字で，森林管理のインセンティブを阻害する」と主張し，それが認められた形となった。そもそもEUや途上国の懸念は吸収源の上限値に集中していたため，妥協を図りやすい争点であった。

「CDMの吸収源プロジェクト」　CDMの吸収源プロジェクトに関するキャップは，基準排出量比1％に限定された。これも上記争点と同様にEUおよびG77＋中国が大幅に譲歩し，キャップとしてはかなり大きな値となった[24]。また，CDMにおける吸収源対象活動が植林，再植林に限定され，森林保全は対象外となった。これは吸収源SRによる科学的知見の結果ではないが，同報告書には，「人間活動，環境の変化などにより，既存森林の保全は必ずしも温室効果の長期的緩和に寄与するものではない」と脚注で述べられており（IPCC（2000），p. 15），この脚注をめぐって否定的な見解を主張するブラジルとそれに反対する先進国で鋭く対立した。このIPCC総会における議論により，妥協できる選択肢としてCDMの対象活動を植林，再植林に限定するオプションが現実的であるとの認識が交渉担当者の間に生まれ，それがボン合意の交渉に影響したのであろう。

　上記から，交渉ポジションの推移（最初→合意）を図1に示す。図に見られるように，3条4項問題では，日加豪露がほとんど譲歩しなかったが，EU，G77＋中国は大幅に譲歩した。しかも3条4項キャップは森林管理に限定された。これは，日本，カナダの主張した吸収量がそのまま上限値となったことを考え合わせれば，日本，カナダはほとんど譲歩せず，EU，G77＋中国が一方的に譲歩したことが分かる。次に，吸収源CDMの交渉ポジションの推移を見ると，EUは譲歩せず，G77＋中国，日加豪露がそれぞれ譲歩しているように見えるが，吸収源CDMのキャップが基準排出量の1％という比較的大きい上限値となったため，その影響は最小限にとどまった。これは3条4項吸収源と同じように，日加豪露がほとんど譲歩せず，G77＋中国が大幅に譲歩したことを示している。吸収源の交渉を全体としてみると，日加豪露の主張が全面的に認められ，一人勝ちで決着がついたということできる。なお，アメリカはCOP6再開会合において，合意を妨げる行動は一切とらないことを宣言していたが，吸収源交渉に関しては，宣言どおり，終始一貫して沈黙を守ったようである。

　前述した四つの問題点に対して，ボン合意が持つ含意はどうだろうか。まず，「追加性」条件は，論点から外れたと言ってもいいだろう。上述のように，日加豪露の主張が通った結果である。また，不確実性の問題に関しては，IPCCが不確実性の管理に関する報告書を作成し，それをCOP9で採択することになっている（UNFCCC（2001），p. 2；暫定的（COP6再開会合の時点では暫

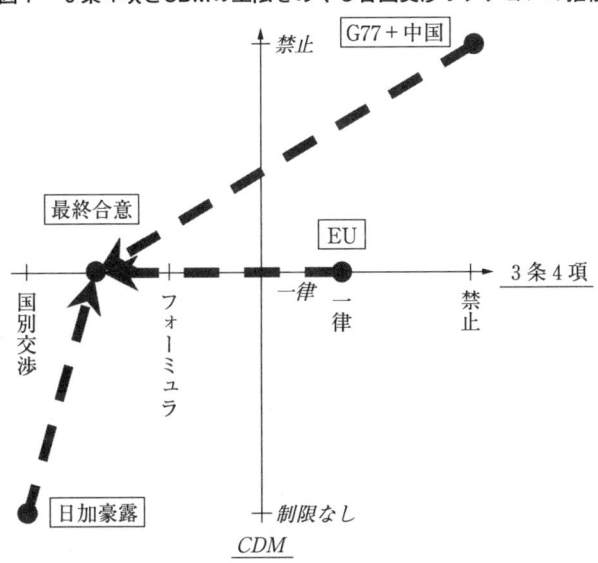

5 吸収源に関する主要論点と交渉経緯

図1　3条4項とCDMの上限をめぐる各国交渉ポジションの推移

図の読み方:
　3条4項の軸の目盛りは左から：国別交渉；フォーミュラ；一律；禁止。CDMの軸の目盛りは上から（イタリック体）：禁止；一律；制限なし。矢印はCOP6再開会合直後から合意までの交渉ポジションの推移を示している。たとえば，EUは（一律，一律）から（国別交渉とフォーミュラの中間点，一律）へと推移した。

定的だったが、COP7で正式決定された））。ただし，ここで議論された知見に基づいて，第一約束期間の吸収量が割り引かれることは，合意がそのまま維持される限り，あり得ないことである。「人為性」条件に関しても，IPCCが直接的かつ「人為的」活動を除外するための現実的な方法を考案することになっている（UNFCCC（2001），p. 3；暫定的（COP6再開会合の時点では暫定的だったが、COP7で正式決定された））。永続性は，国別排出量に関わるところでは議論されなかったが，吸収源CDMでは，永続性に配慮する形で植林，再植林に関する定義や算入方法などをCOP9で採択できるよう，SBSTAが策定することになっている（UNFCCC（2001），p. 2；暫定的（COP6再開会合の時点では暫定的だったが、COP7で正式決定された））。吸収源の多様な機能・価値も同様に，吸収源CDMのところで言及された（UNFCCC（2001），p. 2；暫定的（COP6再開会合の時点では暫定的だったが、COP7で正式決定された））。

このように，「追加性」条件を除いては，これからの交渉を待たないと現時点では正確な評価はできない。少なくとも言えることは，他の遵守などの争点に比べて，吸収源は交渉のアジェンダ・セッティングをIPCCに依存するところが大きくなるということである。したがって，上記の問題に関しては，これまでと同様，IPCCにおける科学アセスメントと，COP/SBSTAにおける政治的な交渉が並行して実施される可能性が高い。

4 ボン合意：日本に対する政策的含意と今後の展望

ボン合意はあくまでも政治合意であり，それを国内の実定法に「翻訳」する作業を経て，ようやく国内で実施される段階となる。その際，国内の状況等が実定法に反映されることになるが，本節は，実定法化の際に重要となる，ボン合意の政策的含意を考察する。政策的含意は，主に国内政策とメカニズム関連に大別されるため，本節も同様の構成をとることにする。

1 日本国内の吸収源に対する政策的含意

日本政府は1990年比3.7％の吸収量を目指していたが，前述のように，それを上回る約3.9％（13［MtC］）がボン合意で認められた（図2）。日本の場合，3条3項の吸収量は小さく[25]，3条4項の吸収量（森林管理が主）が大半を占めることが予想される。実際に，2000年に日本政府が条約事務局に提出した吸収源目録[26]では，非森林管理の都市緑化が76［GgC/年］に対し，森林管理が11,368［GgC/年］（90年比約3.6％）と推定されている。

日本政府が獲得できる最大の吸収量は，国有林・公有林・私有林すべてを対象とした森林管理による吸収量の合計値である。ここで問題となるのは，私有林において森林管理を実施し，CO_2を吸収させる場合，その所有者に森林管理のインセンティブをクレジットとして与えなければならないということである。温暖化対策の国内制度として，森林管理のインセンティブを与えるような措置を検討することが可能であるが，ここでは本稿の範囲を超えるので，詳しくは論じない。しかし，少なくとも言えることは，国内の私有林による炭素吸収量をクレジットとして認める前提条件ができたということであり，そうしたインセンティブの活用によって森林管理が活性化し，前述の森林・農業資源の多様な機能・価値がさらに生かされることが望ましいこと

5 吸収源に関する主要論点と交渉経緯

図2　森林管理の上限値（絶対量）とその基準年[1]排出量比

基準年排出量に占める割合

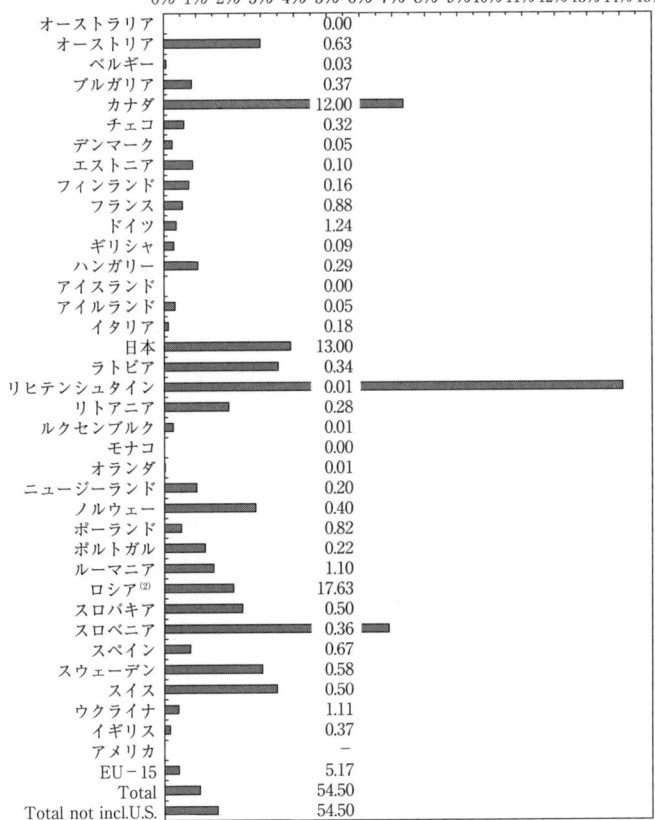

オーストラリア	0.00
オーストリア	0.63
ベルギー	0.03
ブルガリア	0.37
カナダ	12.00
チェコ	0.32
デンマーク	0.05
エストニア	0.10
フィンランド	0.16
フランス	0.88
ドイツ	1.24
ギリシャ	0.09
ハンガリー	0.29
アイスランド	0.00
アイルランド	0.05
イタリア	0.18
日本	13.00
ラトビア	0.34
リヒテンシュタイン	0.01
リトアニア	0.28
ルクセンブルク	0.01
モナコ	0.00
オランダ	0.01
ニュージーランド	0.20
ノルウェー	0.40
ポーランド	0.82
ポルトガル	0.22
ルーマニア	1.10
ロシア[2]	17.63
スロバキア	0.50
スロベニア	0.36
スペイン	0.67
スウェーデン	0.58
スイス	0.50
ウクライナ	1.11
イギリス	0.37
アメリカ	－
EU-15	5.17
Total	54.50
Total not incl.U.S.	54.50

注1)　基準年は1990年が基本だが，市場経済移行国の中には異なった基準年排出量をとる国もある。

注2)　COP7では，ロシアが上限の緩和を主張し，その結果，17.63［MtC］が33.0［MtC］に変更された（基準年排出量比では約2.2%から約4.1%に増加）。この数値に関して，ロシアは提案の中で，ロシアの専門家により自国データを用いて推定した結果であるとしている（UNFCCC公式文書FCCC/CP/2001/MISC. 6）。

第 2 部　京都議定書の国際制度

は言うまでもない。

2　メカニズムの吸収源プロジェクトに対する政策的含意

　メカニズム関連の吸収源プロジェクトに関して，ボン合意は，CDMの対象プロジェクトを植林活動に限定し，上限を基準年排出量比 1 ％とすること，JIの森林管理活動には国内吸収量と併せて国別の上限を設けることを規定している（JIの植林プロジェクトには上限は設定されていない）。

　日本にとって，CDMの吸収量上限は厳しい上限値ではないようである。例えば，年間10［tC/ha］の吸収量を持つユーカリを2004年に植えたとすれば，第一約束期間終了までに基準年排出量比 1 ％の吸収量を得るためには，約35,000［ha］の植林をしなければならない。その際，ノーリスクという仮定を置いても，クレジットの分配条件が等分だった場合，その倍の 7 万［ha］，さらに条件が悪ければ，さらに多くの植林面積を要することとなる。今まで（2001年 4 月 1 日現在）に日本企業が海外で実施した植林面積の総合計が約30万［ha］であることを考えると（海外産業植林センター（2001）），その約 4 分の 1 を2004年にフル操業で開始することは困難である。また，CDMのホスト国となる予定のアジア諸国は，温暖化対策のプライオリティが低く，植林よりもエネルギー技術に対するニーズが高いため，ホスト国が吸収源CDMを優先的に承認することはあまり期待できない。

　メカニズムの運用則はまだ流動的であるが，吸収源キャップに関して，いくつか懸念される点がある。それは，吸収源によるCDMクレジット（CER）がファンジビリティ（AAU：ERU：CER間の交換制度）を通じて制限のかからないERUに交換された場合，吸収源CDMの算入上限が当該ERUにも適用されるのか，という問題である。また，このような問題は第三者を介した吸収源クレジットの取り引きでも同様に起こりうる。例えば，上限が設定されている森林管理JIをノルウェーがロシアで実施し，その結果得られたERUを日本にAAUsとして転売するという取り引きであれば，日本は制限なしに森林管理JIを獲得できる可能性がある[27]。吸収源の算入上限を厳密に実施するためには，このような懸念を考慮し，メカニズムの制度設計をしなければならない（本段落はCOP6再開会合終了時に書かれたものでありマラケシュ合意で規定されたメカニズムの運用則を必ずしも反映しているとは限らない）。

　日本にとって，吸収源JIプロジェクトのホスト国になる可能性があるのは，

アメリカ，カナダ，オーストラリア，ロシアだが，この中で，アメリカとオーストラリアは，JIプロジェクトを実施するための絶対条件である批准を行う可能性は低い。加えて，オーストラリアはカナダ同様，批准をしても不遵守になる可能性がある。このように消去法でいくと，ロシアだけが残る。しかし，ロシアと吸収源プロジェクトを実施する上で注意しなければならないのは，気候変動政策における意思決定の不透明性[28]や市場経済へ移行するための構造改革に伴う先行き不透明な状況[29]などのリスクを伴うことである。

5 今後の課題

1 森林・農業資源の多様な機能・価値

前述のように，森林や農耕地等の陸域生態系は，極めて重要かつ多様な価値・機能を有しており，全体とのバランスをとりつつ，炭素吸収機能を評価する必要がある。特に，発展途上国において実施されるCDM（クリーン開発メカニズム）における吸収源の利用に関しては慎重な取り扱いが必要となるため，ボン合意では，吸収源CDMは植林活動に限定され，その実施に際し，生物多様性の保全などの問題にも配慮しなければならないことが規定された。今後，排出権取引等の京都メカニズムが本格的に動き出せば，吸収源活動による炭素吸収量は，クレジットとして売買することが可能となる。CO_2吸収機能に過大な経済的価値が発生した場合，他の機能・価値とのバランスが崩れることをどのようにして防ぐかが今後の重要な検討課題となってくるであろう[30]。

2 モニタリング・インベントリー評価体制

より具体的な吸収源の算入に関する課題として挙げられるのは，モニタリングやインベントリー評価体制の構築である。COP6再開会合では，インベントリー評価体制を規定している5，7，8条の交渉は行われなかった。また，IPCCに委託されている検討（人為的活動の抽出法など）も交渉のインプットとなるため，モニタリングとインベントリー評価体制に関しては，モニタリングに関する科学研究[31]，IPCC・SBSTAによる検討，政治交渉という非常に複雑な三つ巴の構図となる可能性が高い[32]。

3 国際科学アセスメントプログラムとの連携

多様な機能・価値を持つ吸収源の科学アセスメントに関連して，他の科学アセスメントプログラムとの連携も忘れてはならない。この意味において，2001年6月に立ち上げられたMillennium Ecosystem Assessment (MA)[33]が非常に重要である。これはIPCCが地球温暖化問題に対して重要な役割を果たしたことを先例として，国際環境条約の枠にとらわれない，生態系と人間とのかかわりを包括的に捉えることを目的としており，生物多様性，砂漠化，湿地保全等の問題を対象に統合評価（Integrated Assessment）を実施することになっている。IPCCとは異なり，政府間会合としての位置付けはないものの，関連する国際環境条約等[34]が正式に検討を依頼している。今後，京都議定書に関連した吸収源活動の評価の中で，IPCCとMAとの関係がどのように発展してゆくのかもまた，重要な課題の一つに挙げられる。

6 まとめ

吸収源は両刃の剣である。一方で，気候レジーム維持のためには吸収源が必要不可欠であるという認識が締約国間で共有されているものの，気候変動の緩和のために必要不可欠なエネルギー消費削減の代替手段となる側面も併せ持つ。吸収量の計測手段もまだ十分に発達してはいない。このように，吸収源は非常に微妙かつ複雑な問題であるがゆえに，具体的な運用則は議定書採択時に合意することができずに先送りされ，また，COP6決裂の主要な要因となった。決裂のあとを受けて行われたボン会議の吸収源交渉では，日本にとって，交渉ポジションどおりの「満額回答」に近い結果となった。しかし，以上に見てきたように，吸収源の算入が実現するためには，インベントリー評価やモニタリング体制の構築，モニタリング手法の精度向上，IPCCによるグッドプラクティス・ガイドライン，CDMの吸収量認定手法ならびに手続き，MAにおける吸収源の取り扱い，気候変動リスク管理の観点から吸収源の取り扱いを捉えなおす試み（Obersteiner et al. (2001)）など，さまざまな検討課題が山積している[35]。ボン合意は吸収源を算入できる上限を決めただけにすぎないのであり，実際にどれくらいの吸収量が達成されるのかは今後の吸収源活動と，吸収実績の計測・実証によって決まることになる。

[参考文献]

Agrawala, S and S. Andresen (2001). 'US Climate Policy: Evolution and Future Prospects', *Energy & Environment*, Vol. 12, Nos. 2 & 3, 2001.

Alexandrov. G.A., Y. Yamagata and T. Oikawa (1999). 'Towards a model for projecting Net Ecosystem Production of the world forests', *Ecological Modelling*, Vol. 123, pp. 183-191.

Bolin, B. (1998). 'The Kyoto Negotiations on Climate Change: A Science Perspective', *Science*, Vol. 279, 16 January 1998, p. 330-331.

Dovland, H. (Norway) and P. Gwage (Uganda) (2001). 'Co-Chairmen's summary from the negotiating group on Land-Use, Land-Use Change and Forestry', July 18th, 2001.

European Community and its member states (EC) (2001a). 'Preliminary EU views for a possible compromise on a way to limit scale on LULUCF', July 17, 2001.

European Community and its member states (EC) (2001b). 'EU Proposal on LULUCF', July 18, 2001.

FERN (2001). 'Sinks in the Kyoto Protocol: A Dirty Deal for Forests, Forest People and the Climate', FERN Briefing Note, Brussels, Jul. 2001. Available at 《http://www.fern.org/》.

Government of Canada, Japan and Australia (2001). "Proposal to Address Scale in Article 3.4 Forest Management', July 17, 2001, 12: 45 pm.

Government of New Zealand (2001). 'Proposal by New Zealand to Address Scale and Additionality Under Article 3.4 of the Kyoto Protocol', July 17, 2001.

Greenpeace International (1998). 'Greenpeace Analysis of the Kyoto Protocol (Greenpeace Briefing Paper), 1998.

Greenpeace International (2001). 'Cheating the Kyoto Protocol: Loopholes undermine environmental effectiveness', 2001.

Grubb, M., C. Vrolijk and D. Brack (1999). *The Kyoto Protocol: A Guide and Assessment*, Earthscan, London, 1999.

IGBP Terrestrial Carbon Working Group (1998). 'The Terrestrial Carbon Cycle: Implications for the Kyoto Protocol', *Science*, Vol. 280, May 29, 1998, pp. 1393-1394.

IPCC (2000), *Special Report on Land Use, Land Use Change and Forestry*, Harvard University Press, Harvard, 2000.

Lund, H.G. (2000). Definitions of Forst, Deforestation, Afforestation, and Reforestation, Forest Information Services, 2000. Available at 《http://home.att.net/~gklund/DEFpaper.html》.

Moe, A and K, Tangen (2000). *The Kyoto Mechanisms and Russian Climate Politics*, Royal Institute of International Affairs, London, 2000.

Nilsson, S., A. Shvidenko, V. Stolbovoi, M. Glück, M. Jonas, M. Obersteiner , "Full Carbon Account for Russia", IIASA Interim Report IR-00-021, Laxenburg, Austria, 2000.

Obersteiner, M., Ch. Azar, P. Kauppi, K. Möllersten, J. Moreira, S. Nilsson, P. Read, K. Riahi, B. Schlamadinger, Y. Yamagata, J. Yan, and J.-P. van Ypersele (2001). 'Managing Climate Risk', Science, Vol. 294, No. 5543, Oct. 26, 2001, p. 786.

Oberthür, S. and H. Ott (1999). *The Kyoto Protocol ; International Climate Policy for the 21st Century*, Springer Verlag, Berlin, 1999.

Pronk, J. (2000). 'NOTE BY THE PRESIDENT OF COP6', Nov. 23, 2000.

PCNT (2001). UNFCCC Official Document, FCCC/CP/2001/2/Rev.1 & its addendums.

Schlamadinger, B.M. Obersteiner, A. Michaelowa, M. Grubb, C. Azar, Y. Yamagata, D. Goldberg, P. Read, M.U.F. Kirschbaum, P.M. Fearnside, T. Sugiyama, E. Rametsteiner, K. Boeswald (2001). 'Capping the Cost of Compliance with the Kyoto Protocol and Recycling Revenues into Land-Use Projects', *The Scientific World*, Vol. 1, 2001, pp. 271-280.

The Royal Society of UK (2001). *The role of land carbon sinks in mitigating global climate change*, Policy Document 10/01, London, Jul. 2001. Available at 〈http://www.royalsoc.ac.uk〉.

Torvanger, A., K.H. Alfsen, H.H. Kolshus and L. Sygna (2001). 'The state of climate research and climate policy', CICERO Report 2001 : 2, May 2001, pp. 65-66. Available at 〈http://www.cicero.uio.no/index_e.asp〉.

UNFCCC (1998). Official Document, FCCC/SBSTA/1998/6, Aug, 12, 1998.

UNFCCC (2000). Official Document, FCCC/SBSTA/2000/9/Add.1, Aug. 25, 2000.

UNFCCC (2001). Official Document, FCCC/CP/2001/L.11/Rev.1, Jul. 27, 2001.

WBGU (German Advisory Council on Global Change) (1998). *The Accounting of Biological Sinks and Sources Under the Kyoto Protocol : A Step Forwards or Backwards for Global Environmental Protection ?* , Special Report 1998.

Yamagata, Y. and G. Alexandrov (2000). 'Would forestation alleviate the burden of emission reduction ? An assessment of the future carbon sink from ARD activities', *Climate Policy*, Vol. 1, No. 1, Jan. 2001, pp. 55-74.

Yamin, F (1998). 'Climate change negotiations : an analysis of the Kyoto Protocol', *Int. J. of Environment and Pollution*, Vol. 10, No. 3/4, 1998, pp. 428-453.

石井敦（2001）.「気候変動枠組条約第6回締約国会議（COP6再開会合）報告」,『地球環境研究センターニュース』, 独立行政法人 国立環境研究所/地球環境研究センター, 2001年8月, pp. 8-11.〈http://www-cger.nies.go.jp/cger-j/c-news/news-1.html〉より入手可能.

石井敦・山形与志樹（2001）.『プロンクCOP6議長の包括的合意文書提案（2001年6月18日）：吸収源の分析—速報版—』, 2001;〈http://www2s.biglobe.ne.jp/~stars/〉より入手可能.

岩間徹・磯崎博司（監訳；2001）.『京都議定書；21世紀の国際気候政策』, シュ

5 吸収源に関する主要論点と交渉経緯

シュプリンガー・フェアラーク東京，2001年7月．
海外産業植林センター（2001）．「日本企業の海外産業植林プロジェクト一覧」，2001年4月1日．
『生態学辞典』，増補改訂版，築地書館，1983年．
山形与志樹・小熊宏之・土田聡・関根秀真・六川修一（2001）．「京都議定書で評価される吸収源活動のモニタリングと認証に関わるリモートセンシング計測手法の役割」，『日本リモートセンシング学会誌』第21巻1号，pp. 43-57．
山形与志樹・山田和人（2000）．『京都議定書における吸収源プロジェクトに関する国際的動向』，CGER Report（CGER-D027-2000），2000年10月．
米本昌平(1999)．『知政学のすすめ；科学技術文明の読みとき』，中公叢書，1999年．

ボックス1　森林および3条3項・4項の吸収源活動の定義（暫定的*）

森林の定義はFAO方式である[36]。

面積が0.05～1.0ヘクタール以上，かつ樹冠率がその10～30%以上を占める土地領域を言う。その樹木は成熟した場合，2～5m以上の高さに成長するものだけとする。疎林[37]でも閉鎖林[38]でもよい。未成長の森林やプランテーションも成熟林の時点で上記の条件を満たせば京都議定書下の「森林」として取り扱う[39]。

京都議定書3条3項は，植林，再植林，森林減少も含めた温室効果ガスの排出量で数値目標達成を判定することを規定している（いわゆる3条3項吸収源）。今まで，これら活動の定義は規定されていなかったが，COP6再開会合ではある程度まで，諸定義に関する合意が得られた。それをまとめたものが下表である。

＊　COP6再開会合の時点では暫定的な決定だったが，COP7で正式決定された。

表3　3条3項吸収源の定義一覧

活動名	定　義	イメージ
植　林（新規）	少なくとも50年間は森林状態になかった土地を，直接人為的に森林に転換する活動。	植林：農地等 → 植林活動等 → 森林
再植林	一旦は森林地帯であった土地を再度直接人為的に森林に転換する活動。第一約束期間に関しては，1989年12月31日の時点で森林状態でなかったことが条件となる。	再植林：他の土地利用 → 植林活動等
森林減少	森林を非森林に転換する直接人為的活動。	森林減少：伐採，開発等 → 森林でない状態

注）定義は石井・山形（2001）の仮訳に拠った。図は山形・山田（2000）から抜粋した。

139

第2部　京都議定書の国際制度

　3条4項吸収源の定義は，まだ曖昧である。これは，IPCCが各活動による吸収量のグッドプラクティス・ガイドラインを策定する中で具体化されていくだろう。なお，植生回復は，森林の定義に当てはまらない都市緑化の植生などによる吸収源を対象とするものである。

表4　3条4項吸収源の定義（暫定的＊）

活動名	定義
植生回復 (revegetation)	0.05ヘクタール以上の植生回復を行うことによって炭素蓄積量を増加させる直接人為的な活動。ただし，当該活動は1990年1月1日以降に開始され，上記の植林，再植林の定義に当てはまらないもののみに限定される。
森林管理 (forest management)	環境（生物多様性を含む），経済，社会的機能を発揮させることができるように森林を持続的に管理する取り組み。当該活動は1990年1月1日以降に開始されたものに限定される。
農地管理 (cropland management)	農作物耕地や農作物の休耕地を管理する取り組み。ただし，1990年1月1日以降に開始されたものに限定される。
牧草地管理 (grazing land management)	植物や家畜生産の量と種類を管理する取り組み。ただし，1990年1月1日以降に開始されたものに限定される。

＊　COP6再開会合の時点では暫定的な決定だったが，COP7で正式決定された。
出典：UNFCCC (2001), p. 6．

ボックス2　各種吸収源活動（3条3項・4項吸収源）の算入方法

表5　各種吸収源活動（3条3項・4項吸収源）の算入方法

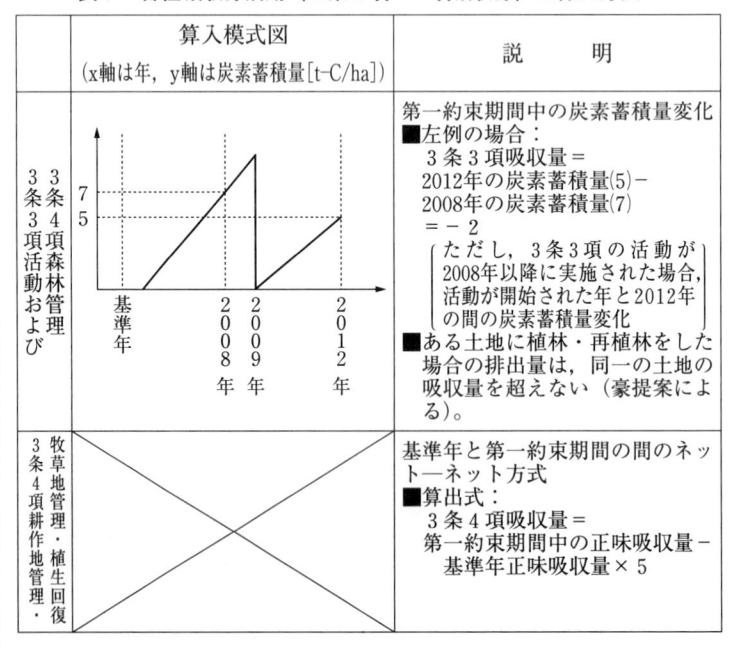

	算入模式図 (x軸は年，y軸は炭素蓄積量[t-C/ha])	説　明
3条3項活動および3条4項森林管理	（基準年、2008年=7、2009年、2012年=5のグラフ）	第一約束期間中の炭素蓄積量変化 ■左例の場合： 　3条3項吸収量＝ 　2012年の炭素蓄積量(5)－ 　2008年の炭素蓄積量(7) 　＝－2 ｛ただし，3条3項の活動が2008年以降に実施された場合，活動が開始された年と2012年の間の炭素蓄積量変化｝ ■ある土地に植林・再植林をした場合の排出量は，同一の土地の吸収量を超えない（豪提案による）。
3条4項牧草地管理・植生回復・耕作地管理	（該当なし）	基準年と第一約束期間の間のネット－ネット方式 ■算出式： 　3条4項吸収量＝ 　第一約束期間中の正味吸収量－ 　基準年正味吸収量×5

140

5 吸収源に関する主要論点と交渉経緯

表6　IPCC/吸収源特別報告書の概要

概　　　　要
議定書締約国を支援するために，このSPMでは以下の3点に関する科学的・技術的情報を提供する。 ■Part Ⅰでは地球規模の炭素サイクルがどのように作用し，植林，再植林及び森林破壊や追加的な人為起源の活動に対して何をもたらすかについて述べる。 ■Part Ⅱでは定義とアカウンティングルールに関する重要課題について述べる。オプションの幅を定め，オプション間の相互関係や連携を議論する。 ■Part Ⅲでは政府が以下の課題を検討する際に，有益な情報を提供する。 ◆①モデルの有益性，②サイトにおける測定やリモートセンシングの有益性及びコスト，③炭素ストックの変化を測定するためのモニタリング技術に関する評価 ◆近未来（第一期約束期間）の炭素ストックの変化の可能性/附属書Ⅰ国及び地球規模の活動のアカウンティング ◆プロジェクトベース活動に関する特に重要な課題 ◆京都議定書における国家及びプロジェクトレベルのアカウンティングの，1996年に改定された国家のGHGインベントリーに関するIPCCガイドラインの適応性評価 ◆3条3項，3条4項及び持続可能な開発に関するプロジェクト活動の関係（社会経済的・環境的配慮など）

出典：山形・山田（2000），p. 50。

表7　プロンク議長包括的合意案とボン合意の比較：吸収源抜粋（ボン合意の欄では，包括的合意案との相違箇所のみ下線で示した）

争点	プロンク議長包括的合意案	ボ　ン　合　意
吸収源算入における原則		a) 対象活動の算入は，必要十分な科学的知見に基づく b) 対象活動の算入と報告は，首尾一貫した方法を適用 c) 吸収源活動の算入によって議定書3条1項の目的が損なわれてはならない d) 存在しているだけの炭素ストック―対象活動が関与しない天然林等の炭素ストック―は，算入対象から除外 e) 吸収源活動の実施は，生物多様性の保全，自然資源の持続的利用に寄与しなければならない f) 吸収源の算入は，数値目標達成の約束を将来へ持ち越すものであってはならない g) 吸収源活動からの排出は，適切な時期に算入

第2部　京都議定書の国際制度

算入方法	■3条3項：植林，再植林，森林消失 △対象：1990年以降に開始された土地利用変化に伴う活動 △算入方法：第一約束期間中の炭素蓄積変化量（IPCC方式） ■3条4項：森林管理，耕作地管理，牧草地管理，植生回復 △森林管理 ☆第一約束期間中の炭素蓄積変化量 ☆3条4項の森林管理吸収量が3条3項の排出量と同量あるいは上回るときに限り，3条3項の吸収源部門が排出になる場合，この排出分を3条4項の森林管理吸収量で補填してもよい。ただし，補填できる排出分の上限は，8.2[Mt-C/年]（各国一律）とする。 ☆3条3項補填分に使用されなかった吸収量は割引率85％で算入する △耕作地管理，牧草地管理，植生回復 ☆1990年と第一約束期間との間のネット－ネット方式	h) 以下の現象による吸収は算入しない：(1) 産業革命前のレベル以上のCO_2濃度上昇；(2) 間接的な窒素沈着；(3) 基準年以前の活動による樹齢構造の動的影響（dynamic effects） ■3条3項：植林，再植林，森林消失 △対象：1990年以降に開始された土地利用変化に伴う活動 △算入方法：第一約束期間中の炭素蓄積変化量（IPCC方式） ■3条4項：森林管理，耕作地管理，牧草地管理，植生回復から選択 △森林管理 ☆第一約束期間中の炭素蓄積変化量 △3条4項の森林管理吸収量が3条3項の排出量と同量あるいは上回るときに限り，3条3項の吸収源部門が排出になる場合，この排出分を3条4項の森林管理吸収量で補填してもよい。ただし，補填できる排出分の上限は，8.2[Mt-C/年]（各国一律）とする。 △耕作地管理，牧草地管理，植生回復 ☆1990年と第一約束期間との間のネット－ネット方式
森林の定義	面積が0.05～1.0ヘクタール以上，かつ樹冠率がその10～30％以上を占める土地領域を言う。その樹木は成熟した場合，2～5m以上の高さに成長するものだけとする。疎林でも閉鎖林でもよい。未成長の森林やプランテーションも成熟林にした時点で上記の条件を満たせば京都議定書下の「森林」として取り扱う。（FAO方式）	
吸収源の算入量上限	■3条3項吸収は対象外 ■上限の対象： △3条4項のうち：補填後の森林管理；耕作地管理；牧草地管理；植生回復 △6条メカニズムの吸収源プロジェクト △CDMの吸収源プロジェクト ■具体的な上限値： △議定書の排出割当量が基準年排出量より大きい国（注1）の場合：基準年排出量の2.5％を上限とする △議定書の排出割当量が基準排出量より小さい国（注1以外の国）：排出割当量を満たすのに必要な【基準排出量からの削減量】の半分が上限（注2）。	■3条3項吸収源およびJIの植林，再植林プロジェクトは対象外 ■上限対象： △（3条3項排出分補填後の）森林管理と，JIの森林管理プロジェクトのみ ■国別で差異化 △差異化方法は各国の国内事情およびブロンク包括提案の森林管理算入フォーミュラ（注3）をある程度考慮 ■具体的な上限値：図2参照のこと ■アメリカの上限値は未定である（注4）
割引率	■上記算入方法を参照のこと。ただし，以下の条件をすべて満たす国は，13.00[Mt-C]まで，割引率の適用を免除される：GDP一単位当たりの一次エネルギー総供給量（TPES/GDP）が0.16[toe/1000USD（1990）]より小さい；森林被覆率が50％より大きい；人口密度が一平方キロメートル当たり300人より大きい。	■吸収源キャップである程度考慮されたが，算入方法には含まれず

5 吸収源に関する主要論点と交渉経緯

追加性	規定なし	
CDMにおける吸収源プロジェクト	■対象：植林，再植林のみ（森林管理，農地管理，牧草地管理は除外） ■定義や方法はSBSTAがCOP 8に採択するよう勧告する。決定される定義や方法は以下の問題に対処しなければならない：追加性，リーケージ，クレジットの規模，不確実性，社会経済および環境影響（生物多様性や自然生態系など），非永続性（non-permanency）。	■対象：植林，再植林のみ（森林管理，農地管理，牧草地管理は除外） ■クレジットの上限：【5 × 基準年排出量比1％】 ■ただし，上記限定は第一約束期間のみに適用され，第二約束期間以降は当該期間に関する交渉の中で決めるものとする（FCCC/CP/2001/L. 11/Rev. 1, p. 9） ■原則：上記「吸収源算入の原則」に沿って実施されなければならない。 ■定義や方法はSBSTAがCOP 9に採択するよう勧告する。決定される定義や方法は以下の問題に対処しなければならない：非永続性（non-permanency），追加性，リーケージ，不確実性，社会経済および環境影響（生物多様性や自然生態系など）。

(注1) これは以下の国々を指す：オーストラリア，アイスランド，ニュージーランド，ノルウェー，ロシア，ウクライナ。
(注2) 例：日本は1990年レベルから6％削減しなければならないので，吸収量の上限は（6％の半分で）3％となる。
(注3) プロンク包括提案の森林管理算入フォーミュラ＝（3条3項補填量；上限は8.2[Mt-C/年]）+（左記補填後の森林管理吸収量×0.15）。
(注4) FCCC/CP/2001/L. 7, Appendix Z, p. 13.

(1) アメリカの離脱表明は，京都プロセスにとって，肯定的な側面も持ち合わせている（石井（2001），p. 9）。
(2) 正式名は"Bonn Agreement for the Implementation of the Buenos Aires Plan of Action"（FCCC/CP/2001/L. 7）。詳細は表7を参照のこと。
(3) 政策決定者のための要約については，《http://www-cger.nies.go.jp/index-j.html》参照のこと。
(4) ある活動の純吸収量とは，当該活動の正味の吸収量である：当該活動の排出量（＝A），吸収量（＝B）とした場合，純吸収量＝B－A。
(5) 3条3項吸収源の吸収量推計として，吸収源SRのほかに，Yamagata and Alexandrov（2000）がある。
(6) 多数あるが，例えば，山形（2000），WGBU（1998），The Royal Society of UK（2001），Nilsson et al.（2000），IGBP（1998）など。
(7) このように交渉半ばの統計値の大幅修正は，IPCCにおける検討過程も含めて，多くの国（米，豪など）で見受けられた。
(8) この問題については，IPCCのグッドプラクティス・ガイドライン及び各種報告書が準備される予定である（後出）。
(9) Torvanger et al.（2001），pp. 65–66；Oberthür and Ott（1999），p. 136.
(10) Pronk（2000）．

⑾　例えば，Pronk（2001）では，割引率を用いる正当性として，不確実性と非人為的活動による吸収源の算入を排除するため，と明記されている。

⑿　メカニズムの一つであるCDMの吸収源プロジェクトによる吸収量の推計方法も重要課題の一つだったが，ボン合意では，この重要課題に関する決定はCOP9まで先延ばしになったため，ここでは特に取り上げない。

⒀　ここでFAO，IPCC方式と名づけているのは，両者がそれぞれ採用している定義を推したからであるというわけではなく，FAO統計，IPCC排出目録ガイドラインで用いられているという意味である。

⒁　このため，吸収源SRでは，3条4項の最大ポテンシャルとしての吸収量がさまざまな前提条件をもとに推計されている（IPCC（2000），p. 184）。

⒂　明確に主張されているのは，Bolin（1998）。

⒃　「政治的妥協と外交上の成果作りが先行し，まったく未成熟な概念のまま外交の道具として採用されてしまった代表例が，シンク（吸収源）概念である…このシンクほど，各国代表の思惑が合致し，不確定な段階で（排出量の）通報業務の中に繰り入れられてしまったケースも稀であろう」；米本（2000），pp. 99-100；括弧内は筆者らによる挿入。

⒄　PCNT（2001），FCCC/CP/2001/2/Rev.1, p. 11. 免除条項に関する分析は石井・山形（2001）。

⒅　ハイレベル・セグメント（high-level segment）の前にまとめられた吸収源の交渉テキストでは，主に3条4項の上限，CDMの対象活動と上限だけが論点として取り上げられている（Dovland and Gwage（2001））。

⒆　アンブレラ・グループとは，日本，アメリカ，ロシア，カナダ，オーストラリア，ニュージーランド，ウクライナ，アイスランド，ノルウェーが参加する交渉グループである。今回の交渉では，アイスランドとノルウェーはほとんどの争点でEUと共同歩調を取った。したがって，実質的なアンブレラ・グループは，離脱したアメリカを除いて日本，ロシア，カナダ，オーストラリア，ニュージーランド，ウクライナということになる。特に吸収源では日本，ロシア，カナダ，オーストラリア，ニュージーランドを指す。

⒇　特に反対した箇所は森林管理に適用する割引率である。

(21)　主にEU加盟国と東欧諸国の上限値はPCNT（2001）の森林管理算入フォーミュラを参考に算定された。
　　PCNTのフォーミュラ：森林管理の算入量＝（3条3項補填量；上限は8.2［MtC/年］）＋（左記補填量を差し引いた森林管理吸収量×0.15）

(22)　COP7に持ち越された吸収源合意案（UNFCCC（2001））では，ベラルーシ，クロアチアのキャップが未確定であり，さらに各締約国は自国の森林管理キャップをCOPの合意のもとに修正できる，とされている。

(23)　厳密に追加的活動の吸収量を勘定するには，ベースライン（議定書が実施されなかった場合の吸収量）が必要である。これを算定することは事実上困難であり，その方法も各国で統一しなければならず，交渉が長期化する恐れがあった。

5 吸収源に関する主要論点と交渉経緯

⑷　しかし，議定書をすでに離脱しているアメリカにとってはかなり厳しくなっただろう。アメリカは吸収源CDMによるクレジット獲得量を相当量，見込んでいたからである。

⑵　Greenpeace International (2001) はIPCC定義による3条3項による日本の吸収量を0.2%であると推定している。当然ながら，この推計には多くの不確実性が伴っている。

⑵　いわゆる「8月1日提出データ」：第一約束期間における吸収量の予測値等が提出された（UNFCCC (2000), p. 47)。

⑵　このようなことができるのは，流動性の高い吸収源クレジットも含めた排出権取引市場の設立という前提条件があってのことである。

⑵　ロシアの気候変動政策と政治の関係に関する現状分析としては，Moe and Tangen (2000) が詳しい。

⑵　これは，東欧の市場経済移行国でもよく言われていることである。

⑶　この点に関して，Schlamadinger et al. (2001) の提案がある。これは，数値目標超過分の排出クレジット（一定額）を購入することで議定書を遵守できるようにする仕組みを構築し，その収入を議定書の対象外となっている吸収源活動に投資するという提案である。

⑶　吸収源のモニタリング方法にはさまざまな方法があるが，衛星写真を用いて吸収量を推計するリモートセンシングはその中でも検証可能な方法として有力である（山形ほか (2001)）。

⑶　これに関連して，IGBP (International Geosphere-Biosphere Programme) がIHDP (International Human Dimensions Programme)・WCRP (World Climate Research Programme) と合同で，自然科学，社会科学観測の3つのアプローチを組み合わせたCarbon Joint Projectを開始した《http://gaim.sr.unh.edu/Carbon/》。

⑶　公式ホームページは《http://www.millenniumassessment.org/en/index.htm》。

⑶　例えば，生物多様性条約の公式文書UNEP/CBD/COP/5/L.6, May 24, 2000。

⑶　これらの課題解決のための一つの試みとして，吸収源推定モデルの標準化研究が世界各国で行われようとしている。日本での研究例は例えばAlexandrov et al. (1999)。

⑶　環境NGOは，FAO定義は樹冠率のみで森林を判別するため，森林とプランテーションの区別がつかず，適切な定義ではない，と批判している（FERN (2001), p. 7)。

⑶　定義：「立木密度が低く，林冠が閉鎖しない森林」（『生態学辞典』，増補改訂版，築地書館，1983年)。

⑶　定義：「十分うっ閉した林冠をもつ森林.」（上記『生態学辞典』)。

⑶　仮訳は石井・山形 (2001) に拠った。

6 国家目録と国家通報

[歌川　学]

1　はじめに

　京都議定書（以下「議定書」とする）第3条第1項に示された各国の削減義務の履行状況を把握し担保するためには，各国の排出量を正確に評価し公表することが不可欠である。しかし，温室効果ガスの排出源は多岐にわたっており，とりわけCO_2（二酸化炭素）は産業活動，生活の全ての場面で排出されていると言っても過言でなく，大気汚染物質の測定で行われているように主な排出源ごとに排出量を直接計測し集計することは現実的ではない。

　そこで，排出量の把握には，先進各国にエネルギー消費量や各種社会的活動量の統計などがそれなりに整備されているのを利用し，適当な排出係数を設定し，活動量と排出係数をかけあわせて排出量を推定する方法が採用されている（文献1）。目録のうち，国内排出量計算用の標準については1999年の第5回締約国会議（以下「COP5」とする。また，第X回締約国会議を「COPX」とする。）で既に合意がなされている（文献2）。またCOP7で合意された京都メカニズム，吸収源に関する目録の標準は今後議論されると見られる（文献3）。

　目録を作成する場合には活動量に何を選ぶか，また排出係数は具体的にどういう値かを確定しなければ排出量は計算できない。そのためのガイドラインがIPCC（気候変動に関する政府間パネル）により整備され（文献4）（文献5），また各国が別に規定することも許され，日本などが現に規定している（文献6）。

　以下に，国家目録と国家通報のしくみを，目録の内容を中心に紹介することにする。

2 国家目録とは

(1) 国家目録とは

国家目録は，条約や議定書の義務に基づく排出量の推定結果やその根拠，背景となる追加情報などの総称あるいはそのルール，国家通報はそれを含めたCOP（COP/MOP）への報告あるいはそのルールをいう[1]。

条約では第4条第2項等に国家目録の作成が定められ，また第12条に国家通報についての定めがある。また，COPでの決定により専門家レビューチームによりこれまで各国の通報に対する詳細審査が実施されてきた。議定書では，第5条に国家目録に関する規定があり，第7条には国家通報に関する規定がある。第8条には審査の規定もある。

条約の義務に基づく排出目録についてはCOP5までにほぼ合意がなされ，既にガイドラインと共通フォーマットが提案されている（文献2）。関連情報についてもCOP7でガイドラインが合意されている（文献3）。

(2) 条約による国家目録と議定書による国家目録

ここで，条約，議定書がそれぞれ国家目録や国家通報，その審査について何を定め，どのように運用ルールが決定され，実行されてきたかを振り返っておく。

まず，条約，議定書は国家目録や国家通報，その審査について表1のような事項を定めている。

条約発効に先立つ1994年2月の第9回政府間交渉会議において，国家目録・国家通報に関するガイドラインが定められ，条約発効の6カ月後に当たる1994年9月21日を期限に第1回の国家通報が行われた。1996年7月のCOP2においては，国家目録・国家通報のガイドラインの修正が合意された（文献7）。これに基づき，1997年4月15日を期限に第2回の国家通報が行われた。また，審査については条約は具体的規定を置いていないが，COP1において詳細審査について決定がなされ，これに基づき専門家レビューチームによる各国の国家通報の審査がなされている（文献8）。但し，いずれの通報でも通報期限を守らない国が続出していることが問題となっている[2]。

その後，京都議定書が1997年12月に制定された。議定書は条約と異なり，法的拘束力ある目標を規定しているため，その遵守の有無を明らかにする唯

第2部　京都議定書の国際制度

表1　条約と議定書における国家目録・国家通報関連規定

	気候変動枠組条約	京都議定書
国家目録	第4条　約束 　a．排出目録の作成，更新，公表，通報 　j．実施に関する情報送付について 第2項　附属書I締約国の約束 　b．政策措置，温室効果ガス排出量の予測 　c．COPによる排出量算定方法の検討・合意 　d．COP1及びその後のbの規定の検討 　g．非附属書I締約国の通報	第5条 第2項　排出量推計方法について（COP3決定によらない場合の調整）
国家通報	第12条　実施に関する情報の送付 第1項　全締約国共通の国家通報 　a．排出目録 　b．締約国の措置の概要 　c．その他の情報 第2項　附属書I締約国の国家通報（政策措置の詳細，政策措置の効果の具体的な見積り） 第3項　附属書II締約国の国家通報（開発途上国支援の措置の詳細） 第5項　締約国の通報開始と頻度（附属書I締約国と非附属書I締約国に差異）	第7条 第1項　国家通報について（毎年の排出目録に，必要な補足的情報を追加することを規定） 第2項　議定書に基づく約束の遵守を明らかにするために必要な補足的情報について 第3項　附属書I締約国の国家通報の頻度 ・第1項の情報：毎年提出すること ・第2項の情報：COP/MOPの定める頻度 第4項　COP/MOPによる指針採択と見直し
審査	（条約には規定なし。COP決定により実施）	第8条 第1項　専門家による検討チームの検討 第2項　専門家による検討チームの構成 第3項　検討範囲や諸手続 第4項　検討のための指針の決定及び見直し 第5項　専門家による検討チームの報告書，実施に関する疑義の検討 第6項　議定書の実施のために必要な事項の決定

6 国家目録と国家通報

表2 条約に基づき従来作成されてきた目録の構成

全体の構成について	政策決定者向け要約 導入 国家の状況 排出目録 政策及び措置対策の効果の予測 気候系への影響予測 適応措置 資金・技術移転 研究・観測 教育・研修				
排出目録		CO_2	CH_4	N_2O	その他の温室効果ガス及び前駆物質(3)
	分野横断	○			
	エネルギー転換産業	○		○	○
	運輸	○		○	○
	産業(エネルギー関係)	○	○	○	○
	産業(非エネルギー)	○	○	○	○
	家庭・業務	○			○
	燃料の漏洩	○	○		
	溶剤,他の製品の使用				○
	農業	○			
	農業(非エネルギー)		○	○	
	廃棄物管理(下水処理を含む)		○		○
	土地利用変化及び森林	○	○	○	○

出典 FCCC/CP/1996/15/Add.1.

一の手がかりである排出目録や通報，審査については遙かに厳格なルールが必要である。そこで，議定書は従来の条約運用ルールより遙かに詳しいデータをしかも頻繁に求めることになる。

これを先取りする形で，条約の義務に基づく排出目録，付属情報の強化の議論がなされ，排出目録の不確実性や背景データの充実など，抜本的な強化

第2部　京都議定書の国際制度

表3　COP5で新たに策定された条約関係のガイドライン

	主　な　内　容
附属書I締約国による国家通報の作成に関する指針パート1　年次排出目録に関する報告指針	国家目録のうち排出目録の報告について （表5参照）
附属書I締約国による国家通報の作成に関する指針パート2　国家通報に関する報告指針	国家目録のうち排出目録以外の報告について （構成自体はCOP2の指針と変わらない）
附属書I締約国からの排出目録の技術的レビューに関する指針	排出目録のレビューについて ・毎年の初期チェック（事務局） ・毎年のとりまとめと評価（事務局，専門家） ・個別レビューと評価（同）

出典　FCCC/CP/1999/7．

が議論されてきた。COP5では表3に示す通り，まず条約に基づく国家目録，国家通報及び審査の見直しが合意された（文献2）。また，COP6からCOP7にかけて，議定書第5条，第7条，第8条に基づく国家目録，国家通報，審査に関する議論が行われ，一部が合意された（文献3）。その概要を表4に示す。

3　排出目録について

(1)　排出目録の核心──活動量と排出係数

条約に基づく排出目録の内容については，京都メカニズムやシンクを除く各国の国内排出量についてはCOP6以前に決定され，目録についてイメージが共有されてきた。COP2決定による国家目録は，分野ごとの排出量を記載し，一部にその根拠を示すだけのものが多かった。日本の国別報告書をもとに排出量のレビューが行えるかどうかを検討すると，第一次報告書は根拠が詳細に示されているので専門家による確認，検証が可能だが（文献12），第二次報告では排出係数や活動量を含めほとんど根拠は示されていないので（文献11），専門家による確認，検証は困難である。

6 国家目録と国家通報

表4　京都議定書の国家目録・国家通報に関するガイドラインの状況

議定書の条文	決　定　事　項　等	交渉の進展状況等
第5条第1項　排出量推計のための国内制度整備	排出量推計のための国内制度整備のガイドライン	COP7で決定。またCOP/MOP1であらためて決定予定。
同第2項　排出量推計方法について（COP3決定によらない場合の調整）	調整方法のガイドライン	COP/MOP1で決定
第7条第1項　国家通報について（毎年の排出目録に，必要な補足的情報を追加することを規定）	補足的情報のガイドライン 構成(4) ・排出目録に関する情報 ・割当量，ERUs，CERs，AAUs，RMUsに関する情報(5)(注) ・第5条第1項の国内制度の変更に関する情報 ・国家登録簿の変更に関する情報	COP7で決定。またCOP/MOP1であらためて決定予定。
第7条第2項　議定書に基づく約束の遵守を明らかにするために必要な補足的情報について	補足的情報のガイドライン 構成 ・第5条第1項の国内制度 ・国家登録簿に関する情報 ・第6条，第12条，第17条に基づくメカニズムに関する情報 ・第6条，第12条，第17条に基づくメカニズムの補完性に関する情報 ・第4条に基づく共同達成 ・第2条に基づく政策と措置 ・第3条第14項に関する情報 ・国内計画・地域計画，国内法制・地域法制，履行強制手続と行政手続 ・第10条のもとでの情報 ・財源	COP7で決定。またCOP/MOP1であらためて決定予定。
第7条第3項　附属書Ⅰ締約国の国家通報の頻度 ・第1項の情報：毎年提出すること ・第2項の情報：COP/MOPの定める頻度		頻度をCOP/MOPで決定する予定。
第7条第4項　COP/MOPによる指針採択と見直し	構成 ・割当量の確定 ・登録簿への要求 ・排出目録と割当量の編集とアカウント	COP7で決定。またCOP/MOP1であらためて決定予定。

出典　FCCC/SBSTA/2001/2/Add. 4. FCCC/CP/2001/13/Add. 3。
注：ERUs（排出削減単位）は共同実施によるクレジット。CERs（認証排出削減量）はクリーン開発メカニズムによるクレジット，AAUs（割当量単位）は排出量取引による排出枠，RMUs（除去単位），これらの詳細は「4」の京都メカニズムに関する論稿参照。

151

これに対し，COP5で強化された条約の義務に基づく国家目録は排出量の結果だけでなく，排出係数や活動量（燃料の場合は燃料使用量）など排出量の背景となるデータを目録に記載することになっている（文献2）。また，排出目録を作成し通報する期間については，従来の条約に基づく義務がおよそ3～4年ごとであったのに対し，COP5で強化された条約の義務は毎年温室効果ガスの排出目録を作成し，提出することを求めている（文献2）。議定書の義務に基づく国家目録は議定書締約国会合で議論が行われるが，条約の義務と整合性のあるものとされている。

COP5で強化された排出目録は，排出量と，その背景となるデータの2つからなる。背景となるデータとは主に，排出量を算出するのに用いた活動量と排出係数である。

排出量は先に述べたように，直接計測するのではなく，密接な活動量に，適当な排出係数をかけることによって得られる。すなわち

$$（排出量）= \Sigma（排出係数）\times（活動量）$$

である。Σは温室効果ガスの排出量が様々な活動に対応した排出の和で表されることを示している。例えば化石燃料の燃焼に伴うCO_2排出量は，石炭やコークス等の固体燃料の燃焼，原油や各種石油製品の燃焼，天然ガス等気体燃料の燃焼の和で表される。

活動量に何を選択するか，排出係数をどう決めるかは，分野ごとに異なる。多くの国で最も排出量の多い化石燃料の燃焼起源のCO_2の場合には，活動量は一般に燃料消費量を，排出係数は燃料を1単位消費した場合に発生するCO_2排出量で定義される。例えばガソリンの燃焼によるCO_2排出量は

$$（ガソリン起源のCO_2排出量）$$
$$=（ガソリンの排出係数）\times（ガソリン消費量）$$

で表される。他の化石燃料も同様に表され，化石燃料起源のCO_2排出量はこれらの和

$$（化石燃料起源のCO_2排出量）$$
$$= \Sigma（化石燃料の排出係数）\times（化石燃料消費量）$$
$$=（原料炭の排出係数）\times（原料炭消費量）$$
$$+（一般炭の排出係数）\times（一般炭消費量）$$
$$+（その他の石炭類の排出係数）\times（その他の石炭類の消費量）$$
$$+\cdots\cdots$$

6　国家目録と国家通報

で表される。

　なお，化石燃料の排出係数は，熱量の算定で蒸発量について2つの計算方法がある（文献10）。また，炭化分として一定量を除いたり，材料用途の一部石油製品（ナフサなど）について，活動量から一定量を材料分として除外することがある（文献4）。COP5で合意されたガイドラインは後に示すようにこれについても具体的数値の報告を求めている。

　メタンの排出の場合は例えば家畜の反芻による排出については活動量を飼われている家畜の頭数としたり，廃棄物起源の排出について活動量を廃棄物発生量としたり，また一酸化二窒素の場合，自動車からの排出量について活動量を自動車走行量とするなどの選択が行われる（文献4）。

推定精度について

　容易に想像できるように，気体により，また排出源により不確実性の程度は大きく異なる（文献4）（文献11）。化石燃料消費に関する排出量の精度は大変高く，一方で農業や廃棄物起源のCH_4，N_2Oの精度は概ね大変低い。但

精度の高いもの	(a) 十分な数の排出係数の実測値や文献値があり，その変動係数（標準偏差/平均値）が30%以下であることが明らかな場合 (b) 理論的に排出係数の変動範囲が小さいことが明らかな場合 (c) 排出係数が個々には異なるものの，排出量そのものが，大部分の排出源について，実測等に基づき既存の統計・調査等で継続的に報告されている場合
精度の中位のもの	高精度，低精度にも当てはまらないもの
精度の低いもの	(a) 排出係数の値やその変動幅が理論的には推定不可能な場合であって，かつ国内に適用可能な排出係数の実測値・文献値が全くないか，単一の値しかない場合 (b) 複数の排出係数の実測値・文献値があるが，係数の範囲が3倍以上にまたがる場合 (c) 複数の排出係数の実測値，文献値があり，係数の範囲が3倍未満に収まっているが，活動量データその他に起因する原因が加わることによって，最終的に得られた排出量に3倍以上の誤差があると推測される場合

し同じCH_4でも，農業や廃棄物起源の排出量の精度は大変低いのに対し，工業プロセス起源の排出量は比較的高いとされている[6]。

工業プロセス起源のHFC等3ガス排出量の精度は比較的高く，土地利用変化・森林におけるCO_2の排出又は吸収量の精度はその中間とされている。

2000年5月にIPCCにより制定されたガイドライン（グッドプラクティスガイドライン）では，精度の向上の課題について検討されている。（文献5）

(2) 目録の詳細（CO_2を例に）

排出目録は，排出量自体の他に，前項で紹介した活動量と排出係数を背景データとして求めている。次に，国家目録の詳細について，COP5で決定された国家目録ガイドラインPART I（排出目録に関するガイドライン）（文献2）をもとに解説する。

まず，目録として求められている表の一覧を表5に示す。

これらのうち，要約，エネルギー，工業プロセス，溶剤使用，農業，土地利用変化及び森林，廃棄物の各部門の排出データ自体は，頻度や提出時期に差があるものの，従来から条約の要請により先進各国は作成している（文献7）。COP5で新しく求めることになったのは背景データである。

条約あるいは議定書第8条に基づくレビューなどを想定した場合，排出量が示されているだけではチェックは困難であるが，活動量と排出係数さえ示されていれば，透明性の向上が図られることになる。活動量は多くの先進国の場合には既に他の目的で経済統計として整備されていることが多く，当該条約のために社会統計について操作を行うことは考えにくい。また排出係数のうち燃料やセメント製造等については国毎の相違はそう極端なものではない。こうした背景があれば，専門家が目録を見て追計算することができ，排出量の計算に間違いがないか，ある程度までの点検を行うことができる。こうした初期チェックは同時に決定された技術レビューガイドラインでも規定されている（文献2）。

エネルギーに関するCO_2排出における目録の内容

エネルギー起源のCO_2を例に，従来の条約の義務と異なり，COP5で強化されたガイドラインでは具体的にどのような排出量と背景データを記帳するのかを以下に述べる。

表5　排出目録の一覧

分　野	排　出　目　録	背　景　デ　ー　タ
要約	温室効果ガス排出目録の要約 同要約 CO_2換算値の要約	方法論及び排出係数の要約
エネルギー	エネルギー起源排出の部門別報告	燃料燃焼活動 IPCCリファレンスアプローチ 燃料燃焼活動の比較 ストック及び非燃料消費 燃料の漏洩（固体燃料） 燃料の漏洩（石油及び天然ガス） 国際航路航空燃料及び多国間活動
工業プロセス	工業プロセス起源の部門別報告	CO_2，CH_4，N_2O排出量 HFC，PFC，SF_6の部門別排出量報告 金属製錬におけるハロカーボン及びSF_6 ハロカーボン及びSF_6消費
有機溶剤及び他の製品の使用	有機溶剤及び他の製品の使用に関する部門別排出報告	有機溶剤及び他の製品の使用に関する部門別背景データ
農業	農業起源の排出に関する部門別報告	家畜の腸内発酵 家畜の糞尿管理によるCH_4排出 家畜の糞尿管理によるN_2O排出 稲作 農業土壌 サバンナの野焼き 農業廃棄物の焼却
土地利用変化及び森林	土地利用変化及び森林に関する部門別報告	森林等バイオマスの変化 森林草地の転換 土地管理の放棄 土壌からのCO_2排出吸収
廃棄物	廃棄物に関する部門別報告	固形廃棄物の埋立 下水処理 廃棄物の焼却
その他の表		国家温室効果ガス排出包括表 再計算　再計算データ 再計算　解説のための情報 まとめ 排出傾向 チェックリスト

出典　FCCC/CP/1999/7。

表6 エネルギーに関する部門別排出量で記入を求められる部門細目

大分類	中分類	小分類	記入項目
燃料消費	エネルギー産業	電力，熱供給 石油精製 固体燃料製造その他のエネルギー産業	CO_2, CH_4, N_2O, NO_x, CO, 非メタン炭化水素, SO_2の各排出量
	製造業・建設業	鉄鋼 非鉄金属 化学工業 紙パルプ，印刷 食料品，飲料，たばこ製造 その他	同上
	運輸	民間航空 自動車 鉄道 航路 その他	同上
	その他の部門	業務 家庭 農林水産業	同上
	その他	固定 可動	同上
燃料漏洩	固体燃料	石炭採鉱 固体燃料輸送 その他	同上
	石油及び天然ガス	石油 天然ガス 通気，フレアリング 　通気 　フレアリング その他	同上
計算外事項		国際航路航空燃料 　航空 　海運 多国間活動 バイオマス起源排出	同上

出典　FCCC/CP/1999/7。

表7　部門別背景データにおける燃料区分

大分類	小分類	燃料区分	記入データ
運輸以外		液体燃料 固体燃料 気体燃料 バイオマス その他の燃料	活動量（燃料消費）　単位：TJ（テラジュール） CO_2, CH_4, N_2Oの排出係数（単位燃料消費あたり排出量，単位：t/TJ） CO_2, CH_4, N_2Oの排出量
運輸	総合	ガソリン ディーゼル 天然ガス 固体燃料 バイオマス その他の燃料	同上
	航空	航空用ガソリン ジェット燃料	同上
	自動車	ガソリン ディーゼル油 天然ガス バイオマス その他	同上
	鉄道	固体燃料 液体燃料	同上
	船舶	石炭 重油 ガス，ディーゼル油 その他	同上
	その他	固体燃料 液体燃料 気体燃料	同上

　エネルギー起源の温室効果ガス排出は，活動量として国全体の化石燃料消費量を用い，これに排出係数をかけて排出量を算出する。CO_2を例によると，まず排出量として表6のような部門ごとに排出量を算出する。このシートについては温室効果ガス及びNOx, CO, 非メタン炭化水素, SO_2のそれぞれ

第2部　京都議定書の国際制度

表8　IPCCリファレンスアプローチのシートで要求する背景データ

大区分	中区分	小区分	記帳が必要な背景データ
液体燃料	一次燃料	原油 オリマルジョン NGL	生産，輸入，輸出，国際航路航空燃料，在庫変動，見かけ消費量(固有単位)，熱量係数(TJ/固有単位)，見かけ消費量(TJ)，排出係数(tC/TJ)，炭素含有量，炭素貯蔵，純炭素排出量，炭素フラクション，実CO_2排出量
	二次燃料	ガソリン ジェット燃料 その他灯油燃料 シェールオイル ディーゼル油 家庭用灯油 液化石油ガス(LPG) エタン ナフサ 瀝青 潤滑油 石油コークス 製油残さ その他	同上
固体燃料	一次燃料	無煙炭 コークス用石炭 その他石炭 亜炭 リグニン オイルシェール ピート	同上
	二次燃料	BKB，人工油 コークス	同上
気体燃料		天然ガス	同上
バイオマス燃料		固体バイオマス 液体バイオマス 気体バイオマス	同上

について排出量を記入する。

　次に，背景データとして，排出係数と活動量（燃料消費量）の両方について記帳する。エネルギー関係では，(1)燃料燃焼活動，(2)IPCCリファレンスアプローチ，(3)燃料燃焼活動の比較，(4)ストック及び非燃料消費，(5)燃料の漏洩（固体燃料），(6)燃料の漏洩（石油及び天然ガス），(7)国際航路航空燃料及び多国間活動，の7種類のデータが求められている。

　最初の燃料燃焼活動の背景データのシートは，表6に示した各部門細目のうち，表7のような部門別の情報を求めている。排出量の把握はCO_2の場合には部門別でなく国全体の燃料別の統計データがあれば推計は可能だが，ガイドラインはさらに詳細なデータを求めた。但し，部門別の排出量把握でも厳密さを要求するには各燃料毎に記入させるのが望ましいが，残念ながら運輸以外はそうはなっていない。

　2番目の背景データシートであるIPCCリファレンスアプローチは，ガイドラインに沿った計算シートであり，燃料ごとに在庫変動なども含めて記載させるようになっている。

　3番目の背景データシートでは，上記リファレンスと，各国の計算方法との排出量の差を示すことになっている。4番目の背景データシートでは，ナフサなど燃料以外に使われることの多い製品について，燃料以外の用途の量について報告を求めている。5番目と6番目は燃料漏洩についての背景データ，7番目は国際航路航空燃料等についての背景データである[7]。

　このような背景データを求めた結果，比較的活動量と排出係数との関係が簡便な化石燃料の燃焼によるCO_2排出では透明性はかなり高まったと言える。しかし，メタンや一酸化二窒素のように精度が低く係数が国によって極端に異なるようなガスHFCのように精度はそれなりに高いものの排出係数が複雑なガスの排出目録については様々な課題がある。これについては5節に日本の実際を紹介することで問題点を指摘したい。

(3) **IPCCのガイドライン**

　各国が排出目録を作成する場合，活動量に何を選ぶか，また排出係数は具体的にどういう値にするかを確定しなければ排出量は計算できない。そのためのガイドラインとして，IPCC（気候変動に関する政府間パネル）は1994年に「温室効果ガス国家目録に関する指針」を作成，1996年に修正（「IPCCの

1996年修正ガイドライン」などと言われている）し，現在このガイドラインが広く使われている（文献4）。

　このガイドラインは，どんな活動に従いどの種類の温室効果ガスが排出されるかを紹介，表5で例示したような主な活動毎（概ね議定書附属書Aに相当），計算の際にはどのような社会統計量（例えば燃料消費量，セメント生産量，自動車走行量など）を活動量の指標に選べばよいか，その単位をどのようにすべきか，それを選んだ際には具体的にどういう値の排出係数を当てはめれば排出量を計算できるかが示されている。実際にIPCCガイドラインは3部からなる大変厚い冊子で，解説編をつけ，またデフォルトの排出係数の値も具体的に示し，各国の担当者が容易に各部門の排出量を漏れなく試算できるよう工夫されている。

　またIPCCはこれに加えて2000年5月にグッドプラクティスガイドラインを作成した。グッドプラクティスガイドラインでは単にデフォルト値を示すだけに留まらず，各国が独自に排出係数を定める際の手順なども補強している（文献5）。係数についてはデフォルト値を使うよりも，各国で試算を行うよう推奨されているが，デフォルト値から2％以上ずれる場合はその理由を示すことになっている。

(4) **各国独自の排出係数の決定**

　IPCCのガイドラインはあくまで各国の国家目録策定のサポートであって，各国は実情にあわせた係数をしっかりした根拠のもとに独自に作成することが推奨され，グッドプラクティスガイドラインではそのための手順まで示されている。日本では2000年に環境庁の温室効果ガス排出量算定方法検討会（会長：茅陽一・慶大教授）で独自に排出係数を制定している。

　ここで，排出係数の具体的な値について見ておくこととする。2000年に環境庁の温室効果ガス排出量算定方法検討会で報告されている排出係数を表9に示す（文献10）。なお，日本政府が1997年の第二回通報で用いた排出係数，IPCCの1996年修正ガイドラインに示された値をあわせて示す。上にも述べたように，ガイドラインのデフォルト値より2％以上ずれる値を用いる場合はその理由を示さなければならない。この他に，燃料消費量の統計が後から差し替えられることもある。

　石油製品などの中には，燃焼には使われないために排出から控除されるも

表9　燃料別排出係数

	燃料の種類	環境省検討会採用値	第二次報告の目録で使用した値	IPCCガイドラインのデフォルト値[8]
固体燃料	原料炭	90.5	86.7	89.9
	一般炭（国内炭）	88	91	89.9
	一般炭（輸入炭）	90	90.6	89.9
	石炭	90	91	93
	コークス	108	108	103
	練炭・豆炭	90	101	90
原油，石油製品	原油	69.1	68.4	69.7
	NGL	68	68	60
	ガソリン	68.8	67.1	65.8
	ナフサ	65.2	66.6	69.7
	ジェット燃料油	67	67	68
	灯油	68.5	67.9	68.3
	軽油	69.2	68.7	70.4
	A重油	71.6	69.3	73.5
	B重油	72	72	
	C重油	71.6	71.6	
	潤滑油	72	70	70
	石油コークス	93	93	96
	LPG液化石油ガス	58.6	59.9	59.9
	石油製品	76	76	77
天然ガス等	LNG液化天然ガス	50.8	49.4	50.5
	天然ガス	51	49	
	コークス炉ガス	40.3	40.3	45.3
	高炉ガス	108		229.9
	転炉ガス	108		
	製油所ガス	51.9	51.9	
	都市ガス	51.3	48.3	

単位：$g-CO_2/MJ$

出典　環境庁温室効果ガス排出量算定方法検討会報告（2000）。

表10 排出量から控除される燃料

分野	対象燃料種	対象セクター[10]	控除率
コークス製造の原料分	石炭,オイルコークス	ガスコークス,鉄鋼コークス,専業コークスへの投入分	5%
非燃料用途への使用分	潤滑油,その他石油製品	非エネルギー用途	80%
化学工業の原料消費分	ナフサ,LPG	化学工業	80%
アンモニア製造原料[9]	ナフサ,LPG,オイルコークス,天然ガス,LNG,コークス炉ガス,輸入一般炭	アンモニア原料分	100%

出典　環境庁温室効果ガス排出量算定方法検討会報告（2000）。

のがある。これらは燃料ごとに背景データが記載され，控除した量が明らかにされることになる。表10に日本の排出目録における控除の量を示す。これらは毎年概算で同じ値が使われており，毎年細かな値を統計や実測で調査して変動させているわけではない。

(5) 京都メカニズムの目録

各国の遵守状況の把握のためには国内の排出源からの排出量だけでなく，吸収源への吸収量，京都メカニズムによる取引等の量をきちんと目録に示すことが重要である。

とりわけ京都メカニズムに関しては，約束期間後の目標達成の可否の判定だけではなく，「約束期間リザーブ」の適格性判定にも使われることになった。「約束期間リザーブ」制度については「4—3」に詳しい記述があるが，簡単に説明すると，各国は初期割当の90%あるいは直近の排出量の5倍を保持することが義務づけられた。この把握には各国の目録が使われるので，京都メカニズムの取引等の状態を目録等にきちんと示すことが大変重要である。

京都メカニズムに関する目録は，第7条第1項及び同第2項に規定される補足的情報として表11の事項を提出することがCOP7で合意された。国内の

表11　京都メカニズムに関する報告事項

	記　載　事　項
第7条第1項に関する補足的情報	・年頭のERUs, CERs, AAUs, RMUsの各々の総量 ・第3条第7項及び8項に基づくAAUsの総量 ・他のレジストリ，移転，及びナショナルレジストリから得られたERUs, CERs, AAUs, RMUsの各々の総量 ・第3条第3項及び4項に基づくRMUsの総量 ・移転されたERUs, CERs, AAUs, RMUsの各々の総量 ・第3条第3項及び4項に基づく活動で無効になったERUs, CERs, AAUs, RMUsの各々の総量 ・遵守委員会で無効になったERUs, CERs, AAUs, RMUsの各々の総量 ・無効になったERUs, CERs, AAUs, RMUsの各々の総量 ・回収されたERUs, CERs, AAUs, RMUsの各々の総量 ・前年より繰り越したERUs, CERs, AAUs, RMUsの各々の総量 ・年末のERUs, CERs, AAUs, RMUsの各々の総量 ・各国の約束期間リザーブ
第7条第2項に関する補足的情報	・ナショナルレジストリに関する情報 　(各ERUs, CERs, AAUs, RMUsのシリアルナンバー等の情報)

出典　FCCC/CP/2001/13/Add. 3。

諸活動による排出源からの排出量，吸収源への吸収量のような書式が決まっているわけではないが，ガイドラインに標準電子フォーマットにとの記述があるので今後整備されるはずである（文献3）。

(6) **LULUCFの目録**

LULUCF（土地利用，土地利用変化及び森林）については，いったんCOP5においてフォーマット5枚（表5及び背景データの表5A〜5D）が合意されていた（文献2）。

表5は総括表に当たり，例えば森林も気候区分毎の分類であり，求めるデータも排出量，吸収量，純排水量ないし吸収量だけであるため，当該国の

第2部　京都議定書の国際制度

表12　LULUCFの排出/吸収目録について

	内　容	報　告　項　目	求められる数値
表5	総括表	大項目：森林と他の木質バイオマスストック，森林と草地の転換，管理された土地の放棄，土壌からの排出及び吸収 小項目：表5A～Dの大項目に相当する細目	各項目のガス毎の排出量，吸収量，純排出/吸収量のみ。
表5.A	森林と他の木質バイオマスストック	大項目：熱帯林，温帯林，亜寒帯林，氷原・ツンドラ，その他 小項目：熱帯林をプランテーション，その他森林，その他の3つに，温帯林をプランテーション，商業利用，その他に分け，その一部については更に細目を設定	各項目について活動量と関連データ（面積等），排出係数，増加量を記載
表5.B	森林と草地の転換	大項目：5Aと同じ 小項目：熱帯，温帯について草原を分離し，熱帯，温帯，亜寒帯の森林については更に細目を設定	各項目について，活動量と関連データ（面積等），排出係数，排出量を記載
表5.C	土地管理の放棄	表5.Cに同じ	各項目について活動量と関連データ（面積等），排出係数，増加量を記載
表5.D	土壌からの排出及び吸収	大項目：無機土の耕作，有機土の耕作，石灰処理 小項目：各大項目別に細目を設定	各項目について活動量（面積），排出係数，変化量を記載

出典　FCCC/CP/1999/7．

　LULUCFの概要を見るには便利だが，検証は不可能である。一方，背景データを求める表5A～Dは面積や排出係数などを求めている。これらの概要を表12に示す。
　これらは総排出量の根拠を示すデータの根拠として，面積，係数，増加量などを求めているが，後述のようにデータの問題点等について専門家がある程度レビューできるものになっているとは言えない。

6 国家目録と国家通報

表13 通報すべき情報（排出目録以外を含む）

	COP 5 決定のガイドライン	COP 2 決定のガイドライン
導入	・目的と構造を規定	・構造を規定
政策決定者向け要約	・15ページ以内	・10ページ以内
国家の状況	・主な項目とパラメータを例示[注1]	・主な項目とパラメータを例示[注1]
排出及び吸収の目録	・右に比較して背景データを大幅に追加 ・詳細は前述の通り	・IPCCの1996年ガイドラインに沿って規定
政策及び措置	・構造は以下の通り 　・意思決定プロセス 　・政策措置とその効果 　・政策措置のうち取りやめたもの ・政策・措置毎に1995年, 2000年, 2005年の効果を評価（共通フォーマットを提示）。 ・対策コストなど追加情報を例示	・政策措置の分野をガス毎に例示 ・政策目標，手法，など最低限記載すべき事項を列挙 ・政策措置の一覧（共通フォーマットを提示）
対策の効果の予測	・政策・措置毎に1995年, 2000年, 2005年の効果を評価（共通フォーマットを提示）。2010年以降は「追加できる」とされ共通フォーマットから削除[注2] ・ガス毎の排出量実績及び予測（共通フォーマットを提示） ・予測の際の鍵となる指標[注3]（共通フォーマットを提示） ・方法論の提示をあわせて求める。	・政策・措置毎に2000年, 2005年, 2010年, 2020年の効果を評価（共通フォーマットを提示） ・ガス毎の排出量実績及び予測（共通フォーマットを提示） ・予測の際の鍵となる指標[注3]（共通フォーマットを提示）
気候系への影響予測及び適応措置	・UNEPのガイドラインも追加して例示。	・IPCCガイドラインなどに言及
資金・技術移転	・GEFの表を分離 ・多国間及び二国間プログラムの新規・追加分専用の表を削除し，総括表にどれが「新規・追加分」かを記載する方法に修正 ・細目の変更[注4]	・GEF，世銀・地域開発銀行及びUNDP，多国間プログラム等への拠出実績（共通フォーマットを提示）[注5] ・同（新規・追加分）（共通フォーマットを提示） ・二国間プログラムへの分野別[注6]拠出実績（共通フォーマットを提示） ・同（新規・追加分）（共通フォーマットを提示） ・技術移転実績（共通フォーマットを提示）
研究・観察	・報告項目の例示が増加	・報告項目を例示
教育・研修	・報告項目の例示が増加	・国内外の対応実績を求める

出典　FCCC/CP/1999/7　FCCC/CP/1996/15/Add. 1。
（注1）人口，地理，気候，経済など。両者で挙げられた項目は異なり，例えばCOP5では政府の組織・構造や森林などが追加される一方，項目やパラメータの例示は簡素化されている。
（注2）文中では示すよう要請。要請の強さは1996年ガイドラインも1999年ガイドラインも"should"で同じ。
（注3）エネルギー価格やGDP，人口の変化など。
（注4）資金項目にUNEPと当該条約のファンドを追加，二国間プログラムの分野に適応措置の細目を追加。
（注5）この欄は全て附属書Ⅱ国のみ。
（注6）対策はエネルギー，運輸，森林，農業，廃棄物管理，産業に分類。適応措置は1999年ガイドラインではキャパシティビルディング，海岸管理，その他の管理に分類するも，1996年ガイドラインは適応措置は一括。

この共通フォーマットに従い各国は毎年の通報を通じて得られた問題点を指摘することになっている。COP7ではこのデータフォーマットの位置づけ，とりわけメカニズム適格要件との関係について議論が行われこのフォーマットも見直すことになった。

4 排出目録以外の情報について

排出目録以外の情報についても，既にCOP5においてガイドラインが合意されている（文献2）。章立てについてはCOP2で決定されたものとほぼ同じで，ただし「気候系への影響予測」と「適応措置」は同じ章にまとめられている。各章の内容を見ると，COP2決定に比べて詳細かつ具体的な提示がなされている章もある。

5 これまでの決定事項に対する評価と今後の課題

排出目録の課題と，その他の国家目録・国家通報の今後の課題をまとめておく。

(1) 排出目録について

排出目録では，国内排出については，化石燃料燃焼によるCO_2の排出の場合には，活動量は燃料消費量，排出係数は燃料ごとに固有の物理定数となるので，その両者はきちんと定義され，物理的意味も明白で恣意性が入る余地は少ない。化石燃料の燃焼起源のCO_2に代表される，比較的精度が良くしかも排出係数が単純明快である排出部門では，第三者がチェックして検証できる一定の水準に達したと見ることができる。

一方，精度の低い排出部門，係数のもつ意味が複雑な排出部門に関しては，幾つかの問題がある。HFCの工業プロセスでの排出のように精度は高いものの様々な要因が複雑に絡み合う排出部門では，係数も回収装置の設置率，回収装置・漏洩防止装置の性能（装置が設置された場合の漏洩率）などが関与しあい，活動量もまちまちなため，単一の排出係数が示されてもその物理的意味は明確でなく，恣意性すら入る余地がある。これらは今後，検証が可能なように検討していくべき課題である。原理的に精度の上がらないような

6 国家目録と国家通報

表14 IPCCガイドラインと日本の排出目録で取り上げていない排出

IPCCガイドラインでは推定していない項目		・下水汚泥の焼却に伴うCH$_4$の排出
日本の排出目録では推定していない項目	エネルギー・工業プロセス部門	・脱硫施設からのCO$_2$等の排出 ・非鉄金属（フェロアロイ）の製造に伴うCO$_2$の排出 ・アルミニウムの製造に伴うCO$_2$の排出 ・天然ガスパイプラインからのCH$_4$の排出 ・一般電気事業者受け入れ分のLNGの輸送・貯蔵に伴うCH$_4$の排出
	運輸部門	・航空機（ジェット機）の飛行に伴うN$_2$Oの排出 ・低公害車の走行に伴うCH$_4$，N$_2$Oの排出 ・二輪車の走行に伴うCH$_4$，N$_2$Oの排出 ・漁船（漁業）の航行に伴うCH$_4$，N$_2$Oの排出
	廃棄物部門	・生活排水（終末処理場以外）の処理に伴うCH$_4$の排出 ・産業排水の処理に伴うCH$_4$の排出 ・生活排水（終末処理場以外）の処理に伴うN$_2$Oの排出 ・終末処理場（生活排水・産業排水）における下水処理に伴うN$_2$Oの排出
	農業部門	・有機肥料，窒素固定作物，畜産廃棄物の施肥による農耕地からのN$_2$Oの排出 ・農耕地土壌への施肥によって大気へ揮散するNOx，NH$_4$に起因するN$_2$Oの排出（間接的排出）
	HFC等3ガス部門	・ドライエッチング，CVDクリーニングにおけるHFC23の排出[11] ・アルミニウムの一次製錬に伴うPFCsの排出 ・マグネシウムの鋳造に伴うSF$_6$の排出
	その他	・建設機械の使用に伴うCH$_4$，N$_2$Oの排出 ・産業機械の使用に伴うCH$_4$，N$_2$Oの排出 ・農業機械の使用に伴うCH$_4$，N$_2$Oの排出

出典　環境庁温室効果ガス排出量算定方法検討会報告（2000）。

第2部 京都議定書の国際制度

表15 HFCの排出の把握に必要な係数について

	排出目録に記載すべき係数	日本の排出目録のもとになる環境庁温室効果ガス排出量算定方法検討会報告	産業構造審議会化学・バイオ部会でのレビュー
HCFC22製造時に副生するHFC23の排出量	HCFC22の生産量当たりのHFC23排出量	同左	・HCFC22の生産量当たりのHFC23生成量 ・HFC23の回収率 （これらを掛け合わせたものが左の係数になる）
家庭用エアコンの製造，使用開始時のHFCs排出	充填量当たり排出量	製造時の排出量，使用開始時の排出量について別々の排出係数を算定	同左
カーエアコンの使用時のHFCs排出	充填量当たり排出量	1台ごとの排出量	・通常の使用における排出係数 ・修理時の排出係数 ・全損車両に対する排出係数
カーエアコンの廃棄時のHFCs排出	充填量当たり排出量	日本の排出量算定では係数は計算しない。（排出量）＝（カーエアコン装着自動車の廃棄台数）×（平均冷媒残留量）−（回収・破壊量）	（排出量）＝（国内解体台数）×（解体時冷媒充填量）−（回収量）により試算。解体時冷媒充填量の試算には，1台当たり充填量の他，年間漏洩量，平均使用年数を用いる。
ドライエッチング，CVDクリーニングにおけるPFCs排出	PFCs使用量当たり排出量	（排出係数）＝K＝1−C （排出量）＝（活動量）×K×（1−A×F） ここで C：反応消費率 A：処理効率 F：処理装置の設置率	メーカー各社の報告値を使用

出典　環境庁温室効果ガス排出量算定方法検討会報告（2000）。

6 国家目録と国家通報

排出区分について、どのように扱うかも今後課題になると考えられる。

日本の運用例から見た細目の問題点について幾つか指摘をしておく。

まず、IPCCガイドラインで漏れている排出、日本の排出目録から漏れている排出がある。従来の条約の通報・審査システムの運用は、こうした漏れがあっても強い指摘を行わなかった。環境庁温室効果ガス排出量算定方法検討会はこれらについて整理している（文献10）。これを表14に示す。日本の排出目録からの漏れは、排出量推定項目について、地球温暖化対策推進法の施行規則で限定列記で定めたためである。このために例えば半導体でPFCsの排出を定め、HFCsを定めなかったためにHFCs排出量をカウントしない（文献10）。また、SF_6についてはガスの使用実態の3割程度が把握できていない（文献13）。これらは一つ一つの排出については小さくても、今後の課題として残されている。

また、HFCにおいては排出係数の物理的意味を問い、分解していくと大変複雑である。しかし、排出目録には詳細な係数が記載されるわけではない。表15に、経済産業省産業構造審議会化学・バイオ部会で日本の業界自主計画のレビューに用いられている係数の一例と（文献14）、排出目録やIPCCのガイドラインに求められている排出係数との比較を示す。残念ながら、排出目録から物理的意味を把握しながら専門家が排出実態を理解するのは不可能であると言わざるをえない。これを把握する最低限の措置として、排出目録に潜在排出量（生産量＋輸入量－輸出量）の記載を求めたのは見識と言えよう。

COP7で定まった京都メカニズムの目録については共通フォーマットが出てくる段階で議論になると考えられる。

COP5で事実上合意していた土地利用・土地利用変化及び森林の目録は、この背景データだけから専門家が検証を行うのは不可能である。例えば森林による吸収を考えた場合には、単に樹種毎に面積と排出係数を記載したのでは、当該樹種の森林が成長期にあるのか成熟期にあるのかさえわからず、検証不可能である。最低でも5年程度の樹齢スパン毎に区分して、樹齢毎の面積、樹齢毎の排出係数などの背景データが示されないと、当該国の森林吸収の状態を窺い知ることはできないと見られる。

また、この項目は事実上簡素化が認められ、COP5決定に基づき詳細な情報を提供する国と、そうでない国とが出てくることが予想され、共通フォーマットの決定という面から見て後退している。これらの課題については今後

も議論が続けられると考えられる。

　さらに，当該項目はガイドラインの抜本的な改正により今後大きく動く可能性がある。現在のIPCCの1996年修正ガイドラインは伐採時に全量が排出するとみなし，木材輸入国での燃焼に伴うCO_2は輸入国の排出量から除外している[12]。これに関し，木材貿易の影響を考慮すべきとの議論がある。ここでは，伐採時排出ではなく輸入国の排出もカウントすべき，逆にCO_2のストックを輸入したとみなして輸入国に吸収量をもたらすようにすべき，など3つの案がある。また，木材を貯蔵した場合に吸収量とみなすべきとの議論もある。シンクについてのルールは当面IPCCの議論を待つ様子であるが，これらのルールが今後取り入れられると，当然排出目録も修正されることになる。

(2) 排出目録以外の情報について

　政策措置等の情報については，客観的基準が整備されているとは言い難く，今後強化していく課題である。例えば，排出量が増加し目標達成が不可能になった場合，様々な外部要因によるものか，政策措置の不備によるものか，などを判定する場面が今後遵守面から求められる可能性がある。それに役立つ政策措置の情報を求める場合には，自由記入により政策措置の題名目録のみが出されてその実効性や実現可能性について必ずしも有用な情報が得られていない現状から，一歩踏み込んだ情報提供を求める議論がおこると考えられる。

　議定書は3条2項で2005年までに「明らかな進捗を実現」することを求めている。これに関する情報についてはこれまでの議論の経過では独立した章を求めた提案もあった。2005年までにはあまり時間がないが，排出目録だけでなく，それを補足する情報について議論されると考えられる。

　国家の状況などについては1996年のガイドライン，あるいは2001年のガイドラインはそれほど詳細な記載を求めていないが，次期以降の約束期間の排出削減目標決定の際に客観的差異化指標を導入する場合には，この記述内容についてもある程度詳しい規定が必要になると見られる。

　COP7においては，条約第4条第8項および第9項，議定書第3条第14項に基づく非附属書Ⅰ国（開発途上国）支援の措置に関し，附属書Ⅰ国の国家目録についてどの程度重視するかの議論が行われた。今後非附属書Ⅰ国への

義務の強化の議論とともに,それを支援する附属書Ⅰ国の義務についても並行した議論が行われ,国家目録の議論にも影響することが予想される。

この他の通報内容にも,標準化に向けて多くの課題がある。これらの議論は,単に国家目録・国家通報の内容の議論に留まらず,その通報状況と京都メカニズムの要件等をリンクさせた議論,通報と遵守の議論などに発展することが当然予想されるところである。

さらに,国家通報においては,迅速な届け出と審査手続きが求められるが,現在の議論では大変長い期間が想定され,遵守状況の早期の確定と迅速な措置の適用の面からは問題がある。

[参考文献]

1 IPCC: IPCC Guidelines for National Greenhouse Gas Inventories (1994)
2 FCCC/CP/1999/7
3 マラケシュ合意 (2001) -FCCC/CP/2001/13
4 IPCC: Revised 1996 IPCC Guidelines for National Greenhouse Gas Inventories (1996)
5 IPCC: Good Practice Guidance and Uncertainty Management in National Greenhouse Gas Inventories (2000)
6 環境庁温室効果ガス排出量算定方法検討会報告 (2000)
7 FCCC/CP/1996/15/Add.1
8 FCCC/CP/1995/7/Add.1
9 FCCC/SBSTA/2001/2/Add.4
10 環境庁温室効果ガス排出量算定方法検討会報告書 (2000)
11 「気候変動に関する国際連合枠組条約」に基づく第2回日本国報告書 (1997)
12 「気候変動に関する国際連合枠組条約」に基づく第1回日本国報告書 (1994)
13 環境庁温室効果ガス削減技術シナリオ策定調査検討会報告書 (2001)
14 経済産業省産業構造審議会化学・バイオ部会第3回会合 (2001)

(1) 国家目録と国家通報は厳密には区別されて定義されていない。ここでは後者を通報行為とそのルール,前者を通報すべき内容とそのルールと仮に定義した。本稿では排出量及び吸収量の数値データを「排出目録」,それ以外のデータを含む情報全体を「国家目録」とした。また,「国家通報」には通報内容と通報行為・手続を含めて用いた。
(2) 日本も第2回通報の期日を守れず,あと数週間遅れれば,京都議定書の発効の要件に日本の批准は無関係になるところであった。発効要件を定めた京都議定書第24条は第2項に「この条の規定の適用上,「附属書Ⅰの締約国の1990年における二酸化炭素排出総量」とは,この議定書の採択の日又はそれ以前に,

第 2 部　京都議定書の国際制度

　　　条約第12条の規定に従って提出した最初の自国の情報の送付において，附属書Ⅰの締約国が通報した量とする。」と規定し，京都議定書が採択された12月10日（実際には11日）までに通報が終了した国の排出量のみを対象としている。
(3)　NOx（窒素酸化物），CO（一酸化炭素），NMVOC（非メタン炭化水素），SOx（硫黄酸化物）。
(4)　この他，SBSTA13までは第3条第14項に関する情報，目に見える進展，排出量取引の補完性に関する情報について検討されていたがいずれも削除されている。
(5)　詳細は「4」参照。
(6)　IPCCガイドラインは精度について数値で定めていないが，日本の第二次報告は153ページの表のように一部に数値を含めた定義を行っている。
(7)　各国の国内排出量には含めないことになっている。
(8)　日本の発熱量の計算とIPCC等の計算とは方法が異なるので，検討会で補正を行っている。
(9)　工業プロセスで計上。
(10)　アンモニア製造原料以外は，経済産業省「総合エネルギー統計」の部門名。
(11)　まとめの文書には掲載されていないが，HFC等3ガス部門の報告書に掲載。
(12)　当然のことながら，これらは各国の排出量に影響を与える。輸入木材起源のCO_2排出量がカウントされるルールになった場合には，日本などの木材輸入国の排出量は大きく増加する。日本の第一次報告と第二次報告で廃棄物起源の排出量が激減したが，これは前者の目録にはバイオマスの燃焼に伴うCO_2排出量が含まれていたからである。

7 京都議定書のもとでの報告・審査手続

[高村ゆかり]

1 はじめに

　近年締結された多数国間環境条約は、その義務の遵守を確保するために、条約の実施に関する一定の情報を報告する義務を締約国に課し、条約機関が締約国から提出された報告を審査し、その結果不遵守と考えられる事案について対応するシステムを条約内部に設けることが多い[1]。気候変動枠組条約も京都議定書もその例にもれず、こうしたシステムを有する多数国間環境条約の一つである。とりわけ、京都議定書の場合、規制の対象とする温室効果ガスの排出を、1990年比で一定の水準まで削減するという数量化された排出抑制削減義務を附属書Ⅰ国に課しているため、この義務の履行状況を把握し、審査するための詳細な指針と手続を設けることがめざされている。

　これらの指針や手続は、ブエノスアイレス行動計画の一環としてその策定交渉がすすめられ、COP6において、合意の成立がめざされた。2000年9月に開催された科学上及び技術上の助言に関する補助機関（SBSTA）の第13回会合（SBSTA13）パート1では、手続の流れの大枠などがほぼ合意され、11月、COP6の第一週目に開催されたSBSTA13パート2では、当時の事務レベルでの交渉の結果を整理した文書がSBSTAで採択され、COP6に送付された（FCCC/CP/2000/INF. 3（Vol. Ⅲ））[1a]。しかし、森林等吸収源の取り扱いやメカニズム、遵守手続などの問題と連関した事項も多く、これらの問題が解決しなければ報告・審査手続に関する指針案を完成させるのは難しいと考えられた。それゆえ、COP6、ついで、COP6再開会合では、上記の問題についての合意の成立が優先され、報告・審査手続に関する5条、7条、8条の交渉は事実上中断した。ボン合意成立後の2001年10—11月のCOP7では、いくつかの未決定事項は残るものの、ブエノスアイレス行動計画で予定

していた指針や手続のほとんどが合意され，COP/MOP1に勧告する決定草案が採択された。

本稿では，京都議定書の定める義務の遵守確保の観点から，COP/MOP1での採択のために，COP7が勧告した京都議定書のもとでの報告・審査手続を概括し，その特徴と報告・審査手続に関して検討を要する問題について論じる。

2 気候変動枠組条約・京都議定書のもとでの報告・審査手続

(1) 気候変動枠組条約の報告・審査手続

第1部の「気候変動枠組条約・京都議定書レジームの概要」ですでに見たように，気候変動枠組条約の規定の大半が，気候変動に対処するための一定の措置の促進義務，協力義務などを定めるにとどまり，締約国にその実施にあたって大きな裁量を与えているなかで，目録の作成，更新と締約国会議への提供の義務（4条1項(a)），および，実施に関する情報の締約国会議への送付義務（4条1項(j)）は，それじしんが具体的な行動をとることを締約国に義務づけるものである。それに加えて，締約国に大きな裁量が与えられているその他の義務の実施に関する情報を締約国会議に提出することを義務づけることにより，これらの義務の実施を促進する機能も果たしている。

12条は，このような4条1項(a)の定める目録と，4条1項(j)の定める実施に関する情報の締約国会議への送付に関する具体的な規則を定めている。12条のもとでの情報の送付については，附属書Ⅰ締約国，附属書Ⅱ締約国，発展途上締約国で，送付する情報に含めるべき事項，最初の情報送付の期限が異なっている（表1参照）。

発展途上国を含むすべての締約国が，4条1項(a)の定める目録，条約の実施のためにとる措置の概要などを送付する義務を負っている（12条1項）。それに加えて，附属書Ⅰ締約国は，4条2項(a)および(b)に基づいて採用した政策と措置の詳細（12条2項(a)），これらの政策と措置がもたらす効果の見積もり（12条2項(b)）を送付する情報に含めなければならない。附属書Ⅱ締約国は，さらに，4条3項から5項までにしたがってとられる措置の詳細についても情報に含める（12条3項）。

表 1　気候変動枠組条約のもとでの国ごとの情報送付義務

	送付すべき情報	最初の情報送付の期限
発展途上国（非附属書Ⅰ国）	・目録 ・条約実施のためにとる措置の概要	・条約が自国について効力を生じた後，または，4条3項の規定にしたがって資金が利用可能となった後，3年以内。ただし，後発発展途上締約国については，送付開始はその裁量による
附属書Ⅰ国	上記の発展途上国が送付すべき情報に加えて ・4条2項(a)および(b)に基づいて採用した政策と措置の詳細（12条2項(a)） ・これらの政策と措置がもたらす効果の見積もり（12条2項(b)）	・条約が自国について効力を生じた後6ヶ月以内
（附属書Ⅰ国のうちの）附属書Ⅱ国	上記の附属書Ⅰ国が送付すべき情報に加えて ・4条3項から5項までにしたがってとられる措置の詳細（12条3項）	

　最初の情報の送付の期限については，附属書Ⅰ国は，条約が自国について効力を生じた後6カ月以内に最初の情報の送付を行う。それに対して，非附属書Ⅰ国は，条約が自国について効力を生じた後，または，4条3項の規定にしたがって資金が利用可能となった後，3年以内に最初の情報を行う。ただし，非附属書Ⅰ国のうち後発発展途上国たる締約国は，情報送付の開始はその裁量による。なお，その後の情報送付の頻度については，締約国会議が決定することになっている（12条5項）。

　4条1項および12条は，送付された情報の審査手続については特に定めていない。また，情報送付の様式など報告の方法についても定めていない。そ

第2部　京都議定書の国際制度

のため，締約国会議（COP）は，COP1以降，その決定により，条約のもとでの報告・審査制度を確立してきた（表2参照）。現在は，COP5で採択された以下の3つの指針に主として基づいて，情報の送付と審査が行われている。

① 条約の附属書Ⅰ国による国家通報の作成に関する指針，パート1：年次目録に関する国連気候変動枠組条約（UNFCCC）報告指針（決定3/CP.5）
② 条約の附属書Ⅰ国による国家通報の作成に関する指針，パート2：国家通報に関するUNFCCC報告指針（決定4/CP.5）
③ 条約の附属書Ⅰ国からの温室効果ガス目録の専門的審査に関する指針（決定6/CP.5）

③の目録の専門的審査に関する指針は，京都議定書のもとで現在交渉されている審査手続と大枠において同じ枠組が採用されている[2]。なお，①と③については，COP8に向けて，2000年以降に得られた経験をふまえて指針の見直しが行われる予定である[3]。

他の多数国間環境条約と同様に，気候変動枠組条約のもとでの報告義務は，報告の遅れや不十分な報告の提出などの履行上の問題を抱えている。例えば，第二回国家通報については，期限内に国家通報を行った附属書Ⅰ国は，41カ国中9カ国だけであった。しかし，報告義務の履行は，遅れはあるものも改善されつつはある。2000年1月までには，41カ国中34カ国が通報を提出した。通報を提出していない7カ国のうち6カ国は市場経済移行国である（残りの1カ国はルクセンブルグ。なお，ルクセンブルグの排出量などのデータは，ECの国家通報に含まれている）。また，2001年11月30日が提出期限であった第三次国家通報を期限内に提出したのは，附属書Ⅰ国41カ国中13カ国であった。非附属書Ⅰ国については，2001年12月20日現在，非附属書Ⅰ締約国146カ国のうち，最初の国家通報を提出したのは72カ国，そのうち後発発展途上国（43カ国）は，15カ国が提出している。

(2) 京都議定書のもとでの報告・審査手続

京都議定書のもとでの報告・審査手続は，5条，7条，8条に規定されている。前述のように，議定書のもとでの報告・審査手続は，条約のもとで発展してきた国家通報とその詳細レビュー（In-Depth Review，以下「IDR」

の実行のもとで得られた経験をふまえ，条約と議定書の報告・審査手続がうまく調整されるように工夫されている。なお，周知のとおり，法的拘束力ある数量化された排出抑制削減義務（3条1項）を負っているのは附属書Ⅰ国だけであり，これらの報告・審査手続も附属書Ⅰ国のみに適用されるものである（5条と7条の規定の概要とCOP7後の交渉の到達点の概要については表3参照）。

① 排出量推計のための国内制度の設置と推計の調整（5条）

5条は，附属書Ⅰ国による温室効果ガスの発生源からの人為的排出と吸収源による除去の推計のための国内制度の設置を附属書Ⅰ国に義務づけ（1項），推計のための方法と，その方法が用いられない場合の調整（2項）について定めている。

5条1項でいう「国内制度」とは，「モントリオール議定書によって規制されていないすべての温室効果ガスの発生源からの人為的排出および吸収源による除去を推計するために，ならびに，目録情報を報告し記録するために，条約の附属書Ⅰ締約国の国内でなされるあらゆる制度的，法的，および，手続的整備（arrangements）」である[4]。すなわち，「国内制度」とは，附属書Ⅰ国が目録を作成し，報告するのに必要な国内におけるあらゆる制度を意味している。附属書Ⅰ国は，第1約束期間が始まる1年前，すなわち，2007年1月1日までに，こうした国内制度を設けなければならない。5条1項のもとでの国内制度に関する指針はすでに2000年のSBSTA12において合意されており[5]，COP7決定は，議定書発効以前から，附属書Ⅰ国がこの指針をできるだけ早く実施することを奨励している[6]。

5条2項のもとでの調整は，附属書Ⅰ国が提出した目録のデータが不完全な場合，または，改訂された1996年のIPCC温室効果ガス国家目録に関する指針 (Revised 1996 IPCC Guidelines for National Greenhouse Gas Inventories) と一致しない方法で作成された場合にのみ適用される[7]。調整の基本的考え方などを定めるCOP/MOP1決定草案がCOP7で採択されたが[7a]，決定草案に付される予定のガイダンスの作成はこれからである。「調整の方法に関する技術ガイダンス」については，COP9が検討し，COP/MOP1に勧告し，COP/MOP1が採択することとなっている。また，「土地利用，土地利用変化，林業（LULUCF）からの人為的排出および除去の推計のための調整の方法

第2部　京都議定書の国際制度

表2　UNFCCCのもとでの報告・審査手続[1]の発展

	国家通報の作成		国家通報の審査
	国家通報の作成	国家目録の作成[2]	
INC9 (1994年2月7日～18日)	・第一回国家通報の作成に関する指針(決定9/2附属書) ・通報の送付，普及，翻訳に関する手続(決定9/2)		
第一回国家通報提出期限（自国について条約発効後6ヶ月以内)[3]			
COP1 (1995年3月28日～4月7日)	・第二回国家通報，年次の国家目録データを，条約12条1項，12条2項および，修正される予定の通報の作成に関する指針にしたがって，事務局に提出することを附属書Ⅰ国に要請(決定3/CP.1) ・修正されるまでは，委員会決定9/2の附属書にあるような附属書Ⅰ国の第一回国家通報の作成に関する指針が，国家通報の作成の際に引き続き利用されるべきことを決定(決定3/CP.1) ・新手続が設けられるまで，委員会決定9/2にあるような通報の送付，普及，翻訳に関する手続が引き続き適用されることを決定(決定3/CP.1)	・IPCCが採択した，温室効果ガス国家目録に関する指針(1994年採択)，および，気候変動の影響の評価および適応に関する技術的指針の利用を決定(決定4/CP.1)	・詳細レビュー（IDR）を決定し，第一回国家通報をIDRの対象とすべきことを決定(決定2/CP.1)
COP2 (1996年7月8日～19日)	・条約の附属書Ⅰ国による国家通報の作成に関する指針の修正版を決定(決定9/CP.2)		・COPの関連する決定にしたがった審査プロセスの継続を決定し，IDRを含む審査に関する手続を第二回国家通報に適用するよう事務局に要請(決定9/CP.2)
1997年4月15日　第二回国家通報提出期限[4]			
COP3 (1997年12月1日～10日)		・IPCCの温室効果ガス国家目録に関する1996年指針修正版を，締約国が，排出と除去を推計し報告するために利用すべきことを再確認（決定2/CP.3)	
COP4 (1998年11月2日～13日)			・第三回国家通報は，指針の修正版にしたがってIDRの対象となるべきことを決定(決定11/CP.4)

COP5 (1999年10月22日～11月5日)	・条約の附属書Ⅰ国による国家通報の作成に関する指針，パート2：国家通報に関するUNFCCC報告指針の採択（決定4/CP.5） ・2001年11月30日提出期限の第三回国家通報の作成のためにこの指針を利用すべきことを決定（決定4/CP.5）	・条約の附属書Ⅰ国による国家通報の作成に関する指針，パート1：年次目録に関するUNFCCC報告指針の採択（決定3/CP.5） ・2000年4月15日提出期限の目録の報告から，この指針を利用すべきことを決定（決定3/CP.5） ・COP7で採択する決定を提出するために，SBSTA15で指針の見なおしについて検討することを決定（決定3/CP.5）	・条約の附属書Ⅰ国からの温室効果ガス目録の専門的審査に関する指針（温室効果ガス審査指針）を採択（決定6/CP.5） ・上記指針にしたがって，2000年から，温室効果ガス目録の最初のチェックと，統合と評価を毎年行うことを事務局に要請（決定6/CP.5） ・自発的に審査を受けることを考える一定の附属書Ⅰ国について，上記の指針にしたがって，温室効果ガス目録の個別審査を試験期間中に行うよう事務局に要請（決定6/CP.5） ・COP8で目録の専門的審査に関する指針の修正版を採択するために，専門的審査の経験を評価することをSBIに要請（決定6/CP.5） ・すべての附属書Ⅰ国の目録の個別審査を2003年に開始することを決定（決定6/CP.5）
COP6 (2000年11月13日～24日；2001年7月16日～27日)			
COP7 (2001年10月29日～11月10日)		・COP8で採択するために，指針の見直しをSBSTA16で検討するよう延期し，試験期間をCOP8まで延長（決定34/CP.7）	
2001年11月30日　第三回国家通報提出期限			

(1) この表は，附属書Ⅰ国を対象とした報告・審査手続に関するものである。
(2) 条約のもとでの報告・審査手続において，「国家通報」は，特に言及がない場合，国家目録を含むものと意味されている。この表では，便宜上「国家通報の作成」と「国家目録の作成」と分けたが，「国家通報の作成」で言及されている指針などは，国家目録も対象とするものである。したがって，「国家目録の作成」で言及されている内容は，「国家通報の作成」に関する決定に加えて，とりたてて「国家目録」について言及されているものをとりあげている。
(3) 条約の発効が，1994年3月21日であり，この時点で批准していた国にとっては，1994年9月21日が提出期限であった。
(4) 市場経済移行国については，1998年4月15日が第二回国家通報提出期限とされた。

表3 5条，7条の概要とCOP7で決まったこと

		条文の規定	COP7で決まったこと
5条	1項	附属書Ⅰ国は，第一約束期間開始の1年前までに附属書Ⅰ国が温室効果ガスの発生源からの人為的排出と吸収源による除去の推計のための国内制度を設ける ＊「国内制度」とは 「すべての温室効果ガスの発生源からの人為的排出および吸収源による除去を推計するために，ならびに，目録情報を報告し記録するために，条約の附属書Ⅰ締約国の国内でなされるあらゆる制度的，法的，および，手続的整備」	・COP7決定　5条1項のもとでの国内制度に関する指針（決定20/CP.7） ・COP/MOP1決定草案　5条1項のもとでの国内制度に関する指針 ・附属書　5条1項のもとでの人為的温室効果ガスの発生源からの排出と吸収源からの除去の推計のための国内制度に関する指針 （残された検討課題） ・作成は完了
	2項	COP3で合意された推計の方法が用いられない場合の調整	・COP7決定　5条2項のもとでのグッド・プラクティス・ガイダンスと調整（決定21/CP.7） ・COP/MOP1決定草案　5条2項のもとでのグッド・プラクティス・ガイダンスと調整 （残された検討課題） ・附属書 1．調整の方法に関する技術ガイダンスは，COP9で検討しCOP/MOP1に勧告，COP/MOP1で採択（COP7決定para. 3） 2．LULUCFからの人為的排出および除去の推計のための調整の方法に関する技術ガイダンスは，IPCCのLULUCFに関するグッド・ガイダンスに関する作業の完了後直ちに検討し，COP10に勧告。それに続くCOP/MOPで採択（COP7決定para. 4）
7条	1項	附属書Ⅰ国は，7条4項にしたがって決定される補足的情報を条約に基づいて提出される毎年の目録の中に含める（年次報告情報）	・COP7決定　7条のもとで要求される情報の準備に関する指針（決定22/CP.7） ・COP/MOP1決定草案　7条のもとで要求される情報の準備に関する指針 ・附属書　7条のもとで要求される情報の準備に関する指針草案 7条1項のもとで報告が求められる補足の情報として， 1．目録に関する情報 （3条3項，3条4項のもとでの活動からの温室効果ガスの排出と除去に関する情報の提出の不履行の場合の基準を，SBSTAができるだけ速やかに作成し，COP/MOPに勧告，COP/MOPが採択（期限は明記されず））（COP7決定para. 2)

… 7 京都議定書のもとでの報告・審査手続

7条			2．ERUs，CERs，AAUs，RMUsに関する情報 （SBSTA16で作成，COP8に勧告。COP/MOP1で採択）（COP7決定para.3） 3．5条1項の国内制度の変更に関する情報 4．国家登録簿の変更に関する情報 5．3条14項にしたがった悪影響の最小化に関する情報 （残された検討課題） ・上記1．目録に関する情報と2．ERUs，CERs，AAUs，RMUsに関する情報の記載事項参照
	2項	附属書Ⅰ国が，7条4項にしたがって決定される補足的情報を条約に基づいて提出される国家通報の中に含める（<u>定期報告情報</u>）	7条2項のもとで報告が求められる補足的情報として， 1．5条1項にしたがった国内制度に関する情報 2．国家登録簿に関する情報 　（SBSTA16で作成，COP8に勧告。COP/MOP1で採択）（COP7決定para.3） 3．6条，12条，17条にもとづくメカニズムの補完性に関する情報 4．2条に基づく政策と措置 5．国内計画および地域計画，ならびに／または，国内法制および地域法制，ならびに履行強制手続と行政手続 6．10条のもとでの情報 7．財源 （残された検討課題） ・上記2．国家登録簿に関する情報の記載事項参照
	3項	7条1項，7条2項のもとで提出される情報の提出開始時点と頻度	
	4項	COP/MOP1が，7条のもとでの情報提出の指針を採択する。さらに，COP/MOPが<u>割当量の勘定に関する方式</u>について第一約束期間開始前に決定する	・COP7決定　7条4項のもとでの割当量の勘定に関する方式（決定19/CP.7） ・COP/MOP1決定草案　7条4項のもとでの割当量の勘定に関する方式 ・附属書　<u>7条4項のもとでの割当量の勘定に関する方式</u> （残された検討課題） ・正確で透明性が高く効率的な国家登録簿間のデータ交換，CDM登録簿および取引記録を確保するための技術基準の作成（SBSTA16と17で検討しCOP8に勧告，COP/MOP1で採択）（COP7決定para.1） ・上記の技術基準を考慮した，事務局による取引記録の作成・設置（遅くともCOP/MOP2までに）（COP7決定para.2）

に関する技術ガイダンス」については，IPCCのLULUCFに関するグッド・ガイダンスに関する作業の完了後直ちに検討し，COP10に勧告，それに続くCOP/MOPが採択することになっている。

② 情報の提出と割合量の勘定（アカウンティング）（7条）

7条は，条約に基づいて毎年提出される目録とともに一定の情報を提出すること（1項）と，条約に基づいて定期的に提出される国家通報とともに一定の情報を提出すること（2項）を附属書Ⅰ国に義務づけ，加えて，これらの情報提出開始時点と頻度（3項）を定めるとともに，7条のもとでの情報提出の指針と割当量の勘定の方式をCOP/MOPが採択すること（4項）を定めている。これらの規定に基づいて，COP/MOP1で採択される予定の「7条のもとで要求される情報の準備に関する指針」[7b]案と「7条4項のもとでの割当量の勘定に関する方式」[7c]案が，COP7で決定された。

A 7条1項のもとでの年次報告情報

前者の指針案については，7条1項のもとで目録とともに提出する年次報告情報として報告する情報に何を含めるか，が大きな争点となった。なぜならば，7条1項のもとで提出しなければならない情報を提出しなかったり，これらの情報の提出が完全に行われなければ，京都メカニズムの参加資格が停止するからである。

COP7での交渉の結果，

> 1．目録に関する情報
> 2．ERUs，CERs，AAUs，RMUsに関する情報
> 3．5条1項の国内制度の変更に関する情報
> 4．国家登録簿の変更に関する情報
> 5．3条14項にしたがった悪影響の最小化に関する情報

の5つの分類の情報が毎年報告されるべき情報として合意された。ただし，5の3条14項にしたがった悪影響の最小化に関する情報については，提出に問題があってもメカニズムの参加資格は停止しない。

B 目録が不完全と見なされ，メカニズムの参加資格が停止する場合

また，目録については，以下のような場合に，7条1項の方法上の条件お

7 京都議定書のもとでの報告・審査手続

よび報告の条件を満たすことができなかったと見なされ，メカニズムへの参加資格が停止されることとなった[8]。

> (a) 提出期限から6週間を超えても年次目録の未提出の場合
> (b) 最も近年審査された目録で，附属書Ⅰ国の年間総排出量の7％以上に相当する，(IPCCグッド・プラクティスの7章に定めるような) 発生源分類の推計が含まれていない場合
> (c) 約束期間中のある1年について，附属書Ⅰ国の調整された温室効果ガスの総排出量が，議定書の附属書Aに記載される発生源から発生するガスの提出された総排出量を7％を超える場合
> (d) 約束期間のいずれかの時点で，審査が行われた約束期間のすべての年について，(c)にしたがって計算された割合の数値の合計が20％を超える場合
> (e) 附属書Aに記載される発生源からのガスの総排出量の2％以上に相当する (IPCCグッド・プラクティスの7章に定めるような) いずれかの主要な発生源分類の調整が，3年間連続して目録審査中に計算された場合。ただし，第一約束期間の開始前に，その締約国が，その問題に対処するのに，遵守委員会の促進部に支援を求め，支援が与えられている場合を除く。

C　7条2項のもとでの定期報告情報

次に，以下の情報が，7条2項のもとで，国家通報とともに定期的に報告が求められる補足的情報と決定された。

> 1．5条1項にしたがった国内制度に関する情報
> 2．国家登録簿に関する情報
> 3．6条，12条，17条にもとづくメカニズムの補完性に関する情報
> 4．2条に基づく政策と措置
> 5．国内計画および地域計画，ならびに/または，国内法制および地域法制，ならびに履行強制手続と行政手続
> 6．10条のもとでの情報
> 7．財源

D　7条4項のもとでの割合量の勘定方式

「7条4項のもとでの割当量の勘定に関する方式」案については，3つのメカニズムから得られるクレジットや国内における吸収源活動から得られる吸収量クレジットの相互の交換可能性（ファンジビリティ）や，これらのクレジットの第二約束期間への持ち越し（バンキング）を認めるのかなどが大きな争点となった。この方式案は，メカニズムとの関連性が強いことから，メカニズムに関する交渉グループにおいて交渉が進められた。詳細については，本書所収の京都メカニズムに関する各論稿を参照いただきたい。

③　提出された情報の審査（8条）

8条は，提出された情報についての審査手続を定める。まず，7条のもとで提出された情報は，専門家審査チーム（Expert Review Team，以下「ERT」）が審査を行う（1項）。ERTは，締約国会議が定めるガイダンスにしたがって締約国により任命され選ばれた専門家からなる（2項）。ERTは，締約国の約束の実施を評価し，約束の達成に影響を与える問題や要因を確認する，COP/MOPへの報告書を作成する。事務局は，この報告書をすべての締約国に送付し，また，COP/MOPの検討のために報告書で示された実施上の問題を一覧にする（3項）。COP/MOPは，ERTが行う審査に関する指針をCOP/MOP1で決定し，定期的に見直しを行う（4項）。COP/MOPは，7条のもとで提出された情報，ERTの報告書，事務局により一覧にされた実施上の問題，締約国が提出する問題について検討し（5項），実施に必要な事案に関する決定を行う（6項）。

8条のもとでの審査手続の詳細については，COP/MOP1で採択される予定の「京都議定書8条のもとでの審査に関する指針案」[9]がCOP7で決定された（この指針案の構成については資料1参照）。

8条のもとでの審査手続は，それが行われる時期と頻度により大きく3つ（1．第一約束期間前審査，2．年次審査，3．定期審査）に大別される（表4参照）。いずれもERTがその審査手続を担う。

まず，第一約束期間開始前に「第一約束期間前審査」が行われる。この審査では，基準年の目録の審査，5条1項に基づいた国内制度の審査，7条4項に基づいた国家登録簿の審査などが行われる。第一約束期間前審査は，文書による審査と現地訪問によって行われる。この第一約束期間前審査は，

COP/MOP1決定草案に付されている附属書7条4項のもとでの割当量の勘定に関する方式に基づいて提出される，割当量に関する報告書が受領された時点で開始される。この報告書は，2007年1月1日，または，その国にとって議定書が発効してから1年後，のいずれか遅い日までに提出されることになっている。また，審査は，5条2項のもとでの調整手続も含めて，開始から12ヶ月以内に終了され，審査の報告書が，COP/MOPと遵守委員会に直ちに送付されなければならない。

次に，毎年提出される国家目録と7条1項のもとでの補足的情報を審査する「年次審査」が行われる。毎年提出される国家目録の審査は，1．最初のチェックを経て，2．個別目録審査という二段階からなっている。個別目録審査は，割当量の審査，国内制度変更の審査，国家登録簿変更の審査などといっしょに行われる。割当量の審査，国内制度変更の審査，国家登録簿変更の審査については，それぞれ指針案のPart III，Part IV，Part Vが定めるが，手続の流れは，一緒に行われる個別目録審査と同じである（7条1項のもとでの補足的情報を含む年次目録の審査手続については，図1および資料2参照）。

第三に，3年から5年の間隔で提出されることになっている国家通報と7条2項のもとでの補足的情報を審査する「定期審査」が行われる。ERTによる国家通報の個別審査は，まず文書による審査が行われ，ついで現地訪問による審査が行われる。その後，国家通報審査報告書案を作成し，附属書I国からコメントを得てから，報告書を完成する。報告書は事務局により公表されるとともに，事務局は，COP/MOP，遵守委員会および関係締約国へ報告書を送達し，また，すべての附属書I国の国家通報をまとめて統合した報告書を作成する（7条2項のもとでの補足的情報を含む国家通報の審査手続については，図2および資料3参照）。

これらの審査を担うERTは，締約国と政府間国際機構が専門家を任命するUNFCCCの専門家ロスターからアド・ホックに選出され，個人の資格で参加する専門家からなる。その規模や構成は，審査の対象となる締約国の状況を考慮して，変わりうる。ERTのメンバーは，そのチームが審査の対象となる分野について取り扱える能力を集団的に有するように，事務局により選出される。事務局は，複数設置されるERT全体の構成において，附属書I国からの専門家と非附属書I国からの専門家で均衡がとれるようにERTのメンバーを選出する。事務局は，同時に，附属書I国から選出される専門

第2部　京都議定書の国際制度

表4　8条のもとでの審査項目と手続

	審査項目	審査手続	備考
第一約束期間前審査	・1990年または基準年以降最新年までの目録が5条2項と適合しているかどうか（para. 12）	Part II	・審査の開始は，割当量に関する報告書（2007年1月1日，または，その国にとって議定書が発効してから1年後，のいずれか遅い日までに提出（7条4項に関するCOP/MOP1決定草案para. 2））の受領で開始。審査開始から12カ月以内に審査は終了（COP/MOP1決定草案para. 2） ・左の審査項目は，いっしょに審査 ・現地訪問（in-country visit）が審査の一環として行われる
	・3条7項，3条8項に基づく割当量の計算および約束期間リザーヴの計算が，7条4項のもとでの割当量の勘定に関する方式と適合しているかどうか（para. 12）	Part III	
	・5条1項に基づいた国内制度（para. 12）（徹底審査）	Part IV ・約束期間前審査とその現地訪問として行われる（para. 85 (a)） ・Part IVの定める国内制度の審査手続にしたがって審査が行われる（para. 12 (c)）	
	・7条4項に基づいた国家登録簿（para. 12）	Part V	
	・議定書発効後最初の国家通報（para. 13）[1]	Part VII	
年次審査	1．国家目録報告書および共通報告フォーマット（CRF）を含む年次目録が5条2項と適合しているかどうか（para. 15）	Part II	・年次審査は，その締約国が7条1項のもとで報告を開始した年に開始（COP/MOP1決定草案para. 4） ・年次目録または基準年の目録の審査の一環としての調整手続を含む年次審査は，7条1項のもとでの情報提出期限から1年以内に完了（para. 16） ・年次審査の対象項目は，一のERTによりいっしょに審査される（para. 18）
	2．7条1項のもとで要求される情報の作成に関する指針にしたがった補足的情報（para. 15）		
	・3条3項，3条4項のもとでLULUCF活動について約束期間中に提供される情報が，COP/MOPの関連する決定のもとでの条件と適合しているかどうか	Part II	
	・3条7項，3条8項にもとづく割当量，ERUs，CERs，AAUsおよびRMUsに関する情報	Part III	

	・国内制度の変更2)	PartⅣ ・文書によるまたは集中した審査（ERTは現地訪問を要請できる）（para. 85 (b), 87) ・PartⅣの定める国内制度の審査手続にしたがって審査が行われる（para. 15)	
	・登録簿の変更2)	PartⅤ	
	・3条14項に関する事項について提供される情報および補足的情報	PartⅥ	
定期審査	・国家通報（7条2項のもとでの補足的情報を含む）	PartⅦにしたがった現地調査（para. 109）。現地調査に先立って、文書によるまたは集中した審査を行う（para. 110)	・定期審査は、議定書のもとでの最初の国家通報の提出により開始

1) ただし、議定書発効後の最初の国家通報が第一約束期間前に提出される場合である。
2) 国内制度と登録簿の変更は、問題または重大な変更（significant changes）がERTにより確認される場合、または、附属書Ⅰ国がその目録報告書で重大な変更を報告する場合に限って、年次審査の対象となる（para. 17)。

※（para.) 88条のもとでの審査に関する指針のパラグラフ。

家の間でと，非附属書Ⅰ国からの専門家の間で，地理的に衡平な均衡が確保されるよう努力する。さらに，各ERTには，2人のリード・レヴュアーが，最短2年，最長3年の任期で選出される。1人は，附属書Ⅰ国から，もう一人は，非附属書Ⅰ国から選出される。このリード・レヴュアーは，それぞれの審査活動について，活動計画の作成，審査活動の進捗の監視，アド・ホック専門家への助言，SBSTAへの年次報告書の作成などの任務を担う。そのもとで審査活動を担うアド・ホック審査専門家は，原則として，（政府間国際機構から選出された専門家ではなく）UNFCCCの専門家ロスターに属している締約国が任命した専門家から事務局により選出される。

3 京都議定書のもとでの報告・審査手続の特徴と課題

(1) 特　徴

京都議定書のもとでの報告・審査手続の特徴の一つは，しばしば比較の対象となるオゾン層破壊物質に関するモントリオール議定書（以下「モントリオール議定書」）を含め，他の多数国間環境条約と比べて，相当に綿密な，

第2部　京都議定書の国際制度

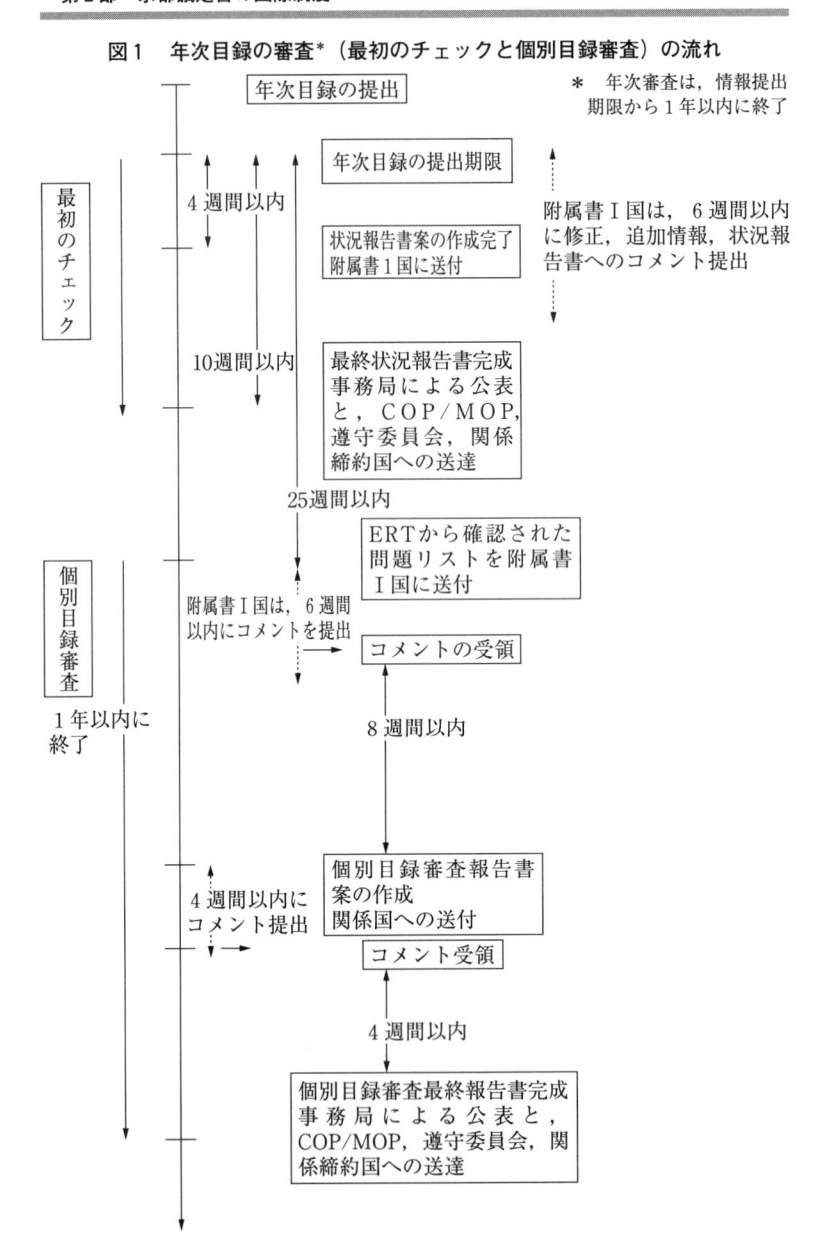

図1　年次目録の審査＊（最初のチェックと個別目録審査）の流れ

＊　年次審査は，情報提出期限から1年以内に終了

最初のチェック

- 年次目録の提出
- 年次目録の提出期限
- 4週間以内
- 状況報告書案の作成完了　附属書I国に送付
- 附属書I国は，6週間以内に修正，追加情報，状況報告書へのコメント提出
- 10週間以内
- 最終状況報告書完成　事務局による公表と，COP/MOP，遵守委員会，関係締約国への送達

25週間以内

個別目録審査（1年以内に終了）

- ERTから確認された問題リストを附属書I国に送付
- 附属書I国は，6週間以内にコメントを提出
- コメントの受領
- 8週間以内
- 個別目録審査報告書案の作成　関係国への送付
- 4週間以内にコメント提出
- コメント受領
- 4週間以内
- 個別目録審査最終報告書完成　事務局による公表と，COP/MOP，遵守委員会，関係締約国への送達

7 京都議定書のもとでの報告・審査手続

図2 国家通報の審査の流れ

```
                        国家通報の提出

                        国家通報の提出期限
         ↕
      文書による審査
国
家
通
報                      現地訪問による定期審査
の
個                                    ERTから追加の情報が
別              8週間以内              求められた場合6週間
審                                    以内に提出
査
2年以内の
完了に努力
                        国家通報審査報告書案完成
                        附属書Ⅰ国に送付

                        附属書Ⅰ国による報告
                        書の受領
   附属書Ⅰ国は,4週間
   以内にコメントを提出→
                        コメントの受領

                        4週間以内

                        国家通報審査報告書の完成

                        事務局による公表と,
                        COP/MOP,遵守委員会,関
                        係締約国への送達
```

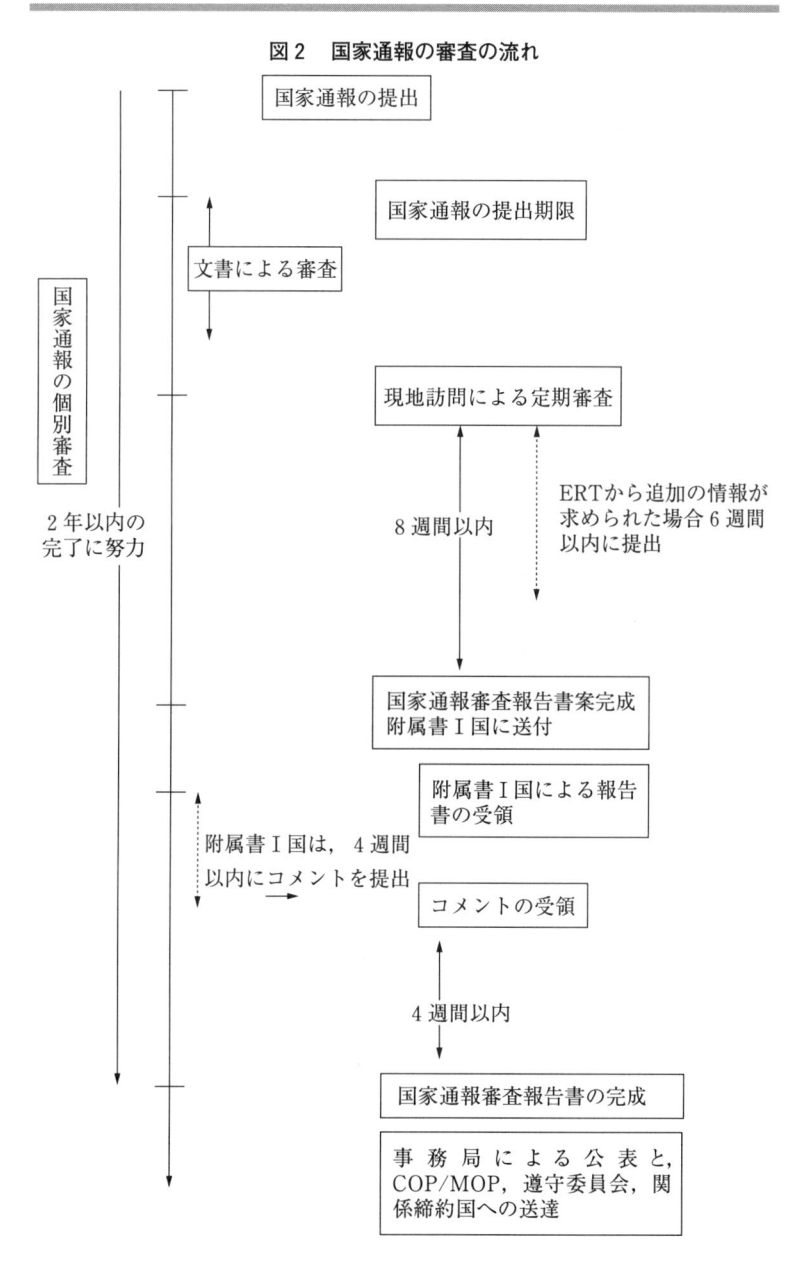

189

洗練された手続を構築しようとしていることである[10]。モントリオール議定書と比較しても圧倒的に多くの数および種類の発生源（と吸収源）を対象としている京都議定書の特性をふまえ，締約国が提出する情報の正確さ，透明性，検証可能性を高めるための制度構築が工夫されている。こうした制度構築は，議定書の実施が不可避的に締約国の経済活動に対する一定の制約を伴い，ある国の不遵守が見過ごされれば国際的な競争条件の歪曲を生じさせるおそれがあること，また，それゆえに，議定書の削減義務を負うすべての締約国が議定書を遵守しているという信頼性を高めることが議定書の実施に不可欠であること，さらに，こうした信頼性が担保されなければ，市場メカニズムを利用した京都メカニズムへの参加が抑制され，京都メカニズムが想定する効果を得ることができないおそれがあるといった点で，きわめて重要である。例えば，議定書の報告・審査手続は，国家目録作成の指針を策定し，国家目録を審査するのに加えて，附属書Ⅰ国が国家目録を作成し，報告するための国内制度に関する指針を策定し，国内制度の審査を行おうとしている。また，締約国が特定の推計の方法を利用することを義務づけないが，異なる推計方法を利用した場合の調整の手続も定めている。さらに，文書による審査に加えて，審査項目によっては，現地訪問による審査を行うことを予定している。同時に，こうした制度構築の一環として，審査を受ける締約国へ報告案を送り，報告案へのコメントの機会を設けるなど，審査される締約国が報告・審査手続の過程で自発的に不遵守を矯正する機会や，審査を担うERTへの反論の機会を制度的に保証していることも特徴の一つである。

第二の特徴は，こうした報告・審査手続を担うERTの性格と機能である。モントリオール議定書の履行委員会が政府代表で構成されていたのに対し，ERTは，締約国が専門家ロスターに任命し，事務局が選出する専門家によって構成され，専門家は個人の資格で行動する。このような専門家による審査は，議定書が交渉されていたAGBM6でアメリカが提案したものである[11]。モントリオール議定書の場合と比べて，審査を行う機関の政治性はうすく，中立性，独立性が高くなっている。

また，モントリオール議定書の場合，締約国からのオゾン層破壊物質に関する資料は，まず事務局に提出され（モントリオール議定書7条），事務局がそれをまとめて締約国会合に報告書を出す（同12条(c)）。その報告書作成過程で締約国の不遵守に気がついた場合には，事務局は，履行委員会に通告し，

モントリオール議定書の不遵守手続を開始する権限を有している。他方で，締約国が遵守しているかどうかの審査は，専ら履行委員会に委ねられている。それに対して，京都議定書の報告・審査手続の場合は，締約国からの情報の受領と締約国への送付は事務局が行う（議定書14条，条約8条2項(b)）ものの，受け取った情報の専門的審査はERTが行い，締約国の遵守の認定と不遵守への対応に関する決定は遵守委員会が行うことになっている。したがって，ERTは，モントリオール議定書の事務局が担っていた報告書作成過程での審査と，履行委員会が行う審査の一部（提出された情報の正確さ，完全さの審査）を行う権限が与えられる機関となることが想定される。それに伴い，モントリオール議定書に比べると，事務局が実体的に審査に関与する度合いは少ないと言える。

　第三に，とりわけ法的な観点から注目されるのは，COP/MOPで決定される予定の議定書のもとでの報告・審査手続の細則を定める指針の法的性格である。国内制度に関する指針，7条のもとで要求される情報の作成に関する指針，8条のもとでの審査に関する指針において，通常「義務的（mandatory）」であることを意味する「shall」という用語が利用されている。このような指針の規定が義務的であることを意味するものとするかどうかついては，交渉において締約国間に意見の対立があった[12]。COP7での交渉の結果，COP/MOP1に勧告された8条のもとでの審査に関する指針において，「これらの指針における，約束の達成に影響を及ぼす義務的な性質の文言について，関連する審査手続のもとで設定された時間の枠内で，附属書Ⅰ国に問題を是正する機会が与えられても，なお未解決の問題が残っている場合にのみ，その問題が，審査最終報告書において実施上の問題として列挙される」とし，他方で，義務的でない文言についての未解決の問題は，審査最終報告書に記載はされるが，実施上の問題としては列挙されない，とされている。審査最終報告書で実施上の問題として列挙されるということは，その問題について遵守手続が開始されることを意味する。したがって，少なくとも上記の指針における義務的な文言に合致しない国家の行為は，遵守手続のもとでその是正が求められることとなる[13]。指針におけるこうした規定の存在により，締約国が新しい法的義務を負うのかどうか，また，これらの指針上の「義務的な」規定と合致しない行動をとった締約国は，遵守手続と並存する紛争解決手続においてどのように取り扱われるのか，また，議定書上の義務違反と

して国家責任が問われうるのかなど，いくつかの法的問題を提起する可能性がある。

(2) 今後の課題と検討事項

前述のように，京都議定書のもとでの報告・審査手続は，その大枠について合意が成立したものの，今後検討すべき点をいくつか指摘することができる。なお，まだ合意に至っていない事項については，5条，7条については表3を，8条については資料1を参照いただきたい。

まず第一に，前述のように極めて綿密で洗練された制度を構築しようとしているがゆえに，審査に大変長い時間がかかることである。審査に関する指針案では，情報提出の期限から1年以内に年次審査を終えること，国家通報の審査を国家通報提出から2年以内に終えることなどが合意されている。大量の情報について審査する必要性，締約国の意見表明の機会の保証などの点から見て，この程度の時間がかかるのは避けられないかもしれない。しかし，締約国の実施に問題がある場合や締約国とERTの間に意見の不一致がある場合には，この審査が完了した後に遵守委員会において審議されることとなり，したがって，約束期間において，削減義務が果たして履行されたかどうかの認定に，最終年の目録提出後相当な時間（約2年）がかかることが留意されるべきである。不遵守の解消のための手続に時間がかかることをふまえると，できるかぎり不遵守の発生を未然防止するための制度構築と運用が必要である。例えば，正確で，完全な国家目録を作成するための国内制度や国家登録簿を約束期間前に構築することはその重要な方策の一つである。また，審査手続と遵守手続の双方に共通して見られるように，実施上の問題を抱え，このままではその不遵守が問題となる国が，自発的に問題を是正し，必要な場合は，ERTや遵守委員会に遵守のための助言や支援を求めることが促され，かかる機会が保証されるしくみもまた，その観点から重要である。

次に，このような報告・審査手続の根幹を担っているERTの審査能力を高め，その中立性と独立性を保証することが必要である。莫大な量の締約国からの情報を審査し，評価するという作業は高い専門性を必要とする。ERTを構成する専門家がこのような専門性と能力を有していることが担保されなければ，審査に対する信頼性を失わせ，ひいては議定書に対する信頼性を失わせることになるだろう。ERTを構成する専門家がその中立性と独

立性を保証されることもまた，同様に不可欠である。さらに，作業量から考えても，一つのERTがすべての附属書Ⅰ国からの報告を審査することは不可能であるため，各ERTの行う審査が一貫している（均質である）こともまた，審査の公平性と信頼性確保にとって必要である。8条のもとでの審査に関する指針は，専門家の訓練と，訓練後の能力評価を行うこととしている。

第三に，ERTの審査手続や審査の結果出される評価と，議定書の定める紛争解決手続や多数国間協議手続（MCP）との関係について考慮することも必要である。議定書は，5条，7条，8条の報告・審査手続とそれに続く遵守手続（18条）を定める一方で，19条において紛争解決手続を定めている。また，16条は，COP/MOPが，条約の13条が定めるMCPを議定書にあうように変更して適用する可能性を示唆している。議定書は，整備された遵守手続を設けており，現実には，19条や16条が援用される可能性は乏しいと考えられるが，ERTで審査が進行している間に，紛争解決手続やMCPが，審査の対象となっている締約国の不遵守について利用される場合，ERTの審査の手続はどうなるのか，ERTの審査結果は，このような紛争解決手続やMCPにおいてどのように位置を与えられるのかなど，複数の手続が並存する場合の相互の手続の関係について検討することも必要であろう。

最後に，温室効果ガスの推計に伴う不確実性が審査の手続に与える効果もまた考慮されるべきである。IPCCは，エネルギー部門からの二酸化炭素排出について約10％の不確実性がある一方で，他の発生源および二酸化炭素以外のガスについては，60％以上の不確実性があると示唆している[14]。このような不確実性があることをふまえて，ERTの審査を経て，7条のもとでの条件を遵守していないと認定される基準では，推計に一定の誤差を許容している（(2)京都議定書のもとで報告・審査手続②情報の提出と割合量の勘定（アカウンティング）（7条）参照）。他方で，大きな不確実性を伴うものを，削減義務の対象とし，審査手続の対象とすることは審査手続の信頼性を瓦解させるおそれもはらんでいる。第2約束期間以降の制度設計においては，現在議定書が定める6ガスのバスケット方式や吸収源の取り扱いなどについて，かかる観点からも検討することが必要である。

* 本稿執筆には、日本および海外の交渉担当者，NGO，産業界の方々との貴重な意見交換に負うところが大きい。とりわけ，環境省の関谷毅史氏（地球環境局

第2部　京都議定書の国際制度

　地球温暖化対策課温暖化国際対策推進室室長補佐）から，京都議定書の報告・審査手続の検討にあたって，多くの有益な御助言と示唆をいただいた。この場をかりて心からの謝意を表したい。
＊　本稿は，平成13年度環境省地球環境研究総合推進費，平成13年度財団法人旭硝子財団研究助成および平成13年度科学研究費奨励研究（A）による研究の成果の一部である。

⑴　このような環境条約の報告・審査制度については，例えば，磯崎博司『国際環境法』とりわけ239—243頁（信山社，2001年）。
⑴a　2001年6月には，COP6再開会合に向けて，プロンクCOP6議長による統合交渉テキスト（FCCC/CP/2001/2/Add. 4）も示された。
⑵　条約と議定書の審査手続を調整する必要性は，すでに事務局が1996年3月のAGMB3において示唆し，大半の締約国がそれを承認した。FCCC/AGBM/1996/4, para. 18, FCCC/AGBM/1996/10およびFCCC/AGBM/1997/2 and Add. 1参照。こうした二つの手続の調整の必要性の認識とともに，議定書の交渉が条約のもとでの審査手続を通じて得られた経験をふまえて進められたということが，条約と議定書の審査手続の類似性の背景にあるといえる。
⑶　決定3/CP. 5, at para. 5, FCCC/CP/1999/6/Add. 1, at 7および決定6/CP. 5, at para. 6, FCCC/CP. 1999/6/Add. 1, at 13。①については，COP7で，見直しをCOP8で行うよう延期された。
⑷　Annex I in FCCC/SBSTA/2000/5, at 25.
⑸　Annex I in FCCC/SBSTA/2000/5, at 25 et s..マケラシュ合意では，Annex Guidelines for national systems for the estimation of anthropogenic greenhouse gas emissions by sources and removals by sinks under Article 5, paragraph 1, of the Kyoto Protocol, FCCC/CP/2001/13/Add. 3, at 4 et s..
⑹　Decision 20/CP. 7 Guidelines for national systems under Article 5, paragraph 1 of the Kyoto Protocol, para. 2., FCCC/CP/2001/13/Add. 3, at 2.
⑺　Draft decision –/CMP. 1 Good Practice guidance and ajustments under Article 5, paragraph 2 of the Kyoto Protocol, para. 3, FCCC/CP/2001/13/Add. 3, at 12.
⑺a　Draft decision–/CMP. 1 Good practice guidance and adjustments under Article 5, paragraph 2, of the Kyoto Protocol, FCCC/CP/2001/13/Add. 3, at 12-13.
⑺b　Annex Guidelines for the preparation of the information required under Article 7 of the Kyoto Protocol, in the Draft decision–/CMP. 1 Guidelines for the preparation of the information required under Article 7 of the Kyoto Protocol, FCCC/CP/2001/13/Add. 3, at 21-29.
⑺c　Annex Modalities for the accounting of assigned amounts under Article 7, paragraph 4, of the Kyoto Protocol, in the Draft decision–/CMP. 1 Modalities for the assigned amounts under Article 7, paragraph 4, of the Kyoto Pro-

7 京都議定書のもとでの報告・審査手続

tocol, FCCC/CP/2001/13/Add. 3, at 57-72.
(8) Draft Decision-/CMP 1 Guidelines for the preparation of the information required under Article 7 of the Kyoto Protocol, para. 3, FCCC/CP/2001/13/Add. 3, at 19-20.
(9) Annex Guidelines for review under Article 8 of the Kyoto Protocol, in the Draft decision-/CMP. 1 Guidelines for review under Article 8 of the Kyoto Protocol, FCCC/CP/2001/13/Add. 3, at 38-63.
(10) 7条のもとで要求される情報の作成に関する指針案が9ページ、8条のもとでの審査に関する指針案が26ページにも及んでいることもそのことを示している。
(11) FCCC/AGBM/1997/MISC. 1, at 78.
(12) 例えば、7条1項のもとでの補足的情報の報告に関する指針案の箇所では、このような規定の適用は、附属書Ⅰ国に義務的である、とする文章はブラケットとなっている。FCCC/SBSTA/2000/CRP. 17, at 12, para. 1.
(13) Draft Decision -/CMP. 1 Guidelines for review under Article 8 of the Kyoto Protocol, Annex Guidelines for review under Article 8 of the Kyoto Protocol, para. 8., FCCC/CP/2001/13/Add. 3, at 38
(14) IPCCの1996年国家温室効果ガス目録に関する指針修正版のReporting Instruction, p. AI. 4のTable AI-I。

資料1 京都議定書8条のもとでの審査に関する指針構成

・PartⅠ：審査の全体的アプローチ
A 適用可能性
B 目的
C 全体的アプローチ
  1．実施上の問題
  2．秘密性
D タイミングと手続
  1．第一約束期間前の審査
  2．年次審査
  3．定期審査
E ERTと制度編成
  1．ERT
  2．能力
  3．ERTの構成

第2部　京都議定書の国際制度

　　4．リード・レビュアー
　　5．アド・ホック審査専門家
　　6．SBSTAによる指導
F　報告と公表

・PartⅡ：年次目録の審査
・PartⅢ：3条7項および8項にもとづく割当量，ERUs，CERs，AAUsおよびRMUsに関する情報の審査
・PartⅣ：国内制度の審査
・PartⅤ：国家登録簿の審査
・PartⅥ：3条14項のしたがった悪影響の最小化に関する情報の審査
・PartⅦ：議定書のもとでの国家通報およびその他の約束に関する情報の審査

#残されている今後の検討課題としては以下の事項がある。
1．ERTの参加に必要な専門家の能力を確保するために必要とされる訓練，訓練後の評価，その他の方法の内容（SBSTA17で作成，COP8に送付，COP/MOP1で採択）（COP7決定para. 2）
2．リード・レビュアーの権限事項（SBSTA17で作成，COP8に送付，COP/MOP1で採択）（COP7決定para. 4）
3．審査活動の間の秘密データの取り扱いに関するオプション（SBSTA17で作成，COP8に送付，COP/MOP1で採択）（COP7決定para. 7）
4．PartⅢ：割当量に関する情報の審査とPartⅣ：国家登録簿の審査の部分（SBSTA16で作成，COP8に送付，COP/MOP1で採択）（COP7決定para. 13）
5．メカニズムを利用する参加資格の回復に関する情報の審査のための手続，タイミング，報告（SBSTA16で作成，COP8に送付，COP/MOP1で採択）（COP7決定para. 13）

　　　　資料2　京都議定書8条のもとでの審査に関する指針案
　　　　　　　　PartⅡ：年次目録の審査[1]（抜粋）

A　審査の対象（para. 51）
　・国家目録報告書と共通報告フォーマット（CRF）を含む年次目録
　・7条のもとで要求される情報の作成に関する指針のセクションI.D（温室効

果ガス目録情報）にしたがって国家目録に組み込まれる7条1項のもとでの補足的情報

B 年次目録審査の手続の流れ

#年次目録審査は，1．最初のチェックと，2．個別目録審査の二段階からなる（para. 52）（下記参照）。

#年次目録審査は，ERTが文書による審査（desk review）として行うが，各附属書Ⅰ国は，年次審査の一環として，約束期間中少なくとも1回ERTによる現地訪問の対象となる（para. 55）。現地訪問は，審査の対象となる附属書Ⅰ国の同意により計画され，行われる（para. 56）。

#文書による審査の結果に基づいて，ERTが確認した潜在的問題をより十分に調査するのに現地訪問が必要と考える場合，ERTは，現地訪問が予定されていない年に，現地訪問を要請することができる。その場合，ERTは，追加の現地訪問の理由を提示し，現地訪問中に取り扱われる問題や事項のリストを作成し，訪問に先立って附属書Ⅰ国に送付する（para. 57）。

#附属書Ⅰ国が，IPCC指針と合致しているかどうかに関する評価に必要なデータや情報を提出することができない場合，ERTは，推計がIPCC指針にしたがって作成されなかったとみなす（para. 58）。

1．年次目録の最初のチェック（Initial checks）
① 文書による審査（desk review）（paras. 59-60）
〈最初のチェックの対象事項〉（para. 60）
- 情報提出が完全か，年次目録に関する報告指針にしたがったフォーマットで情報が提供されているか
- IPCC指針およびCOP/MOPが採択するグッド・プラクティスが定めるすべての発生源，吸収源，ガスが報告されているか
- CRFのなかで推計なし（not estimated; NE），適用なし（not applicable; NA）などとして齟齬が説明されているか，そのような項目が多いか
- 方法が記載されているか
- 化石燃料燃焼からの二酸化炭素排出の推計が，その国の方法を利用することによる推計に加えて，IPCC参考アプローチを利用して報告されているか

・ハイドロフルオロカーボン，パーフルオロカーボン，六フッ化硫黄の推計が，各化学類（chemical species）ごとに報告されているか
・年次目録，国家目録報告書，共通報告フォーマットが期限までに，または，期限から6週間以内に提出できたか
・IPCCグッド・プラクティス・ガイダンス第7章が定めるような，発生源分類の推計が提出できたか。ただし，その分類の推計を含む提出された最新の目録において，発生源からの人為的温室効果ガスの総排出量の7％以上に相当するものに限る
・7条のもとで要求される情報の準備に関する指針にしたがった補足的情報を提出できたかどうか
② 状況報告書[2]案（draft status report）の作成（para. 61）
・年次目録の提出期限から4週間以内に[3]作成完了
③ 状況報告書案をコメントのために附属書Ⅰ国に送付（para. 61）
・事務局は，最初のチェックで確認された遺漏や技術的なフォーマットの問題について関連する附属書Ⅰ国に直ちに通告
＃提出期限から6週間以内に附属書Ⅰ国から受け取った情報，修正，追加情報，状況報告書案へのコメントは，最初のチェックの対象となり，最終状況報告書で対象とされる（para. 62）
④ 最終状況報告書（para. 63）
・提出期限から10週間以内に完成
・個別目録審査に利用
⑤ 最終状況報告書の事務局による公表と，事務局を通じたCOP/MOP，遵守委員会および関係締約国への送達（para. 49）

2．個別目録審査（Individual inventory review）
・個別目録審査の目的（para. 68）
　5条2項のもとでの調整が適当である問題の確認と，調整の計算に関する手続の開始
・個別目録審査の手続の流れ
　＃個別目録審査は，割当量の審査（→Part Ⅲ），国内制度の変更の審査（→Part Ⅳ），国家登録簿の変更の審査（→Part Ⅴ）とあわせて行われる（para. 53）
　＃調整手続を含む個別目録審査は，7条1項のもとで報告される情報の提出

期限から1年以内に完了（para. 72）
　#ERTは，国際機構やその他の情報源からの情報といった関連する専門的情報を審査プロセスで利用できる（para. 66）
　#附属書Ⅰ国から提出される目録データが不完全と考えられるか，IPCC指針に合致しないように作成されている場合にのみ，5条2項の調整が適用される（para. 79）（調整の計算に関する手続については，項目は◎ではじまる）

① ERTは，確認された全ての問題をリストにし，附属書Ⅰ国にリストを送付（para. 73）
　・目録が提出期限後6週間以内に提出された場合，年次目録の提出期限から25週間以内に送付（para. 73）
　◎5条2項のもとでの調整に関するガイダンスの基準が適用される問題を確認。ERTは，調整が必要と考えられる理由を附属書Ⅰ国に公式に通告し，問題がどのように解決されうるかについて助言を与える（para. 80(a)）
② 附属書Ⅰ国によるこれらの問題についてのコメント（para. 74）
　・6週間以内にコメントを行う
　◎ERTが要求する場合，修正した推計を提供できる
③ ERTが個別目録審査報告書案を作成し，関係国に送付（para. 75）
　・問題に関するコメント受領から8週間以内に作成（para. 75）
　◎適当な場合，5条2項のもとでのガイダンスにしたがって計算した調整した推計を記載（para. 75）。計算した調整を公式に附属書Ⅰ国に通告。通告には，調整の計算に利用された仮定，データ，方法，調整の数値を記載（para. 80(d)）
④ 附属書Ⅰ国による個別目録審査報告書案についてのコメント（para. 76）
　・4週間以内にコメントを行う（para. 76）
　◎適当な場合，調整を受け入れるか拒否するかについて，理由を付して通告する。期限までに回答ができない場合は，調整を受け入れたものとみなされる（paras. 76, 80(e)）
⑤ ERTが個別目録審査最終報告書を作成（para. 77）
　・報告書案へのコメント受領から4週間以内に作成
　・審査最終報告書の記載事項についてはパラグラフ48参照
⑥ 個別目録審査最終報告書の事務局による公表と，事務局を通じたCOP/

第2部 京都議定書の国際制度

MOP、遵守委員会および関係締約国への送達 (para. 49)

#附属書Ⅰ国が、上記の時間枠よりも早くコメントできれば、利用されなかった時間を改訂された最終報告書へのコメントに利用することができる。国連公用語が国語でない附属書Ⅰ国には、コメントするのに全体でさらに4週間与えられうる（para. 78）。

#附属書Ⅰ国が調整を受け入れる場合、調整が適用される（para. 80(e)(i)）。附属書Ⅰ国が調整案に同意しない場合、附属書Ⅰ国は、ERTにその理由を付した通告を行い、ERTは、最終報告書において、附属書Ⅰ国からの通告をERTの勧告とともに、COP/MOP、遵守委員会に送付する。遵守委員会が、遵守手続にしたがって意見の不一致を解決する（para. 80(e)(ii)）。

#以前に調整が適用された約束期間中の年の目録の一部について、附属書Ⅰ国は、修正した推計を提出することができる。ただし、最も遅くても2012年の目録といっしょに提出されることを条件とする（para. 81）。この修正した推計は、8条のもとでの審査の対象となり、ERTが認めることを条件に、調整された推計にとってかわる。この場合、附属書Ⅰ国とERTの間で同意されない場合には、上記パラグラフ80(e)(ii)の手続が適用される（para. 82）。

(1) 基準年の目録の審査も同じ手続により審査される。ただし、基準年の目録の審査は、約束期間前に一度に限り審査される（para. 54）。
(2) 状況報告書の記載事項については、パラグラフ64およびパラグラフ83参照。
(3) 最初の審査については、最初のチェックに関する時間枠は、指標として機能しうる。

資料3　京都議定書の8条のもとでの審査に関する指針案

Part Ⅵ：議定書のもとでの国家通報およびその他の約束に関する情報の審査(抜粋)

A　審査の対象（para. 109, 111）
・7条2項のもとでの補足的情報は、国家通報に組み込まれ、国家通報の審査の一環として審査される

B　国家通報審査の手続の流れ
1．附属書Ⅰ国による国家通報の提出（para. 116）

- 国家通報の提出を期限内に行うことが難しいと考える附属書Ⅰ国は，提出期限前に事務局に通告すべき。国家通報が，期限後6週間以内に提出されない場合，提出の遅れについてCOP/MOPおよび遵守委員会の注意が喚起され，公表される

2．ERTによる個別の国家通報の審査
　#ERTは，各附属書Ⅰ国の国家通報提出から2年以内に完了するようあらゆる努力を行う（para. 117）
① 締約国の国家通報の文書による審査（para. 110）
② その後，現地訪問による定期的審査（para. 109）
　　ERTは，関係締約国に，国家通報に関する質問および現地訪問の焦点分野について通告（para. 110）
　　現地訪問中に追加の情報が要請されうる。その場合，締約国は，訪問後6週間以内に情報を提供する（para. 118）
③ 国家通報審査報告書案の作成（para. 119）
　　現地訪問後8週間以内に完成
④ 国家通報審査報告書案を附属書Ⅰ国にコメントを求めて送付（para. 120）
　　附属書Ⅰ国は，報告書案受領から4週間以内にコメントを提供
⑤ 国家通報審査報告書の完成（para. 121）
　　コメント受領から4週間以内に完成
　　パラグラフ112の(b)と(c)に明記された項目の専門的評価と，パラグラフ114と115にしたがった問題の認定を含む（para. 122）
⑥ 国家通報審査最終報告書の事務局による公表と，事務局を通じたCOP/MOP，遵守委員会および関係締約国への送達（para. 49）

3．事務局による，全ての附属書Ⅰ国の国家通報を編纂し，統合した報告書の作成（para. 123）

8 京都議定書のもとでの遵守手続・メカニズム

［髙村ゆかり］

1 はじめに

　近年の多数国間環境条約には，締約国が条約上の義務を遵守するのを確保するための手続・メカニズム（以下「遵守手続」）を備えたものが少なくない。環境条約の場合，それが取り扱う問題や定める義務の特質ゆえ，伝統的に国際義務の履行確保機能を果たしてきた国家責任制度によっては，条約の遵守確保が困難な場合が多いからである(1)。まず，国家責任制度は，本質的に違法行為発生後に機能し始める事後的なものであり，損害を引き起こした原因国と損害を被った被害国との間の双務的な関係を基礎としている。しかし，近年の地球環境問題が引き起こすおそれのある損害は，回復不可能または回復困難であり，かつ，損害により失われるおそれのある利益は人類の生存にとってきわめて重要であるため，発生した損害の事後的救済を基礎とする国家責任制度の枠組みに適応しがたい。さらに，地球環境問題が引き起こすおそれのある損害は，複数の行為の複合や蓄積により発生したり，原因行為が行われてから長期間経過して後ようやく発生するなど，原因行為と損害との間の因果関係が複雑な場合が多い。このような場合，国家責任制度を援用して損害の救済をはかるのはますます困難となる。加えて，条約の定める環境保護義務の履行には，国家領域内で行われる私人の活動を実効的に監督し，環境の状態や人間活動が及ぼす影響を常時モニタリングし，管理する能力が締約国に求められる。そのため，義務の履行には相当の財源と人材を要し，発展の不平等が解消されていない現状では履行の意思はあっても履行できない，とりわけ発展途上国による不遵守が生じかねない。条約の目的達成と実効性確保という観点からは，このような国家に対して，義務違反の責任を追及し，原状回復や賠償を求めるよりも，その遵守に向けての努力を支援する

202

のが有効である。

　伝統的に国際義務の履行確保機能を果たしてきた国家責任制度が，遵守確保の観点から有しているこのような「限界」のために，環境条約の義務の遵守確保に効果的でないとなれば，条約の実効性を大きく損ないかねない。長期的に見れば，環境条約の目的が各国の利益にかなうものであっても，条約の実施は，経済活動に対する一定の制約を伴ったり，実施に相当なコストがかかるため，条約に加入しないで，また，加入しても条約を遵守しないで，他国が環境条約上の義務を実施することにより生じる利益を享受しようとする国が出てくる。こうしたフリー・ライダーの存在は，環境保全措置がしばしば経済活動のコストを増大させるため，国際的な競争条件の歪曲を生じさせるおそれがある。また，それゆえに，締約国による条約の遵守が確保できない場合，条約が必ず実施されることに対する信頼が失われ，他の締約国は条約を遵守しようとするインセンティヴを失い，条約が死文化してしまうおそれもある。

　こうした理由から，80年代後半以降，多数国間環境条約の内部に設けられるようになった遵守手続は，条約機関が条約の規定と照らして不遵守の認定を行い，不遵守の是正のための対応を決定する制度である。しばしば，不遵守と疑われる事案を発見する機能を有する，締約国による報告と，条約機関によるこれらの報告の審査の制度と結びついている。京都議定書（以下「議定書」）も，18条で，締約国がこのような遵守手続を議定書の第一回締約国会合（COP/MOP1）で承認することを定めており，議定書採択以来，COP/MOP1で採択する予定の遵守手続の策定交渉が行われてきた。

　本稿では，まず，議定書のもとでの遵守手続をめぐるこれまでの交渉を概観する。そして，COP/MOP1での採択のために，気候変動枠組条約第7回締約国会議（COP7）がCOP/MOPに勧告した遵守手続案の概要を紹介し，その評価と今後の課題を提示する[1a]。

2　遵守手続の関連規定とこれまでの交渉の経緯

(1) 遵守手続の関連規定
① 議定書18条

　「この議定書の締約国会合として機能する締約国会議は，第一回会合にお

いて，不遵守の原因，種類，程度および頻度を考慮して，帰結の指示的リストの作成によることを含め，議定書の規定の不遵守を決定し，不遵守の事案を取り扱う適切かつ効果的な手続及びメカニズムを承認するものとする。拘束力ある帰結を生じさせる本条のもとでのいかなる手続及びメカニズムも，この議定書の改正により採択されるものとする。」

この18条の規定によれば，COP/MOPは，その最初の会合で議定書の遵守手続を採択することが義務づけられている。その際，その遵守手続が拘束力ある帰結を生じさせるものであるならば，その遵守手続は議定書の改正により採択されなければならない。

議定書の遵守手続の規定については，まず，気候変動枠組条約のもとで採択される文書が法的拘束力ある削減義務を定めるかどうかという削減義務の法的性格に関するベルリン・マンデートに関するアド・ホック・グループ第4回会合（AGBM4）（1996年）での議論のなかで，遵守の監視と履行強制に関するメカニズムについて検討する必要性が言及された[2]。その後，AGBM2（1995年）での要請を受けての意見提出をはじめ，各国が文書で提案を行った[3]。当時，EUは，条約のもとで設置され，促進的で，非司法的，透明性の高い審査を行う多数国間協議手続（multilateral consultative process; MCP）の一部として履行委員会を設置することを提案した[4]。日本は，事務局が任命する専門家チームが，締約国が提出する情報を審査し，COP/MOPに審査結果を報告し，締約国が数値目標達成に困難を抱えていると結論づけられた場合，COP/MOPが締約国に勧告を行い，勧告を受けた締約国はその政策と措置を再検討し，再検討の結果を1年以内にCOP/MOPに提出することを提案した[5]。アメリカは，事務局により調整され，締約国が任命する専門家審査チームが義務の実施について審査を行い，その審査結果を受けて，COP/MOPが勧告を行うことを提案した。そして，さらに，不遵守についての帰結を定める規定も設けうるとし，そのような帰結の例として，排出量取引および/または共同実施を通じた排出量の販売の停止，投票権および/または議定書のもとでのプロセスに参加する機会の喪失をあげた[6]。AGBM 6（1997年）での要請を受け，議長は，交渉テキストを作成した[7]。この交渉テキストでは，先の日本案（提案1），アメリカ案（提案2）に加え，COP/MOPが情報を受理し，審査し，公開し，そして，議定書の実施のために必要な事項について勧告する（提案3）という3つの提案が列挙されてい

る。この段階では，並行して検討されていたMCPとは切り離した審査と遵守の手続の設置がすでに想定されていた。

1997年7月-8月のAGBM7に先だって，ブラジルは，先進国が許容された上限以下にその排出を維持できなければ，超過炭素1トンにつき一定の額を「クリーン開発基金」に支払うことで補償するという提案を行った。基金の資金の90％は，発展途上国における気候変動対策に支払われ，10％は，発展途上国における気候変動による悪影響への適応事業にあてられるとされていた[8]。さらに，アメリカは，先の提案への追加提案として，測定・報告の義務の不遵守の場合や排出量取引の認証・検証を行う国内メカニズムが設置されない場合，排出量の移転や獲得ができないとすることを提案した[9]。同時に，COP/MOPが，履行委員会を設置することができる権限についても規定することを提案した[10]。EUは，先の議長の交渉テキストについて，「情報の審査」と「実施および遵守の審査」を明確に区別すること，そして，議定書がきわめて強い規制的性格を有していることを考慮すると，実施と遵守に関する問題の解決のためのプロセスの設置が不可欠であるとし，AGBMが多くの討議事項を抱えているので，このプロセスの詳細な設計については，COP/MOP1に委ねることを提案した[11]。

AGBM7での非公式協議では，非公式協議の各議長からの報告書で，遵守手続については，先の議長の交渉テキストにあった3つの提案を基礎とした4つのオプションが提示された[12]。さらに，AGBM8でたたき台とする議長テキストの作成が議長に要請された。その要請をうけて，1997年10月のAGBM8に先だって，議長による統合交渉テキスト[13]が作成された。統合交渉テキストは，その9条で，「締約国会合が，第一回会合において，議定書の規定の不遵守を決定し，不遵守の事案を取り扱う適切な手続及びメカニズムを検討し承認する」ことを定めるマーカ（条約機関からの行動を要求し，会議の討議事項（アジェンダ）にその問題を引き続き残しておく条項）を定めていた[14]。制度およびメカニズムに関するノン・グループでの交渉を経て，1997年11月の交渉の基礎とされた改訂テキストでは，「検討し」という文言が削除され，「効果的かつ適切な」手続及びメカニズムであることが追加され，この規定は，すでにほぼ議定書18条第1文の形となっていた[15]。

交渉の最終段階において，締約国間で最も大きく意見が対立したのは，遵守手続のもとで「拘束力あるペナルティ」を導入するかどうかであった。前

記の改訂テキストでは，第2文は，「この条のもとで設置される手続及びメカニズムのもとでの不遵守に対する拘束力あるペナルティは，（続く）」と未決のまま提案されていた[16]。これについて，アメリカ，カナダは，「拘束力あるペナルティ」について言及する第2文をすべて削除することを提案した。日本，オーストラリアは，「拘束力あるペナルティ」が議定書のもとでの締約国の権利の制限に限定されることを提案した。EUとスイスは，このような「拘束力あるペナルティ」についてはCOP/MOPが決定することを提案した。G77/Chinaは，クリーン開発基金への支払いの形での拘束力ある（金銭的）ペナルティの制度の導入を前提とする提案を行った。その支払額については，不遵守の原因，種類，程度および頻度に基づいてその額が決定されるというオプションと，メカニズムのもとで取り引きされる排出量の平均価格の1.5倍という額を支払うというオプションが提案された。COP3での交渉で，EUを代表してオランダは，手続が「拘束力のある帰結」を伴う場合，議定書の改正により承認されることを要求する文言を挿入することを提案した。この提案は，何らかのペナルティの導入の前には，各国がそれに同意するかどうかを決定する機会が再度与えられるようになるため，多くの附属書Ⅰ締約国の同意を得た。12月6日，交渉グループから全体会合に提出された交渉グループ議長の報告書では，11月の改訂テキストに基づく2つの案が提示された。A案は，G77/Chinaの主張を反映し，クリーン開発基金の利用を定めるものであり，B案は，先のオランダ案を基礎としたものであった。最終的に，全体委員会のエストラーダ議長が，クリーン開発基金は，クリーン開発メカニズムの形に代わり，不遵守基金としての性格を持たなくなっているとし，B案が会議文書CRP.4として残ることとなり，そのまま変更なく採択されることとなった。

② 遵守確保に関連するその他の規定（5条，7条，8条，16条，19条）

議定書の規定の中には，18条の他にも，議定書上の義務の遵守確保に関連する規定がある。

A 報告・審査手続（5条，7条，8条）

5条，7条，8条は，議定書のもとでの詳細な報告・審査手続を定める。この報告・審査手続を通じて，議定書の規定を締約国が遵守できているかを明らかにする情報が議定書の機関に提出され，審査され，さらには，不遵守

と疑われる事案を発見することができる（この報告・審査手続の詳細については，本書所収拙稿「京都議定書のもとでの報告・審査手続」参照いただきたい）。

B　多数国間協議手続（MCP）（16条）

16条は，COP/MOPが，できるかぎり速やかに，条約13条のもとで設置されるMCPの議定書への適用を検討し，適当な場合変更すると定める。検討の期限について具体的には定められていない。なお，議定書に適用されうるMCPは，18条にしたがって設けられる遵守手続を侵害しないで運用されなければならない。

条約13条のもとでのMCPは，COP4において，多数国間協議委員会の構成を除いて，条文が承認された。COP4議長は，MCPに関する権限の条件をCOP5で採択し，委員会を設置するために，この問題に関する協議を行うよう要請されたが，COP5において問題は解決しないまま現在に至っている。

MCPは，基本的に諮問的性格を有し，「促進的，協力的，非対抗的で，透明性が高く，時宜にかなった方法で行われ，かつ，司法的なものでない」（パラグラフ3）。その目的は，

　a　条約実施が困難な締約国への助言の提供，

　b　条約についての理解の促進，

　c　紛争発生の未然防止

である（パラグラフ2）。

多数国間協議委員会の任務は，条約の実施において生じる問題を明らかにし，解決し，技術的資源および財源に関する助言を提供し，情報を収集し通報することに限定される（パラグラフ6）。権限が不必要に重複しないように，委員会は，条約のその他の機関が遂行する活動を行うのを差し控えなければならない（パラグラフ7）。その主要な機能は，締約国会議への報告ではなく，関係締約国に勧告を与えることである（パラグラフ12）が，委員会は，委員会の最終見解または勧告と書面のコメントをCOPに送達しなければならない（パラグラフ13）。

議定書交渉の冒頭には，MCPを利用した遵守手続の構築も提案されていたが，別個の手続を遵守手続として設けるという合意ができ，議定書は，議定書へのMCPの適用可能性について定めるにとどまっている。

C　紛争解決手続（19条）

19条は，近年締結された多数国間環境条約に共通して見られるように，伝

統的な紛争解決手続を定めている。必要な変更を加えて，条約14条の規定を議定書に適用する。

D　その他（メカニズムへの参加条件）

　6条，12条，17条のもとでの京都メカニズムへの参加の条件[17]は，条件として定められた事項を遵守しなければ，締約国はメカニズムに参加できなくなることにより，議定書の定める一定の義務の遵守を確保する効果を有している。

(2)　議定書採択以降の交渉の経緯

　前述のように，18条は，マーカの性格を有しており，遵守手続についてはさらなる準備作業が必要であった。COP4（1998年）が議定書の早期発効のための作業計画として採択したブエノスアイレス行動計画は，遵守手続の作成もCOP/MOP1に割り当てられる任務の一つとして掲げていた。そして，当面，実施に関する補助機関（SBI）および科学上及び技術上の助言に関する補助機関（SBSTA）双方のもとで「遵守に関する合同作業グループ（Joint Working Group on Compliance）」を設置し，この作業グループが，上記の2つの補助機関（SB）を通じて，COP5に報告することとなった。また，締約国は，1999年3月1日までに意見を提出することが要請され[18]，事務局は，SB10の直前に，この問題に関する締約国間の協議を促進することが要請された[19]。

　1999年のSB10では，SBの報告書に付された質問への意見を8月1日までに提出することが締約国に要請されるとともに，SB11における討議のために，提出された意見を統合した文書を作成することが合同作業グループの共同議長に要請された[20]。このように作成された統合文書[21]により，交渉初期の締約国の意見を知ることができる。COP4の決定にしたがって，COP6で遵守手続を採択するために，COP5（1999年）は，引き続き作業を継続し，COP6に報告書を提出することを合同作業グループに要請した[22]。合同作業グループは，議長の作業へのインプットのために，ワークショップの開催を要請し，また，2000年1月31日までに意見を提出することを締約国に要請した[23]。1999年11月と2000年3月に開催されたワークショップでは，これまでの環境条約の先例の検討や，締約国，国際機構，NGOからの遵守手続の提案が行われ，意見交換が行われた。

SB12に先だつ2000年4月には，締約国間で合意ができつつあった遵守手続の枠組にそって，事項ごとのオプション（各締約国の主張）を整理した，合同作業グループの共同議長による覚え書き[24]が提示された。そして，SB12の討議と非公式協議をうけて，9月のSB13 Part Iにむけて，7月には，今後の交渉の基礎となる，合同作業グループの共同議長による提案[25]が提示された。9月のSB13 Part I では，遵守委員会を設置すること，遵守委員会の中に促進部と履行強制部という2つの部とビューローを設置することについて，締約国間でほぼ合意が成立した[26]。

　2000年11月のCOP6では，第一週目で遵守手続の流れの大枠についてほぼ合意されたものの，不遵守に対する帰結，とりわけ3条1項の削減義務の不遵守に対する帰結をはじめとするいくつかの事項について合意に至らないまま，閣僚会合を迎えた。閣僚会合での交渉においても，これらの点について合意が成立しなかったため，11月23日には合意案としてCOP6議長によるノート（以下「プロンク・ノート」）が提示された[27]。プロンク・ノート提出後も非公式の交渉が続けられ，1日会期が延長された最終日の夜には，イギリスとアメリカの間で最終合意案（「UK-US deal案」）が作成されたが，最終的に合意には至らなかった[28]。COP6は中断され，2001年最初の補助機関会合の開催と同時に再開することが決定された。また，プロンク・ノートを基礎に，2001年1月15日までに各国が意見を提出することも要請された[29]。

　アメリカの議定書からの離脱宣言に揺れる中，2001年4月には，各国から提出された意見や非公式協議をふまえて，COP6議長から新たなノート（「新プロンク・ノート」）[30]が提示された。さらに，6月には，議長から「統合交渉テキスト」[31]が提案された。後述の遵守手続に関して合意された事項と比較すると明らかなように，上訴や遵守手続採択の方法など若干の例外事項はあるものの，合意内容の大枠は，すでにプロンク・ノートの中で提示された枠組が用いられていることがわかる。

3　京都議定書のもとでの遵守手続・メカニズムの概要

(1) ボン合意における決定事項

　2001年7月，ボンで開催されたCOP6再開会合において，これまでの交渉の中で解決ができずにいたいくつかの鍵となる問題についての政治合意（「ボ

第 2 部　京都議定書の国際制度

表1　ボン合意で合意された遵守関連事項[33]

途上国問題 (資金供与, 技術移転, 気候変動および対応措置の悪影響など)	・附属書Ⅰ国が, 7条1項のもとで提出する補足的情報として, 気候変動対策により生じる悪影響の最小化のための努力について情報を提供。情報を遵守委員会の促進部が検討
京都メカニズム	・補完性に関する情報を7条にしたがって提出, 8条のもとで専門家審査チームが審査。これらの実施上の問題は, 遵守委員会の促進部が取り扱う ・附属書Ⅰ国がメカニズムに参加する資格は, 5条1項, 5条2項, 7条1項および7条4項のもとでの方法上の条件と報告条件の遵守（遵守委員会の履行強制部が監督）と, 京都議定書を補完する遵守に関する合意を受け入れることを条件とする
遵守手続	・遵守委員会の促進部の権限は, (a)約束期間開始前および約束期間中の3条1項の排出抑制削減義務, (b)第一約束期間開始前の5条1項, 5条2項, 7条1項および7条4項の方法上の条件および報告条件の遵守のための助言の提供と遵守の促進 ・履行強制部の権限は, 附属書Ⅰ国による, (a)排出抑制削減義務（3条1項）, (b)5条1項, 5条2項, 7条1項および7条4項の方法上の条件および報告条件, (c)6条, 12条および17条のもとでのメカニズムへの参加条件の遵守を決定 ・履行強制部は, 3条1項の不遵守について, (a)第一約束期間について1.3の割合で差引, (b)その後の約束期間について, 割合はその後の改正で決定, (c)遵守行動計画の作成, (d)17条のもとでの移転を行う資格の停止, の帰結を適用 ・3条1項に関する履行強制部の最終決定に対してCOP/MOPに対する上訴手続を設置。ただし, デュー・プロセス（適正過程）違反と締約国が考える場合に限る。履行強制部の決定をくつがえすにはCOP/MOPで4分の3の多数による決定が必要 ・COP6で上記に定めるような遵守手続を採択し, COP/MOP1に採択を勧告

ン合意」）が成立した(32)。遵守手続については，合意文書の一番最後のセクションの8つのパラグラフが定める。なお，表1が示すように，メカニズムへの参加条件など，ボン合意の遵守以外のセクションにも遵守関連の規定が見られる。

ボン合意では，遵守委員会を設け，その中に促進部と履行強制部を設置することを前提に，両部の権限と機能，構成，3条1項の削減義務の不遵守に対する履行強制部の帰結を定めるなど，基本的な遵守制度の枠組について合意された。なお，不遵守に適用する帰結の法的拘束性については，遵守手続の採択方法を明記しないで，COPが遵守手続を採択し，COP/MOP1に遵守手続の採択を勧告することを決定した（合意事項については表1参照）。

ボン合意成立後，COP6再開会合の第二週目には，合意をふまえて遵守手続を完成させる作業が遵守に関する交渉グループで行われた。しかし，COPが遵守手続を採択する権限はない，といった意見が出されるなど，議論は紛糾し，COP/MOP決定草案の完成に至らず，交渉は引き続きCOP7で行われることとなった。

2001年10-11月にモロッコ・マラケシュで開催されたCOP7では，ボン合意をもとに交渉が進められ，現地時間の11月7日夜，遵守に関する交渉グループの会合で，次いでCOP7の全体会合で遵守手続が決定された（決定24/CP.7）。

(2) **主要な事項に関する合意の概要と評価**
① 遵守手続を担う機関

遵守手続を担う機関として，遵守委員会（以下「委員会」）が設置される（Ⅱの1）。委員会は，全体会，ビューロー，促進部，履行強制部で機能する（Ⅱの2）。委員会は，促進部10人，履行強制部10人の計20人からなる（Ⅱの3）。この20人が全体会を構成する（Ⅲの1）。委員は，個人の資格で，COP/MOPにより選出される（Ⅱの3および6）。促進部と履行強制部の委員は，それぞれ(a)国連の5つの地域グループ(34)から各1人，島嶼国連合（AOSIS）から1人，(b)附属書Ⅰ国（議定書のもとで排出抑制削減義務を負う先進国と市場経済移行国（旧社会主義国））から2人，(c)非附属書Ⅰ国から2人選出される（Ⅳの1およびⅤの1）。この選出方法によると，おそらく両部とも附属書Ⅰ国から4人，非附属書Ⅰ国から6人という構成になるであろう。

各部の議長と副議長は，附属書Ⅰ国から1人，非附属書Ⅰ国から1人選出

される。各部の議長は，ある部の議長が附属書Ⅰ国から選出される場合には，もう一つの部の議長が非附属書Ⅰ国から選出されるというふうに，附属書Ⅰ国と非附属書Ⅰ国で交替する。両部の議長と副議長が委員会のビューローを構成する（Ⅱの4）。

委員会は，コンセンサスで決定を行うが，コンセンサスで決定ができない場合は，出席し投票する委員の4分の3の多数決で決定を採択する。さらに，履行強制部による決定の採択には，出席し投票する附属書Ⅰ国からの委員の過半数と，出席し投票する非附属書Ⅰ国からの委員の過半数の賛成が必要である（Ⅱの9）。

非附属書Ⅰ国が過半数を占める委員会構成とする一方で，促進部については，4分の3の多数決（8の賛成票が必要）で決定が採択されるとすることで，附属書Ⅰ国からの委員の3人が反対すると決定は採択できないしくみとしている。委員の構成と決定方法とをうまく組み合わせて，先進国と発展途上国の主張の妥協を図ろうとしたものである。履行強制部については，決定の採択に，さらに，附属書Ⅰ国の委員および非附属書Ⅰ国の委員それぞれにおいて過半数の賛成が必要とされ，附属書Ⅰ国の多数の賛成がなければ（＝附属書Ⅰ国の委員のうちの2人が反対すれば）決定できないしくみとなっている。このような履行強制部における二重多数決の採用は，附属書Ⅰ国に決定に対する拒否権を与えるのに準ずる効果があり，履行強制部が，事実上有効な決定をなしえないのではないかとの懸念を生じさせる。

② 遵守委員会の促進部と履行強制部の権限配分

促進部と履行強制部の間の権限配分の問題は，2つの部が適用できる帰結の違いもあり，交渉上大きな争点の一つであった。

まず，促進部は，議定書の実施について締約国に助言と便宜を与え，締約国による約束の遵守を促進する責任を有する（Ⅳの4）。履行強制部の権限外となる議定書上のすべての義務の実施を対象とする包括的な権限を有しつつ，そのうえで，3条14項（気候変動対策により生じる悪影響の最小化のための努力）と，メカニズム利用の補完性に関する情報の提出の実施上の問題について取り扱う権限を有する（Ⅳの5）。さらに，遵守の促進と潜在的不遵守の早期警告のために，1．約束期間開始前と約束期間中の3条1項の数量化された排出抑制削減の約束，2．第一約束期間前の方法上の条件および

表2 　約束期間を軸とした時間区分ごとの促進部と履行強制部の権限配分

	促進部の権限	履行強制部の権限
第一約束期間前	・削減義務（3条1項） ・方法上の条件と報告条件（5条1項，5条2項，7条1項，7条4項）	・メカニズムへの参加条件
第一約束期間中	・削減義務（3条1項）	・方法上の条件と報告条件（5条1項，5条2項，7条1項，7条4項） ・メカニズムへの参加条件
第一約束期間後（第二約束期間中）	・第二約束期間の削減義務	・第一約束期間の削減義務（3条1項） ・方法上の条件と報告条件（5条1項，5条2項，7条1項，7条4項） ・メカニズムへの参加条件

報告の条件（5条1項，5条2項，7条1項，7条4項）の遵守について助言し，促進する責任を有する（Ⅳの6）。

次に，履行強制部は，1．3条1項のもとでの排出抑制削減の約束，2．方法上の条件および報告の条件（5条1項，5条2項，7条1項，7条4項），3．京都メカニズムへの参加条件の不遵守を決定する権限を有する（Ⅴの4）。さらに，5条2項のもとでの目録の調整と，7条4項のもとでの割当量の計算の修正について専門家レビューチーム（ERT）と関係国との間の意見が一致しない場合，これらの調整や修正を行うかどうかを決定する（Ⅴの5）。

促進部の権限対象は議定書上のすべての義務とされていることから，非附属書Ⅰ国もその対象となりうる。例えば，10条の定める義務は，非附属書Ⅰ国もその名宛人である。他方で，履行強制部が対象とする義務は，すべて附属書Ⅰ国を名宛人としている義務であり，現在の議定書の枠組のもとでは，履行強制部の対象となりうるのは附属書Ⅰ国に限られる。

上記のような権限配分に基づくと，時期区分ごとに促進部と履行強制部の権限は表2のように整理できる。メカニズムを利用する附属書Ⅰ国は，メカニ

第 2 部　京都議定書の国際制度

図 1　遵守手続の流れ（促進部および自己申告の場合）

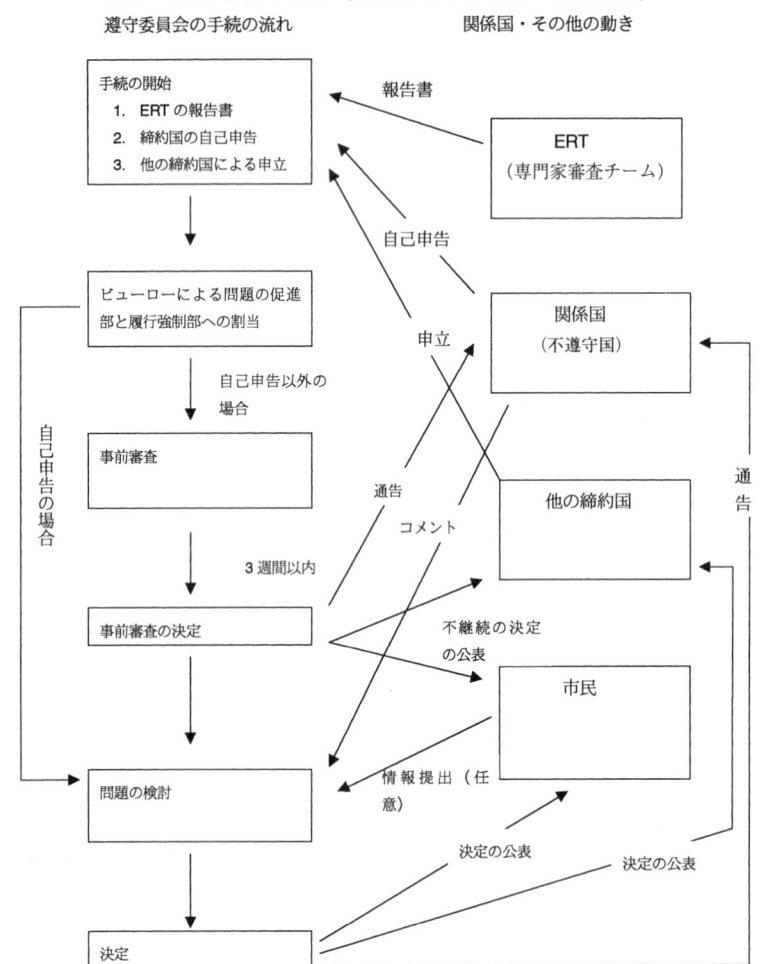

ズムへの参加条件の審査が行われる場合には，第一約束期間前でも，方法上の条件と報告条件について履行強制部により審査されることとなる。5 条 1 項，5 条 2 項，7 条 1 項および 7 条 4 項とメカニズムへの参加条件との連関については，拙稿「京都議定書のもとでの報告・審査手続」を参照いただきたい。

214

③　遵守手続の流れ
　手続にかかる事案の性質により，以下の2つの手続が予定されている。
　1．促進部にかかる事案に関する手続と自己申告の場合の手続（図1）
　2．履行強制部にかかる事案に関する手続（図2）
さらに，履行強制部にかかる事案のうち，メカニズムへの参加条件に関する事案には，迅速手続が適用される（2の履行強制部にかかる事案に適用される手続と，迅速手続の時間的流れについては，それぞれ図3，図4参照）。
　1の促進部にかかる事案に適用される手続の場合，手続が開始された事案が一見して根拠があるものかどうかの審査を行う事前審査を経て，不継続の決定が行われない限り，促進部で事案の検討が行われ，帰結が決定される。この場合，事前審査が3週間以内に行われなければならないことを除くと，手続の期限についてはとりたてて定められていない。さらに，自己申告の場合には，事前審査は行われず，そのまま事案が各部で検討され，帰結が決定されることとなる[34a]。
　それに対して，2の履行強制部にかかる事案に適用される手続の場合，A　事前審査と決定を経て，B　事案の検討に基づく事前認定または不継続の決定，そして，C　事前認定に対する関係国からの意見の検討に基づく最終決定が行われる。さらに，3条1項の排出抑制削減義務の不遵守に関する最終決定については，COP/MOPへの上訴の途も開かれている。この場合，それぞれの手続の進行について期限が決められており，手続の開始が関係国（不遵守が疑われる国）に通告されてから最長で約35週間（約9カ月）で最終決定が行われる。迅速手続の場合には，手続の開始が関係国に通告されてから最終決定までの期間はより短くなる（最長で約14週間）。また，第一約束期間最終年の2012年の目録が提出されてから，履行強制部による3条1項の不遵守に関する最終決定までに約2年かかる（図5参照）。
　締約国がデュー・プロセス（適正過程）を保障されなかったと考える場合，3条1項に関する履行強制部の最終決定に対して，COP/MOPに上訴を行うことができる。その場合，COP/MOPの4分の3の多数による決定が，履行強制部の決定を無効とするのに必要とされる。上訴に関する決定が行われるまでは，履行強制部の決定は有効とされ，上訴が認められた場合，履行強制部に事案が差し戻される。個別の不遵守の事案について政治的機関であるCOP/MOPが介入しうるということは，法に照らして不遵守が認定された

第2部 京都議定書の国際制度

図2 遵守手続の流れ（履行強制部の場合（自己申告の場合を除く））

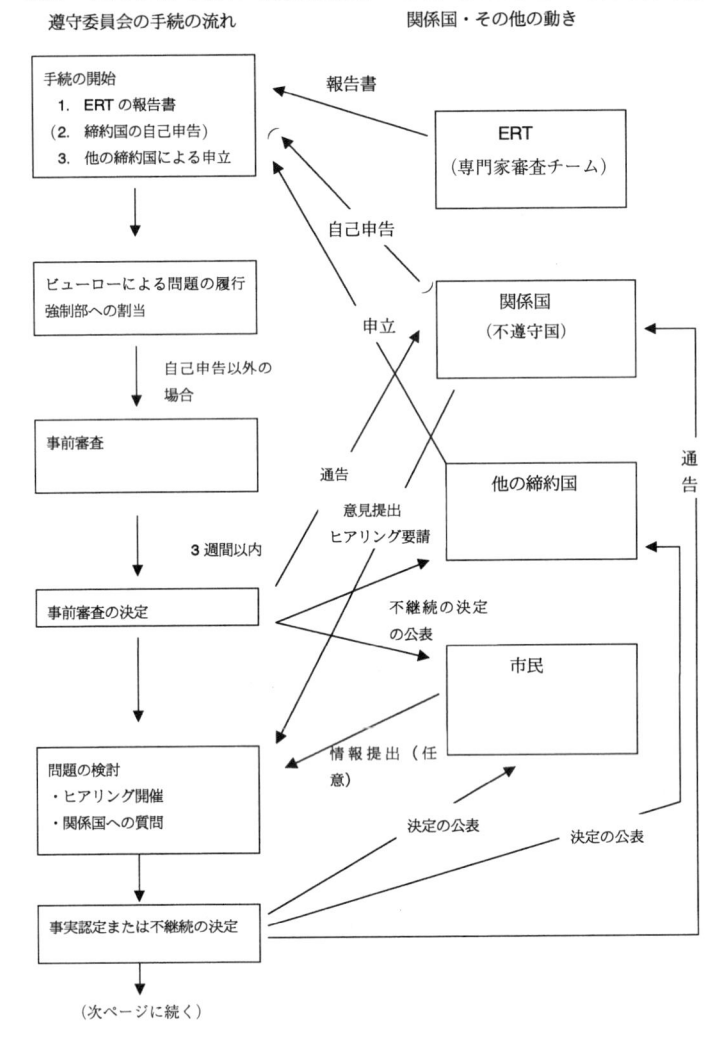

遵守委員会の手続の流れ　　　　　関係国・その他の動き

- 手続の開始
  1. ERTの報告書
  (2. 締約国の自己申告)
  3. 他の締約国による申立

- ビューローによる問題の履行強制部への割当

  （自己申告以外の場合）

- 事前審査

  （3週間以内）

- 事前審査の決定

- 問題の検討
  ・ヒアリング開催
  ・関係国への質問

- 事実認定または不継続の決定

（次ページに続く）

ERT（専門家審査チーム）

報告書／自己申告／申立

関係国（不遵守国）

他の締約国

市民

通告／意見提出／ヒアリング要請／不継続の決定の公表／情報提出（任意）／決定の公表

216

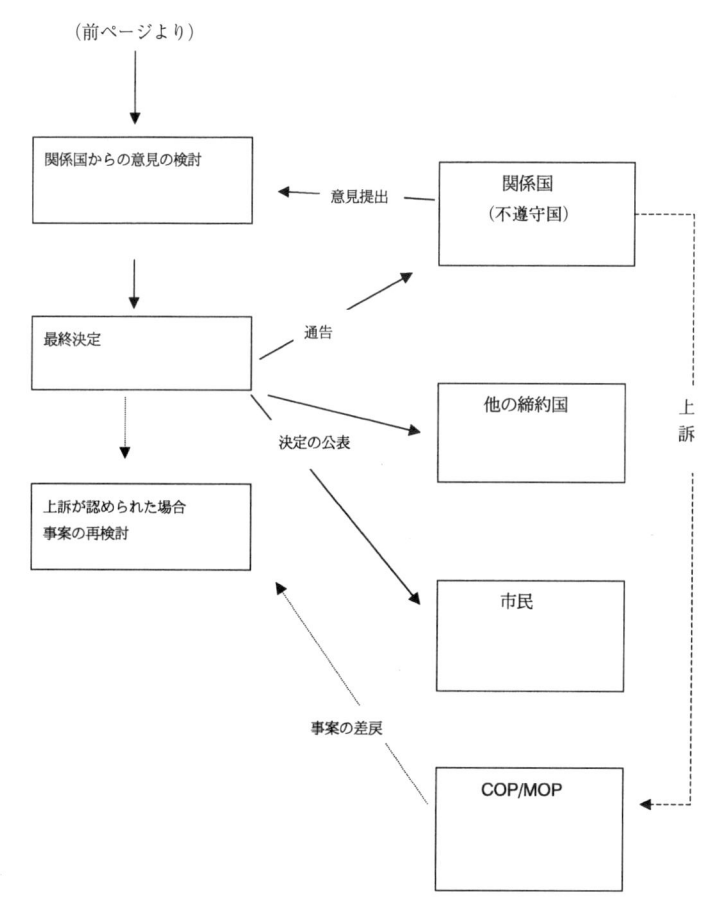

8 京都議定書のもとでの遵守手続・メカニズム

```
(前ページより)
    ↓
┌──────────────┐          意見提出    ┌──────────┐
│関係国からの意見の検討│ ←──────────── │  関係国    │
└──────────────┘                    │ (不遵守国) │
    ↓                                └──────────┘
┌──────────────┐        通告         ↗      │
│   最終決定    │ ────────────────→         │上
└──────────────┘ ──────────→ ┌──────────┐  │訴
    ↓ ↘ 決定の公表        │ 他の締約国 │  │
    ↓    ↘                └──────────┘  │
┌──────────────┐  ↘                        │
│上訴が認められた場合│ ↘  →     ┌──────────┐ │
│  事案の再検討   │          │   市民    │ │
└──────────────┘           └──────────┘ │
    ↑                                      │
    │        事案の差戻     ┌──────────┐  │
    └─────────────────── │ COP/MOP  │ ←┘
                            └──────────┘
```

履行強制部の決定が，政治的理由から覆されるのではないかとの懸念が残る。

議定書のもとでの遵守手続の特徴の一つは，とりわけ履行強制部にかかる事案に適用される手続において，意見の提出やヒアリング開催，そして上訴など，関係国の反論の機会が制度的に保障されていることである。また，手続の透明性を確保することもめざされている。その合意または関係国の要請により，促進部または履行強制部が，情報を最終決定まで公開しないと決定しない限り，各部が検討する情報は市民に公開される（Ⅷの6）。同様に，

217

第2部 京都議定書の国際制度

図3 遵守手続の時間的流れ(履行強制部の場合(自己申告の場合を除く))

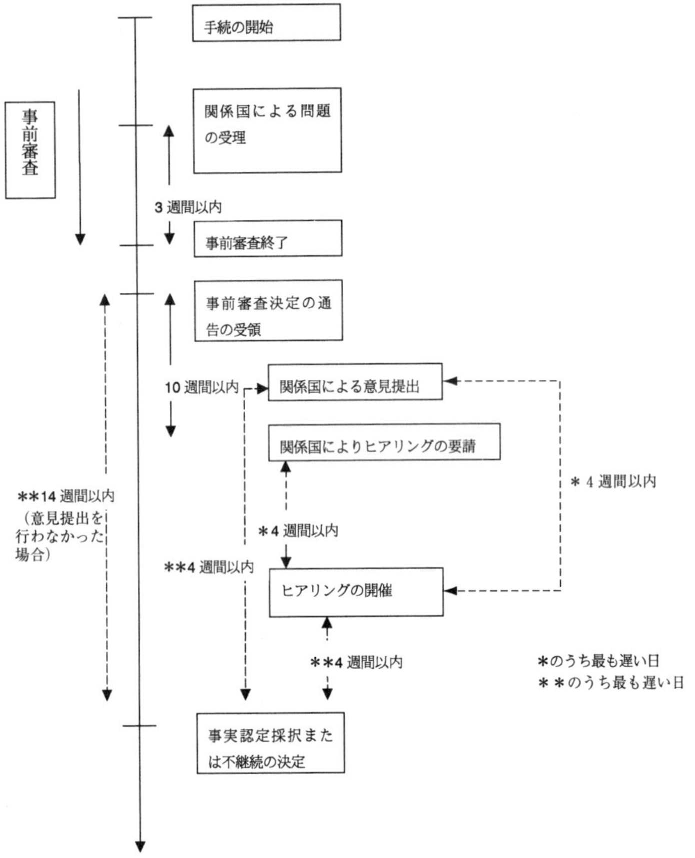

```
                    ┌─────────────┐
                    │ 手続の開始   │
                    └──────┬──────┘
                           │
                    ┌──────▼──────┐
    ┌──┐            │関係国による問題│
    │事│            │  の受理      │
    │前│            └──────┬──────┘
    │審│              3週間以内
    │査│            ┌──────▼──────┐
    └──┘            │ 事前審査終了 │
                    └──────┬──────┘
                           │
                    ┌──────▼──────┐
                    │事前審査決定の通│
                    │ 告の受領     │
                    └──────┬──────┘
          10週間以内  ┌─────▼─────┐◄─────────┐
                    │関係国による意見提出│      │
                    └──────┬──────┘           │
                           │                  │
                    ┌──────▼──────┐           │
                    │関係国によりヒアリングの要請│ *4週間以内
                    └──────┬──────┘           │
                      *4週間以内              │
   **14週間以内        ┌──────▼──────┐        │
   (意見提出を        │ヒアリングの開催│◄───────┘
   行わなかった       └──────┬──────┘
   場合)             **4週間以内        *のうち最も遅い日
   **4週間以内       ┌──────▼──────┐     **のうち最も遅い日
                    │事実認定採択また│
                    │は不継続の決定 │
                    └──────┬──────┘
                           │
                    (次ページにつづく)
```

履行強制部のもとで行われるヒアリングも，非公開と履行強制部が決定しない限り，公開で行われる(Ⅸの2)。決定もすべて公表される。さらに，政府間組織やNGOには，事案に関する情報を各部に提出する権利が認められている(Ⅷの4)。

④ 不遵守に対する帰結

ある国が不遵守と認定された場合，遵守委員会がその不遵守に対してどの

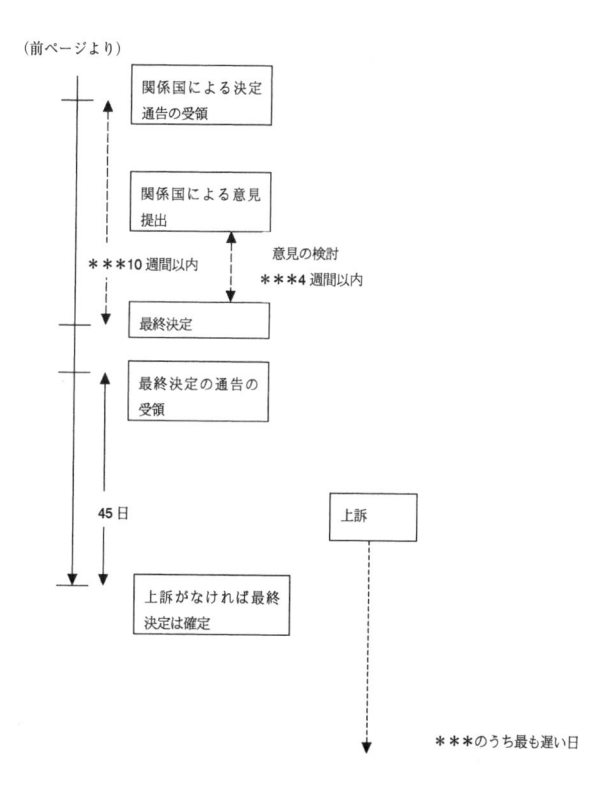

8 京都議定書のもとでの遵守手続・メカニズム

(前ページより)

```
        ┌─ 関係国による決定
        │  通告の受領
        │
        │  関係国による意見
        │  提出
***10週間以内        意見の検討
        │        ***4週間以内
        │
        └─ 最終決定

        ┌─ 最終決定の通告の
        │  受領
   45日  │                    上訴
        │
        └─ 上訴がなければ最終
           決定は確定

                           ***のうち最も遅い日
```

ような帰結を適用するのかという問題は，遵守手続に関する交渉の最大の争点であった。

まず，促進部が適用する帰結として，１．助言の提供と支援の促進，２．技術移転およびキャパシティ・ビルディングを含む，財政的支援および技術支援の促進，３．関係国への勧告，が定められ，これらのうちの１つまたは複数が適用される。

次に，履行強制部が適用する帰結は，不遵守が問題となる議定書の義務により異なる。

第一に，5条1項，5条2項，7条1項，7条4項の不遵守の帰結として，１．不遵守の宣言，２．不遵守是正のための計画の作成が決定された。２の計画には，不遵守是正のために締約国が行う予定の措置と，12ヶ月をこえな

第2部 京都議定書の国際制度

図4 遵守手続の迅速手続の時間的流れ
（メカニズムへの参加条件に関する事案に適用）

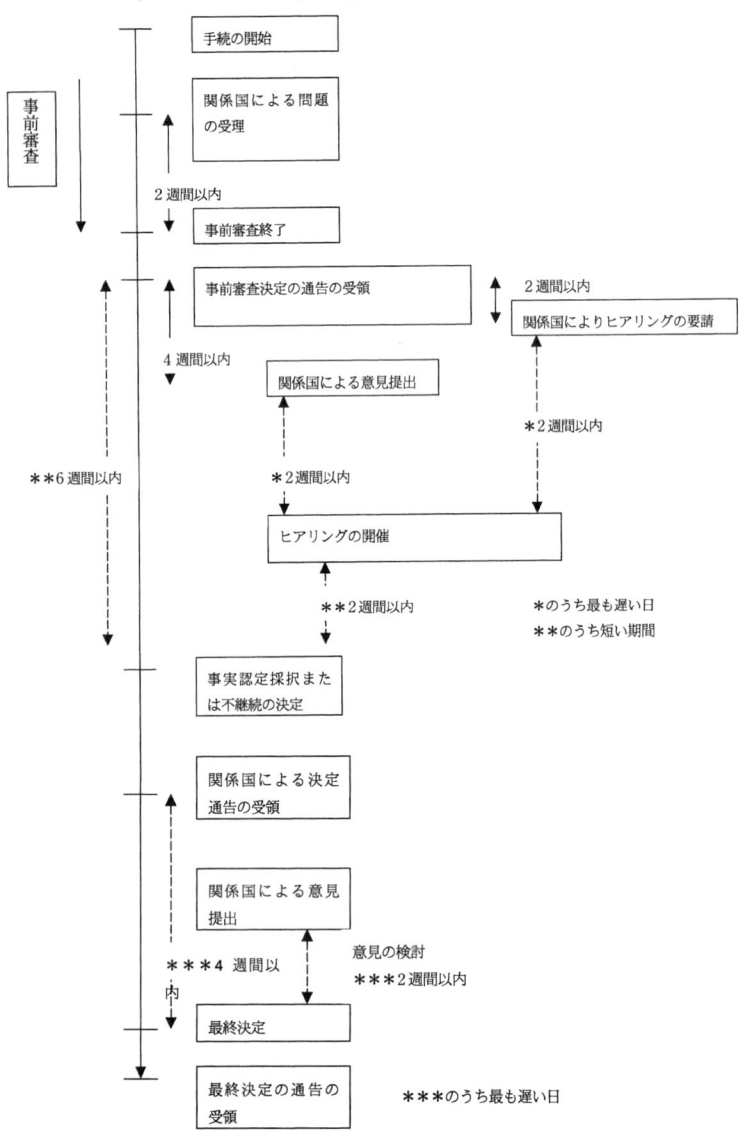

事前審査

- 手続の開始
- 関係国による問題の受理
- 2週間以内
- 事前審査終了
- 事前審査決定の通告の受領 ←2週間以内→ 関係国によりヒアリングの要請
- 4週間以内
- 関係国による意見提出
- *2週間以内
- *2週間以内
- ヒアリングの開催
- **2週間以内
- **6週間以内
- 事実認定採択または不継続の決定
- 関係国による決定通告の受領
- 関係国による意見提出
- 意見の検討
- ***2週間以内
- ***4週間以内
- 最終決定
- 最終決定の通告の受領

*のうち最も遅い日
**のうち短い期間
***のうち最も遅い日

220

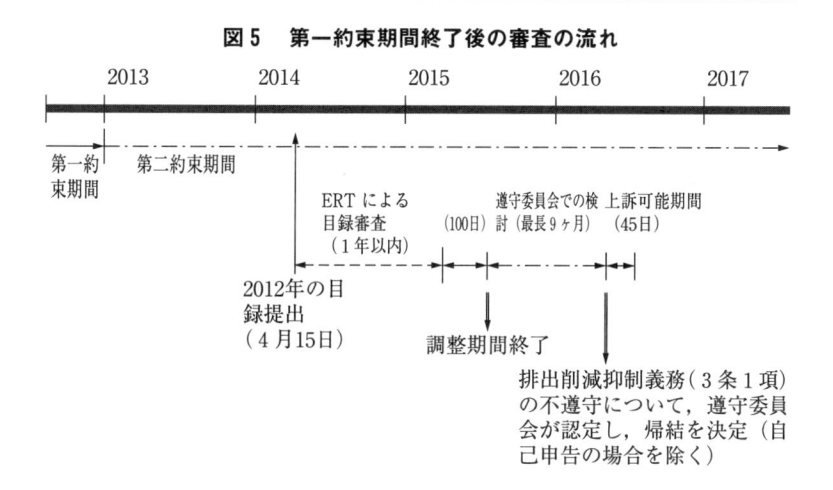

図5　第一約束期間終了後の審査の流れ

```
        2013      2014      2015      2016      2017
─────────┼─────────┼─────────┼─────────┼─────────┼──────▶
第一約  第二約束期間
束期間
                  ERT による    遵守委員会での検  上訴可能期間
                  目録審査      討（100日）（最長9ヶ月）（45日）
                  （1年以内）
                  2012年の目              調整期間終了
                  録提出
                  （4月15日）
                                        排出削減抑制義務（3条1項）
                                        の不遵守について，遵守委員
                                        会が認定し，帰結を決定（自
                                        己申告の場合を除く）
```

い時間枠での措置の実施スケジュールを記載しなければならない。不遵守国は，原則として3ヶ月以内に，審査と評価のために履行強制部に計画を提出しなければならず，さらに，その後定期的に計画の実施に関する進捗報告書を提出しなければならない。「進捗報告書に基づき，履行強制部が……さらなる帰結を適用することを決定できる」との文言は，COP7での交渉で削除された。

第二に，メカニズムへの参加条件の不遵守の帰結としては，メカニズムの参加資格が停止される。

第三に，3条1項の不遵守の帰結としては，1．超過排出量の1.3倍に相当する量を第二約束期間の割当量から差し引き，2．遵守行動計画の作成，3．排出量取引のもとで移転を行う資格の停止，が適用される。2の遵守行動計画は，交渉の過程で，3条1項の帰結としてEUから提案されたものである。次期約束期間での削減義務達成のために締約国が行う予定の措置と，3年または次期約束期間終了までのいずれか早い時間枠でのそれらの措置の実施スケジュールを定めるもので，締約国が行う措置は国内の政策と措置を優先するものでなければならない。不遵守国は，原則として3ヶ月以内に，審査と評価のために履行強制部に計画を提出し，さらに，その後，計画の実施に関する進捗報告書を毎年提出する。

3条1項の不遵守の帰結のうち最も評価が分かれるのは，1の次期約束期

間からの超過分の差し引きであろう。確かに，必ず次期約束期間で超過排出分の削減が行われるのであれば，時間的ずれは生じるものの気候変動を防止する効果がある。しかし，他方で，強力な履行強制を行うことができる集権的権力が存在しない国際社会では，次期約束期間で超過排出分の削減が必ず行われることを担保する方法がなく，削減義務の実施が先送りされ，いつまでたっても削減が行われないという事態を引き起こす危険性もはらんでいる。こうした条件の下で，遵守手続には，次期約束期間の割当量からの超過排出分の差し引きを行ったがそれでもなお遵守しない国に対する対応は明記されておらず，それゆえ，そもそも遵守する意図がない不遵守国に対しては，結果的に義務の実施の先送りに遵守委員会がお墨付きを与えるだけとなるおそれがあり，不遵守の是正を促す有効な帰結となるかどうかが懸念される。また，次期約束期間の割当量からの超過排出分の差し引きは，締約国間で合意された次の約束期間の排出削減に関する法的義務を修正する効果を持つ。こうした差し引きが法的拘束力なく行われ，遵守されないということになれば，次期約束期間の削減義務の法的拘束力を曖昧にしてしまうおそれがある。それゆえ，この帰結が，遵守確保のためによりよく機能し，法的拘束力ある議定書の削減義務との一貫性を保つためには，帰結が法的拘束力を伴う遵守手続の採択が望ましいであろう。さらに，次期約束期間の削減義務を，それに先立つ約束期間開始前に合意することが必須の条件である。不遵守国が，次の約束期間の交渉時において，不遵守の結果追加的に削減しなければならない分をあらかじめ考慮して削減義務の水準を決めることができるならば，遵守促進的効果はないからである。また，不遵守国が先送りされた義務の実施を確実に行うよう，不遵守国による義務の実施について，その情報が市民に公開されるとともに，遵守行動計画を利用して，遵守委員会の厳しい国際的監視のもとにおかれることが必要である。

　なお，プロンク議長がCOP6再開会合で提示した最終合意案では，不遵守に対する懲罰ではなく，不遵守により生じる環境損害への補償として，金銭の支払いが，3条1項の不遵守に対する帰結としてあげられていた[34b]。しかし，この規定は，COP6再開会合における閣僚レベルの交渉の最終段階で削除された。

⑤　遵守手続の採択方法と帰結の法的拘束性

8 京都議定書のもとでの遵守手続・メカニズム

COP7が，遵守手続を採択し，その採択された手続をCOP/MOP1で採択するようCOP/MOPに勧告することが合意された。

プロンク議長の最終合意案では，議定書とは別の法的文書による遵守手続の採択が提案されたが，ボン合意では，結局，遵守手続の採択方法については明記しなかった。議定書18条2文が，法的拘束力ある帰結を伴う遵守手続の採択は，議定書の改正によると定めていることから，採択方法について明記していないボン合意が，帰結の法的拘束力について何を定めているかがCOP7で問題となった。この点につき，日本，オーストラリア，ロシア，カナダは，法的拘束力のある帰結を伴う遵守手続にするかどうか，採択方法をどうするかの決定はCOP/MOP1に先送りとなった[35]としたのに対し，G77/Chinaの締約国の多くは，ボン合意がCOP/MOP1に先送りしたのは，遵守手続の採択方法だけで，ボンにおいて閣僚はすでにこれらの帰結が法的拘束力あるものであることを合意していると主張した。最終的に，COP7決定は，若干の編集上の変更を行ったうえで，遵守手続の法的形式について決定するのは専らCOP/MOPの権利であることに留意するという文言を前文に挿入しつつ，ボン合意の文言をほぼそのまま採用した規定となっている。この決定の文言からは，帰結の法的拘束力の有無に関する決定は，議定書発効後のCOP/MOP1に先送りされたものと理解される。

⑥　メカニズムへの参加条件としての遵守に関する合意の受け入れ

ボン合意では，5条1項，5条2項，7条1項，7条4項の遵守に加えて，「京都議定書を補完する遵守に関する合意（the agreement on compliance supplementing the Kyoto Protocol）を受け入れる」ことがメカニズムへの参加条件として定められていた（表1参照）。しかし，プロンク議長による最終合意案の遵守以外の部分については変更を加えないという条件のもとで行われたボンでの閣僚会合での交渉の結果，遵守に関するセクションで遵守手続の採択方法について明記しないこととなったため，この「京都議定書を補完する遵守に関する合意」という文言と遵守のセクションの規定との間の齟齬が問題となった。この文言上の齟齬を理由に，また，これをメカニズムへの参加条件として認めると事実上法的拘束力ある帰結を伴う遵守手続を受け入れざるを得なくなるとして，日本をはじめとするアンブレラ・グループのいくつかの国が「遵守に関する合意の受け入れ」をメカニズムへの参加条件から

削除するよう求めた。他の国は，文言上の齟齬は認めつつも，遵守に関する合意事項の受け入れをメカニズムへの参加条件から削除することはボン合意に反すると強く反発した。この問題は，COP7の最終日までマラケシュ合意の成立を左右する争点となったが，最終的には，メカニズムに関するCOP/MOP1決定草案のパラグラフ5にあるように，遵守に関する合意の受け入れはメカニズムへの参加条件ではなくなった[36]。

4 遵守手続の評価と今後の課題

(1) 司法的性格の強い遵守手続

COP7で採択された議定書のもとでの遵守手続は，これまでの多数国間環境条約の遵守手続には見られない特徴を有している。

まず，遵守手続は，遵守委員会の中に履行強制部と促進部を設け，とりわけ履行強制部にかかる事案については，議定書上の義務，すなわち法に照らして遵守・不遵守を明確に認定し，その不遵守を是正するための措置を定める。さらに，履行強制部の手続は，数段階からなる手続全体を通して，ヒアリングの開催も含め，不遵守国に対して反論の機会を十分に保障し，また，3条1項の不遵守については，履行強制部の決定について上訴の途を開いている。その意味で，採択された手続は，司法的裁定に基づく司法的性格の強い手続ということができるだろう。ただし，かかる性格を有しつつも，手続は，あくまで国家間の紛争解決という構造ではなく，多数国間の関係での不遵守是正という構造を有している。さらに，このような遵守手続の運用は，実際には，これまでの多数国間環境条約の遵守手続のなかで条約内の慣行として行われてきているもので[37]，採択された遵守手続は，これまでの条約内慣行の「法化」と呼びうるものでもある。なお，促進部の手続は，必ずしも明確な遵守・不遵守の判断が行われるのを前提としていないようであり，こうした司法的性格は相対的に弱いものとなっている。

(2) 今後の交渉の争点――帰結の法的拘束力の有無

遵守手続をめぐる今後の交渉に残された争点は，COP/MOP1で決定される予定の採択方法，すなわち，法的拘束力ある帰結とするかどうかの問題である。

これまで見てきたように，遵守手続のもとで履行強制部が不遵守に対して適用する帰結を法的拘束力あるものとするかどうかが，遵守手続をめぐる交渉の最大の争点となってきた。ここで留意されるべきは，法的拘束力が問題となるのは，遵守委員会が不遵守に対して決定する「帰結」であって，「議定書」の法的拘束力の問題ではない。議定書は，法的拘束力ある削減義務を定める法的文書であり，このことは，遵守手続のもとでの帰結に法的拘束力があろうとなかろうと変わらない。もし，ある国が3条1項の削減義務を履行することができなければ，帰結の法的拘束性にかかわりなく，国際義務違反となり，義務の不履行を是正しなければ国際責任を負うこととなる。

　帰結に法的拘束力がある場合，遵守委員会が決定した帰結に不遵守の国がしたがわないならば（例えば，遵守行動計画の作成が決定されたがその作成を行わないような場合），遵守委員会が決定した帰結にしたがわないことそのものが国際義務違反となり，帰結にしたがわない国がその帰結を履行するように，他国はその履行を強制する権利を認められることとなる。いいかえれば，帰結にしたがわない国は，その帰結にしたがわないことを理由に他国から強制を受けることとなりうる。

　冒頭に論じたような遵守手続の登場と発展の理由に照らせば，遵守委員会が適用する帰結に締約国がしたがわない場合，それに対して法的な履行強制が予定されるほうが，遵守確保の観点から望ましいだろう。義務の不履行が生じても，遵守委員会が適用する帰結を実施してできるだけ早急に不遵守を解消しようとするインセンティヴが高まり，義務を違反しないようにしようとする抑止の効果は高くなるからである。「法的拘束力ある帰結」であれば，帰結にしたがわないことについて，法の違反という強い社会的非難をうけるが，「法的拘束力のない帰結」であれば，帰結を履行し，ひいては議定書の義務を実施しようとするインセンティヴは相対的に小さくなるだろう。

　しかしながら，帰結が法的拘束力を持つようになれば議定書の遵守確保に絶対的な効果があるということではない。仮に，議定書が改正され，帰結が法的拘束力を有することとなっても，議定書の改正の効力は，改正を受諾した締約国にしか及ばない。「同意なければ拘束なし」というのは国際法の大原則であり，改正に同意しない国に対しては改正の効力は及ばない。このことは，法的拘束力ある帰結を伴う遵守手続と法的拘束力のない帰結を伴う遵守手続という二つのレジームが並存する可能性があり，改正を受諾しない締

約国には，改正発効後も引き続き「法的拘束力のない帰結を伴う遵守手続」が適用されることを意味する。こうした2つのレジームの並存は，議定書に対する同意と遵守手続に対する同意が一体化されないかぎりは，改正という方法をとろうと議定書とは別の法的文書の採択という形をとろうと解消することはできない。二つのレジームの並存を解消しうる一つの契機は，第二約束期間の削減義務を定める議定書の改正に，遵守手続への同意の義務を組み込むことであろう。また，集権化された履行強制を行うしくみが整備されていない国際社会では，法的拘束力ある帰結を伴う遵守手続のもとでも，どうしても議定書の義務を履行しない，または，遵守委員会が適用する帰結にしたがわない国に対しては，その履行を確実に確保する方法はない。

他方で，帰結が法的拘束力を持たなければ，COP7で採択された遵守手続が遵守の確保に意味を持たないというものでもない。COP/MOP決定として採択され，帰結に法的拘束力がない遵守手続であっても，帰結には法的拘束力はないが，遵守手続の制度的，手続的側面については，拘束力を有する。また，遵守委員会，とりわけ履行強制部が問題とする「不遵守」は，大多数の場合，議定書上の義務の違反として国際違法行為たる性格を有すると考えられ，どのような遵守手続になろうとも，それとは別個に，このような「不遵守」に対して，他の締約国が個別にまたは集団的に対抗措置をとることを妨げるものではない。なお，対抗措置との関係では，紛争解決手続が履行強制に効果的でないかぎりで，このような紛争解決手続が存在している場合にも，個別の国が対抗措置をとる権利が認められると一般に考えられている。したがって，履行強制に効果的な遵守手続が存在するほうが，議定書の義務の不履行をめぐって紛争が生じた場合に，他国が独自の判断で不遵守国に対して一方的な対抗措置をとることを制限しうるだろう。

さらに，遵守委員会が適用することとなっている帰結の性格に留意されるべきである。履行強制部が適用する帰結は，5条1項，5条2項，7条1項，7条4項の不遵守の際に適用される「計画の作成」，3条1項の不遵守に適用される「遵守行動計画の作成」に関するものを除けば，仮に帰結に法的拘束力がなくても事実上不遵守国がしたがわざるを得ないという意味で「履行が強制される」性格のものである。例えば，3条1項の不遵守に対する帰結の一つである17条のもとでの排出量の移転を行う資格の停止は，遵守委員会が資格の停止を決定すれば，それに反して行われた排出量の移転は議

定書上有効とみなされないだろう。同様に，次期約束期間の割当量からの超過排出分の差し引きも，遵守委員会が決定すれば，次期約束期間の割当量の確定の際に，決定に反した割当量の設定は議定書上有効なものと見なされないだろう。

　より詳細な議論は別稿に譲るが，帰結の法的拘束性については，遵守の確保に遵守手続が果たす役割，遵守手続と一般国際法上の国家責任制度との関係，そして，遵守手続のもとで不遵守に適用される帰結の性格などをふまえた緻密な法的議論が必要である。

* 本稿執筆は，Foundation for International Environmental Law and Development （FIELD）の上級研究員であり，気候変動交渉において長年にわたりAOSISの法律アドヴァイザーを務めるJake Werksman氏とJurgen Lefevere氏，欧州連合委員会環境総局のDamien Meadows氏ならびに日本および海外の交渉担当者，NGO，産業界の方々との貴重な意見交換に負うところが大きい。また，1999年9月より開催された「京都議定書の遵守問題に関する検討会」（座長　臼杵知史明治学院大学教授（北海道大学教授（当時））参加の諸先生，とりわけ，環境省の梶原成元氏（地球環境部温暖化国際対策推進室長（当時）），伊藤實知子氏（同室長補佐（当時））からは，京都議定書の遵守制度の検討にあたって多くの有益な示唆をいただいた。この場をかりて心からの謝意を表したい。

* 本稿は，平成13年度環境省地球環境研究総合推進費，平成13年度財団法人旭硝子財団研究助成および平成13年度科学研究費奨励研究(A)による研究の成果の一部である。

　　(1)　この国家責任制度を通じた環境保護条約の遵守確保の限界については，拙稿「国際環境条約の遵守に対する国際コントロール-モントリオール議定書のNon-compliance手続（NCP）の法的性格-」『一橋論叢』第119巻第1号，74頁以下（1998年1月）参照。

　　(1a)　多数国間環境条約の遵守手続に関する論稿は多数ある。京都議定書の遵守手続に関するものとして，Jacob Werksman, 'Compliance and the Kyoto Protocol：Building a Backbone into a "Flexible" Regime', *Yearbook of International Environmental Law* 9 (1998), at 48-101 (1999); Jutta Brunée, "A Fine Balance：Facilitation and Enforcement in the Design of a Compliance Regime for the Kyoto Protocol", 13 *Tulane Environmental law Journal* 223 (2000) および Catherine Redgwell, "Non-compliance Procedures and the Climate Change Convention", W. Bradnee Chambers ed., *Inter-linkages-The Kyoto Protocol and the International Trade and Investment Regimes* 43-67 (2001).

　　(2)　Report of the Ad Hoc Group on the Berlin Mandate on the work of the

第 2 部　京都議定書の国際制度

Fourth Session, FCCC/AGBM/1996/8, p. 15.
(3)　これらの初期の提案は，AGBM5にむけて作成された1996年11月の議長の統合テキストと，AGBM5で議長に作成が要請された1997年 2 月の提案の枠組を記載した議長の覚え書きにまとめられている。Synthesis of Proposals by Parties, Note by the Chairman, FCCC/AGBM/1996/10, p. 19. Framework Compilation of Proposals from Parties for the Elements of a Protocol or Another Legal Instrument, Note by the Chairman, FCCC/AGBM/1997/2, p. 72 et s..
(4)　前掲註(3)FCCC/AGBM/1997/2, p. 72 and 74, paras. 184 and 189.
(5)　前掲註(3)FCCC/AGBM/1997/2, p. 72-73, para. 185.
(6)　前掲註(3)FCCC/AGBM/1997/2, p. 73-74, para. 187.
(7)　Report of the Ad Hoc Group on the Berlin Mandate on the work of its sixth session, Addendum, Proposals for a Protocol or Another Legal Instrument, Negotiating text by the Chairman, FCCC/AGBM/1997/3/Add.1, p. 82 et s..
(8)　Implementation of the Berlin Mandate, Additional proposals from Parties, Addendum, Note by the secretariat, FCCC/AGBM/1997/MISC.1/Add.3, p. 3 et s.. このブラジル提案は，その後，G77に支持されたが，先進国の支持を得ることはできなかった。しかしながら，この提案は，その後，議定書12条のもとでのクリーン開発メカニズムの基礎となったとされる。
(9)　Implementation of the Berlin mandate, Additional proposals from Parties, Addendum, Note by the secretariat, FCCC/AGBM/1997/MISC.1/Add.4, p. 5-6.
(10)　前掲註(9)　p. 6.
(11)　Implementation of the Berlin mandate, Comments from Parties, Addendum, Note by the secretariat, FCCC/AGBM/1997/MISC.2/Add.1, p. 16.
(12)　Reports by the chairmen of the informal consultations conducted at the seventh session of the Ad Hoc Group on the Berlin Mandate, Note by the secretariat, FCCC/AGBM/1997/INF.1, p. 72 et s.. 4 つめのオプションは，締約国会議と補助機関が，条約の国家通報を受理し，その詳細な審査を確保し，その審査をもとに，勧告を行うというもので，先の議長テキストの提案 3 を若干変更したものである。
(13)　Completion of a protocol or another legal instrument, Consolidated negotiating text by the Chairman, FCCC/AGBM/1997/7.
(14)　統合交渉テキスト作成の際の非公式会合で，遵守は，別個の条項で取り扱われるべきことについて全体として合意ができていた。非公式会合で，「できるだけ速やかに（as soon as practicable）」手続を検討し，承認するのでは，あまりにも曖昧なので，COP/MOP1で採択するべきとの意見が出された。その結果，統合交渉テキストの文言となった。*Tracing the Origins of the Kyoto Protocol: An Article-By-Article Textual History,* Technical paper prepared under contract to UNFCCC by Joanna Depledge, August 1999/ August 2000,

228

(14) FCCC/TP/2000/2, p. 87, para. 400. 前掲註(13) p. 12.
(15) 前掲註(14) FCCC/TP/2000/2, p. 87, para. 401. 改訂テキスト案については, 財団法人地球・人間環境フォーラム『平成11年度遵守に関する検討調査報告書』238頁（2000年）参照。
(16) 前掲註(15)『平成11年度遵守に関する検討調査報告書』238頁。
(17) 附属書Ⅰ国のメカニズムへの参加条件について，マラケシュ合意は，方法上の条件と報告条件（5条1項，5条2項，7条1項，7条4項）の遵守（遵守委員会履行強制部が監督）をあげている。
(18) 提出された意見については，FCCC/SB/1999/MISC.4，FCCC/SB/1999/MISC.4/Add.1，FCCC/SB/1999/MISC.4/Add.2およびFCCC/SB/1999/MISC.4/Add.3参照。
(19) Decision 1/CP.4およびDecision 8/CP.4, Report of the Conference of the Parties on its fourth session, held at Buenos Aires from 2 to 14 November 1998, Addendum, FCCC/CP/1998/16/Add.1, p. 4およびp. 32 et s..
(20) FCCC/SB/1999/CRP.3/Rev.1.
(21) FCCC/SB/1999/7/Add.1. 提出された各国の意見については，FCCC/SB/1999/MISC.12，FCCC/SB/1999/MISC.12/Add.1およびFCCC/SB/1999/MISC.12/Add.2参照。
(22) Decision 15/CP.5, Report of the Conference of the Parties on its fifth session, held at Bonn from 25 October to 5 November 1999, Addendum, FCCC/CP/1999/6/Add.1, p. 39.
(23) 1月31日を提出期限とする締約国の意見は，FCCC/SB/2000/MISC.2所収。
(24) FCCC/SB/2000/1.
(25) FCCC/SB/2000/7.
(26) FCCC/SBI/2000/10/Add.2.
(27) Decision 1/CP.6, FCCC/CP/2000/5/Add.2, p. 3-17.
(28) COP6最終段階の交渉の概要については，Stephan Singer, "What broke the COP6 ideal？", *Hot Spot,* December 2000参照。
(29) 前掲註(27) p. 3, para. 2.
(30) *New Proposals by the President of COP6,* 9 April 2001.
(31) FCCC/CP/2001/2/Add.3/Rev.1.
(32) FCCC/CP/2001/L.7. COP6再開会合における交渉の経緯と「ボン合意」の合意事項の概要については，拙稿「COP6再開会合の評価と今後の課題」『環境と公害』31巻2号，67-68頁（2001年）。
(33) 表は，前掲註(32)拙稿「COP6再開会合の評価と今後の課題」68頁の表をもとに手を加えたものである。
(34) 5つの国連地域グループは，1．アジア，2．アフリカ，3．ラテンアメリカ・カリブ，4．東欧，5．西ヨーロッパ・その他（イスラエルを含む）である。
(34a) 履行強制部が権限対象とする義務の不遵守について，不遵守国から自己申

229

第2部　京都議定書の国際制度

告がなされた場合，遵守手続を備える他の環境条約の運用実態に照らすと，促進部が取り扱うよう，履行強制部から促進部に当該事案が送付される可能性が高いと予想される。

(34b)　Core Elements for the Implementation of the Buenos Aires Plan of Action, 21 July 2001, p. 14.

(35)　日本の見解については，日本代表団「気候変動枠組条約第六回締約国会議再開会合（閣僚会合：概要と評価）」（平成13年7月23日）。EUは，委員会と議長国の共同声明に付されている 'Background note: Summary of the key elements of the Bonn agreement on climate change' (23 July 2001) を見るかぎり，法的拘束力の有無については，COP/MOP1に先送りすることとなったとする見解をとっているように思われるが，COP7での交渉グループにおけるポジションはこの点曖昧であったように思われる。

(36)　このような文言上の齟齬についてどのようにボン合意を解釈するかは，ボン合意後の交渉で解決することとなっていた。ボン合意は，いわゆる「条約」ではないが，各国が合意をしたCOPの決定として，その解釈は条約法の規則に準じて解釈が行われるのが望ましいであろう。その場合，「用語の通常の意味に従い，誠実に解釈」（条約法条約31条1項）し，その「解釈によっては意味が曖昧又は不明確である場合」には，「特に条約の準備作業及び条約の締結の際の事情に依拠」できる（同32条）としていることが留意されるべきである。その点からは，文言上の齟齬を修正する必要があるにしても，メカニズムへの参加条件から遵守に関する条件の一切を削除することはボン合意の内容を変更するものではないかとの疑念を生じさせる。

(37)　前掲註(1)拙稿「国際環境条約の遵守に対する国際コントロール」参照。

9 京都議定書における途上国に関連する問題について

[松本泰子]

1 途上国関連問題とは

　本章では，気候変動枠組条約第4回締約国会議（以下，「COP4」）で採択された「ブエノスアイレス行動計画」[1]（以下，「BAPA」）に含まれ，COP7まで交渉議題となった途上国関連の問題の中から，技術移転[2]，資金メカニズム[3]，と条約4条8項，4条9項および議定書3条14項の履行[4]を主要な問題として取り上げる。クリーン開発メカニズム（CDM），共同実施活動は本来途上国関連の問題ではあるが，京都メカニズムとしてそれぞれ「4─5」と「4─4」で論じている。また，COP3で議定書草案から削除され，COP4で正式な議題として取り上げることをG77・中国が拒否して以来，正式な交渉の場で議論が行われてこなかった「途上国の自発的約束」の問題に，次節の冒頭で簡単に触れることとする。
　主要な議題としてはこれ以外に，COP7の決定事項のひとつでもあるキャパシティービルディング[5]（以下，「能力構築」）があるが，紙面の関係上本章では割愛した。
　本章では，それぞれの問題についての交渉経緯を，特にCOP4後に焦点をあてて概説し，COP6再開会合における「ボン合意」[6]と「決定草案」[7]，及びCOP7で採択された「決定」（マラケシュ合意）（FCCC/CP/2001/13/Add.1～4）の要点を整理する。さらに，COP7の合意内容の評価と今後の課題について述べる。

2 非附属書I締約国の「自発的約束」の問題

　条約4条1項は附属書I締約国だけでなく非附属書I締約国を含めたいわ

ゆる「全締約国の義務」を規定している。すべての締約国は「共通だが差異のある責任」を考慮しながら，温室効果ガスの排出目録の作成とCOPへの提出，緩和措置や適応措置を含む国家計画の作成，実施に関するCOPへの情報の送付などを行わなければならない。ただし，条約12条7項は，「非附属書Ⅰ締約国がこの情報の送付や，対応措置などに必要な技術・資金を特定するにあたり，COPは，第1回会議の時から，非附属書Ⅰ締約国に対しその要請に応じ，技術上および財政上の支援が行われるよう措置をとる」としている。また，4条7項では，非附属書Ⅰ締約国の約束の履行の程度は，先進締約国による資金および技術移転に関する約束の効果的な履行次第であるとしている。

「全締約国の既存の約束（すなわち条約4条1項）を推進する」という議定書交渉の議題のもとで，「先進国は途上国の効果的な政策措置のためのより強力な約束と報告義務を求め，途上国は，資金移転と技術移転に関するより確かな保証を求めた」（グラブ，p. 110）。しかし，COP3ではG77・中国の強い反対で，議長草案(8)にあった途上国の自発的約束に関する条文案（第10条）は削除された。

その結果，全締約国の義務に関する議定書現10条は，10条にもとづいて着手される計画及び活動に関する情報を国家通報の中に含めなくてはならない（10条(f)）とするなど，非附属書Ⅰ締約国の義務をより具体的な形にした部分はあるが，大部分は条約4条の内容を再認識するものにとどまった（Oberthür and Ott, 2000, p. 232）。COP4でも議題から削除されたため，BAPAには含まれていない(9)。

COP5以降は，条約4条2項(d)に規定されている，「(同(a)(b)の) 約束の妥当性についての第二回目の見直し」という議題のもとで先進国が非附属書Ⅰ締約国の約束の強化を議論しようとすることに途上国は強い懸念を抱いてきた。COP5では，アルゼンチンが，BAUシナリオから2—10%の削減を2008年から2012年に達成することを目標とする自発的約束を発表するなどの動きがあったが，G77・中国の反対で，4条2項(a)(b)の妥当性の見直しは議題として採択はされたものの，実際の議論は先送りされた。COP7でも，G77・中国は，途上国の新たな追加的約束の問題を提起すべきではないとし，この議題は議長預かりで非公式な話し合いの場で議論されることになった。しかし一方で，先進国からは，COP8でこの問題を議題とする意志を強調する発

言があった[10]。

3 技術移転

(1) COP4までの経緯

条約4条5項で，附属書II締約国は，環境上適正な技術（以下，「EST」）およびノウハウの移転または取得の機会の提供について，促進し資金を供与するための実施可能なすべての措置をとることを約束している。

SBSTA1で，非附属書I締約国が投資国との協力において必要な技術ニーズを見極めるために技術評価パネル（TAP）の設置案が出されたが，パネルの構成や市場価格より安価に技術が移転されるべきかどうかについて先進国と途上国の意見がまとまらず，COP4までは大きな議論の進展は見られなかった。また，実際の公的な技術移転の活動をみても，地球環境ファシリティー（GEF）[11]の1990年から97年の資金供与52億5,000万ドルに対し，海外直接投資（FDI）による民間セクターによる資金移転は2,400－2,500億ドルと，民間投資フローと比べて小規模である（Grubb et. al., 1999, p. 106）。

COP4で漸く具体的な進展がみられた。COP4では，附属書II締約国に対し，公的機関が所有する気候変動への適応と緩和に関するESTおよびノウハウのリストを提供することを，また非附属書I締約国に対しては，特に気候変動に取り組むための主要な技術に関し最も優先する技術的ニーズを提出することを促した決定が採択された[12]。同決定では，SBSTAに対し，条約4条5項の履行強化のための枠組みづくりに必要な具体的な項目を検討するワークショップなどを含む協議プロセスを設置することが要請され，また，SBSTAの議長に対し，COP5で採択する決定を勧告することを目的とし，協議結果の報告をSBSTA11に行うことが要請された。

(2) COP4後COP6までの経緯

SB10においてBAPAの達成プロセスが開始された。技術移転はSBSTAのもとで，資金関連はSBIのもとで交渉が行われることになった。SBSTA13で，技術ニーズとニーズアセスメント，技術情報，投資環境の整備，能力構築，技術移転メカニズムの5つの主要テーマを含む，4条5項の実施の強化のための意味ある効果的な枠組みに関する草案が合意された[13]。

第 2 部　京都議定書の国際制度

　　SBSTA13では，米国，オーストラリア，カナダ，日本，ニュージーランドが，締約国が 4 条 5 項を達成するために，ESTの移転を促進し，容易にし，資金を供与するという点でのCDMとJIの潜在的可能性を認知すべきだとする決定草案を提出したが，中国やブラジルなどの途上国は条約のもとで行われるべき技術移転と議定書とを結びつけようとするこうした試みには否定的だった。また，技術移転の枠組に関する文言として，拘束力のある 'shall' か，'encouraged to'（奨励する）のどちらを使うかについても意見が分かれた。

　　COP6のハイレベルセグメント開始時点では，以下の点で主な意見の相違が見られた[14]。
・技術移転のための能力構築とそのメカニズム
・技術移転のメカニズムとして，ⓐSBSTAのもとに政府間技術助言パネルを設置，ⓑ科学および技術の専門家のアドホックなグループの設置，ⓒ技術移転に関する対話を開始するプロセスの設定
・国際的および地域的，あるいはそのどちらかのレベルで，国内の情報センターを，ⓐ設置する，ⓑ強化する
・資金の規模，資金供与の経路　ⓐ技術移転のための別の資金メカニズム，ⓑGEFおよび二国間，その他の多国間経路，ⓒGEFのみ

　　ハイレベルセグメントに向けた議長覚書（11月23日）[15]では，SBSTAのもとに技術移転に関する技術的・科学的専門家による政府間協議グループを設置し，このグループは衡平な地理的配分にもとづいて構成され，また，クリアリングハウスと地域技術情報センターを設立することなどが提案されている。

　　G77・中国は，専門家グループの構成は，途上国の割合がより大きくなる「既存の国連グループ分けにもとづく衡平な地理的配分」という従来の主張を強調し，先進国グループとの意見は対立したままだった。また，技術移転の報告とそのレビュー，クリアリングハウスの設置の問題でもまだ合意に到達できなかった。

(3)　COP6再開会合

　　議長は 7 月20日に，ハイレベルセグメントのために未解決の論点を整理した文書を作成し締約各国に示した[16]。技術移転に関しては，技術移転のた

めの新たな機関の名称（「技術移転に関する専門家グループ」か，「技術移転に関する政府間専門家グループ」か）とその構成[17]が政治的解決を要するポイントとして提示された。

(4) 「ボン合意」および決定[18]の要点
　[ボン合意]
　　1) 技術移転に関する専門家グループ（以下，「EGTT」という）を設置し，二年の任期で締約国がメンバーの指名を行う
　　2) EGTTは20人の専門家で構成される。地域別内訳は，非附属書Ⅰの全地域から各3名（アフリカ，アジア・太平洋，ラテンアメリカ・カリブ諸国），小島嶼国から1名，附属書Ⅰ締約国から7名，関連国際機関から3名
　　3) EGTTの専門家は，温室効果ガス緩和および適応技術，技術アセスメント，情報技術，資源経済および社会開発，の分野のいずれかにおいて専門性を有しなくてはならない
　　4) EGTTはメンバーの中から毎年議長と副議長を選出する。一人は附属書Ⅰ締約国から，もう1人は非附属書Ⅰ締約国から毎年交替で選出する
　[決定事項]
　　EGTTは技術移転活動を容易にし前進させる方法を分析，同定し，SBSTAと締約国会議に毎年報告を行うこと。締約国はCOP12でEGTTの仕事の進捗状況と委任事項のレビューを行うことなどが決定された[19]。

　　技術情報に関しては，条約事務局がSBSTA16（2002年春または夏）に，国際的な技術情報クリアリングハウスを条約のもとにネットワーク化することや，情報センターとネットワークの強化などの選択肢について報告と勧告を行い，この報告にもとづいて行うSBSTAの結論を考慮に入れて，COP8までに，事務局の主催で技術情報センターのネットワークを含む，情報クリアリングハウスを設置しなければならないことが合意された。また，ESTの移転をより効果的なものにするための障壁の同定や除去といった，投資環境の整備の問題については，先進国の公的機関が所有する技術の移転に関して，「適切であれば，

移転の促進を先進国に奨励する」という表現にとどまった。能力構築に関しては，途上国が4条5項の実施強化のための能力構築に資金や技術を利用できるよう，先進国はすべての実際的な手段を講じなければならない。

また，条約事務局が，締約国，GEFおよびその他の関連する国際組織と協力してこの枠組の履行を促進し，その実施に対する資金支援は，GEFの気候変動重点分野と条約の特別気候変動基金を通じて行なわれる。

長年意見が対立していた，専門家グループの構成は，途上国が主張していた既存の国連のグループ分けに基づく地理的配分方式ではなく，FCCC方式に近いものとなった[20]。

4 資金メカニズム

(1) COP3までの経緯

条約の資金メカニズムは，第21条により，適切な再編成を条件にCOP1が終るまでGEFに暫定的に委託された。第11条は，COP1後4年以内に，資金供与の制度について検討し適当な措置をとることとしている。条約の資金メカニズムを既存機関であるGEFにするか，新たな資金メカニズムを設置するかは，先進国・途上国間の長年の対立点であった。先進国は，地球環境に関する資金移転をGEFに集中させ，新たな機関の設置を回避する立場をとり，途上国は，資金額が不十分であること，管理の不透明性，代表権の不衡平性，手続きの複雑さと非迅速性などの理由から，GEF以外の資金メカニズムの設置を望んだ。

1994年にGEFの再構築に関する合意が成立したが，途上国はそれを不十分として，COP1では，GEFの暫定的運営主体としての立場を延長することが決定された[21]。

AGBM2で，4条1項における国家通報の提出などの義務の履行には先進国の支援が不可欠だとする途上国は，技術移転や資金移転のニーズを満たす手段として，気候変動対策を目的とするあらたな基金の設立を要求した。

SBI5で，GEFを暫定運営機関とする制度を見直す作業が開始されたが，合意に達することはできなかった。SBI6では，先進国はGEFを気候変動関

連の恒久的な資金供与機関とすることを主張し，途上国は，暫定機関としてはGEFでよいが長期的にはあらたな機関が必要であるとして，その評価をCOP4まで持ち越すことを主張した（川島 p.28）。COP3では，先進国・途上国の意見の相違が埋まらなかったため，議定書11条（資金メカニズム）には，できる限り条約の条文（4条3項，11条）をそのまま使うことで決着し，あらたな進展はみられなかった（川島 p.46, 47）[22]。但し，議定書11条2項では，附属書Ⅱ締約国が「第10条(a)の対象とされている条約第4条1項(a)の定める既存の約束の履行を促進するために発展途上国締約国が負担するすべての合意された費用に充てるため，新規かつ追加的な資金を供与すること」を定め，排出目録の作成や国別計画の作成も新規かつ追加的な資金供与の対象としている。

(2) **COP4からSB13までの経緯**

COP4は，再構築後のGEFを条約の恒久的な資金メカニズムとしてその運営を委託し，条約11条4項に従って4年ごとに資金メカニズムの見直しを行うことを決定した[23]。同時に，途上国の主張を反映し，GEFに幅広い適応活動や，途上国の第二回国家通報，途上国の気候変動問題への対処能力構築などを資金供与の対象とすることを求めることになった[24]。

COP5では，小島嶼国の適応面での能力獲得のために，小島嶼国を支援する資金メカニズムの必要性が強調された。また，G77・中国は，非附属書Ⅰ国の国家通報の作成に必要な「合意されたすべてのコスト」を満たすには，資金が不十分であることを指摘した。

SB13では，途上国が，GEF以外の新たなメカニズムによる資金供与を主張し，特に後発発展途上国（以下，「LDCs」）は，GEFのもつ制度的な煩雑さなどに強い不満を表明した。また，2001年10月に開催されたLDCsの特別な事情，ニーズ，懸念についてのワークショップから出された基金提案が紹介され[25]，気候変動に関連したLDCsのための特別な資金要求として4つの基金を含む7つの提案がなされた[26]。

(3) **COP6**

交渉開始時における未合意事項[27]

交渉開始時点では，GEFの機能のありかたの改善や，GEFが多くの追加

第2部　京都議定書の国際制度

的活動に資金を供与すべきであるという点では合意に到達していたが，対象となる適応活動のタイプ，方式，災害準備，災害管理，異常気象のための早期警告システムの設置あるいは強化のための能力構築にGEFの資金を供与すべきかどうか，GEFを技術移転などの特定の分野における資金供与の唯一の経路にすべきかどうか，の点で意見が対立していた。

11月22日，日本がアンブレラグループを代表して，GEFの簡素化とLDCsと小島嶼国への特別の配慮の問題のための資金経路としてGEFに新たな「窓口」を創設することを提案した。

適応基金，条約基金，気候資金委員会の設置，および追加的資金源に関する議長の覚書（11月23日付）とそれに対する各国の主要なコメント[28]は以下の通りである。

項　　目	議長覚書	締約国からのコメント
A　適応基金	適応基金は，GEFのもとで設置される新たな信託基金で，LDCsや小島嶼国のニーズに特別な考慮を払うものである。非附属書I締約国における具体的な適応事業（Stage3[29]）の実施に資金を供与し，事業は国連の実施機関が実施する。財源はCDMの収益の一部（CERsの2％）でCDMの執行機関が基金を管理する。執行機関はCOP/MOPに対し説明責任を負う。COP/MOPは適応活動への資金供与に関する計画，優先度，適格性の基準について指導を与える。また対象となる活動は，森林減少の回避，土地劣化および砂漠化の防止である。	アンブレラグループは，「信託基金」ではなく「新規窓口」に，基金の管理はGEFに，また，基金の設置に関しては，「基金の設置に努める意志を宣言する」（Bに関しても同じ）に，変更することを求めた。EUは，資金源として附属書II締約国による任意の拠出の追加を，G77・中国はGEFでなく，意思決定において途上国がより影響力を及ぼすことができるCOP/MOPのもとに基金を設置すること，また，財源はCERsの2％ではなく，10％のうち90％とし，国連の専門機関が基金の非信託者となること，対象となる活動の追加などを求めた。
B　条約基金	GEFのもとで，新規かつ追加的な資金供与を確保する新しい窓口として創設される基金で，LDCsや小島嶼国のニーズに特別な考慮を払うものである。対象範囲は，技術移転，気候変動関連の能力構築，特定のCDMの能力構	アンブレラグループは，「緩和基金」に名称を変更し，GEF事務局が基金を管理し，COP/MOPの政策指導のもとで運営することを主張した。EUは「窓口」を「基金」に，「ODA」を「追加的ODA」に変更することを求めた。

9 京都議定書における途上国に関連する問題について

		築，緩和措置を定める国家計画，経済多様化のための支援，経済移行国における能力構築などである。資金源は，GEFへの第三次増資，附属書Ⅱ締約国の任意の拠出，附属書Ⅱ締約国が初期割当てのX％を基金の登録簿に移転し，附属書Ⅰ締約国は，3.1条の約束達成のためにこれらのユニットを取得できるシステムをつくる。GEF理事会が基金を管理し，COPに対して説明責任を負う。	条約のもとでの先進国の約束と議定書とのリンケージを嫌うG77・中国は，基金がCOPの特別な指導のもとでCOPに対して説明責任を持ちながら機能し，国連の専門機関（例えばUNEP）を受託者として別の主体として基金を設置すること，ESTの移転，資金源は新規かつ追加的で，附属書Ⅱ締約国による義務的な拠出とするよう修正を提出した。
C	追加的資金源	適応基金と条約基金に追加して，他の経路を通じて気候変動問題向けの資金供与を増大させる。遅くとも2005年には，追加の資金が年間10億米ドルに達するようにし，それ以下の場合は，共同実施と排出枠取引きに課徴金を課す。	アンブレラグループは，「追加的資金源」を「資金と方式」に変更すること，適応基金と条約基金の合計が第一約束期間全体で10億米ドルであること，共同実施と排出量取引への課徴金を削除することを求めた。EUは，適応基金，条約基金，気候変動分野への他の資金支援を合計して年間10億米ドルとすることを主張した。これに対し，G77・中国は，贈与または譲渡ベースで附属書Ⅱ締約国から義務として拠出される新規かつ追加的な基金の合計額が年10億米ドルであること，合計額が2000年から2005年の年平均で10億米ドルに満たない場合は，議長提案にあるように課徴金を課すことを主張した。 *　金額の点で，アンブレラグループとG77・中国，EUは大きく異なるが，条約交渉以来はじめて具体的な供与額が提示された交渉となった点で，一歩前進したといえよう。
D	気候資金委員会	GEF，地域開発銀行，世界銀行，UNDPなどの既存の資金供与経路や資金供与組織に対し，気候	

第 2 部　京都議定書の国際制度

| | 変動向けの資金供与の拡充，監視と評価などに焦点をあてて政策の助言を行う権限を有する「気候資金委員会」をCOP7で設置する。 | |

(4) COP6後からボン合意まで

　6月11日付議長統合交渉テキスト案[30]は，11月の議長の覚書と比べ，より詳細で具体的な内容となっている。

　　A　適応基金

　対象事業に，非附属書Ⅰ締約国における「試験的」適応プロジェクトとプログラムが追加された。事業の適格性という項目が設けられ水源管理やインフラ開発など7項目が追加された。基金の管理に関しては，先進国と途上国の妥協点を探る形で，「議定書締約国会合（以下，「COP/MOP」）の指導のもとでGEF理事会とは別のカウンシルが管理する」となった。また，資金源には，附属書Ⅰ締約国からの拠出が加わった。

　　B　特別気候変動基金

　GEFのもとに設置される新規の信託基金で，COP/MOPの指導のもとでGEF理事会が管理する。対象となるのは，GEF気候変動重点分野に配分される資金と多国間および二国間融資により資金供与されるものに追加的で補足的な活動や計画および措置である。資金の拠出方法は，附属書Ⅰ締約国の財政的拠出と割当量，またはそのどちらかである。

　アンブレラグループは拠出方法の記述そのものの削除を主張した。G77・中国は，附属書Ⅱによる新規かつ追加的な義務的拠出を求めた。

　　C　気候資金委員会

　COPは国連事務総長に対して，「持続可能な発展に関する世界首脳会議」に向けてハイレベルな気候資金委員会の設置を勧告する。委員会の役割については，「資金のニーズと利用可能性の監視」「資金の配分に関する助言」「合意された資金供与の目標が達成されたかどうかの決定」など，11月より具体的な記述がみられる。

　　D　資金レベル

　附属書Ⅰ締約国は非附属書Ⅰ締約国における気候変動に関する活動のために新規で追加的な資金を贈与または譲与ベースで拠出する。EUとG77・中

国が主張していた拠出目標額の設定（遅くとも2005年までに全体で年間10億米ドルに達すること）が含まれているが，アンブレラグループが反対した共同実施と排出量取引への課徴金は削除された。拠出目標の対象に含まれるのは，気候変動重点分野に配分されるGEFへの拠出，特別気候変動基金と適応基金への拠出，気候変動関連活動に関する二国間または多国間の資金供与（現在の資金レベルに対する追加性を確保する）である。また，附属書Ⅰ締約国の90年のCO_2排出割合にもとづいて目標数値を決定するという拠出の分担方法が提示された。

さらに，資金の勘定には，CDM事業活動の収益分担金の一部とCDM事業活動向けの公的資金を含めないとし，途上国の主張を取り入れた提案となった。

また，交渉テキスト案には，附属書Ⅰ締約国はCOPに，資金目標の対象となる資金のフローを国家通報で報告し，COPがレビューを行う；COPは，特別気候変動基金とGEFの対象となる個別の分野への基金の配分について指導を与える；拠出負担分が未払いの場合は，新組織の委員となる資格を得ることができない；などの点が含まれている。こうした拠出金不払いの帰結の設定や報告義務とそのレビューの導入には途上国側の意向が反映されている。

(5) COP6再開会合

交渉開始時に，締約国に以下の未合意事項の論点[31]が配布された。

A　適応基金・特別気候変動基金

議定書発効前および発効後の拠出は任意か義務か。拠出を求められるのは附属書Ⅰ締約国か附属書Ⅱ締約国のみか。拠出を義務とする場合不払いの帰結を設定すべきかどうか。

B　特別気候変動基金

GEFが管理すべきかどうか。経済の多様化の分野における気候変動関連の活動・プログラム・措置を対象とすべきかどうか。当該基金を利用できる条件として，非附属書Ⅰ締約国に緩和と吸収・固定化の国家戦略の実施を要求するかどうか。

C　適応のための課金

CDM事業活動に対する課金を三つのメカニズムすべてに適用すべきかど

うか。その額の設定。
D　適応基金のための収益分担金の額
E　財政的追加性
　この項目に関する説明文は，CDM事業活動への公的資金の使用について，ODAだけでなく資金メカニズムの枠組の中での条約締約国の財政的責任に対し明確に追加的でなければならずその流用はしてはならない，としている。さらに議長統合交渉テキスト案でも同様のことが強調され，途上国の多くやEUの主張が反映されている。

　G77・中国は，米国の離脱を念頭に置きながら，条約とまだ交渉が完結していない議定書を明確に分離させる必要性を強調し，適応基金をあくまでも議定書の問題として扱うことを主張した。また，条約の約束がまだ十分に履行されていないことをあらためて指摘した[32]。EUは，合意達成のために途上国と先進国間の衡平性の問題を重視していた。CG11は，途上国への拠出責任に市場経済移行国が含まれることや，排出量取引や共同実施にも課徴金が課せられることへの懸念を表明した。小島嶼国は，適応策を実施するための追加的な基金の必要性を訴えた。
　資金供与を任意とするか義務とするかに関しては，大部分の附属書I締約国は依然任意の拠出を支持し，不遵守のいかなる帰結にも反対だった。一方，義務化を主張してきた途上国は今回は義務化にそれほど固執せず，任意とすることに合意した[33]。
　先進国は，能力構築の分野で，「制度的能力の構築」や「災害の管理」などを資金支援の対象とすることによってGEFへの負担が過剰になることを懸念し，それらの削除を求めたが，G77・中国はこれに反対した[34]。
　米国の離脱の影響により，議定書を批准したくない国が条約のもとで緩和の作業に参加し続けることができるように，条約と議定書の履行を明確に分ける必要性があることが議論された。また，拠出額に関する目標の設定はもっとも意見が対立する点だったが，途上国の合意を得るにはある程度具体的な資金額を確保する必要があった。
　後に「ボン合意」のテキストとなる，議長の「コアエレメント」提案[35]（21日付）の，附属書II締約国からの資金供与を求める政治宣言の提案をうけて，EUとG77・中国の間で資金供与に関する宣言についての協議が開始

された。

22日，カナダは，LDCsの適応のニーズを満たすことを手助けする基金を迅速に始動させるために1,000万ドルを拠出することを発表した。

(6) 「ボン合意」と決定草案

A 条約の履行のために必要な資金移転のための資金メカニズム[36]

特別気候変動基金および後発発展途上国基金の二つの基金を設置することが合意された。二つの基金に共通した合意事項は以下の通りである。

・GEFの気候変動重点分野，多国間および二国間の資金供与に配分される拠出に対し新規かつ追加的であること
・非附属書Ⅰ締約国が予測可能で適切な額の資金拠出を得ることができること
・条約の約束を履行するために，附属書Ⅱ締約国およびそうすべき立場にあるその他の附属書Ⅰ締約国は，GEFの補充増資，気候変動特別基金，二国間，多国間の経路を通じて発展途上締約国に対し資金の供与を行う
・附属書Ⅱ締約国間の拠出分担に関する妥当な方式を考案する必要がある
・附属書Ⅱ締約国は毎年，資金拠出に関する報告を行い，COPは毎年その報告をレビューする
・COPの指導のもとで，条約の資金メカニズムを管理する主体（現時点ではGEFのみ）によって運営され，この主体が基金設置の目的達成に必要な取り決めを行う

資金供与は，附属書Ⅱ締約国の政治宣言による任意の拠出となった。

[**特別気候変動基金**]　　気候変動関連の，適応，技術移転，エネルギー，交通，工業，農業，森林，廃棄物，4条8項(h)で言及されている発展途上締約国の経済の多様化を支援のための活動，の各分野における活動，プログラム，措置への資金供与を目的として設置する。

GEFの気候変動重点分野に配分される資金や，二国間，多国間の資金供与を受けている活動，プログラム，措置に対し補完的なものでなくてはならない。

[**後発発展途上国基金**]　　LDCsのための，特にNAPAを含む作業プログラムの支援を目的として設置する。

拠出は，附属書Ⅱ締約国と拠出する立場にあるその他の附属書Ⅰ締約国に求められる。

COPは，条約の資金メカニズムを管理する主体に対し，基金運営のための方式について指導を行う。

B 議定書のもとに設置する基金[37]

基金への拠出は，条約のもとで行われる拠出に対し新規かつ追加的なものであり，また，適切な拠出分担方法を考案する必要がある。

[京都議定書適応基金]

議定書締約国である発展途上国における具体的な適応事業および計画への資金供与を目的として設置する。

CDMの事業活動の収益分担金（CERの2％分）およびその他の資金源から供与される。

拠出は議定書を批准する意志のある附属書Ⅰ締約国に求められる。この拠出は，CDM事業活動の収益分担金に対して追加的なものである。

基金の運営・管理は，COP/MOPのもとで（発効までは条約締約国会議），条約の資金メカニズムを運営する主体が行い，この主体は基金の目的に必要な取り決めを行う

議定書を批准する意志のある附属書Ⅰ締約国は，毎年資金拠出に関して報告を行い，COP（発効後はCOP/MOP）がこのレビューを行う

GEFはCOP8までに必要な取り決めを行い，COP8に報告する。

[資金拠出に関する政治宣言][38]

ECおよびその加盟国，カナダ，アイスランド，ニュージーランド，ノルウェー，スイスは，2005年までに毎年合計4億1,000万米ドルを拠出できるようにし，2008年にその拠出額をレビューするという共同宣言を行った。

この他に，日本は7月23日川口環境省大臣が声明の中で，日本は発展途上国の気候変動関連のプロジェクトに対する最優遇条件での借款に年間平均約24億ドルの供与を約束し，1998年以来気候変動プロジェクトのために74億米ドルを資金的・技術的支援として供与してきていることに言及した。しかし，今後の具体的な拠出を約束する政治宣言とは異なるものであり，声明の意図が不明である。

5 悪影響[39]

問題の概要と経緯

条約4条8項は，条約4条の約束の履行にあたり，気候変動の悪影響または対応措置の実施による影響に起因する途上国のニーズや懸念に対処するために，条約のもとでとるべき措置について十分な考慮を払うとし，特にこうした影響に脆弱な国として小島嶼国や化石燃料の輸出に国の経済が依存している国など9つを挙げている。4条9項は，資金・技術移転に関して，LDCsの特別な事情について十分な考慮を払うことを規定している。また，議定書3条14項は，COP/MOPは第一回会合で，基金の設立，保険，技術移転など，議定書3条1項に定める先進国の約束の実施による影響を最小化する方策を検討するとしている。また，議定書2条3項（政策・措置）は「気候変動による悪影響，国際貿易への影響および他の締約国に対する社会的，環境的および経済的な影響を最小限にするような方法で，……（中略）……政策および措置をとるよう努力する」としている。

AGBM4では，AGBM3での途上国の要請により，附属書Ⅰ締約国の新たな義務が途上国経済におよぼす影響に関する円卓会議が開催され，産油国が音頭をとって，経済活動の鈍化や途上国からの輸入の減少への懸念が議論された（川島p. 13）。

COP1以降，産油国はIPCC批判などによって，数値目標を持つ法的拘束力のある議定書採択を回避しようとしたが，COP2での米国の姿勢転換やそれに続く大臣宣言によって，COP2は翌年の議定書合意に向けて大きく前進することになった。その結果，産油国はG77・中国の中で一旦は孤立したが，条約4条8項と9項の議論を通じて，「特別な配慮」を必要とする国の一部としての自らの利益だけでなく，小島嶼国などの利益を代弁し，小島嶼国と手続き上団結する戦略をとることでG77・中国内での影響力を再び取り戻した（Grubb, p. 140）。産油国は，経済的損失の補填を主張し，AOSISは基金の設立や保険を望んだ。AGBM8でG77・中国は，補償基金の設立を提案した[40]。先進国は，特に「補償」に関しては決して妥協することはなかったが，交渉の前進のために常にこの問題に関する一項目が決定事項として残された。この時期，産油国は議定書採択を覚悟した一種の条件闘争に入ったとみることもできる。

COP3では，資金供与，保険，技術移転など，条約4条8項，4条9項に関する途上国の支援策について議論するようSBIにもとめることが決定された（3/CP. 3）。議定書2条3項，3条14項，決定3/CP3は，議定書採択を可能にするための産油国対策であったといえる。BAPAにおいて補償の問題は，「条約のもとでの対応措置の履行の影響の同定」の問題として，条約4条8項，4条9項，議定書3条14項の実施計画を規定するFCCC/CP/1998/16/Add. 1, 5/CP. 4 Implementation of Article 4.8 and 4.9 of the Convention (Decision 3/CP. 3 and Articles 2.3 and 3.14 of the Kyoto Protocol) の1の(b)に含まれている[41]。同決定に従い，COP5で4条8項，4条9項，2条3項，3条14項の履行のためにまずやるべき行動の同定を行い，COP6で追加的な行動について合意することになった。COP5では，「補償」の検討に対する先進国の否定的な姿勢は変わらなかったが，再び4条8項・9項の履行プロセスを継続する決定を採択した[42]。COP5はまた，SBの議長の指導のもとで，このための二つのワークショップを2000年3月31日までに開催することを決定した。

気候変動による悪影響
(1) SB13・SB13-Ⅱ

2000年9月に開かれたSB13で，G77・中国は，長い間具体的実施が先延ばしされてきた条約4条8項・9項と，未発効の議定書の3条14項とは別々の決定を作るという立場をとり，米国・EUはこれに反対した。また，G77・中国は気候関連の災害救援基金の創設を提案したが，EU，米国は，自然起因と人間起因の気象災害の区別の困難さを考えると資金供与に複雑さを加える可能性があるとして反対した[35]。

2000年10月にLDCsの特別な状況，ニーズ，懸念に関するワークショップが開催され，NAPAの作成と実施を目的とする「即時」の「長期的」な適応基金を求める提案がCOP6に向けて作成された。SB13-Ⅱでは，ワークショップの結果を受けて，決定草案の「悪影響」のセクションにLDCsに対する特別の扱いを入れることが合意された[44]。

(2) COP6

LDCsへの特別な扱いをどう組織するかは，条約4条8項・9項と議定書3条14項に関して決定を二つにするかどうか，資金移転を含む先進国の行動

に関して法的な義務を示す言語を使用すべきかどうかとともにCOP6での「悪影響」全般に関する主要な論点であった。
11月23日付「議長覚書」にある提案を要約すると以下のようになる。

 A 気候変動による悪影響
 附属書II締約国がとるべき行動
・実験的事業または実地試行事業
・特に，水資源管理，土地管理，農業，衛生，インフラ整備，生態系および統合的沿岸地帯管理の分野での適応事業
・疫病のモニタリングの改善と，気候変動の影響を受けている締約国における疾病管理と疾病の未然防止
・森林減少の回避と土地劣化防止で，気候変動に関連するもの
・異常気象事態に速やかに対応するための国家レベルおよび地域レベルのセンターならびに情報ネットワークの設立と強化
 B LDCsの特別なニーズ（小島嶼国を含む）
◆LDCsに対してGEFが資金供与を行うための，以下のことに焦点をあてた個別の作業計画を作成する
・脆弱性や適応ニーズの評価の早期開始
・NAPAの作成
・具体的な適応事業実施の優先
・NAPAを支援するLDCs専門家グループの設置
◆LDCsへの大規模なCDM事業の流れを奨励するために，LDCsにおけるCDM事業は，適応のための課金の支払いを一部免除される。「小規模CDM事業」の実施も促進される

これに対し，G77・中国はLDCsと小島嶼国の特別なニーズに対応する手段として，制度開発基金の設置を含めることを求めた[45]。

 (3) COP6再開会合

COP6再開会合では，11月23日付「議長覚書」に列挙されたものをほぼ含む，資金供与の対象となる実施すべき活動と，今後の議論のプロセス等が合意された。

「ボン合意」
 ・認められた活動の実施は，GEF，特別気候変動基金，および二国間・多国間の資金供与を通じて支援されなくてはならない

- COPは，保険に関するワークショップの結果にもとづき，気候変動の悪影響から生じる途上国締約国の特別なニーズと懸念を満たすために，COP8で保険関連の行動の実施を検討する

「4条8項，4条9項に関する決定草案」
- GEFは情報と方法論に関する活動と，脆弱性と適応に関する活動の両方を支援すべきである。特別気候変動基金および適応基金，またはそのどちらか，および二国間・多国間の資金源は，適応，疾病や病原菌媒介生物による感染症の改善とモニタリング，および能力構築に関する活動を資金支援すべきである。
- LDCsの既存の国家気候変動事務局の強化および設置，交渉手腕や言語のトレーニング，NAPAの準備の支援のためにLDCsの作業プログラムを設置する。また，GEF，特別気候変動基金，および他の二国間・多国間の資金源はLDCsを支援する活動に資金を供与すべきである。
- COP7前にLDCs向けの適応プログラムのワークショップを行い，COP8前に，異常気象関係と対策による悪影響に関して，保険とリスク評価のワークショップを行う。COP9前には，他の環境協定との協調行動のワークショップと産油国の経済多様化のワークショップを行う。

「京都議定書3条14項に関するCOP/MOPへの勧告草案」
　以下の「対応措置の実施による悪影響」を参照。

対応措置の実施による悪影響

(1) SB13・SB13-II

　産油国は，既存の市場の欠陥やエネルギー部門における補助金などに関する情報の提出義務を附属書I締約国に求めることを主張していたが，SB13では，附属書I締約国の多くがこれに対して留保の立場をとった。また，G77・中国，クウェート，ヴェネズエラは，産油国における経済多様化のための化石燃料関係の技術開発の重要性を強調した。

　産油国への直接的な補償の問題を回避するために，経済の多様化の支援やそのための技術移転の必要性に対するコンセンサスが形成されつつあったが，その一方で，高所得の途上国への補償を含み，また先進国が温暖化緩和のための対策・措置を履行することへのディスインセンティブとなり，条約の目的を損なうものだとして，補償の概念そのものに反対する国もあった。

(2) COP6

LDCsと小島嶼国の適応のための基金の必要性に関しては先進国からも支持があったが，産油国の補償に関しては多くの先進国が留保を表明した。

A 条約4条8項関連事項

議長覚書では，附属書Ⅱ締約国が，技術移転，能力構築，経済の多様化，化石燃料生産におけるエネルギー効率向上，（炭素回収や炭素固定を含む）先進的な化石燃料技術の分野での方法論に関するさらなる作業にもとづく具体的な行動によって，対応措置で悪影響を受ける非附属書Ⅰ締約国を支援すること，また，発展途上国たる締約国は，対応措置の実施により生じる特別なニーズや懸念を国家通報で報告すること，が提案されたが，前者の提案に対し日本，オーストラリアは，「支援することを奨励する」に変更することを求めた[47]。

B 議定書3条14項関連事項

附属書Ⅰ締約国，および，そのようにする立場にある他の締約国に対し，国家通報で，気候変動に対処する目的で採用した，または計画している政策と措置が，社会，環境，経済に引き起こす悪影響を制限するための努力について報告することを求め，国家通報を議定書8条のもとでレビューすること。また，市場経済への移行過程にある附属書Ⅰ締約国には，一定レベルの柔軟性を認めることを決定すること，が議長より提案された（11月23日付「議長覚書」）。

これに対し日本，オーストラリアは，「決定する」を「決定を奨励する」に変更することを求め，G77・中国は，附属書Ⅰ締約国が国家通報だけでなく，国別の年次排出目録においても報告を行うことを求めた[46]。

2001年6月の議長統合交渉テキスト案では，「3条14項に関する実施上の問題は，遵守委員会の促進部の権限対象となることが明記され得る」という文言が加わった。

(3) COP6再開会合

議長は以下の論点を未解決の問題として示した[40]。

・条約4条8項（対応措置）のもとで，影響をうける発展途上国を支援する約束は，拘束力のあるものか，任意か
・3条14項の約束は任意で遵守委員会の促進部が取り上げ，国家通報で報告するのか，あるいは拘束力を持ち強制部が取り上げ，年次ベースの排出目

録で報告するのか
・先進国の対応措置によって悪影響を受けた途上国は補償を受けるべきか
・3条14項のもとにとられる行動は，先進国の対応措置の選択を規定するのか，あるいは，途上国の活動（例えば，経済の多様化）を支援することに限定されるのか

「ボン合意」

A 条約4条8項・9項関連事項

・保険に関するワークショップの結果にもとづいて，保険関連措置の実施をCOP8までに検討する。認められた活動の実施は，GEF，特別気候変動基金および二国間・多国間の財源を通じて支援する。

B 議定書3条14項関連事項

以下のことをCOP/MOP1に勧告することが合意された。

・附属書Ⅰ締約国に対し，議定書7条1項のガイドラインに従って，年次排出目録への必要な追加情報として，発展途上国，特に条約4条8項・9項に示される途上国への悪影響を最小限にするような方法で，議定書3条1項の約束を実施するために議定書3条14項のもとでどのように努力しているかについて情報を提供する。この情報は，遵守委員会の促進部によって検討される。さらに，附属書Ⅰ締約国に対し，以下に列挙する行動に関する情報を含めることを求める。

・附属書Ⅱ締約国およびそうする立場にあるその他の附属書Ⅰ締約国は，議定書3条14項の約束を実施するにあたり，以下の行動を優先しなければならない。

　　a）市場価格や外部性を反映するためのエネルギー価格の改革の必要性を考慮に入れた，市場の欠陥，財政上のインセンティブ，税や関税の免除，すべての温室効果ガス排出部門における補助金の漸進的な削減あるいは段階的全廃，

　　b）環境上不適正で，安全でない技術の使用に関係する補助金の撤廃

　　c）化石燃料の非エネルギー使用の技術的開発における協力と，この目的のための途上国支援

　　d）温室効果ガスの排出が少ない高度な化石燃料技術，温室効果ガスを回収し貯蔵する化石燃料関連技術の両方あるいはどちらかの開発，拡散，移転における協力。これらの技術の広範な使用を推進し，そのた

めに後発発展途上国とその他の非附属書Ⅰ締約国の参加を促進する。
　e）化石燃料関連の上流・下流における効率を改善するために、これらの活動の環境面での効率向上の必要性を考慮に入れて、条約4条8項と4条9項の途上国の能力を強化する。
　f）化石燃料の輸出と消費に大幅に依存している途上国が、経済を多様化する手助けをする

「3条14項に関する決定草案」
・附属書Ⅱ締約国は、化石燃料の輸出と消費に大幅に依存している途上国の経済の多様化を支援することを優先すべきである。COP/MOP3で附属書Ⅰ締約国の行動のレビューを行い、さらにどのような行動が必要かを検討する。

6　LDC問題[49]

マラケシュ・アコードの末尾の「条約4条9項の履行状況の評価に関する結論」[50]には、LDC基金の設置、LDC基金への指導[51]、NAPAのガイドライン[52]、LDC専門家グループの設置[53]、の4点に関する合意を指して、LDC問題における大きな進展があったと評価している。いずれも、G77・中国、特にSB13以来声をひとつにするようになったLDCグループ[54]がLDCsが直面する深刻な状況への対応の緊急性を繰り返し訴えてきた結果だといえよう。LDC専門家グループは、LDCsの緊急な適応のニーズを満たすNAPAの作成と履行戦略に関して助言することを目的としている。このグループのメンバーを、非附属書Ⅰ締約国の国家通報に関するCGE[55]の中の、LDCsおよび附属書Ⅱ締約国のメンバーが少なくとも各一名ずつ兼ねることが合意されたことによって、適応に関する問題について二つの専門家グループ間の連携が可能となった。この「決定」には、米国の主張により、他のカテゴリーの国による同様のグループを作る前例とはしないという一文が挿入された。COP9でその継続などに関する見直しを行う。また、4条9項の履行状況そのものもCOP9で再評価することになった。

7　マラケシュ・アコード

途上国関連事項に関しては、COP6再開会合で採択された「ボン合意」と

8つの決定草案の内容がそのままCOP7で採択された。しかしながら，議定書5条（国家通報）・7条（排出目の作成・通報）・8条（通報のレビュー）に関する交渉がCOP7に積み残されたため，7条で追加的な情報として扱う資金の拠出に関する情報の報告（FCCC/CP/2001/L.15），および議定書3条14項に関する情報の報告（FCCC/CP/2001/L.13）のガイドラインについて，法的義務を示す文言（shall）を使用するかどうか，レビューを毎年行うかどうか，報告を提出しなかった場合に7条に規定される国家通報や排出目録の未提出と同様京都メカニズムへの参加資格とリンクさせるかどうか，などはCOP7で議論された。途上国グループは，法的義務を示す文言の使用と，メカニズムへの参加資格とのリンクを主張し，先進国はこれに反対の立場をとった。

資金供与に関しては，議定書7条2項のもとで附属書II締約国は，どのような新規かつ追加的な資金源が供与され，どの点でそれが新規かつ追加的なのか，これらの資金源のフローの妥当性と予測可能性の必要性をどのように考慮したのか，など議定書11条の履行に関する情報，および条約の資金メカニズムの運営主体への拠出に関する情報を国家通報の中に含めなければならないこと，また，適応基金に資金供与をした附属書II締約国は，その拠出金に関しての報告を国家通報で行わなければならないこと，が合意された[56]。報告提出義務の不遵守は遵守委員会の促進部で扱われるが，不遵守の場合でも途上国グループが主張したような京都メカニズムへの参加資格とのリンケージは認められなかった。

議定書3条14項に関する情報の報告に関しては，附属I締約国は，議定書7条1項のもとで毎年提出する排出目録とともに提出する法的義務を負うが，一方，この情報提出の義務の遵守を京都メカニズムへの参加要件とはしないという抱き合わせの形で決着した。

3条14項に関する情報の報告を京都メカニズムへの参加資格とリンクさせるかどうかは，先進国と途上国間で決着がつかず，大臣級会合まで持ち越された。報告提出を法的義務とすべきだとする産油国の主張に対し，日本，オーストラリア，カナダが懸念を表明したため，双方の主張を反映した妥協案で合意が成立した。また，対策措置の悪影響を最小化する方法の報告方法に関するワークショップをCOP/MOP2前に組織することを事務局に要請することになった。条約の補助機関はこのワークショップの結果を受けて，

COP/MOP2に勧告を行う。

8 合意の評価と今後の課題

　COP6再開会合前，米国の議定書離脱による途上国支援の先進国による拠出総額の大幅減少と，最大の先進排出国の削減努力の放棄が途上国に及ぼす影響が心配された。しかしながら，G77・中国の議長国であったイランは，COP6再開会合の交渉にG77・中国が建設的な姿勢で臨むことを開会の席で明言した。各種委員会や専門家グループの構成，基金の設置などでは，途上国の主張が相当程度反映されたが，一方で，途上国支援のための拠出を法的義務とすることを強く主張し続けてきたG77・中国は，任意の拠出に合意するなど，合意達成のために柔軟な姿勢も示した。また，新設基金はすべてその運営主体をGEFとしたことも*，途上国側の妥協のひとつである(注)。EUもまた，ボンでの合意を達成するために途上国との交渉上の連携を探るなど積極的な立場をとった。その結果，「ボン合意」に加えて，途上国関連で8つの決定草案の合意が達成され，これらはCOP7で正式に採択された。基金の具体的な運用や予測可能で適切な拠出額の担保などさらなる議論が必要とされる点は多々あるが，条約発効以来十分な進展がみられなかった途上国関連の問題に関しては，基本的な枠組がCOP6再開会合で合意されたということができよう。

　　＊　「条約の資金供与メカニズムを運営する主体によって運営かつ管理される」とあるが，現時点ではこうした主体にあたるのはGEFのみである。

(1) 技術移転

　条約に規定された技術移転に関する附属書II締約国の約束については，長年具体的な進展がなかった。こうした状況に懸念を募らせていた途上国は，BAPAに含まれた技術移転の枠組みを，条約の約束を実施するための附属書II締約国の具体的で迅速な行動を担保するものにしようとした。特に，発効までまだ時間がかかる議定書の交渉と，条約のもとに早急に実施されなくてはならない約束とを切り離すことを強く主張し，CDMや共同実施といった議定書のメカニズムを通じた条約の約束の実施を示唆する米国などの一部の先進国の提案には強い反発を示した。ボン合意は，条約の約束と議定書の約

束を切り離し，条約の約束の履行を促進することを可能とした点で評価できる。皮肉なことに，離脱表明によって米国にとっても議定書と条約の交渉を切り離す必要性が生まれたことが，こうした合意を可能にした。

条約4条5項，4条3項にある資金供与に関して，はじめて技術移転のための具体的な資金源が担保されたことも，ボン合意が果たした進展だといえよう。しかし，実際にはどのくらいの資金が技術移転に対して供与されるかは不明であり，今後十分な資金額が安定して確保される仕組みを合意する必要がある。

問題点としては，「環境上適正な技術（EST）」の定義が明確ではなく，技術移転の枠組から非持続的な技術を排除できる仕組になっていないことが指摘できる。また，何がそれぞれのホスト国や地域共同体が必要とする適切なESTであるかを定義するには，地域共同体や環境NGOのニーズアセスメントへの参加が不可欠である。

さらに今後は，国際金融機関や国際協力銀行の投資ガイドラインを気候変動枠組条約の目的と整合性のあるものへと改定できるよう，COPが働きかけを行っていく必要がある。

(2) 資金メカニズム

米国の議定書からの離脱宣言によって，途上国の主張通り，条約のもとでの資金メカニズムと議定書のもとでのメカニズムとが切り離されて議論される結果となった。米国は依然条約の締約国であり，条約のもとでの資金供与の約束は果たすことを明言した。しかし，EU，カナダ，アイスランド，ノルウェー，ニュージーランド，スイスによる政治宣言で提示された拠出総額は，COP6の議長覚書で提案された年間10億米ドルにはるかに及ばず，途上国にとっては不安を残す妥協となった。

ODA，既存の二国間・多国間の資金供与，CDM事業活動への投資に対して新規かつ追加的な資金源を要請していることは評価できるが，ベースラインの問題は依然残り，また「予測可能で適切なレベルの資金拠出」を確保する具体的な方法も合意されていない。日本を含めより多くの先進国が適切な拠出額を宣言する必要があるとともに，「予測可能で適切なレベル」を確保する方法を交渉していく必要がある。また，拠出の分担方法の必要性も明記されているが，今後は，2001年4月9日付議長提案[57]にある，1990年の

CO_2排出割合に応じた分担率など,拠出分担の方法に関する交渉を迅速に進め,具体的な結論を出す必要がある。

適応基金も資金源の確保の点で問題がある。適応基金の資金源は,CDM事業活動から生まれるCERsの2％分と,附属書Ⅰ締約国からの資金拠出であるが,CERsからの分はかなり小さな額になるという予想もあり,(松尾,2001年,p. 8) また,CERsの価格の暴落による資金不足の可能性も指摘されている(CASA,2001年,p. 8)。いずれにせよ,他の基金同様,基本レベルの基金の総額が明示されていない点が懸念される。すべての基金に関してその資金額の妥当性を定期的に,あるいは必要に応じて見直し,増資の決定をするシステムを確立することが課題のひとつではないだろうか。また,COP6の「議長覚書」で提案され,その後の交渉過程で消えた「気候資金委員会」の設置は,気候変動レジームの外にある国際開発銀行などの多国間,二国間の開発支援や投資のガイドラインを気候変動枠組条約や京都議定書の目的と整合性のあるものにするために有効な手段となる可能性があった。気候変動問題だけにとどまらず,地球環境協定全般に関するこうした委員会の設置は,問題間の政策的リンケージの観点からも,今後の検討に値するのではなかろうか。

一方,条約の中で気候変動に最も脆弱な国々と特記されながら,COP5まで,BAPAに関する交渉においてもそれほど重視されてこなかったLDCsのための基金の設置が合意された意義は,条約の履行強化の点で大きい。

(3) 悪影響

「悪影響」の問題は,これまでの交渉過程では,気候変動の悪影響と対策・措置の影響,すなわちLDCsや小島嶼国への支援の問題と産油国への補償の問題が一括して扱われる傾向にあったため,先進国側にとっては対処が難しい問題だった。ボン合意では,米国の離脱の影響もあり,条約4条8項と4条9項を一括し,議定書3条14項と別に扱っている。前者においては,気候変動の悪影響に関しても対策・措置の実施の影響に関しても,「保険関連活動の実施」について検討するとしている。後者は,主に対策・措置の影響について扱っている。

これまでCOPごとに,かろうじて先進国が先送りしてきた産油国への「補償」の問題は,「議定書3条14項の履行のプロセスを確立する」ことが決定

事項に含まれたものの,今回もワークショップの開催を約束することで実質的に再び将来のCOPに手渡された。

しかしながら,追加的情報提出の義務やそのガイドラインなど,これまでより具体的な行動が決定されたことで,今後の交渉の裾野が広がり早晩先進国に新たな戦略が求められる可能性がある。

今後,途上国関連の問題に関しては,基金の規模,拠出の分担方法,運営方法の決定を含む合意事項の具体的な履行と監視,レビューが中心的な課題になるであろう。さらに,附属書Ⅰ締約国の第二約束期間の約束の交渉に向け,非附属書Ⅰ締約国の約束に関する議論も徐じょに本格化していく可能性がある。それに先立ち,温室効果ガスの排出割合に関する南北間の衡平性に関する研究の重要度が世界各地で増しつつある[58]。技術移転や資金移転の履行に際し,「持続的発展」の定義についても,あらためてより具体的な議論が求められている。条約の究極目標の達成や原則の実施のために避けることができないこうした根源的な問題に,途上国関連問題を通じて正面から国際社会が取り組んでいけるかどうかが,今後あらためて問われていくだろう。

[引用文献]

Grubb, Michael et. al., *The Kyoto Protocol: A Guide and Assessment*, RIIA, 1999.
Oberthür, Sebastian; Ott, Hermann E., *The Kyoto Protocol*, 2000, Springer.
川島康子『気候変動枠組条約第3回締約国会議——交渉過程,合意,今後の課題』,1998年,国立環境研究所研究報告 第139号。
マイケル・グラブ他『京都議定書の評価と意味』松尾直樹監訳,省エネルギーセンター,2000年。
松尾直樹「研究者からみたCOP6 part 2 と今後」『Post-COP6 Seminar Part Ⅱ』GISPRI/IGES,2001年。
CASA『プロンク議長ノートの分析』2001年。

(1) FCCC/CP/1998/16/Add. 1
(2) FCCC/CP/1998/16/Add. 1: Decision 4/CP. 4
(3) FCCC/CP/1998/16/Add. 1: Decision 3/CP. 4
(4) FCCC/CP/1998/16/Add. 1: Decision 5/CP. 4
(5) FCCC/CP/2001/L. 2, FCCC/CP/2001/13/Add. 1 の 2 /CP. 7
(6) FCCC/CP/2001/ L 7

9　京都議定書における途上国に関連する問題について

(7)　COP6再開会合で合意された「決定草案」のうち途上国関連は以下の8つである。
　　1) 能力強化 (FCCC/CP/2001/L. 2),
　　2) 移行経済国の能力強化 (L. 3),
　　3) GEFへの指導 (L. 4/Rev. 1),
　　4) 技術開発と技術移転 (L. 10),
　　5) 途上国への悪影響・条約4条8項および9項の履行 (L. 12),
　　6) 途上国への悪影響・議定書3条14項 (L. 13),
　　7) 条約のもとに設置する基金 (L. 14),
　　8) 議定書のもとに設置する基金 (L. 15)
(8)　FCCC/CP/1997/CRP. 4
(9)　FCCC/CP/1998/16
(10)　ENB Vol. 12, No. 179
(11)　気候変動枠組条約の資金メカニズムを運用する暫定的な主体であったGEFは，COP4の決定 (3/CP. 4) によって気候変動枠組条約の資金メカニズムを運用する主体となった。
(12)　4/CP. 4　(BAPAの一部)
(13)　FCCC/SBSTA/2000/CRP. 8/Add. 1
(14)　Informal Note by the President of COP6
(15)　FCCC/CP/2000/CRP. 7
(16)　FCCC/CP/2001/CRP. 8
(17)　グループの構成員を20名とすることにはすでに合意があった。
オプションA：非附属書I締約国の各地域（アフリカ，アジア，ラテンアメリカ）から各3名，小島嶼国1名，附属書I締約国7名，関連国際機関3名
オプションB：5つの国連地域グループから各2名，小島嶼国1名，附属書I締約国5名，関連国際機関4名
オプションC：5つの国連地域グループにもとづき締約国が指名
(18)　FCCC/CP/2001/L. 10, COP 7 では，FCCC/2001/13/Add. 1 の 4 /CP. 7
(19)　FCCC/CP/2001/L. 10 Annex
(20)　Ott, H.E. "The Bonn Agreement to the Kyoto Protocol — Paving the Way for Ratification", *International Environmental Agreements: Politics, Law and Economics*, Vol. 1 No. 4, 2001
(21)　FCCC/CP/1995/7/Add. 1, Decision 9/CP1
(22)　議定書11条1項は，議定書10条の実施にあたり，締約国は，条約第4条4項（気候変動の悪影響に適応するための費用負担），4条5項（途上国が条約履行のために必要とする技術などの移転の支援），4条7項（途上国の条約の約束の効果的な履行は，先進国の資金および技術移転の約束の効果的な履行いかんである），4条8項（気候変動の悪影響と対策措置の実施による影響），4条9項（後発開発途上国への配慮）の規定を考慮しなければならないとしている。

第 2 部　京都議定書の国際制度

また，11条 2 項も，「新規かつ追加的な資金の供与」など，条約の資金供与に関する条文を再確認したものになっている。
⑵⑶　FCCC/CP/1998/Add. 1, Decision 3/CP. 4
⑵⑷　FCCC/CP/1998/Add. 1, Decision 2/CP. 4
⑵⑸　FCCC/SB/2000/12, Annex
⑵⑹　LDC Climate Change Institutional Development Fund, LDC Climate Change Adaptation Fund, Concessional Loan Facility, Disaster Management Fund, Adaptation Surcharge Exemption, Special Consideration in Adaptation Funding, Debt Management.
⑵⑺　前掲⑭
⑵⑻　FCCC/CP/2001/MISC. 1
⑵⑼　Decision 11/CP. 1
⑶⑴　FCCC/CP/2001/ 2 /Add. 1
⑶⑴　FCCC/CP/2001/CRP. 8
⑶⑵　ENB Vol. 12 No. 169
⑶⑶　同上
⑶⑷　同上
⑶⑸　Core Elements for the Implementation of the Buenos Aires Plan of Action, 21 July 2001, 10：47pm
⑶⑹　COP 7 では，FCCC/CP/2001/13/Add. 1 の 7 /CP. 7 および 6 /CP. 7
⑶⑺　COP 7 では，FCCC/CP/2001/13/Add. 1 の10/CP. 7
⑶⑻　決定草案「条約のもとに行われる資金供与」（FCCC/CP/2001/L. 14），「京都議定書のもとに行われる資金供与」（FCCC/CP/2001/L. 15）の前文。FCCC/CP/2001/MISC. 4
⑶⑼　FCCC/CP/2001/13/Add. 1 の 5 /CP. 7 .(条約 4 . 8 ， 4 . 9)，FCCC/CP/2001/13/Add. 1 の 9 /CP. 7 .(議定書 3 . 14)
⑷⑴　FCCC/AGBM/97/MISC. 1/Add. 6, 8, 10, FCCC/AGBM/1997/3/Add. 1, para 152
⑷⑴　政策・措置は，Decision 8/CP. 4 で扱っている
⑷⑵　FCCC/CP/1999/L. 22
⑷⑶　ENB Vol. 12 No. 151, 2000　(SB13)
⑷⑷　FCCC/SB/2000/CRP. 18
⑷⑸　FCCC/CP/2001/MISC. 1
⑷⑹　同上
⑷⑺　同上
⑷⑻　FCCC/CP/2001/CRP. 8
⑷⑼　COP 7 では，FCCC/CP/2001/13/Add. 1 の 7 /CP. 7 ，FCCC/CP/2001/13/Add. 4 の29/CP. 7
⑸⑴　FCCC/SBI/2001/L. 11, FCCC/CP/2001/13/Add. 4 , p. 43

(51) FCCC/SBI/2001/L. 12, FCCC/CP/2001/13/Add. 4 の27/CP. 7
(52) FCCC/SBI/2001/L. 14, FCCC/CP/2001/13/Add. 4 の28/CP. 7
(53) FCCC/CP/2001/L. 26, FCCC/CP/2001/13/Add. 4 の29/CP. 7
(54) ENB Vol. 12 No. 11
(55) 非附属書I締約国の国家通報の議題のもとで, COP5で設置が決定された。(FCCC/CP/1999/L. 1, FCCC/CP/1999/L. 10/Add. 1/Rev. 1)
(56) FCCC/CP/2001/13/Add. 3 の22/CP. 7
(57) "New Proposals by the President of COP 6", 9 April 2001, p. 4
(58) AGBM7のブラジル提案 (FCCC/AGBM/1997/Misc. 1/Add. 3 pp. 19-23) はCOP3以降も交渉議題として取り上げられている。その他, E. Claussen and L. McNeilly, 'Equity and Global Climate Change', Pew Center on Global Climate Change, 1998; J. Alcamo and E. Kreleman, 'Emission Scenarios and Global Climate Protection, in: J. Alcamo, R. Leemans and G.J.J. Kreileman (eds.): Global Climate Change Scenarios of the 21st Century. Results from the IMAGE 2. 1. Model. Oxford: Pergamon/Elsevier Science, 163-192; Politics in the Post-Kyoto World, CSE Briefings Paper 2, Centre for Science and Environment, New Delhi, 1998; Global Commons Institute, 'Contraction and Convergence: A Global Solution to a Global Problem', 1997など多数ある。

第 3 部

各界関係者の評価と今後の見通し

10　京都議定書────産業界からの見方　太田　元

11　京都議定書────環境保護団体からの見方　浅岡美恵

10 京都議定書——産業界からの見方

[太田　元]

1　地球環境問題に対する認識

　地球環境問題への対応が，産業界にとって避けて通れない課題であるとの認識から企業・業種団体の集合体としての経団連は91年4月"経団連地球環境憲章"を発表した[1]。これは，企業の活動が地域社会はじめ地球環境と深く絡みあっているとの考えに基づき，産業界は地球的規模で持続可能な社会，企業と地域住民・消費者とが相互信頼のもとに共生する社会，環境保全を図りながら自由で活力ある企業活動が展開される社会の実現を目指すことを内外に表したものである。

　この憲章が一つの契機となり，企業による具体的な環境対応にはずみがついたといわれている。その後，内外の環境問題をめぐる動きが相次いだこともあり，経営者の環境意識は一層高まった。そうした中で，国連気候変動枠組条約第1回締約国会議（COP1，95年4月）は，温暖化対策として法的拘束力のある削減目標を含む国際的取組の枠組みを第3回会議（COP3）までに決めることで合意した。これをきっかけに，経団連は具体的な検討を開始し，憲章を発展させる形で"経団連環境アピール——21世紀の環境保全に向けた経済界の自主的行動宣言"を採択した（96年7月）。

2　COP3対応の環境アピール，自主行動計画

　環境アピールは，温暖化問題に対して，業種団体を通じて具体的な目標と計画を作成することを申し合わせたもので，97年7月にはアピールに沿って

主な製造部門ならびにエネルギー転換部門の業種が参加する自主行動計画がとりまとめられた[2]。

自主行動計画がとりまとめられた背景には，地球環境憲章を採択する流れの中で環境問題に対する意識の高まりがあったが，何といってもCOP 3の開催があった。特に，会議が京都で開催される，日本が主催国になる，ということを強く意識した。つまり，京都会議が近づくと，国内で，「日本は大胆な削減目標と対策を打ち出すべきである」という大合唱が起こると予想し，先手を打ったのである。産業界のこれまでの努力に対する理解を得，かつそれでも最大限の取り組みを行っていることを明らかにし（エネルギーコスト削減というメリットが確実故にやりやすい面もある），現実ばなれした要求を押し付けられ，結果として経済に悪影響が及び，国民が過度の負担を強いられるといった事態を回避したいとの判断が働いたといえる。

3 温暖化問題に対する基本的な考え方，政府への注文

京都会議（97年11月）を前にして，予想どおりマスコミや環境NGOなどから，日本は率先して高い目標を立てて国際世論をリードすべきといった議論が出始めた。そうした中，EUは15％を削減目標とする用意がある旨を発表した（結果は8％で合意）。これに対して日本はEU以上の目標を目指すべき，との意見が国会議員の中からも出てきた。環境庁も7％削減は革新的な技術がなくとも容易との試算を発表した。

こうした動きを懸念した経団連は，97年9月，COP 3および地球温暖化対策についての考え方を発表した[3]。その中で，既に自主行動計画にそって，2010年の産業部門（エネルギー転換部門を含む）からのCO_2排出量を90年レベル以下に抑えることを目標として努力している点を明らかにしつつ，温暖化問題についての考え方を述べている。第一に，温暖化対策は中長期的かつ地球規模で考えるべきで，短期的には，実行可能な対策を最大限推進すると共に技術開発に力を入れ，先進国は協力して途上国を支援して地球全体の削減を図ること。第二に，削減目標，対策年次，対策は，構造転換などの実効性との関係で柔軟かつ実効性のある枠組みにすべきこと。第三に，排出量の伸びが著しい民生・運輸部門の対策に力を入れるべきこと。自らの産業・エネルギー転換部門の効率は世界最高水準にあり，削減の余地が少なく，規制や

第3部　各界関係者の評価と今後の見通し

表1　温室効果ガス排出量の推移と削減目標　(単位　％)

	99/98	99/90	削減目標 (2008-2012)/90
EU	−2.0	−4.0	−8
うち排出上位4ヶ国			
ドイツ	−3.7	−18.7	−21
イギリス	−6.5	−14.0	−12.5
フランス	−2.2	−0.2	0
イタリア	+0.9	+4.4	−6.5
米国	+0.9	+11.7	−7
日本	+2.1	+6.8	−6

注：日本に関しては，「年」ではなく「年度」の数値を用いている。
出典：EEA，EPA 2001，日本官邸2001。

図1　GDP当たりCO_2排出量，各国削減目標を達成するためのコスト

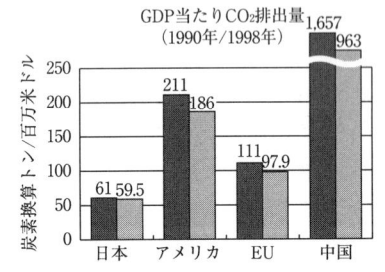

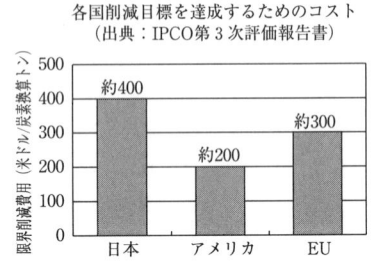

GDP当たりCO_2排出量
(1990年/1998年)
炭素換算トン/百万米ドル
日本 61 59.5
アメリカ 211 186
EU 111 97.9
中国 1,657 963

各国削減目標を達成するためのコスト
(出典：IPCO第3次評価報告書)
限界削減費用(米ドル/炭素換算トン)
日本 約400
アメリカ 約200
EU 約300

出典：経団連意見書「地球環境問題のわが国の対応について」(2001.9.19)。

炭素・エネルギー税の導入には反対であること[4]。最後に，COP3に臨む日本政府の交渉に対し，「特殊事情をかかえる欧州が高い数量目標を発表していることから，我が国でも技術的可能性や経済実態とはかけ離れた数字をあげてあたかも可能であるかの如く主張する向きもあるが，既に高いエネルギー効率を実現している日本としては，2010年の排出を90年レベルに抑制するだけでも石油ショックなみのエネルギー消費抑制が必要」として，公平性が確保されるよう注文をつけている（表1，図1）。

4 自主行動計画と1999年度の実績[5]

　自主行動計画は，毎年フォローアップが行なわれ，政府の審議会のレビューも受けているが，2000年11月発表の第3回フォローアップ結果によれば，産業・エネルギー転換部門の99年度のCO_2排出量（4億7,865万t CO_2）は90年度比0.1%減少している。2005年度及び2010年度の排出見込みは，対策を実施しない場合，90年度比約4.3%増，9.4%増と見ている（表2）。99年度の排出量が90年度比ほぼ横ばいであったことについて，経団連は，日本経済の低迷による影響に加えて，参加業種・企業の努力の結果と説明している。因みに−0.1%の内訳については，電力原単位の改善分−2.2%，電力以外の業種による努力分−2.1%，経済の拡大分が＋4.2%と試算している。なお，2000年11月現在，産業界全体の数値目標に参加している業種は34業種で，日本のCO_2総排出量の約42.6%，産業部門及びエネルギー転換部門全体の約76.5%をそれぞれ占めている。

表2　産業界全体（産業部門およびエネルギー転換部門）のCO_2の排出量

年度	1990	1997	1998	1999	2005 見通し	2010 目標	2010 BAU
CO_2排出量 (t-CO_2)	4億7,907万	4億9,527万	4億6,498万（90年度比△2.9%）	4億7,865万（90年度比△0.1%）	4億9,951万（90年度比＋4.3%）	1990年度レベル以下	5億2,404万（90年度比＋9.4%）

出典：第3回経団連環境自主行動計画フォローアップ結果について―温暖化対策編（2000．11）。

5 京都合意に対する反応，議定書発効に向けての追加国内対策をめぐる議論

　話は前後するが，京都合意についての産業界の反応は，温暖化防止に向けて国際社会が第一歩を踏み出したことを評価しつつも，日本の削減目標値（−6%）は，EU（−8%），米国（−7%）に比べて大きく，厳しいというものだった。経団連の当時の豊田会長や辻副会長（環境安全委員長）の談話

第3部　各界関係者の評価と今後の見通し

等によると，日本の目標は，削減余地の大きいEUと米国に比べ，過去の努力が評価されていないことを問題視するとともに，ライフスタイルの転換，革新的な技術の開発，原子力発電の推進なくして目標達成は非常に厳しい点を強調している[6]。京都会議に向けた政府部内の議論では，エネルギー起源のCO_2排出量は最大限努力して安定化，将来起こりうるであろう技術進歩を加えて−2％，メタン，N_2Oで−0.5％，全体で−2.5％がせいぜいという見方が支配的であった。これに対し，京都で日本政府が合意した6％の削減目標には，森林や土壌によるCO_2の吸収（シンク）の利用，海外における排出削減の国の削減目標への組み入れ（京都メカニズム）の容認などをカウントした結果，との非公式な日本政府の説明に対し，疑心暗鬼ながらも政府が責任をもって判断したものと受け止めた。

　その後，COP 4（98年11月，ブエノスアイレス）は京都議定書の詳細をCOP 6までに詰めることを決め，COP 5（99年11月，ボン）は2002年には京都議定書の発効を目指すことを合意した。我が国でも議定書の発効をめざした国際合意づくりに向けた努力と平行して，追加国内対策をめぐる議論が高まった。主なポイントは，我が国のCO_2排出量が伸びていることから，6％の削減目標の達成には追加措置が必要である。そもそも政府の温暖化対策推進大綱には対策を具体化する制度や仕組が整備されていない。環境税，排出量取引などの具体的な効果が期待できる追加措置がパッケージとして必要というものである。

　国内対策を議論する過程で，産業界の自主的取り組みについては我が国の対策の重要な柱の一つとして位置づけられ，民生・運輸部門におけるCO_2排出量が大幅に増大している中で，産業部門においてほぼ横ばいと実績を上げていることなどから一定の評価がなされてきた。しかしながら，他方で目標達成の不確実性，達成されない場合の責任の所在などさまざまな指摘が審議会等の場でなされた。

　こうした中，産業界は一貫して，概略以下の立場に終始した。シンクとメカニズム，特にシンクの活用については政府が京都合意を踏まえて責任をもって交渉に臨み，我が国の経済とくに産業に追加的な負担がかかることにならないようにすること（シンクは，COP 6再開会合で解決済），米国の議定書不支持問題については，クリントン政権下でも議会（上院）での批准は有り得ないと見られていたことから，同国が参加できる枠組みづくりを目指す

べきこと，国内対策については，産業・エネルギー部門の大半が実績をあげているのに対し，民生・運輸部門においては産業による自動車や家電製品のトップランナー基準の達成以外には交通対策など実効があがっていない点が問題，というものである[7]。

6 ポストCOP6再開会合合意と産業界の立場

その後，COP6再開会合における合意をふまえて京都議定書の批准や国内対策の問題が大きな議論になりつつあることから，9月に入って産業界は，その考え方をあらためて発表した[8]。それによれば，「今の流れの中で京都議定書の批准を急げば，日本だけが深刻な影響を受けることになる。政府は議定書発効に固執することなく，米国を含む国々が参加できる国際的な枠組みづくりを目指すべきである」とした上で，まず第一に，日本のCO_2削減努力は最も進んでおり，CO_2の追加的削減コストは世界一である（図1）。第二に，規制や強制により企業の自主性を損なわない，企業の技術開発によるCO_2排出削減努力を支援すべきこと。第三に，米国の参加なしには温暖化防止に実効性を持ち得ず，第一ステップとして米国，EU，ロシア，日本等の先進国が参加する仕組みを構築し，第二ステップとして，中国，インドなどの途上国の参加を求める必要があること。第四に，雇用対策が最重要課題のおり，環境税の導入などさらなる対策を産業界に求めれば，コストの上昇により国際競争力は失われ，雇用情勢はさらに悪化する。追加的な対策の検討にあたっては，雇用に悪影響が及ばないよう配慮すべきである，と主張する。なお，自主行動計画の信頼性向上の問題については，民間による第三者認証を視野に入れた国内機関の設置を検討することを明らかにしている[9]。

筆者は，COP2以降COP6まで会議を傍聴し，ワークショップ等の開催を通じて会議参加者と広く意見交換を行なった。明らかに米国は海外から調達する排出量に制限を設けず，シンクも最大限利用しようとしていたが，ハーグ会議の最終段階でシンクやメカニズムの活用を制限すべきというEUの主張に予想以上に譲歩した。しかし，EUはこれを拒否し，交渉は中断した。この流れからすると，再開会合では米国（日本も含み）はさらに削減コストが増大する提案をしない限りEUは受け入れられない筈であった。ところが，EUは米国の離脱宣言を目の当たりにして危機感を抱き，ハーグの最

第3部　各界関係者の評価と今後の見通し

終案以上に日米に受け入れやすい線で合意をとりつけた。皮肉にも米国は，いまさら京都議定書そのままでは戻れない。加えてテロ対策に追われてそれどころではないように思われる。

　一般に政府間会議は国益のぶつかり合いである。ベースに温暖化防止という大義があるが一種の通商問題でもある。COP 3 では，EU主導の政治決着がはかられ，国別目標が決められた。目標達成の手段としてシンクや京都メカニズムの利用が認められたために目標値の底上げが可能になった。しかし，その利用についてのルールを後回しにしたために今日の昏迷がある。

　日本政府は米国抜きでも批准すべきという考え方のように受け止められている。批准する場合，何らかの国内追加措置が必要となろう。その際，追加措置の検討に加えて，第二約束期間における対策の国際的枠組みの有り得るシナリオもあわせて今から検討しておくことが重要であろう。温暖化対策は京都議定書で終わりではない。米国の参加以上に途上国の将来における参加をどう実現するかが大問題である。第二約束期間における対策の枠組みについての話し合いは2005年に始まる。温暖化防止への国際的取り組みがいかに重要であっても，そして，最終的には政治的決断で決められたとしても，実効性のある温暖化防止への近道は，各国国民の納得の得られる公平感のある削減目標の算定根拠や方式，基準年の選択などについての合意形成にあろう[10]。

(1)　筆者は，2001年5月まで，経団連で温暖化問題を担当していた。本稿はその立場を踏まえてまとめたものであるが，意見・解釈にわたる部分は筆者の責任において書いたものである。なお，より詳細については，「三田学会雑誌」94巻1号（2001年4月）を参照されたい。
(2)　自主行動計画は，廃棄物，環境管理・監査，海外事業展開にあたっての環境配慮事項も含むが，ここでは温暖化に関わる部分のみとりあげる。
(3)　「COP 3 ならびに地球温暖化対策に関する見解」（1997．2．26）。
(4)　環境税については，導入の効果と経済への影響の明確化，現存税制との調整等広く調査・研究の上，産業界や国民の納得を得る必要があるとの考え。
(5)　経団連のホームページ（http://www.keidanren.or.jp）でも見ることができる。なお，第4回フォローアップ結果（2000年度の実績）は10月下旬迄に発表の見通し。
(6)　地球温暖化防止京都会議の合意に関する豊田経団連会長コメント，同辻副会長・環境安全委員長コメント（1997．12．10）。
(7)　国内排出量取引については，強制的な排出枠の設定を前提とする制度は経済

(8) 「地球温暖化問題へのわが国の対応について」(2001．9．19)。
(9) 「地球環境問題へのわが国の対応と環境自主行動計画の一層の透明性確保に向けた取り組み」(2001．9．6)。
(10) 日本政府は，京都会議に先立ち，97年9月，附属書Iの各国の基準削減率を5％とし，各国のGDP当たりの排出量，一人当たりの排出量及び人口増加率を考慮して国ごとの目標を差異化する提案を提出したことがある。これは公平な負担をもとめるための一つの有力なアプローチである。

統制的で公平性の確保が困難等の理由で反対している。

11 京都議定書
——環境保護団体からの見方

［浅岡美恵］

1 ハーグでの決裂からボン合意へ

　ボンでのCOP6再開会合で，国内での大方の予想を覆すボン合意に至った。2001年7月23日正午，閣僚級の最後の会合は拍手に沸き，京都会議以来のますます迷路に入り込むような交渉から抜け出した明るさが満ちていた。

　ハーグでの決裂の後に，米国ブッシュ政権の議定書からの一方的離脱という事態を乗り越えて，京都議定書は発効への道を歩み始めた。しかし，手放しで喜ぶことはできない。米国が交渉の前線から引いた上でのボン会議では，議定書の発効に不可欠な国となった日本が，これまでの交渉ではかつてなかった影響力をもつことになった。米国も日本など同調国に働きかけを続け，日本はカナダ，オーストラリア及びロシアと，それぞれの要求を支えあうことで，最も環境十全性から外れた独自のポジションに固執し，世界に押しつけようとした。ボン合意を法的文書にするためのCOP7でも，これらの国はボン合意の隙間をこじ開け，ボン合意を変質させようとした。

　その結果，京都議定書は少なからず傷ついたが，米国や日本の一部の勢力が望んだ「京都議定書の死」は免れた。それ以上に，ボン合意は，世界の多くの国々や市民を勇気づける出来事であった。7月23日の全体会合で，多くの国から指摘されたように，世界の排出量の四分の一を占める米国の日本などを巻き込んでの一方的外交によっても，長年にわたる粘り強い交渉努力を積み重ねてきた国連ベースのマルチ交渉が目指した方向を崩すことはできなかった。その陰には，EUや途上国に幾多の，時代をリードする政治の姿があった。

　ボンでの成果は，日本など極く一部の国を除く殆どの国が，再開COP6でブエノスアイレス行動計画を完了させるとの約束を実行する決意でボン会合

に臨み，そこでは包括的な合意以外にはありえないとの考え方で交渉に臨んだことによるものである。地球規模での協議・交渉によって環境や正義を擁護していくことが不可欠となっている21世紀の入り口にあって，問題解決の方向性と可能性を示唆するものと受け止められた。

このボン合意に際して，最終的にボン合意を受け入れたことを除けば，日本には政治主導の姿が見えず，旧来の方針に固執するばかりで，前向きに対応するところが全くなかったことは残念である。ボン会合の壇上には，「KYOTO IN BONN」と書かれたリボンが飾られ，しばしば大スクリーンに大写しにされた。京都議定書は日本以外の世界によって救われたのだと，語っているようであった。閣僚級会合の後，日本は遵守問題でボン合意を覆そうとする動きをみせ，再び世界を失望させた。ボン合意に忠実に法的文書を採択するためのマラケシュでのCOP7でも，日本は京都メカニズムの参加基準でボン合意の文言にも抵抗した。

ボンの会議場では，NGOが配った「Honour Kyoto」とある日の丸バッジをつけて出席した各国政府の代表団も少なくなかった。「京都に誇り」をもつことは，気候変動の脅威に立ち向かうことである。幸いなことに，日本にはその機会がまだ残されている。世界が目指してきた議定書の2002年発効は，日本の早期批准とも言いかえられる。ヨハネスブルグサミットでの京都議定書の発効に，2002年5月末には批准手続を終えることが求められている。

2 ボンで何が合意されたのか

(1) 吸収源は政治的妥協の道具に

京都議定書に盛り込まれた吸収源に関する条項のなかでも3条4項の最後に追加された一文は，日本などが交渉過程でしのび込ませた毒薬のようなものである。森林吸収源はその科学的不確実性やスケールの大きさ，削減目標とのアンバランス，一過性など，そもそもあやしげなものである。そのような吸収源問題を，数値目標を決定した後で，目標達成に便宜的に利用できるとする仕掛けを盛り込ませた日本政府の責任は，今後の吸収源をめぐる交渉が混迷するたびに思い出されるだろう。京都会議以降の4年の歳月のかなりの部分はこのために費やされてきたといっても過言でない。

COP6（ハーグ）での吸収源に関する「日米加提案」と，同再開会合（ボ

第3部　各界関係者の評価と今後の見通し

ン）での「日加豪＋露提案」は，本質的に何ら変わらないものである。前者は，それぞれの国の必要量を正当化するために逆算したものであり，後者は，プロンク議長提案で既に，発効に不可欠な日本をつなぎとめるために日本にだけ特別優遇措置がとられていたことと，膨大な排出量の米国が交渉の前面から抜けたことから，日本だけ優遇される形を避け，これらの国がそれぞれの目標達成に必要な量を要求するという，極めて直截な表現になっただけである。ハーグでプロンク議長は，森林管理による吸収分について，全吸収量の85％を控除する提案をしていた。これは，京都議定書の科学性に一定の信頼性を確保しようとしたものであった。しかし，その後日本に対して議定書の文言を離れて特別優遇措置を認める提案をしたことから，森林吸収分は政治的妥協の道具に変わったといえよう。プロンク議長の日本優遇提案で特別待遇の条件のひとつとして挙げられているGDP当たりのエネルギー効率が0.16以下との項目に日本が該当するのは，日本の産業部門での効率のよさを意味するものではなく，日本の民生部門や運輸部門からの排出が欧米に比較して相当に少ないためであることも，見逃されてはならない。

　COP6再開会合ではEUやプロンク議長が議定書発効を優先し，日本やカナダなどの要求を丸のみしたことで，議定書の科学的信頼性や公平性が損なわれた側面は否めない。まず，3条3項では820万tまでは排出分がカウントされない。オーストラリアは排出側であると主張してきたが，今後，掛け込み伐採が増える可能性がある。3条4項分として日本は主張してきた1,300万t，3.9％が認められた。これは自然成長分も含めたすべてである。他に，カナダ・ロシアも大幅に吸収分が認められ，ロシアは更に，COP7で3,300万tまで認めさせた。これは，3条4項森林吸収分の国別上限値を決めることを通して，事実上，数値目標の再交渉をさせたことになる。

　この結果，先進国全体では，－5.2％削減目標が－2％前後まで縮減した。米国の参加に際しても，吸収源は妥協の道具として使われる可能性が高い。大幅に認められた吸収分をあわせて超過達成した場合，バンキングが認められるかという，笑い話のような心配も出たが，各国の目標，達成への充当方法によって実際に問題となることはなさそうである。CDMにおける植林・再植林事業によるクレジットの取得が基準年排出量の1％を上限に認められており，これらで京都議定書の排出削減議定書としての意味は殆どゼロに近づいてしまった。

とはいえ，こうした妥協によって結果的に日本は包括合意から逃げ出す退路を断たれ，京都議定書救出の流れがここから生れた。NGOの間でも，窮余の妥協策として受け止められた。
　ただ，日本は京都会議以来のこの経過を検証し，日本にとっての外交及び経済政策としても国益に合致したものであったかを反省すべきである。カナダの数値目標は－6％からプラス1.2％に転じ，米国やロシアもさらに大きな吸収量をもつ。日本にとっては国際競争力の観点からも有利な交渉であったとはいえ，国際的信頼も失った。こうした措置は第一約束期間限りとされ，吸収分の次期約束期間への持ち越しはできないとされたが，議定書3条4項の適用範囲を拡大したことによる第二約束期間の数値目標の交渉や途上国の削減義務化交渉などへの悪影響は深刻であろう。

(2) CDMは植林プロジェクトに

　京都メカニズムの利用は国内対策に補完的とする京都議定書の趣旨を数量的に明らかにすることはできなかった。日本は数値目標の達成のために国内制度を強化することを先送りしており，京都メカニズムへの依存が高まる懸念がある。
　ボン合意において，共同実施とCDMで原発プロジェクトは明示的に差し控えるとされたことは画期的である。実際に2010年までに実現可能性はないが，日本は国内の原発政策のために，ネガティブリスト化されることに強く反対してきた。包括合意のための交渉場面でやむなく譲歩することになったのであろう。産業界にはボン合意にもかかわらず，再交渉を求める声が出ている。
　ODA資金のCDMへの流用にも制限が加えられ，資金の追加性を説明できなければCDM事業としてクレジットを得ることはできない。ODAを10％削減するとの政府方針のもとで，実際の流用をめぐって争われるのではないだろうか。
　CDMプロジェクトに植林及び再植林事業を含めることも認められたが，基準年排出量の1％に上限が設定された。日本の現在進行中の植林プロジェクトによる吸収量は0.2～0.3％といわれる。途上国の参加のためにCDMに期待されているのは，エネルギー部門での効率改善プロジェクトである。小規模プロジェクトの手続きが簡素化されたことで，途上国の発展に貢献する

第3部　各界関係者の評価と今後の見通し

プロジェクトが推進されることが期待される。しかし，植林プロジェクトが容認されたことや，ロシアの国内吸収量が3,300万tまで容認され，排出削減量との互換性も認められたことから，排出権価格は一層安価となり，CDMへの投資も安価な植林事業に集まり，途上国の森林破壊を招くことが懸念される。

(3) 法的拘束力性

　京都議定書の意義は，数値化された削減目標に法的拘束力があることである。川口大臣も，COP6再開会合の前に何度も述べてきたところである。数値目標は吸収源をめぐる交渉で大きく後退したが，その目標達成も危うい，というより達成すべく対策をとる政治的意思を欠いてきた日本は，議定書の法的拘束力を具体化することにCOP3以前から抵抗してきた。しかし，条約の目標が努力目標に過ぎなかったことが，これまでに90年水準での安定化も図られてこなかった原因であったとの反省から，COP2では法的拘束力のある議定書の採択を掲げた政治宣言が採択され，京都議定書は法的拘束力を備えたものとすることを前提にCOP3で採択されたものである。

　その後の交渉でも，日本は不遵守の場合の帰結措置とその法的拘束力化に抵抗してきた。COP6で日本が最も強く抵抗したのも遵守規定についてであった。プロンク議長が7月21日に各国に提示した調整案の遵守規定部分の受け入れを拒み続け，結局，法的拘束力の導入についての結論をCOP/MOP1に先送りさせた。23日夜半に再開された交渉会議で，プロンク議長は「発効に不可欠な国」という表現で事実上日本を指名し，日本の反対のために交渉が暗礁に乗り上げていることを明らかにして各国に再協議への同意を求めた。こうして日本は，遵守規定を一部修正させ，問題を先送りさせたのである。日本政府がCOP6及びCOP7を通じて獲得しようとしてきたのは，まさに議定書の実質的な努力目標化であり，それは，日本自身の遵守意思に疑念を抱かせるものとなった。環境条約では法的拘束力のある帰結措置の先例がないとの理由づけも，先例のない地球環境問題への地球規模の取組みに対する意欲を疑わせるものでしかない。閣僚レベルの包括合意がなされた直後にも合意の内容を争い，途上国を含めて世界を失望させたのである。

　しかし，ボン合意における各国の不履行の場合の帰結措置とその趣旨も明白である。次期約束期間に3割増で不履行分を埋め合わせ，そのための遵守

行動計画を策定し,排出量を移転する資格を停止するとの3つの措置が合意された。こうした遵守規定の趣旨は履行を促すことにあると強調されるが,そのことは法的拘束力性と矛盾するものではなく,法的拘束力性の本来の機能である。COP7では,議定書における報告義務違反についても遵守行動計画が盛り込まれ,情報公開や市民参加の機会も盛り込まれた強固な遵守制度が合意された。京都議定書の遵守制度は,COP/MOP1以降に法的拘束力を備えるための改正手続などに向って進みつつあると云えよう。

遵守制度は国内政策と表裏の関係にある。そもそも,通産省主導の6％割り振り案では,2％分は革新的技術開発と国民各層の更なる努力という,計測しがたいものによっており,努力目標化の目論みと連動している。CO_2は90年水準にとどめるとの方針も,20基もの原発増設や経団連自主行動計画に依拠したものであった。原発増設計画が現実性をもたなくなって長期エネルギー需給見通しの改定審議が行われたが,原発計画を13基とした他には基本的な変更はなされていない。産業界からの排出は日本全体の7割を超える。法的拘束力に抵抗する背景には,産業界への取組強化の要求への抵抗がある。

(4) **途上国支援**

COP6再開会合でのボン合意に途上国の貢献は大きかった。米国の,力を誇示した一方的外交に対する反発も強かったが,途上国は既に温暖化の被害を受けており,議定書が死に至ることへの危機感が結束を強めたといえよう。米国は議定書への不参加を理由に,議定書に基づく気候変動適応基金だけでなくすべての資金提供を拒んでいるが,途上国は当面,資金総額の減縮だけでなく先進国の自主的拠出の申出によることも受け入れ,合意の推進役になった。

当面,途上国は資金額に不安を残して出発することとなるが,条約と議定書に気候変動の特別基金窓口が設けられ,利用の見通しが立てられるようになったこと,2000年からのCDM事業を先行させること,まずスタートを切ることを優先したのは賢明な判断であったといえよう。

3 今後の見通し

米国の孤立感が深まる中,2001年9月11日米国を襲った同時多発テロ事件

第3部　各界関係者の評価と今後の見通し

は世界に経済的社会的打撃を与え，COP7の開催すら危ぶまれた。日本の批准にCOP7での合意が不可欠となっていた。米国はテロ対策のために，それまでの一方的外交から国連を中心とした国際協調に進みつつある反面，京都議定書問題についてはこれに復帰する姿勢を見せていない。2002年2月14日発表された米国の温暖化政策は1990年以来の排出増加のトレンドをそのまま延長したものであり，しかも努力目標にとどまるもので，京都議定書の枠組からほど遠い。そのため，日本の経済界は米に先行して批准することになお抵抗している。しかし，COP7でボン合意にもとづく法的文書が採択され，京都議定書の詳細運用ルールが決まった。今後京都議定書は先進国全体の排出量の55％を占める国の批准による発効を目指すことになる。その場合，EUは批准の意思を明示しており，ロシアも表明したことから，日本の批准が発効を意味することになる。日本が2002年6月14日までに批准のための法整備と国会の承認手続を終えることが，その条件である。2002年9月に予定されている「リオ＋10」は，条約成立から10年目に，日本の古都の名を冠した京都議定書の発効を確認し，21世紀を通しての新たなに排出削減への出発点として記憶されることになるだろう。

　しかしながら，それは重要だが最初の一里塚に過ぎず，発効後の第一回会合では再び法的拘束力の導入をめぐって攻防がくり広げられ，その後も第2約束期間の数値目標の交渉で，日本は抵抗し続けるであろう。国際交渉における日本の品位を保つには日本の持続可能な社会に向けての国内制度を確実に押し進めることが不可欠であることを教えている。

あとがき

　インターネットの普及。経済のグローバリゼーション。テロに対する国際的取り組み……。世界は，国境を超えた活動がますます盛んな空間となってきている。また，企業による海外直接投資や非政府組織の活躍，一般市民の海外旅行の増加など，国境を超えた活動の中心的な役割を担うのは，国の政府から政府以外の主体へと移りつつある。

　気候変動問題をはじめとするさまざまな地球環境問題は，一国内の活動が国境を超えて他の国々に影響を与えてしまう問題である。また，その原因となっているのは，多くの場合，人々の日常生活や産業活動などであり，問題に真っ先に取り組んでいるのは環境保護団体。どちらも，今までは国内だけで活動していた個人あるいは組織である。つまり，気候変動問題は，世界の情勢そのものを内包した問題であるといえよう。

　世界の変遷が気候変動問題の背景にあるのであれば，問題解決のヒントも世界の変遷の流れの中から見つかるはずである。同問題に対する関心が高まって十数年。この間に合意された気候変動枠組条約，京都議定書，マラケシュ合意と辿り，それぞれの交渉過程や交渉の結果としての条文を比べてみると，たしかに，世界に見られる変化と同じ傾向が気候変動に関しても見られる。

　気候変動枠組条約が採択された頃は，まだ国を代表する政府関係者が中心の交渉であり，オブザーバーもそれほど多くはなかった。できあがった条文で行動が求められているのは政府，それも主には先進国政府だけであった。ところが，京都議定書やマラケシュ合意と交渉を重ねるにしたがって，交渉会議には多くの産業界や環境保護団体のオブザーバーが出席するようになった。彼らには，会議場において公式に発言する権利は与えられなかったものの，政府関係者が交渉する様子を監視するという方法で，間接的に彼らの主張を反映させていたといえよう。

　そして，合意された文章は，まさに，国のさまざまなレベルでの参加を要請するものであった。排出量取引などの京都メカニズムが活用されるようになると，企業の取引が活発化すると予想される。吸収源となる森林保全や植

あとがき

　林には，環境保護団体の活動を促進する働きがある。途上国での取り組みを支援するための資金的，技術的制度は，途上国での取り組みに先進国が協力するという意味で，国際的取り組みの一角を成すといえる。これらの多くが，今までの国際法では見られなかった斬新なアプローチである。

　気候変動問題の取り組みは，決してこれで終了したわけではない。ようやく第一ラウンドの制度設計が一段落し，今はその制度の下で対策が予想どおり進むのか，実施の進捗状況を見守る時期に入ったばかりである。まずは，京都議定書が必要数に足るだけの国によって批准され発効する必要がある。その後，議定書に認められた諸制度が変化しつつある世界の中でうまく機能するか見定める必要がある。うまくいかなければ，それを修正するための交渉が必要となるだろう。逆に，うまくいくようであれば，それを今度は対象国を広げたり（つまり，途上国にも適用したり），2013年以降の排出量に関する交渉に活用したりすることができる。今は，次のステップへの重要な準備期間なのである。

　これからの時代を読みながら，地球環境問題への対応のための制度を築き上げていく中で，それぞれの立場から京都議定書の活用を考えていきたい。

　　　　　　　　　　　　　　　　　　　　　　　　　　　　亀 山 康 子

資　料

資料1　気候変動に関する国際連合枠組条約条文（公定訳）
資料2　京都議定書条文（英文原文と日本語訳）
資料3　京都議定書の構造（図）
資料4　日本政府代表団「COP6再開会合　評価と概要」（平成13年7月30日）
資料5　日本政府代表団「気候変動枠組条約第7回締約国会議（COP7）（概要と評価）」（平成13年11月10日）
資料6　Statement of H.E. Mme Yoriko Kawaguchi, Minister for the Environment on behalf of the Delegation of Japan（COP7における川口順子環境大臣によるステートメント）
資料7　気候変動問題に関連する基本的用語と解説
資料8　京都議定書の国際制度に関する参考文献と情報源［川阪京子］

資料

資料1　気候変動に関する国際連合枠組条約条文
平成6年6月21日公布　条約第6号

この条約の締約国は，

地球の気候の変動及びその悪影響が人類の共通の関心事であることを確認し，

人間活動が大気中の温室効果ガスの濃度を著しく増加させてきていること，その増加が自然の温室効果を増大させていること並びにこのことが，地表及び地球の大気を全体として追加的に温暖化することとなり，自然の生態系及び人類に悪影響を及ぼすおそれがあることを憂慮し，

過去及び現在における世界全体の温室効果ガスの排出量の最大の部分を占めるのは先進国において排出されたものであること，開発途上国における一人当たりの排出量は依然として比較的少ないこと並びに世界全体の排出量において開発途上国における排出量が占める割合はこれらの国の社会的な及び開発のためのニーズに応じて増加していくことに留意し，

温室効果ガスの吸収源及び貯蔵庫の陸上及び海洋の生態系における役割及び重要性を認識し，

気候変動の予測には，特に，その時期，規模及び地域的な特性に関して多くの不確実性があることに留意し，

気候変動が地球的規模の性格を有することから，すべての国が，それぞれ共通に有しているが差異のある責任，各国の能力並びに各国の社会的及び経済的状況に応じ，できる限り広範な協力を行うこと及び効果的かつ適当な国際的対応に参加することが必要であることを確認し，

1972年6月16日にストックホルムで採択された国際連合人間環境会議の宣言の関連規定を想起し，

諸国は，国際連合憲章及び国際法の諸原則に基づき，その資源を自国の環境政策及び開発政策に従って開発する主権的権利を有すること並びに自国の管轄又は管理の下における活動が他国の環境又はいずれの国の管轄にも属さない区域の環境を害さないことを確保する責任を有することを想起し，

気候変動に対処するための国際協力における国家の主権の原則を再確認し，

諸国が環境に関する効果的な法令を制定すべきであること，環境基準，環境の管理に当たっての目標及び環境問題における優先度はこれらが適用される環境及び開発の状況を反映すべきであること，並びにある国の適用する基準が他の国（特に開発途上国）にとって不適当なものとなり，不当な経済的及び社会的損失をもたらすものとなるおそれがあることを認め，

国際連合環境開発会議に関する1989年12月22日の国際連合総会決議第228号（第44回会期）並びに人類の現在及び将来の世代のための地球的規模の気候の保護に関する1988年12月6日の国際連合総会決議第53号（第43回会期），1989年12月22日の同決議第207号（第44回会期），1990年12月21日の同決議第212号（第45回会期）及び1991年12月19

280

日の同決議第169号（第46回会期）を想起し，

海面の上昇が島及び沿岸地域（特に低地の沿岸地域）に及ぼし得る悪影響に関する1989年12月22日の国際連合総会決議第206号（第44回会期）の規定及び砂漠化に対処するための行動計画の実施に関する1989年12月19日の国際連合総会決議第172号（第44回会期）の関連規定を想起し，

更に，1985年のオゾン層の保護のためのウィーン条約並びに1990年6月29日に調整され及び改正された1987年のオゾン層を破壊する物質に関するモントリオール議定書（以下「モントリオール議定書」という。）を想起し，

1990年11月7日に採択された第2回世界気候会議の閣僚宣言に留意し，

多くの国が気候変動に関して有益な分析を行っていること並びに国際連合の諸機関（特に，世界気象機関，国際連合環境計画）その他の国際機関及び政府間機関が科学的研究の成果の交換及び研究の調整について重要な貢献を行っていることを意識し，

気候変動を理解し及びこれに対処するために必要な措置は，関連する科学，技術及び経済の分野における考察に基礎を置き，かつ，これらの分野において新たに得られた知見に照らして絶えず再評価される場合には，環境上，社会上及び経済上最も効果的なものになることを認め，

気候変動に対処するための種々の措置は，それ自体経済的に正当化し得ること及びその他の環境問題の解決に役立ち得ることを認め，

先進国が，明確な優先順位に基づき，すべての温室効果ガスを考慮に入れ，かつ，それらのガスがそれぞれ温室効果の増大に対して与える相対的な影響を十分に勘案した包括的な対応戦略（地球的，国家的及び合意がある場合には地域的な規模のもの）に向けた第一歩として，直ちに柔軟に行動することが必要であることを認め，

更に，標高の低い島嶼国その他の島嶼国，低地の沿岸地域，乾燥地域若しくは半乾燥地域又は洪水，干ばつ若しくは砂漠化のおそれのある地域を有する国及びぜい弱な山岳の生態系を有する開発途上国は，特に気候変動の悪影響を受けやすいことを認め，

経済が化石燃料の生産，使用及び輸出に特に依存している国（特に開発途上国）について，温室効果ガスの排出抑制に関してとられる措置の結果特別な困難が生ずることを認め，

持続的な経済成長の達成及び貧困の撲滅という開発途上国の正当かつ優先的な要請を十分に考慮し，気候変動への対応については，社会及び経済の開発に対する悪影響を回避するため，これらの開発との間で総合的な調整が図られるべきであることを確認し，

すべての国（特に開発途上国）が社会及び経済の持続可能な開発の達成のための資源の取得の機会を必要としていること，並びに開発途上国がそのような開発の達成という目標に向かって前進するため，一層高いエネルギー効率の達成及び温室効果ガスの排出の一般的な抑制の可能性（特に，新たな技術が経済的にも社会的にも有利な条件で利用されることによるそのような可能性）をも考慮に入れつつ，そのエネルギー消費を増加させる必要があることを認め，

281

資料

現在及び将来の世代のために気候系を保護することを決意して，
次のとおり協定した。

第1条 定義[注]

注 各条の表題は，専ら便宜のために付するものである。

この条約の適用上，

1 「気候変動の悪影響」とは，気候変動に起因する自然環境又は生物相の変化であって，自然の及び管理された生態系の構成，回復力若しくは生産力，社会及び経済の機能又は人の健康及び福祉に対し著しく有害な影響を及ぼすものをいう。
2 「気候変動」とは，地球の大気の組成を変化させる人間活動に直接又は間接に起因する気候の変化であって，比較可能な期間において観測される気候の自然な変動に対して追加的に生ずるものをいう。
3 「気候系」とは，気圏，水圏，生物圏及び岩石圏の全体並びにこれらの間の相互作用をいう。
4 「排出」とは，特定の地域及び期間における温室効果ガス又はその前駆物質の大気中への放出をいう。
5 「温室効果ガス」とは，大気を構成する気体（天然のものであるか人為的に排出されるものであるかを問わない。）であって，赤外線を吸収し及び再放射するものをいう。
6 「地域的な経済統合のための機関」とは，特定の地域の主権国家によって構成され，この条約又はその議定書が規律する事項に関して権限を有し，かつ，その内部手続に従ってこの条約若しくはその議定書の署名，批准，受諾若しくは承認又はこの条約若しくはその議定書への加入が正当に委任されている機関をいう。
7 「貯蔵庫」とは，温室効果ガス又はその前駆物質を貯蔵する気候系の構成要素をいう。
8 「吸収源」とは，温室効果ガス，エーロゾル又は温室効果ガスの前駆物質を大気中から除去する作用，活動又は仕組みをいう。
9 「発生源」とは，温室効果ガス，エーロゾル又は温室効果ガスの前駆物質を大気中に放出する作用又は活動をいう。

第2条 目的

この条約及び締約国会議が採択する関連する法的文書は，この条約の関連規定に従い，気候系に対して危険な人為的干渉を及ぼすこととならない水準において大気中の温室効果ガスの濃度を安定化させることを究極的な目的とする。そのような水準は，生態系が気候変動に自然に適応し，食糧の生産が脅かされず，かつ，経済開発が持続可能な態様で進行することができるような期間内に達成されるべきである。

第3条 原則

締約国は，この条約の目的を達成し及びこの条約を実施するための措置をとるに当たり，特に，次に掲げるところを指針とする。

1 締約国は，衡平の原則に基づき，かつ，それぞれ共通に有しているが差異のある責任及び各国の能力に従い，人類の現在及び将来の世代のために気候系を保護すべきである。したがって，先進締約国は，率先して気候変動及びその悪影響に対処すべ

きである。
2 開発途上締約国(特に気候変動の悪影響を著しく受けやすいもの)及びこの条約によって過重又は異常な負担を負うこととなる締約国(特に開発途上締約国)の個別のニーズ及び特別な事情について十分な考慮が払われるべきである。
3 締約国は,気候変動の原因を予測し,防止し又は最小限にするための予防措置をとるとともに,気候変動の悪影響を緩和すべきである。深刻な又は回復不可能な損害のおそれがある場合には,科学的な確実性が十分にないことをもって,このような予防措置をとることを延期する理由とすべきではない。もっとも,気候変動に対処するための政策及び措置は,可能な限り最小の費用によって地球的規模で利益がもたらされるように費用対効果の大きいものとすることについても考慮を払うべきである。このため,これらの政策及び措置は,社会経済状況の相違が考慮され,包括的なものであり,関連するすべての温室効果ガスの発生源,吸収源及び貯蔵庫並びに適応のための措置を網羅し,かつ,経済のすべての部門を含むべきである。気候変動に対処するための努力は,関心を有する締約国の協力によっても行われ得る。
4 締約国は,持続可能な開発を促進する権利及び責務を有する。気候変動に対処するための措置をとるためには経済開発が不可欠であることを考慮し,人に起因する変化から気候系を保護するための政策及び措置については,各締約国の個別の事情に適合したものとし,各国の開発計画に組み入れるべきである。
5 締約国は,すべての締約国(特に開発途上締約国)において持続可能な経済成長及び開発をもたらし,もって締約国が一層気候変動の問題に対処することを可能にするような協力的かつ開放的な国際経済体制の確立に向けて協力すべきである。気候変動に対処するためにとられる措置(一方的なものを含む。)は,国際貿易における恣意的若しくは不当な差別の手段又は偽装した制限となるべきではない。

第4条 約 束
1 すべての締約国は,それぞれ共通に有しているが差異のある責任,各国及び地域に特有の開発の優先順位並びに各国特有の目的及び事情を考慮して,次のことを行う。
 (a) 締約国会議が合意する比較可能な方法を用い,温室効果ガス(モントリオール議定書によって規制されているものを除く。)について,発生源による人為的な排出及び吸収源による除去に関する自国の目録を作成し,定期的に更新し,公表し及び第12条の規定に従って締約国会議に提供すること。
 (b) 自国の(適当な場合には地域の)計画を作成し,実施し,公表し及び定期的に更新すること。この計画には,気候変動を緩和するための措置(温室効果ガス(モントリオール議定書によって規制されているものを除く。)の発生源による人為的な排出及び吸収源による除去を対象とするもの)及び気候

変動に対する適応を容易にするための措置を含めるものとする。
(c) エネルギー，運輸，工業，農業，林業，廃棄物の処理その他すべての関連部門において，温室効果ガス（モントリオール議定書によって規制されているものを除く。）の人為的な排出を抑制し，削減し又は防止する技術，慣行及び方法の開発，利用及び普及（移転を含む。）を促進し，並びにこれらについて協力すること。
(d) 温室効果ガス（モントリオール議定書によって規制されているものを除く。）の吸収源及び貯蔵庫（特に，バイオマス，森林，海その他陸上，沿岸及び海洋の生態系）の持続可能な管理を促進すること並びにこのような吸収源及び貯蔵庫の保全（適当な場合には強化）を促進し並びにこれらについて協力すること。
(e) 気候変動の影響に対する適応のための準備について協力すること。沿岸地域の管理，水資源及び農業について，並びに干ばつ及び砂漠化により影響を受けた地域（特にアフリカにおける地域）並びに洪水により影響を受けた地域の保護及び回復について，適当かつ総合的な計画を作成すること。
(f) 気候変動に関し，関連する社会，経済及び環境に関する自国の政策及び措置において可能な範囲内で考慮を払うこと。気候変動を緩和し又はこれに適応するために自国が実施する事業又は措置の経済，公衆衛生及び環境に対する悪影響を最小限にするため，自国が案出し及び決定する適当な方法（例えば影響評価）を用いること。
(g) 気候変動の原因，影響，規模及び時期並びに種々の対応戦略の経済的及び社会的影響についての理解を増進し並びにこれらについて残存する不確実性を減少させ又は除去することを目的として行われる気候系に関する科学的，技術的，社会経済的研究その他の研究，組織的観測及び資料の保管制度の整備を促進し，並びにこれらについて協力すること。
(h) 気候系及び気候変動並びに種々の対応戦略の経済的及び社会的影響に関する科学上，技術上，社会経済上及び法律上の情報について，十分な，開かれた及び迅速な交換を促進し，並びにこれらについて協力すること。
(i) 気候変動に関する教育，訓練及び啓発を促進し，これらについて協力し，並びにこれらへの広範な参加（民間団体の参加を含む。）を奨励すること。
(j) 第12条の規定に従い，実施に関する情報を締約国会議に送付すること。
2 附属書Ⅰに掲げる先進締約国その他の締約国（以下「附属書Ⅰの締約国」という。）は，特に，次に定めるところに従って約束する。
(a) 附属書Ⅰの締約国は，温室効果ガスの人為的な排出を抑制すること並びに温室効果ガスの吸収源及び貯蔵庫を保護し及び強化することによって気候変動を緩和するための自国の政策を採用し，これに沿った措置をとる(注)。これらの政

策及び措置は，温室効果ガスの人為的な排出の長期的な傾向をこの条約の目的に沿って修正することについて，先進国が率先してこれを行っていることを示すこととなる。二酸化炭素その他の温室効果ガス（モントリオール議定書によって規制されているものを除く。）の人為的な排出の量を1990年代の終わりまでに従前の水準に戻すことは，このような修正に寄与するものであることが認識される。また，附属書Ⅰの締約国の出発点，対処の方法，経済構造及び資源的基盤がそれぞれ異なるものであること，強力かつ持続可能な経済成長を維持する必要があること，利用可能な技術その他の個別の事情があること，並びにこれらの締約国がこの条約の目的のための世界的な努力に対して衡平かつ適当な貢献を行う必要があることについて，考慮が払われる。附属書Ⅰの締約国が，これらの政策及び措置を他の締約国と共同して実施すること並びに他の締約国によるこの条約の目的，特に，この(a)の規定の目的の達成への貢献について当該他の締約国を支援することもあり得る。

注　これらの政策及び措置には，地域的な経済統合のための機関がとるものが含まれる。

(b) (a)の規定の目的の達成を促進するため，附属書Ⅰの締約国は，(a)に規定する政策及び措置並びにこれらの政策及び措置をとった結果(a)に規定する期間について予測される二酸化炭素その他の温室効果ガス（モントリオール議定書によって規制されているものを除く。）の発生源による人為的な排出及び吸収源による除去に関する詳細な情報を，この条約が自国について効力を生じた後6箇月以内に及びその後は定期的に，第12条の規定に従って送付する。その送付は，二酸化炭素その他の温室効果ガス（モントリオール議定書によって規制されているものを除く。）の人為的な排出の量を個別に又は共同して1990年の水準に戻すという目的をもって行われる。締約国会議は，第7条の規定に従い，第1回会合において及びその後は定期的に，当該情報について検討する。

(c) (b)の規定の適用上，温室効果ガスの発生源による排出の量及び吸収源による除去の量の算定に当たっては，入手可能な最良の科学上の知識（吸収源の実効的な能力及びそれぞれの温室効果ガスの気候変動への影響の度合に関するものを含む。）を考慮に入れるべきである。締約国会議は，この算定のための方法について，第1回会合において検討し及び合意し，その後は定期的に検討する。

(d) 締約国会議は，第1回会合において，(a)及び(b)の規定の妥当性について検討する。その検討は，気候変動及びその影響に関する入手可能な最良の科学的な情報及び評価並びに関連する技術上，社会上及び経済上の情報に照らして行う。締約国会議は，この検討に基づいて適当な措置（(a)及び(b)に定める

285

約束に関する改正案の採択を含む。）をとる。締約国会議は，また，第1回会合において，(a)に規定する共同による実施のための基準に関する決定を行う。(a)及び(b)の規定に関する2回目の検討は，1998年12月31日以前に行い，その後は締約国会議が決定する一定の間隔で，この条約の目的が達成されるまで行う。

(e) 附属書Iの締約国は，次のことを行う。

　(i) 適当な場合には，この条約の目的を達成するために開発された経済上及び行政上の手段を他の附属書Iの締約国と調整すること。

　(ii) 温室効果ガス（モントリオール議定書によって規制されているものを除く。）の人為的な排出の水準を一層高めることとなるような活動を助長する自国の政策及び慣行を特定し及び定期的に検討すること。

(f) 締約国会議は，関係する締約国の承認を得て附属書I及び附属書Ⅱの一覧表の適当な改正について決定を行うために，1998年12月31日以前に，入手可能な情報について検討する。

(g) 附属書Iの締約国以外の締約国は，批准書，受諾書，承認書若しくは加入書において又はその後いつでも，寄託者に対し，自国が(a)及び(b)の規定に拘束される意図を有する旨を通告することができる。寄託者は，他の署名国及び締約国に対してその通告を通報する。

3　附属書Ⅱに掲げる先進締約国（以下「附属書Ⅱの締約国」という。）は，開発途上締約国が第12条1の規定に基づく義務を履行するために負担するすべての合意された費用に充てるため，新規のかつ追加的な資金を供与する。附属書Ⅱの締約国は，また，1の規定の対象とされている措置であって，開発途上締約国と第11条に規定する国際的組織との間で合意するものを実施するためのすべての合意された増加費用を負担するために開発途上締約国が必要とする新規のかつ追加的な資金（技術移転のためのものを含む。）を同条の規定に従って供与する。これらの約束の履行に当たっては，資金の流れの妥当性及び予測可能性が必要であること並びに先進締約国の間の適当な責任分担が重要であることについて考慮を払う。

4　附属書Ⅱの締約国は，また，気候変動の悪影響を特に受けやすい開発途上締約国がそのような悪影響に適応するための費用を負担することについて，当該開発途上締約国を支援する。

5　附属書Ⅱの締約国は，他の締約国（特に開発途上締約国）がこの条約を実施することができるようにするため，適当な場合には，これらの他の締約国に対する環境上適正な技術及びノウハウの移転又は取得の機会の提供について，促進し，容易にし及び資金を供与するための実施可能なすべての措置をとる。この場合において，先進締約国は，開発途上締約国の固有の能力及び技術の開発及び向上を支援する。技術の移転を容易にすることについてのこのような

支援は，その他の締約国及び機関によっても行われ得る。

6　締約国会議は，附属書Ⅰの締約国のうち市場経済への移行の過程にあるものによる2の規定に基づく約束の履行については，これらの締約国の気候変動に対処するための能力を高めるために，ある程度の弾力的適用（温室効果ガス（モントリオール議定書によって規制されているものを除く。）の人為的な排出の量の基準として用いられる過去の水準に関するものを含む。）を認めるものとする。

7　開発途上締約国によるこの条約に基づく約束の効果的な履行の程度は，先進締約国によるこの条約に基づく資金及び技術移転に関する約束の効果的な履行に依存しており，経済及び社会の開発並びに貧困の撲滅が開発途上締約国にとって最優先の事項であることが十分に考慮される。

8　締約国は，この条に規定する約束の履行に当たり，気候変動の悪影響又は対応措置の実施による影響（特に，次の(a)から(i)までに掲げる国に対するもの）に起因する開発途上締約国の個別のニーズ及び懸念に対処するためにこの条約の下でとるべき措置（資金供与，保険及び技術移転に関するものを含む。）について十分な考慮を払う。
(a)　島嶼国
(b)　低地の沿岸地域を有する国
(c)　乾燥地域，半乾燥地域，森林地域又は森林の衰退のおそれのある地域を有する国
(d)　自然災害が起こりやすい地域を有する国
(e)　干ばつ又は砂漠化のおそれのある地域を有する国
(f)　都市の大気汚染が著しい地域を有する国
(g)　ぜい弱な生態系（山岳の生態系を含む。）を有する地域を有する国
(h)　化石燃料及び関連するエネルギー集約的な製品の生産，加工及び輸出による収入又はこれらの消費に経済が大きく依存している国
(i)　内陸国及び通過国

更に，この8の規定に関しては，適当な場合には締約国会議が措置をとることができる。

9　締約国は，資金供与及び技術移転に関する措置をとるに当たり，後発開発途上国の個別のニーズ及び特別な事情について十分な考慮を払う。

10　締約国は，第10条の規定に従い，この条約に基づく約束の履行に当たり，気候変動に対応するための措置の実施による悪影響を受けやすい経済を有する締約国（特に開発途上締約国）の事情を考慮に入れる。この場合において，特に，化石燃料及び関連するエネルギー集約的な製品の生産，加工及び輸出による収入若しくはこれらの消費にその経済が大きく依存している締約国又は化石燃料の使用にその経済が大きく依存し，かつ，代替物への転換に重大な困難を有する締約国の事情を考慮に入れる。

第5条　研究及び組織的観測

締約国は，前条1(g)の規定に基づく約束の履行に当たって，次のことを行う。

(a) 研究，資料の収集及び組織的観測について企画し，実施し，評価し及び資金供与を行うことを目的とする国際的な及び政府間の計画，協力網又は機関について，努力の重複を最小限にする必要性に考慮を払いつつ，これらを支援し及び，適当な場合には，更に発展させること。
(b) 組織的観測並びに科学的及び技術的研究に関する各国（特に開発途上国）の能力を強化するための並びに各国が自国の管轄の外の区域において得られた資料及びその分析について利用し及び交換することを促進するための国際的な及び政府間の努力を支援すること。
(c) 開発途上国の特別の懸念及びニーズに考慮を払うこと並びに(a)及び(b)に規定する努力に参加するための開発途上国の固有の能力を改善することについて協力すること。

第6条 教育，訓練及び啓発

締約国は，第4条1(i)の規定に基づく約束の履行に当たって，次のことを行う。
(a) 国内的な（適当な場合には小地域的及び地域的な）規模で，自国の法令に従い，かつ，自国の能力の範囲内で，次のことを促進し及び円滑にすること。
 (i) 気候変動及びその影響に関する教育啓発事業の計画の作成及び実施
 (ii) 気候変動及びその影響に関する情報の公開
 (iii) 気候変動及びその影響についての検討並びに適当な対応措置の策定への公衆の参加
 (iv) 科学，技術及び管理の分野における人材の訓練
(b) 国際的に及び適当な場合には既存の団体を活用して，次のことについて協力し及びこれを促進すること。
 (i) 気候変動及びその影響に関する教育及び啓発の資料の作成及び交換
 (ii) 教育訓練事業の計画（特に開発途上国のためのもの。国内の教育訓練機関の強化及び教育訓練専門家を養成する者の交流又は派遣に関するものを含む。）の作成及び実施

第7条 締約国会議

1 この条約により締約国会議を設置する。
2 締約国会議は，この条約の最高機関として，この条約及び締約国会議が採択する関連する法的文書の実施状況を定期的に検討するものとし，その権限の範囲内で，この条約の効果的な実施を促進するために必要な決定を行う。このため，締約国会議は，次のことを行う。
(a) この条約の目的，この条約の実施により得られた経験並びに科学上及び技術上の知識の進展に照らして，この条約に基づく締約国の義務及びこの条約の下における制度的な措置について定期的に検討すること。
(b) 締約国の様々な事情，責任及び能力並びにこの条約に基づくそれぞれの締約国の約束を考慮して，

気候変動及びその影響に対処するために締約国が採用する措置に関する情報の交換を促進し及び円滑にすること。
(c) 2以上の締約国の要請に応じ，締約国の様々な事情，責任及び能力並びにこの条約に基づくそれぞれの締約国の約束を考慮して，気候変動及びその影響に対処するために締約国が採用する措置の調整を円滑にすること。
(d) 締約国会議が合意することとなっている比較可能な方法，特に，温室効果ガスの発生源による排出及び吸収源による除去に関する目録を作成するため並びに温室効果ガスの排出の抑制及び除去の増大に関する措置の効果を評価するための方法について，この条約の目的及び規定に従い，これらの開発及び定期的な改善を促進し及び指導すること。
(e) この条約により利用が可能となるすべての情報に基づき，締約国によるこの条約の実施状況，この条約に基づいてとられる措置の全般的な影響（特に，環境，経済及び社会に及ぼす影響並びにこれらの累積的な影響）及びこの条約の目的の達成に向けての進捗状況を評価すること。
(f) この条約の実施状況に関する定期的な報告書を検討し及び採択すること並びに当該報告書の公表を確保すること。
(g) この条約の実施に必要な事項に関する勧告を行うこと。
(h) 第4条の3から5までの規定及び第11条の規定に従って資金が供与されるよう努めること。
(i) この条約の実施に必要と認められる補助機関を設置すること。
(j) 補助機関により提出される報告書を検討し，及び補助機関を指導すること。
(k) 締約国会議及び補助機関の手続規則及び財政規則をコンセンサス方式により合意し及び採択すること。
(l) 適当な場合には，能力を有する国際機関並びに政府間及び民間の団体による役務，協力及び情報の提供を求め及び利用すること。
(m) その他この条約の目的の達成のために必要な任務及びこの条約に基づいて締約国会議に課されるすべての任務を遂行すること。

3 締約国会議は，第1回会合において，締約国会議及びこの条約により設置される補助機関の手続規則を採択する。この手続規則には，この条約において意思決定手続が定められていない事項に関する意思決定手続を含む。この手続規則には，特定の決定の採択に必要な特定の多数を含むことができる。

4 締約国会議の第1回会合は，第21条に規定する暫定的な事務局が招集するものとし，この条約の効力発生の日の後1年以内に開催する。その後は，締約国会議の通常会合は，締約国会議が別段の決定を行わない限り，毎年開催する。

5 締約国会議の特別会合は，締約国会議が必要と認めるとき又はいずれかの締約国から書面による要請のある場合において事務局がその要請を締約国に通報した後6箇月以内に締

約国の少なくとも3分の1がその要請を支持するときに開催する。

6 国際連合，その専門機関，国際原子力機関及びこれらの国際機関の加盟国又はオブザーバーであってこの条約の締約国でないものは，締約国会議の会合にオブザーバーとして出席することができる。この条約の対象とされている事項について認められた団体又は機関（国内若しくは国際の又は政府若しくは民間のもののいずれであるかを問わない。）であって，締約国会議の会合にオブザーバーとして出席することを希望する旨事務局に通報したものは，当該会合に出席する締約国の3分の1以上が反対しない限り，オブザーバーとして出席することを認められる。オブザーバーの出席については，締約国会議が採択する手続規則に従う。

第8条 事務局

1 この条約により事務局を設置する。
2 事務局は，次の任務を遂行する。
 (a) 締約国会議の会合及びこの条約により設置される補助機関の会合を準備すること並びに必要に応じてこれらの会合に役務を提供すること。
 (b) 事務局に提出される報告書を取りまとめ及び送付すること。
 (c) 要請に応じ，締約国（特に開発途上締約国）がこの条約に従って情報を取りまとめ及び送付するに当たり，当該締約国に対する支援を円滑にすること。
 (d) 事務局の活動に関する報告書を作成し，これを締約国会議に提出すること。
 (e) 他の関係国際団体の事務局との必要な調整を行うこと。
 (f) 締約国会議の全般的な指導の下に，事務局の任務の効果的な遂行のために必要な事務的な及び契約上の取決めを行うこと。
 (g) その他この条約及びその議定書に定める事務局の任務並びに締約国会議が決定する任務を遂行すること。
3 締約国会議は，第1回会合において，常設の事務局を指定し，及びその任務の遂行のための措置をとる。

第9条 科学上及び技術上の助言に関する補助機関

1 この条約により科学上及び技術上の助言に関する補助機関を設置する。当該補助機関は，締約国会議及び適当な場合には他の補助機関に対し，この条約に関連する科学的及び技術的な事項に関する時宜を得た情報及び助言を提供する。当該補助機関は，すべての締約国による参加のために開放するものとし，学際的な性格を有する。当該補助機関は，関連する専門分野に関する知識を十分に有している政府の代表者により構成する。当該補助機関は，その活動のすべての側面に関して，締約国会議に対し定期的に報告を行う。
2 1の補助機関は，締約国会議の指導の下に及び能力を有する既存の国際団体を利用して次のことを行う。
 (a) 気侯変動及びその影響に関する科学上の知識の現状の評価を行うこと。
 (b) この条約の実施に当たってとられる措置の影響に関する科学的な

評価のための準備を行うこと。
(c) 革新的な,効率的な及び最新の技術及びノウハウを特定すること並びにこれらの技術の開発又は移転を促進する方法及び手段に関する助言を行うこと。
(d) 気候変動に関する科学的な計画,気候変動に関する研究及び開発における国際協力並びに開発途上国の固有の能力の開発を支援する方法及び手段に関する助言を行うこと。
(e) 締約国会議及びその補助機関からの科学,技術及び方法論に関する質問に回答すること。
3 1の補助機関の任務及び権限については,締約国会議が更に定めることができる。

第10条 実施に関する補助機関

1 この条約により実施に関する補助機関を設置する。当該補助機関は,この条約の効果的な実施について評価し及び検討することに関して締約国会議を補佐する。当該補助機関は,すべての締約国による参加のために開放するものとし,気候変動に関する事項の専門家である政府の代表者により構成する。当該補助機関は,その活動のすべての側面に関して,締約国会議に対し定期的に報告を行う。
2 1の補助機関は,締約国会議の指導の下に,次のことを行う。
(a) 気候変動に関する最新の科学的な評価に照らして,締約国によってとられた措置の影響を全体として評価するため,第12条1の規定に従って送付される情報を検討すること。
(b) 締約国会議が第4条2(d)に規定する検討を行うことを補佐するため,第12条2の規定に従って送付される情報を検討すること。
(c) 適当な場合には,締約国会議の行う決定の準備及び実施について締約国会議を補佐すること。

第11条 資金供与の制度

1 贈与又は緩和された条件による資金供与（技術移転のためのものを含む。）のための制度についてここに定める。この制度は,締約国会議の指導の下に機能し,締約国会議に対して責任を負う。締約国会議は,この条約に関連する政策,計画の優先度及び適格性の基準について決定する。当該制度の運営は,一又は二以上の既存の国際的組織に委託する。
2 1の資金供与の制度については,透明な管理の仕組みの下に,すべての締約国から衡平なかつ均衡のとれた形で代表されるものとする。
3 締約国会議及び1の資金供与の制度の運営を委託された組織は,1及び2の規定を実施するための取決めについて合意する。この取決めには,次のことを含む。
(a) 資金供与の対象となる気候変動に対処するための事業が締約国会議の決定する政策,計画の優先度及び適格性の基準に適合していることを確保するための方法
(b) 資金供与に関する個別の決定を(a)の政策,計画の優先度及び適格性の基準に照らして再検討するための方法
(c) 1に規定する責任を果たすため,

当該組織が締約国会議に対し資金供与の実施に関して定期的に報告書を提出すること。
  (d) この条約の実施のために必要かつ利用可能な資金の額について、予測し及び特定し得るような方法により決定すること、並びにこの額の定期的な検討に関する要件
4 締約国会議は、第1回会合において、第21条3に定める暫定的措置を検討し及び考慮して、1から3までの規定を実施するための措置をとり、及び当該暫定的措置を維持するかしないかを決定する。締約国会議は、その後4年以内に、資金供与の制度について検討し及び適当な措置をとる。
5 先進締約国は、また、2国間の及び地域的その他の多数国間の経路を通じて、この条約の実施に関連する資金を供与することができるものとし、開発途上締約国は、これを利用することができる。

第12条　実施に関する情報の送付

1 締約国は、第4条1の規定に従い、事務局を通じて締約国会議に対し次の情報を送付する。
  (a) 温室効果ガス（モントリオール議定書によって規制されているものを除く。）の発生源による人為的な排出及び吸収源による除去に関する自国の目録。この目録は、締約国会議が合意し及び利用を促進する比較可能な方法を用いて、自国の能力の範囲内で作成する。
  (b) この条約を実施するために締約国がとり又はとろうとしている措置の概要
  (c) その他この条約の目的の達成に関連を有し及び通報に含めることが適当であると締約国が認める情報（可能なときは、世界全体の排出量の傾向の算定に関連する資料を含む。）
2 附属書Ⅰの締約国は、送付する情報に次の事項を含める。
  (a) 第4条2の(a)及び(b)の規定に基づく約束を履行するために採用した政策及び措置の詳細
  (b) (a)に規定する政策及び措置が、温室効果ガスの発生源による人為的な排出及び吸収源による除去に関して第4条2(a)に規定する期間についてもたらす効果の具体的な見積り
3 更に、附属書Ⅱの締約国は、第4条の3から5までの規定に従ってとる措置の詳細を含める。
4 開発途上締約国は、任意に、資金供与の対象となる事業を提案することができる。その提案には、当該事業を実施するために必要な特定の技術、資材、設備、技法及び慣行を含めるものとし、可能な場合には、すべての増加費用、温室効果ガスの排出の削減及び除去の増大並びにこれらに伴う利益について、それらの見積りを含める。
5 附属書Ⅰの締約国は、この条約が自国について効力を生じた後6箇月以内に最初の情報の送付を行う。附属書Ⅰの締約国以外の締約国は、この条約が自国について効力を生じた後又は第4条3の規定に従い資金が利用可能となった後3年以内に最初の情報の送付を行う。後発開発途上国である締約国は、最初の情報の送

付については，その裁量によることができる。すべての締約国がその後行う送付の頻度は，この5に定める送付の期限の差異を考慮して，締約国会議が決定する。
6　事務局は，この条の規定に従って締約国が送付した情報をできる限り速やかに締約国会議及び関係する補助機関に伝達する。締約国会議は，必要な場合には，情報の送付に関する手続について更に検討することができる。
7　開発途上締約国が，この条の規定に従って情報を取りまとめ及び送付するに当たり並びに第4条の規定に基づいて提案する事業及び対応措置に必要な技術及び資金を特定するに当たり，締約国会議は，第1回会合の時から，開発途上締約国に対しその要請に応じ技術上及び財政上の支援が行われるよう措置をとる。このような支援は，適当な場合には，他の締約国，能力を有する国際機関及び事務局によって行われる。
8　この条の規定に基づく義務を履行するための情報の送付は，締約国会議が採択した指針に従うこと及び締約国会議に事前に通報することを条件として，2以上の締約国が共同して行うことができる。この場合において，送付する情報には，当該2以上の締約国のこの条約に基づくそれぞれの義務の履行に関する情報を含めるものとする。
9　事務局が受領した情報であって，締約国会議が定める基準に従い締約国が秘密のものとして指定したものは，情報の送付及び検討に関係する機関に提供されるまでの間，当該情報の秘密性を保護するため，事務局が一括して保管する。
10　9の規定に従うことを条件として，かつ，締約国が自国の送付した情報の内容をいつでも公表することができることを妨げることなく，事務局は，この条の規定に従って送付される締約国の情報について，締約国会議に提出する時に，その内容を公に利用可能なものとする。

第13条　実施に関する問題の解決
　締約国会議は，第1回会合において，この条約の実施に関する問題の解決のための多数国間の協議手続（締約国がその要請により利用することができるもの）を定めることを検討する。

第14条　紛争の解決
1　この条約の解釈又は適用に関して締約国間で紛争が生じた場合には，紛争当事国は，交渉又は当該紛争当事国が選択するその他の平和的手段により紛争の解決に努める。
2　地域的な経済統合のための機関でない締約国は，この条約の解釈又は適用に関する紛争について，同一の義務を受諾する締約国との関係において次の一方又は双方の手段を当然にかつ特別の合意なしに義務的であると認めることをこの条約の批准，受諾若しくは承認若しくはこれへの加入の際に又はその後いつでも，寄託者に対し書面により宣言することができる。
(a)　国際司法裁判所への紛争の付託
(b)　締約国会議ができる限り速やかに採択する仲裁に関する附属書に定める手続による仲裁

地域的な経済統合のための機関である締約国は，(b)に規定する手続による仲裁に関して同様の効果を有する宣言を行うことができる。
3　2の規定に基づいて行われる宣言は，当該宣言の期間が満了するまで又は書面による当該宣言の撤回の通告が寄託者に寄託された後3箇月が経過するまでの間，効力を有する。
4　新たな宣言，宣言の撤回の通告又は宣言の期間の満了は，紛争当事国が別段の合意をしない限り，国際司法裁判所又は仲裁裁判所において進行中の手続に何ら影響を及ぼすものではない。
5　2の規定が適用される場合を除くほか，いずれかの紛争当事国が他の紛争当事国に対して紛争が存在する旨の通告を行った後12箇月以内にこれらの紛争当事国が1に定める手段によって当該紛争を解決することができなかった場合には，当該紛争は，いずれかの紛争当事国の要請により調停に付される。
6　いずれかの紛争当事国の要請があったときは，調停委員会が設置される。調停委員会は，各紛争当事国が指名する同数の委員及び指名された委員が共同で選任する委員長によって構成される。調停委員会は，勧告的な裁定を行い，紛争当事国は，その裁定を誠実に検討する。
7　1から6までに定めるもののほか，調停に関する手続は，締約国会議ができる限り速やかに採択する調停に関する附属書に定める。
8　この条の規定は，締約国会議が採択する関連する法的文書に別段の定めがある場合を除くほか，当該法的文書について準用する。

第15条　この条約の改正

1　締約国は，この条約の改正を提案することができる。
2　この条約の改正は，締約国会議の通常会合において採択する。この条約の改正案は，その採択が提案される会合の少なくとも6箇月前に事務局が締約国に通報する。事務局は，また，改正案をこの条約の署名国及び参考のために寄託者に通報する。
3　締約国は，この条約の改正案につき，コンセンサス方式により合意に達するようあらゆる努力を払う。コンセンサスのためのあらゆる努力にもかかわらず合意に達しない場合には，改正案は，最後の解決手段として，当該会合に出席しかつ投票する締約国の4分の3以上の多数による議決で採択する。採択された改正は，事務局が寄託者に通報するものとし，寄託者がすべての締約国に対し受諾のために送付する。
4　改正の受諾書は，寄託者に寄託する。3の規定に従って採択された改正は，この条約の締約国の少なくとも4分の3の受諾書を寄託者が受領した日の後90日目の日に，当該改正を受諾した締約国について効力を生ずる。
5　改正は，他の締約国が当該改正の受諾書を寄託者に寄託した日の後90日目の日に当該他の締約国について効力を生ずる。
6　この条の規定の適用上，「出席しかつ投票する締約国」とは，出席しかつ賛成票又は反対票を投ずる締約国をいう。

第16条　この条約の附属書の採択及び改正

1　この条約の附属書は，この条約の不可分の一部を成すものとし，「この条約」というときは，別段の明示の定めがない限り，附属書を含めていうものとする。附属書は，表，書式その他科学的，技術的，手続的又は事務的な性格を有する説明的な文書に限定される（ただし，第14条の2(b)及び7の規定については，この限りでない。）。
2　この条約の附属書は，前条の2から4までに定める手続を準用して提案され及び採択される。
3　2の規定に従って採択された附属書は，寄託者がその採択を締約国に通報した日の後6箇月で，その期間内に当該附属書を受諾しない旨を寄託者に対して書面により通告した締約国を除くほか，この条約のすべての締約国について効力を生ずる。当該附属書は，当該通告を撤回する旨の通告を寄託者が受領した日の後90日目の日に，当該通告を撤回した締約国について効力を生ずる。
4　この条約の附属書の改正の提案，採択及び効力発生は，2及び3の規定によるこの条約の附属書の提案，採択及び効力発生と同一の手続に従う。
5　附属書の採択又は改正がこの条約の改正を伴うものである場合には，採択され又は改正された附属書は，この条約の改正が効力を生ずる時まで効力を生じない。

第17条　議定書

1　締約国会議は，その通常会合において，この条約の議定書を採択することができる。
2　議定書案は，1の通常会合の少なくとも6箇月前に事務局が締約国に通報する。
3　議定書の効力発生の要件は，当該議定書に定める。
4　この条約の締約国のみが，議定書の締約国となることができる。
5　議定書に基づく決定は，当該議定書の締約国のみが行う。

第18条　投票権

1　この条約の各締約国は，2に規定する場合を除くほか，一の票を有する。
2　地域的な経済統合のための機関は，その権限の範囲内の事項について，この条約の締約国であるその構成国の数と同数の票を投ずる権利を行使する。当該機関は，その構成国が自国の投票権を行使する場合には，投票権を行使してはならない。その逆の場合も，同様とする。

第19条　寄託者

国際連合事務総長は，この条約及び第17条の規定に従って採択される議定書の寄託者とする。

第20条　署名

この条約は，国際連合環境開発会議の開催期間中はリオ・デ・ジャネイロにおいて，1992年6月20日から1993年6月19日まではニュー・ヨークにある国際連合本部において，国際連合又はその専門機関の加盟国，国際司法裁判所規程の当事国及び地域的な経済統合のための機関による署名のために開放

第21条 暫定的措置

1 第8条に規定する事務局の任務は、締約国会議の第1回会合が終了するまでの間、国際連合総会が1990年12月21日の決議第212号（第45回会期）によって設置した事務局が暫定的に遂行する。
2 1に規定する暫定的な事務局の長は、気候変動に関する政府間パネルと緊密に協力し、同パネルによる客観的な科学上及び技術上の助言が必要とされる場合に、同パネルが対応することができることを確保する。科学に関するその他の関連団体も、協議を受ける。
3 国際連合開発計画、国際連合環境計画及び国際復興開発銀行の地球環境基金は、第11条に規定する資金供与の制度の運営について暫定的に委託される国際的組織となる。この点に関し、同基金が同条の要件を満たすことができるようにするため、同基金は、適切に再編成されるべきであり、その参加国の構成は、普遍的なものとされるべきである。

第22条 批准、受諾、承認又は加入

1 この条約は、国家及び地域的な経済統合のための機関により批准され、受諾され、承認され又は加入されなければならない。この条約は、この条約の署名のための期間の終了の日の後は、加入のために開放しておく。批准書、受諾書、承認書又は加入書は、寄託者に寄託する。
2 この条約の締約国となる地域的な経済統合のための機関で当該機関のいずれの構成国も締約国となっていないものは、この条約に基づくすべての義務を負う。当該機関及びその一又は二以上の構成国がこの条約の締約国である場合には、当該機関及びその構成国は、この条約に基づく義務の履行につきそれぞれの責任を決定する。この場合において、当該機関及びその構成国は、この条約に基づく権利を同時に行使することができない。
3 地域的な経済統合のための機関は、この条約の規律する事項に関する当該機関の権限の範囲をこの条約の批准書、受諾書、承認書又は加入書において宣言する。当該機関は、また、その権限の範囲の実質的な変更を寄託者に通報し、寄託者は、これを締約国に通報する。

第23条 効力発生

1 この条約は、50番目の批准書、受諾書、承認書又は加入書の寄託の日の後90日目の日に効力を生ずる。
2 この条約は、50番目の批准書、受諾書、承認書又は加入書の寄託の後にこれを批准し、受諾し若しくは承認し又はこれに加入する国又は地域的な経済統合のための機関については、当該国又は機関による批准書、受諾書、承認書又は加入書の寄託の日の後90日目の日に効力を生ずる。
3 地域的な経済統合のための機関によって寄託される文書は、1及び2の規定の適用上、当該機関の構成国によって寄託されたものに追加して数えてはならない。

第24条 留保
この条約には，いかなる留保も付することができない。

第25条 脱退
1 締約国は，自国についてこの条約が効力を生じた日から3年を経過した後いつでも，寄託者に対して書面による脱退の通告を行うことにより，この条約から脱退することができる。
2 1の脱退は，寄託者が脱退の通告を受領した日から1年を経過した日又はそれよりも遅い日であって脱退の通告において指定されている日に効力を生ずる。
3 この条約から脱退する締約国は，自国が締約国である議定書からも脱退したものとみなす。

第26条 正文
アラビア語，中国語，英語，フランス語，ロシア語及びスペイン語をひとしく正文とするこの条約の原本は，国際連合事務総長に寄託する。

以上の証拠として，下名は，正当に委任を受けてこの条約に署名した。
1992年5月9日にニュー・ヨークで作成した。

附属書Ⅰ
オーストラリア
オーストリア
ベラルーシ(注)
ベルギー
ブルガリア(注)
カナダ
チェッコ・スロヴァキア(注)
デンマーク
欧州経済共同体
エストニア(注)
フィンランド
フランス
ドイツ
ギリシャ
ハンガリー(注)
アイスランド
アイルランド
イタリア
日本国
ラトヴィア(注)
リトアニア(注)
ルクセンブルグ
オランダ
ニュー・ジーランド
ノールウェー
ポーランド(注)
ポルトガル
ルーマニア(注)
ロシア連邦(注)
スペイン
スウェーデン
スイス
トルコ
ウクライナ(注)
グレート・ブリテン及び北部アイルランド連合王国
アメリカ合衆国
注 市場経済への移行の過程にある国

附属書Ⅱ
オーストラリア
オーストリア
ベルギー
カナダ
デンマーク
欧州経済共同体
フィンランド

資　料

フランス
ドイツ
ギリシャ
アイスランド
アイルランド
イタリア
日本国
ルクセンブルグ
オランダ
ニュー・ジーランド
ノールウェー
ポルトガル
スペイン
スウェーデン
スイス
トルコ
グレート・ブリテン及び北部アイルランド連合王国
アメリカ合衆国

資料2　京都議定書条文

気候変動に関する国際連合枠組条約の京都議定書（＊　この議定書の日本語は，2002年3月29日に閣議決定され，国会に提出されたものである）

　この議定書の締約国は，

　気候変動に関する国際連合枠組条約（以下「条約」という。）の締約国として，

　条約第二条に定められた条約の究極的な目的を達成するため，

　条約を想起し，

　条約第三条の規定を指針とし，

　条約の締約国会議における第一回会合の決定第一号（第一回会合）により採択されたベルリン会合における授権に関する合意に従って，

　次のとおり協定した。

第一条

　この議定書の適用上、条約第一条の定義を適用する。さらに、

1　「締約国会議」とは、条約の締約国会議をいう。

2　「条約」とは、千九百九十二年五月九日にニュー・ヨークで採択された気候変動に関する国際連合枠組条約をいう。

3　「気候変動に関する政府間パネル」

KYOTO PROTOCOL TO THE UNITED NATIONS FRAMEWORK CONVENTION ON CLIMATE CHANGE

The Parties to this Protocol,

　<u>Being</u> Parties to the United Nations Framework Convention on Climate Change, hereinafter referred to as "the Convention",

　<u>In pursuit</u> of the ultimate objective of the Convention as stated in its Article 2,

　<u>Recalling</u> the provisions of the Convention,

　<u>Being guided</u> by Article 3 of the Convention,

　<u>Pursuant</u> to the Berlin Mandate adopted by decision 1/CP.1 of the Conference of the Parties to the Convention at its first session,

Have agreed as follows :

Article 1

For the purposes of this Protocol, the definitions contained in Article 1 of the Convention shall apply. In addition :

1．"Conference of the Parties" means the Conference of the Parties to the Convention.

2．"Convention" means the United Nations Framework Convention on Climate Change, adopted in New York on 9 May 1992.

3．"Intergovernmental Panel on Cli-

299

とは、千九百八十八年に世界気象機関及び国際連合環境計画が共同で設置した気候変動に関する政府間パネルをいう。

4 「モントリオール議定書」とは、千九百八十七年九月十六日にモントリオールで採択され並びにその後調整され及び改正されたオゾン層を破壊する物質に関するモントリオール議定書をいう。
5 「出席しかつ投票する締約国」とは、出席しかつ賛成票又は反対票を投ずる締約国をいう。
6 「締約国」とは、文脈により別に解釈される場合を除くほか、この議定書の締約国をいう。
7 「附属書Ⅰに掲げる締約国」とは、条約附属書Ⅰ（その最新のもの）に掲げる締約国又は条約第四条2(g)の規定に基づいて通告を行った締約国をいう。

第二条
1 附属書Ⅰに掲げる締約国は、次条の規定に基づく排出の抑制及び削減に関する数量化された約束の達成に当たり、持続可能な開発を促進するため、次のことを行う。

 (a) 自国の事情に応じて、次のような政策及び措置について実施し又は更に定めること。

  (ⅰ) 自国の経済の関連部門におけるエネルギー効率を高めること。

mate Change" means the Intergovernmental Panel on Climate Change established in 1988 jointly by the World Meteorological Organization and the United Nations Environment Programme.

4．"Montreal Protocol" means the Montreal Protocol on Substances that Deplete the Ozone Layer, adopted in Montreal on 16 September 1987 and as subsequently adjusted and amended.
5．"Parties present and voting" means Parties present and casting an affirmative or negative vote.
6．"Party" means, unless the context otherwise indicates, a Party to this Protocol.
7．"Party included in Annex I" means a Party included in Annex I to the Convention, as may be amended, or a Party which has made a notification under Article 4, paragraph 2 (g), of the Convention.

Article 2
1．Each Party included in Annex I, in achieving its quantified emission limitation and reduction commitments under Article 3, in order to promote sustainable development, shall：

 (a) Implement and/or further elaborate policies and measures in accordance with its national circumstances, such as：

  (i) Enhancement of energy efficiency in relevant sectors of the national economy；

(ii) 関連の環境に関する国際取極に基づく約束を考慮に入れた温室効果ガス（モントリオール議定書によって規制されているものを除く。）の吸収源及び貯蔵庫の保護及び強化並びに持続可能な森林経営の慣行、新規植林及び再植林の促進

(iii) 気候変動に関する考慮に照らして持続可能な形態の農業を促進すること。

(iv) 新規のかつ再生可能な形態のエネルギー、二酸化炭素隔離技術並びに進歩的及び革新的な環境上適正な技術を研究し、促進し、開発し、及びこれらの利用を拡大すること。

(v) すべての温室効果ガス排出部門における市場の不完全性、財政による奨励、内国税及び関税の免除並びに補助金であって条約の目的に反するものの漸進的な削減又は段階的な廃止並びに市場を通じた手段の適用

(vi) 温室効果ガス（モントリオール議定書によって規制されているものを除く。）の排出を抑制し又は削減する政策及び措置を促進することを目的として関連部門において適当な改革を奨励すること。

(ii) Protection and enhancement of sinks and reservoirs of greenhouse gases not controlled by the Montreal Protocol, taking into account its commitments under relevant international environmental agreements; promotion of sustainable forest management practices, afforestation and reforestation;

(iii) Promotion of sustainable forms of agriculture in light of climate change considerations;

(iv) Research on, and promotion, development and increased use of, new and renewable forms of energy, of carbon dioxide sequestration technologies and of advanced and innovative environmentally sound technologies;

(v) Progressive reduction or phasing out of market imperfections, fiscal incentives, tax and duty exemptions and subsidies in all greenhouse gas emitting sectors that run counter to the objective of the Convention and application of market instruments;

(vi) Encouragement of appropriate reforms in relevant sectors aimed at promoting policies and measures which limit or reduce emissions of greenhouse gases not controlled by the Montreal Protocol;

資　料

　　(vii) 運輸部門における温室効果ガス（モントリオール議定書によって規制されているものを除く。）の排出を抑制又は削減する措置
　　(viii) 廃棄物の処理並びにエネルギーの生産、輸送及び分配における回収及び使用によりメタンの排出を抑制し又は削減すること。
　(b) 条約第四条2(e)(i)の規定に従い、この条の規定に基づいて採用される政策及び措置の個別の及び組み合わせた効果を高めるため、他の附属書Ｉに掲げる締約国と協力すること。このため、附属書Ｉに掲げる締約国は、当該政策及び措置について、経験を共有し及び情報を交換するための措置（政策及び措置の比較可能性、透明性及び効果を改善する方法の開発を含む。）をとる。この議定書の締約国の会合としての役割を果たす締約国会議は、第一回会合において又はその後できる限り速やかに、すべての関連する情報を考慮して、そのような協力を促進する方法について検討する。

2　附属書Ｉに掲げる締約国は、国際民間航空機関及び国際海事機関を通じて活動することにより、航空機用及び船舶用の燃料からの温室効果ガス（モントリオール議定書によって規制されているものを除く。）の排

　　(vii) Measures to limit and/or reduce emissions of greenhouse gases not controlled by the Montreal Protocol in the transport sector；
　　(viii) Limitation and/or reduction of methane emissions through recovery and use in waste management, as well as in the production, transport and distribution of energy；
　(b) Cooperate with other such Parties to enhance the individual and combined effectiveness of their policies and measures adopted under this Article, pursuant to Article 4, paragraph 2 (e) (i), of the Convention. To this end, these Parties shall take steps to share their experience and exchange information on such policies and measures, including developing ways of improving their comparability, transparency and effectiveness. The Conference of the Parties serving as the meeting of the Parties to this Protocol shall, at its first session or as soon as practicable thereafter, consider ways to facilitate such cooperation, taking into account all relevant information.

2．The Parties included in Annex I shall pursue limitation or reduction of emissions of greenhouse gases not controlled by the Montreal Protocol from aviation and marine bunker fuels, working through the Interna-

出の抑制又は削減を追求する。

3　附属書Ⅰに掲げる締約国は、条約第三条の規定を考慮して、悪影響（気候変動の悪影響、国際貿易への影響並びに他の締約国（特に開発途上締約国とりわけ条約第四条8及び9に規定する国）に対する社会上、環境上及び経済上の影響を含む。）を最小限にするような方法で、この条の規定に基づく政策及び措置を実施するよう努力する。この議定書の締約国の会合としての役割を果たす締約国会議は、適当な場合には、この3の規定の実施を促進するため、追加の措置をとることができる。

4　この議定書の締約国の会合としての役割を果たす締約国会議は、各国の異なる事情及び潜在的な影響を考慮して1(a)に規定する政策及び措置を調整することが有益であると決定する場合には、当該政策及び措置の調整を実施する方法及び手段を検討する。

第三条
1　附属書Ⅰに掲げる締約国は、附属書Ⅰに掲げる締約国により排出される附属書Aに掲げる温室効果ガスの全体の量を二千八年から二千十二年

tional Civil Aviation Organization and the International Maritime Organization, respectively.

3．The Parties included in Annex I shall strive to implement policies and measures under this Article in such a way as to minimize adverse effects, including the adverse effects of climate change, effects on international trade, and social, environmental and economic impacts on other Parties, especially developing country Parties and in particular those identified in Article 4, paragraphs 8 and 9, of the Convention, taking into account Article 3 of the Convention. The Conference of the Parties serving as the meeting of the Parties to this Protocol may take further action, as appropriate, to promote the implementation of the provisions of this paragraph.

4．The Conference of the Parties serving as the meeting of the Parties to this Protocol, if it decides that it would be beneficial to coordinate any of the policies and measures in paragraph 1 (a) above, taking into account different national circumstances and potential effects, shall consider ways and means to elaborate the coordination of such policies and measures.

Article 3
1．The Parties included in Annex I shall, individually or jointly, ensure that their aggregate anthropogenic carbon dioxide equivalent emissions

303

までの約束期間中に千九百九十年の水準より少なくとも五パーセント削減することを目的として、個別に又は共同して、当該温室効果ガスの二酸化炭素に換算した人為的な排出量の合計が、附属書Bに記載する排出の抑制及び削減に関する数量化された約束に従って並びにこの条の規定に従って算定される割当量を超えないことを確保する。

2 附属書Ⅰに掲げる締約国は、二千五年までに、この議定書に基づく約束の達成について明らかな前進を示す。

3 土地利用の変化及び林業に直接関係する人の活動（千九百九十年以降の新規植林、再植林及び森林を減少させることに限る。）に起因する温室効果ガスの発生源による排出量及び吸収源による除去量の純変化（各約束期間における炭素蓄積の検証可能な変化量として計測されるもの）は、附属書Ⅰに掲げる締約国がこの条の規定に基づく約束を履行するために用いられる。これらの活動に関連する温室効果ガスの発生源による排出及び吸収源による除去については、透明性のあるかつ検証可能な方法により報告し、第七条及び第八条の規定に従って検討する。

4 附属書Ⅰに掲げる締約国は、この議定書の締約国の会合としての役割を果たす締約国会議の第一回会合に先立ち、科学上及び技術上の助言に関する補助機関による検討のため、千九百九十年における炭素蓄積の水準を設定し及びその後の年における

of the greenhouse gases listed in Annex A do not exceed their assigned amounts, calculated pursuant to their quantified emission limitation and reduction commitments inscribed in Annex B and in accordance with the provisions of this Article, with a view to reducing their overall emissions of such gases by at least 5 per cent below 1990 levels in the commitment period 2008 to 2012.

2．Each Party included in Annex I shall, by 2005, have made demonstrable progress in achieving its commitments under this Protocol.

3．The net changes in greenhouse gas emissions by sources and removals by sinks resulting from direct human-induced land-use change and forestry activities, limited to afforestation, reforestation and deforestation since 1990, measured as verifiable changes in carbon stocks in each commitment period, shall be used to meet the commitments under this Article of each Party included in Annex I. The greenhouse gas emissions by sources and removals by sinks associated with those activities shall be reported in a transparent and verifiable manner and reviewed in accordance with Articles 7 and 8.

4．Prior to the first session of the Conference of the Parties serving as the meeting of the Parties to this Protocol, each Party included in Annex I shall provide, for consideration by the Subsidiary Body for Scientific and Technological Advice, data to es-

炭素蓄積の変化量に関する推計を可能とするための資料を提供する。この議定書の締約国の会合としての役割を果たす締約国会議は、第一回会合において又はその後できる限り速やかに、不確実性、報告の透明性、検証可能性、気候変動に関する政府間パネルによる方法論に関する作業、第五条の規定に従い科学上及び技術上の助言に関する補助機関により提供される助言並びに締約国会議の決定を考慮に入れて、農用地の土壌並びに土地利用の変化及び林業の区分における温室効果ガスの発生源による排出量及び吸収源による除去量の変化に関連する追加的な人の活動のいずれに基づき、附属書Ⅰに掲げる締約国の割当量をどのように増加させ又は減ずるかについての方法、規則及び指針を決定する。この決定は、二回目及びその後の約束期間について適用する。締約国は、当該決定の対象となる追加的な人の活動が千九百九十年以降に行われたものである場合には、当該決定を一回目の約束期間について適用することを選択することができる。

5 附属書Ⅰに掲げる締約国のうち市場経済への移行の過程にある国であって、当該国の基準となる年又は期間が締約国会議の第二回会合の決定第九号（第二回会合）に従って定

tablish its level of carbon stocks in 1990 and to enable an estimate to be made of its changes in carbon stocks in subsequent years. The Conference of the Parties serving as the meeting of the Parties to this Protocol shall, at its first session or as soon as practicable thereafter, decide upon modalities, rules and guidelines as to how, and which, additional human-induced activities related to changes in greenhouse gas emissions by sources and removals by sinks in the agricultural soils and the land-use change and forestry categories shall be added to, or subtracted from, the assigned amounts for Parties included in Annex I, taking into account uncertainties, transparency in reporting, verifiability, the methodological work of the Intergovernmental Panel on Climate Change, the advice provided by the Subsidiary Body for Scientific and Technological Advice in accordance with Article 5 and the decisions of the Conference of the Parties. Such a decision shall apply in the second and subsequent commitment periods. A Party may choose to apply such a decision on these additional human-induced activities for its first commitment period, provided that these activities have taken place since 1990.

5．The Parties included in Annex I undergoing the process of transition to a market economy whose base year or period was established pursuant to decision 9/CP. 2 of the Confer-

められているものは、この条の規定に基づく約束の履行のために当該基準となる年又は期間を用いる。附属書Ⅰに掲げる締約国のうち市場経済への移行の過程にある他の締約国であって、条約第十二条の規定に基づく一回目の自国の情報を送付していなかったものも、この議定書の締約国の会合としての役割を果たす締約国会議に対して、この条の規定に基づく約束の履行のために千九百九十年以外の過去の基準となる年又は期間を用いる意図を有する旨を通告することができる。この議定書の締約国の会合としての役割を果たす締約国会議は、当該通告の受諾について決定する。

6 この議定書の締約国の会合としての役割を果たす締約国会議は、条約第四条6の規定を考慮して、附属書Ⅰに掲げる締約国のうち市場経済への移行の過程にある国によるこの議定書に基づく約束（この条の規定に基づくものを除く。）の履行については、ある程度の弾力的適用を認める。

7 附属書Ⅰに掲げる締約国の割当量は、排出の抑制及び削減に関する数量化された約束に係る一回目の期間（二千八年から二千十二年まで）においては、千九百九十年又は5の規定に従って決定される基準となる年若しくは期間における附属書Aに掲げる温室効果ガスの二酸化炭素に換

ence of the Parties at its second session shall use that base year or period for the implementation of their commitments under this Article. Any other Party included in Annex I undergoing the process of transition to a market economy which has not yet submitted its first national communication under Article 12 of the Convention may also notify the Conference of the Parties serving as the meeting of the Parties to this Protocol that it intends to use an historical base year or period other than 1990 for the implementation of its commitments under this Article. The Conference of the Parties serving as the meeting of the Parties to this Protocol shall decide on the acceptance of such notification.

6．Taking into account Article 4, paragraph 6, of the Convention, in the implementation of their commitments under this Protocol other than those under this Article, a certain degree of flexibility shall be allowed by the Conference of the Parties serving as the meeting of the Parties to this Protocol to the Parties included in Annex I undergoing the process of transition to a market economy.

7．In the first quantified emission limitation and reduction commitment period, from 2008 to 2012, the assigned amount for each Party included in Annex I shall be equal to the percentage inscribed for it in Annex B of its aggregate anthropogenic carbon dioxide equivalent emissions

算した人為的な排出量の合計に附属書Bに記載する百分率を乗じたものに五を乗じて得た値に等しいものとする。土地利用の変化及び林業が千九百九十年において温室効果ガスの排出の純発生源を成す附属書Ⅰに掲げる締約国は、自国の割当量を算定するため、千九百九十年又は基準となる年若しくは期間における排出量に、土地利用の変化に起因する千九百九十年における二酸化炭素に換算した発生源による人為的な排出量の合計であって吸収源による除去量を減じたものを含める。

8 附属書Ⅰに掲げる締約国は、7に規定する算定のため、ハイドロフルオロカーボン、パーフルオロカーボン及び六ふっ化硫黄について基準となる年として千九百九十五年を用いることができる。

9 附属書Ⅰに掲げる締約国のその後の期間に係る約束については、第二十一条7の規定に従って採択される附属書Bの改正において決定する。この議定書の締約国の会合としての役割を果たす締約国会議は、1に定める一回目の約束期間が満了する少なくとも七年前に当該約束の検討を開始する。

10 第六条又は第十七条の規定に基づいて一の締約国が他の締約国から取得する排出削減単位又は割当量の一部は、取得する締約国の割当量に加える。

of the greenhouse gases listed in Annex A in 1990, or the base year or period determined in accordance with paragraph 5 above, multiplied by five. Those Parties included in Annex I for whom land-use change and forestry constituted a net source of greenhouse gas emissions in 1990 shall include in their 1990 emissions base year or period the aggregate anthropogenic carbon dioxide equivalent emissions by sources minus removals by sinks in 1990 from land-use change for the purposes of calculating their assigned amount.

8．Any Party included in Annex I may use 1995 as its base year for hydrofluorocarbons, perfluorocarbons and sulphur hexafluoride, for the purposes of the calculation referred to in paragraph 7 above.

9．Commitments for subsequent periods for Parties included in Annex I shall be established in amendments to Annex B to this Protocol, which shall be adopted in accordance with the provisions of Article 21, paragraph 7. The Conference of the Parties serving as the meeting of the Parties to this Protocol shall initiate the consideration of such commitments at least seven years before the end of the first commitment period referred to in paragraph 1 above.

10．Any emission reduction units, or any part of an assigned amount, which a Party acquires from another Party in accordance with the provisions of Article 6 or of Article 17

11 第六条又は第十七条の規定に基づいて一の締約国が他の締約国に移転する排出削減単位又は割当量の一部は、移転する締約国の割当量から減ずる。

12 第十二条の規定に基づいて一の締約国が他の締約国から取得する認証された排出削減量は、取得する締約国の割当量に加える。

13 一の附属書Ⅰに掲げる締約国の約束期間における排出量がこの条の規定に基づく割当量より少ない場合には、その量の差は、当該附属書Ⅰに掲げる締約国の要請により、その後の約束期間における当該附属書Ⅰに掲げる締約国の割当量に加える。

14 附属書Ⅰに掲げる締約国は、開発途上締約国（特に条約第四条8及び9に規定する国）に対する社会上、環境上及び経済上の悪影響を最小限にするような方法で、1に規定する約束を履行するよう努力する。条約第四条8及び9の規定の実施に関する締約国会議の関連する決定に従い、この議定書の締約国の会合としての役割を果たす締約国会議は、第一回会合において、条約第四条8及び9に規定する締約国に対する気候変動の悪影響又は対応措置の実施による影響を最小限にするためにとるべき措置について検討する。検討すべき問題には、資金供与、保険及び技術

shall be added to the assigned amount for the acquiring Party.

11. Any emission reduction units, or any part of an assigned amount, which a Party transfers to another Party in accordance with the provisions of Article 6 or of Article 17 shall be subtracted from the assigned amount for the transferring Party.

12. Any certified emission reductions which a Party acquires from another Party in accordance with the provisions of Article 12 shall be added to the assigned amount for the acquiring Party.

13. If the emissions of a Party included in Annex I in a commitment period are less than its assigned amount under this Article, this difference shall, on request of that Party, be added to the assigned amount for that Party for subsequent commitment periods.

14. Each Party included in Annex I shall strive to implement the commitments mentioned in paragraph 1 above in such a way as to minimize adverse social, environmental and economic impacts on developing country Parties, particularly those identified in Article 4, paragraphs 8 and 9, of the Convention. In line with relevant decisions of the Conference of the Parties on the implementation of those paragraphs, the Conference of the Parties serving as the meeting of the Parties to this Protocol shall, at its first session, consider what actions are necessary to minimize the ad-

移転の実施を含める。

第四条
1　前条の規定に基づく約束を共同で履行することについて合意に達した附属書Ⅰに掲げる締約国は、附属書Aに掲げる温室効果ガスの二酸化炭素に換算した人為的な排出量の合計についての当該附属書Ⅰに掲げる締約国の総計が、附属書Bに記載する排出の抑制及び削減に関する数量化された約束に従って並びに前条の規定に従って算定された割当量について当該附属書Ⅰに掲げる締約国の総計を超えない場合には、約束を履行したものとみなされる。当該附属書Ⅰに掲げる締約国にそれぞれ割り当てられる排出量の水準は、当該合意で定める。

2　1の合意に達した締約国は、この議定書の批准書、受諾書若しくは承認書又はこの議定書への加入書の寄託の日に、事務局に対し当該合意の条件を通報する。事務局は、当該合意の条件を条約の締約国及び署名国に通報する。

3　1の合意は、前条7に規定する約束期間を通じて維持される。

verse effects of climate change and/or the impacts of response measures on Parties referred to in those paragraphs. Among the issues to be considered shall be the establishment of funding, insurance and transfer of technology.

Article 4
1．Any Parties included in Annex I that have reached an agreement to fulfil their commitments under Article 3 jointly, shall be deemed to have met those commitments provided that their total combined aggregate anthropogenic carbon dioxide equivalent emissions of the greenhouse gases listed in Annex A do not exceed their assigned amounts calculated pursuant to their quantified emission limitation and reduction commitments inscribed in Annex B and in accordance with the provisions of Article 3. The respective emission level allocated to each of the Parties to the agreement shall be set out in that agreement.

2．The Parties to any such agreement shall notify the secretariat of the terms of the agreement on the date of deposit of their instruments of ratification, acceptance or approval of this Protocol, or accession thereto. The secretariat shall in turn inform the Parties and signatories to the Convention of the terms of the agreement.

3．Any such agreement shall remain in operation for the duration of

4　共同して行動する締約国が地域的な経済統合のための機関の枠組みにおいて、かつ、当該地域的な経済統合のための機関と共に行動する場合には、この議定書の採択の後に行われる当該地域的な経済統合のための機関の構成のいかなる変更も、この議定書に基づく既存の約束に影響を及ぼすものではない。当該地域的な経済統合のための機関の構成のいかなる変更も、その変更の後に採択される前条の規定に基づく約束についてのみ適用する。

5　1の合意に達した締約国が排出削減量について当該締約国の総計の水準を達成することができない場合には、当該締約国は、当該合意に規定する自国の排出量の水準について責任を負う。

6　共同して行動する締約国が、この議定書の締約国である地域的な経済統合のための機関の枠組みにおいて、かつ、当該地域的な経済統合のための機関と共に行動する場合において、排出削減量の総計の水準を達成することができないときは、当該地域的な経済統合のための機関の構成国は、個別に、かつ、第二十四条の規定に従って行動する当該地域的な経済統合のための機関と共に、この条の規定に従って通報した自国の排出量の水準について責任を負う。

the commitment period specified in Article 3, paragraph 7.

4．If Parties acting jointly do so in the framework of, and together with, a regional economic integration organization, any alteration in the composition of the organization after adoption of this Protocol shall not affect existing commitments under this Protocol. Any alteration in the composition of the organization shall only apply for the purposes of those commitments under Article 3 that are adopted subsequent to that alteration.

5．In the event of failure by the Parties to such an agreement to achieve their total combined level of emission reductions, each Party to that agreement shall be responsible for its own level of emissions set out in the agreement.

6．If Parties acting jointly do so in the framework of, and together with, a regional economic integration organization which is itself a Party to this Protocol, each member State of that regional economic integration organization individually, and together with the regional economic integration organization acting in accordance with Article 24, shall, in the event of failure to achieve the total combined level of emission reductions, be responsible for its level of emissions as notified in accordance with this Article.

第五条

1　附属書Ⅰに掲げる締約国は、一回目の約束期間の開始の遅くとも一年前までに、温室効果ガス（モントリオール議定書によって規制されているものを除く。）について、発生源による人為的な排出量及び吸収源による除去量について推計を行うための国内制度を設ける。その国内制度のための指針（2に規定する方法を含める。）は、この議定書の締約国の会合としての役割を果たす締約国会議の第一回会合において決定する。
2　温室効果ガス（モントリオール議定書によって規制されているものを除く。）の発生源による人為的な排出量及び吸収源による除去量について推計を行うための方法は、気候変動に関する政府間パネルが受諾し、締約国会議が第三回会合において合意したものとする。当該推計を行うための方法が使用されない場合には、この議定書の締約国の会合としての役割を果たす締約国会議の第一回会合において合意される方法に従って適当な調整が適用される。この議定書の締約国の会合としての役割を果たす締約国会議は、特に気候変動に関する政府間パネルの作業並びに科学上及び技術上の助言に関する補助機関によって行われる助言に基づき、締約国会議の関連する決定を十分に考慮して、これらの方法及び調整について定期的に検討し、並びに適当な場合にはこれらを修正する。方法又は調整のいかなる修正も、その修正の後に採択される約束期間における第三条の規定に基づく約束の遵守を確認するためにのみ用いる。

Article 5

1. Each Party included in Annex I shall have in place, no later than one year prior to the start of the first commitment period, a national system for the estimation of anthropogenic emissions by sources and removals by sinks of all greenhouse gases not controlled by the Montreal Protocol. Guidelines for such national systems, which shall incorporate the methodologies specified in paragraph 2 below, shall be decided upon by the Conference of the Parties serving as the meeting of the Parties to this Protocol at its first session.

2. Methodologies for estimating anthropogenic emissions by sources and removals by sinks of all greenhouse gases not controlled by the Montreal Protocol shall be those accepted by the Intergovernmental Panel on Climate Change and agreed upon by the Conference of the Parties at its third session. Where such methodologies are not used, appropriate adjustments shall be applied according to methodologies agreed upon by the Conference of the Parties serving as the meeting of the Parties to this Protocol at its first session. Based on the work of, *inter alia*, the Intergovernmental Panel on Climate Change and advice provided by the Subsidiary Body for Scientific and Technological Advice, the Conference of the Parties serving as the meeting of the Parties to this Proto-

資　料

3　附属書Aに掲げる温室効果ガスの発生源による人為的な排出及び吸収源による除去の二酸化炭素換算量を算定するために用いられる地球温暖化係数は、気候変動に関する政府間パネルが受諾し、締約国会議が第三回会合において合意したものとする。この議定書の締約国の会合としての役割を果たす締約国会議は、特に気候変動に関する政府間パネルの作業並びに科学上及び技術上の助言に関する補助機関によって行われる助言に基づき、締約国会議の関連する決定を十分に考慮して、附属書Aに掲げる温室効果ガスの地球温暖化係数を定期的に検討し、及び適当な場合にはこれらを修正する。地球温暖化係数のいかなる修正も、その修正の後に採択される約束期間における第三条の規定に基づく約束についてのみ適用する。

col shall regularly review and, as appropriate, revise such methodologies and adjustments, taking fully into account any relevant decisions by the Conference of the Parties. Any revision to methodologies or adjustments shall be used only for the purposes of ascertaining compliance with commitments under Article 3 in respect of any commitment period adopted subsequent to that revision.

3．The global warming potentials used to calculate the carbon dioxide equivalence of anthropogenic emissions by sources and removals by sinks of greenhouse gases listed in Annex A shall be those accepted by the Intergovernmental Panel on Climate Change and agreed upon by the Conference of the Parties at its third session. Based on the work of, *inter alia*, the Intergovernmental Panel on Climate Change and advice provided by the Subsidiary Body for Scientific and Technological Advice, the Conference of the Parties serving as the meeting of the Parties to this Protocol shall regularly review and, as appropriate, revise the global warming potential of each such greenhouse gas, taking fully into account any relevant decisions by the Conference of the Parties. Any revision to a global warming potential shall apply only to commitments under Article 3 in respect of any commitment period adopted subsequent to that revision.

第六条

1 附属書Ⅰに掲げる締約国は、第三条の規定に基づく約束を履行するため、次のことを条件として、経済のいずれかの部門において温室効果ガスの発生源による人為的な排出を削減し又は吸収源による人為的な除去を強化することを目的とする事業から生ずる排出削減単位を他の附属書Ⅰに掲げる締約国に移転し又は他の附属書Ⅰに掲げる締約国から取得することができる。
   (a) 当該事業が関係締約国の承認を得ていること。
   (b) 当該事業が発生源による排出の削減又は吸収源による除去の強化をもたらすこと。ただし、この削減又は強化が当該事業を行わなかった場合に生ずるものに対して追加的なものである場合に限る。
   (c) 当該附属書Ⅰに掲げる締約国が前条及び次条の規定に基づく義務を遵守していない場合には、排出削減単位を取得しないこと。
   (d) 排出削減単位の取得が第三条の規定に基づく約束を履行するための国内の行動に対して補足的なものであること。

2 この議定書の締約国の会合としての役割を果たす締約国会議は、第一回会合において又はその後できる限り速やかに、この条の規定の実施（検証及び報告を含む。）のための指針を更に定めることができる。

3 附属書Ⅰに掲げる締約国は、自国の責任において、法人がこの条の規定に基づく排出削減単位の発生、移

Article 6

1. For the purpose of meeting its commitments under Article 3, any Party included in Annex I may transfer to, or acquire from, any other such Party emission reduction units resulting from projects aimed at reducing anthropogenic emissions by sources or enhancing anthropogenic removals by sinks of greenhouse gases in any sector of the economy, provided that:
   (a) Any such project has the approval of the Parties involved;
   (b) Any such project provides a reduction in emissions by sources, or an enhancement of removals by sinks, that is additional to any that would otherwise occur;
   (c) It does not acquire any emission reduction units if it is not in compliance with its obligations under Articles 5 and 7; and
   (d) The acquisition of emission reduction units shall be supplemental to domestic actions for the purposes of meeting commitments under Article 3.

2. The Conference of the Parties serving as the meeting of the Parties to this Protocol may, at its first session or as soon as practicable thereafter, further elaborate guidelines for the implementation of this Article, including for verification and reporting.

3. A Party included in Annex I may authorize legal entities to participate, under its responsibility, in

資　料

転又は取得に通ずる行動に参加することを承認することができる。

4　附属書Ⅰに掲げる締約国によるこの条の規定の実施上の問題が第八条の関連規定に従って明らかになる場合において、その後も排出削減単位の移転及び取得を継続することができる。ただし、締約国は、遵守に関する問題が解決されるまで、第三条の規定に基づく約束を履行するために当該排出削減単位を用いることはできない。

第七条
1　附属書Ⅰに掲げる締約国は、締約国会議の関連する決定に従って提出する温室効果ガス（モントリオール議定書によって規制されているものを除く。）の発生源による人為的な排出及び吸収源による除去に関する自国の年次目録に、第三条の規定の遵守を確保するために必要な補足的な情報であって4の規定に従って決定されるものを含める。

2　附属書Ⅰに掲げる締約国は、条約第十二条の規定に基づいて提出する自国の情報に、この議定書に基づく約束の遵守を示すために必要な補足的な情報であって4の規定に従って決定されるものを含める。

actions leading to the generation, transfer or acquisition under this Article of emission reduction units.

4. If a question of implementation by a Party included in Annex Ⅰ of the requirements referred to in this Article is identified in accordance with the relevant provisions of Article 8, transfers and acquisitions of emission reduction units may continue to be made after the question has been identified, provided that any such units may not be used by a Party to meet its commitments under Article 3 until any issue of compliance is resolved.

Article 7
1. Each Party included in Annex Ⅰ shall incorporate in its annual inventory of anthropogenic emissions by sources and removals by sinks of greenhouse gases not controlled by the Montreal Protocol, submitted in accordance with the relevant decisions of the Conference of the Parties, the necessary supplementary information for the purposes of ensuring compliance with Article 3, to be determined in accordance with paragraph 4 below.

2. Each Party included in Annex Ⅰ shall incorporate in its national communication, submitted under Article 12 of the Convention, the supplementary information necessary to demonstrate compliance with its commitments under this Protocol, to be determined in accordance with para-

3 附属書Ⅰに掲げる締約国は、1の規定によって必要とされる情報を毎年提出する。ただし、この提出は、この議定書が自国について効力を生じた後の約束期間の最初の年について条約に基づき提出する最初の目録から開始する。附属書Ⅰに掲げる締約国は、2の規定によって必要とされる情報を、この議定書が自国について効力を生じた後及び4に規定する指針が採択された後に条約に基づいて送付する最初の自国の情報の一部として、提出する。この条の規定によって必要とされる情報のその後の提出の頻度は、締約国会議が決定する各国の情報の送付の時期を考慮して、この議定書の締約国の会合としての役割を果たす締約国会議が決定する。

4 この議定書の締約国の会合としての役割を果たす締約国会議は、締約国会議が採択した附属書Ⅰに掲げる締約国による自国の情報の作成のための指針を考慮して、第一回会合において、この条の規定によって必要とされる情報の作成のための指針を採択し、その後定期的に検討する。また、この議定書の締約国の会合としての役割を果たす締約国会議は、一回目の約束期間に先立ち、割当量の計算方法を決定する。

3. Each Party included in Annex I shall submit the information required under paragraph 1 above annually, beginning with the first inventory due under the Convention for the first year of the commitment period after this Protocol has entered into force for that Party. Each such Party shall submit the information required under paragraph 2 above as part of the first national communication due under the Convention after this Protocol has entered into force for it and after the adoption of guidelines as provided for in paragraph 4 below. The frequency of subsequent submission of information required under this Article shall be determined by the Conference of the Parties serving as the meeting of the Parties to this Protocol, taking into account any timetable for the submission of national communications decided upon by the Conference of the Parties.

4. The Conference of the Parties serving as the meeting of the Parties to this Protocol shall adopt at its first session, and review periodically thereafter, guidelines for the preparation of the information required under this Article, taking into account guidelines for the preparation of national communications by Parties included in Annex I adopted by the Conference of the Parties. The Conference of the Parties serving as the meeting of the Parties to this Protocol shall also, prior to the first com-

第八条

1　附属書Ｉに掲げる締約国が前条の規定に基づいて提出する情報は、締約国会議の関連する決定に従い、かつ、この議定書の締約国の会合としての役割を果たす締約国会議が４の規定に基づいて採択する指針に従い、専門家検討チームによって検討される。附属書Ｉに掲げる締約国が前条１の規定に基づいて提出する情報は、排出の目録及び割当量に関する毎年の取りまとめ及び計算の一部として検討される。さらに、附属書Ｉに掲げる締約国が前条２の規定に基づいて提出する情報は、専門家検討チームが行う情報の検討の一部として検討される。

2　専門家検討チームは、締約国会議がその目的のために与える指導に従い、事務局が調整し、並びに条約の締約国及び適当な場合には政府間機関が指名する者の中から選定される専門家で構成する。

3　検討の過程においては、締約国によるこの議定書の実施状況に関するすべての側面について十分かつ包括的な技術的評価を行う。専門家検討

Article 8

1. The information submitted under Article 7 by each Party included in Annex I shall be reviewed by expert review teams pursuant to the relevant decisions of the Conference of the Parties and in accordance with guidelines adopted for this purpose by the Conference of the Parties serving as the meeting of the Parties to this Protocol under paragraph 4 below. The information submitted under Article 7, paragraph 1, by each Party included in Annex I shall be reviewed as part of the annual compilation and accounting of emissions inventories and assigned amounts. Additionally, the information submitted under Article 7, paragraph 2, by each Party included in Annex I shall be reviewed as part of the review of communications.

2. Expert review teams shall be coordinated by the secretariat and shall be composed of experts selected from those nominated by Parties to the Convention and, as appropriate, by intergovernmental organizations, in accordance with guidance provided for this purpose by the Conference of the Parties.

3. The review process shall provide a thorough and comprehensive technical assessment of all aspects of the implementation by a Party of this

(mitment period, decide upon modalities for the accounting of assigned amounts.)

チームは、この議定書の締約国の会合としての役割を果たす締約国会議に提出する報告書であって、締約国の約束の履行状況を評価し並びに約束の履行に関する潜在的な問題及び約束の履行に影響を及ぼす要因を明らかにするものを作成する。当該報告書については、事務局が条約のすべての締約国に送付する。事務局は、この議定書の締約国の会合としての役割を果たす締約国会議が更に検討するために当該報告書に記載された実施上の問題の一覧表を作成する。

4　この議定書の締約国の会合としての役割を果たす締約国会議は、第一回会合において、締約国会議の関連する決定を考慮して、専門家検討チームがこの議定書の実施状況を検討するための指針を採択し、その後定期的に検討する。

5　この議定書の締約国の会合としての役割を果たす締約国会議は、実施に関する補助機関並びに適当な場合には科学上及び技術上の助言に関する補助機関の支援を得て、次のことについて検討する。

　(a)　前条の規定に基づいて締約国が提出する情報及びその情報に関しこの条の規定に基づいて行われる専門家による検討に関する報告書

　(b)　3の規定に基づいて事務局が列

Protocol. The expert review teams shall prepare a report to the Conference of the Parties serving as the meeting of the Parties to this Protocol, assessing the implementation of the commitments of the Party and identifying any potential problems in, and factors influencing, the fulfilment of commitments. Such reports shall be circulated by the secretariat to all Parties to the Convention. The secretariat shall list those questions of implementation indicated in such reports for further consideration by the Conference of the Parties serving as the meeting of the Parties to this Protocol.

4．The Conference of the Parties serving as the meeting of the Parties to this Protocol shall adopt at its first session, and review periodically thereafter, guidelines for the review of implementation of this Protocol by expert review teams taking into account the relevant decisions of the Conference of the Parties.

5．The Conference of the Parties serving as the meeting of the Parties to this Protocol shall, with the assistance of the Subsidiary Body for Implementation and, as appropriate, the Subsidiary Body for Scientific and Technological Advice, consider:

　(a)　The information submitted by Parties under Article 7 and the reports of the expert reviews thereon conducted under this Article; and

　(b)　Those questions of implemen-

資　料

記する実施上の問題及び締約国が提起する問題

6　この議定書の締約国の会合としての役割を果たす締約国会議は、5に規定する情報の検討に基づき、この議定書の実施に必要とされる事項について決定を行う。

第九条

1　この議定書の締約国の会合としての役割を果たす締約国会議は、気候変動及びその影響に関する入手可能な最良の科学的情報及び評価並びに関連する技術上、社会上及び経済上の情報に照らして、この議定書を定期的に検討する。その検討は、条約に基づく関連する検討（特に条約第四条2(d)及び第七条2(a)の規定によって必要とされる検討）と調整する。この議定書の締約国の会合としての役割を果たす締約国会議は、その検討に基づいて適当な措置をとる。

2　一回目の検討は、この議定書の締約国の会合としての役割を果たす締約国会議の第二回会合において行う。その後の検討は、一定の間隔でかつ適切な時期に行う。

tation listed by the secretariat under paragraph 3 above, as well as any questions raised by Parties.

6．Pursuant to its consideration of the information referred to in paragraph 5 above, the Conference of the Parties serving as the meeting of the Parties to this Protocol shall take decisions on any matter required for the implementation of this Protocol.

Article 9

1．The Conference of the Parties serving as the meeting of the Parties to this Protocol shall periodically review this Protocol in the light of the best available scientific information and assessments on climate change and its impacts, as well as relevant technical, social and economic information. Such reviews shall be coordinated with pertinent reviews under the Convention, in particular those required by Article 4, paragraph 2 (d), and Article 7, paragraph 2(a), of the Convention. Based on these reviews, the Conference of the Parties serving as the meeting of the Parties to this Protocol shall take appropriate action.

2．The first review shall take place at the second session of the Conference of the Parties serving as the meeting of the Parties to this Protocol. Further reviews shall take place at regular intervals and in a timely manner.

第十条

すべての締約国は、それぞれ共通に有しているが差異のある責任並びに各国及び地域に特有の開発の優先順位、目的及び事情を考慮し、附属書Ⅰに掲げる締約国以外の締約国に新たな約束を導入することなく、条約第四条1の規定に基づく既存の約束を再確認し、持続可能な開発を達成するためにこれらの約束の履行を引き続き促進し、また、条約第四条3、5及び7の規定を考慮して、次のことを行う。

(a) 締約国会議が合意する比較可能な方法を用い、また、締約国会議が採択する各国の情報の作成のための指針に従い、温室効果ガス（モントリオール議定書によって規制されているものを除く。）の発生源による人為的な排出及び吸収源による除去に関する自国の目録を作成し及び定期的に更新するため、締約国の社会経済状況を反映する国内の排出係数、活動データ又はモデルの質を向上させる費用対効果の大きい自国（適当な場合には地域）の計画を適当な場合において可能な範囲で作成すること。

(b) 気候変動を緩和するための措置

Article 10

All Parties, taking into account their common but differentiated responsibilities and their specific national and regional development priorities, objectives and circumstances, without introducing any new commitments for Parties not included in Annex I, but reaffirming existing commitments under Article 4, paragraph 1, of the Convention, and continuing to advance the implementation of these commitments in order to achieve sustainable development, taking into account Article 4, paragraphs 3, 5 and 7, of the Convention, shall：

(a) Formulate, where relevant and to the extent possible, cost-effective national and, where appropriate, regional programmes to improve the quality of local emission factors, activity data and/or models which reflect the socio-economic conditions of each Party for the preparation and periodic updating of national inventories of anthropogenic emissions by sources and removals by sinks of all greenhouse gases not controlled by the Montreal Protocol, using comparable methodologies to be agreed upon by the Conference of the Parties, and consistent with the guidelines for the preparation of national communications adopted by the Conference of the Parties；

(b) Formulate, implement, publish

資　　料

及び気候変動に対する適応を容易にするための措置を含む自国（適当な場合には地域）の計画を作成し、実施し、公表し及び定期的に更新すること。

(i) 当該計画は、特に、エネルギー、運輸及び工業の部門、農業、林業並びに廃棄物の処理に関するものである。さらに、適応の技術及び国土に関する計画を改善するための方法は、気候変動に対する適応を向上させるものである。

(ii) 附属書Ⅰに掲げる締約国は、第七条の規定に従い、この議定書に基づく行動に関する情報（自国の計画を含む。）を提出する。他の締約国は、自国の情報の中に、適当な場合には、気候変動及びその悪影響への対処に資すると認める措置（温室効果ガスの排出の増加の抑制、吸収源の強化及び吸収源による除去、能力の開発並びに適応措置を含む。）を内容とする計画に関する情報を含めるよう努める。

(c) 気候変動に関連する環境上適正な技術、ノウハウ、慣行及び手続の開発、利用及び普及のための効

and regularly update national and, where appropriate, regional programmes containing measures to mitigate climate change and measures to facilitate adequate adaptation to climate change:

(i) Such programmes would, *inter alia*, concern the energy, transport and industry sectors as well as agriculture, forestry and waste management. Furthermore, adaptation technologies and methods for improving spatial planning would improve adaptation to climate change; and

(ii) Parties included in Annex I shall submit information on action under this Protocol, including national programmes, in accordance with Article 7; and other Parties shall seek to include in their national communications, as appropriate, information on programmes which contain measures that the Party believes contribute to addressing climate change and its adverse impacts, including the abatement of increases in greenhouse gas emissions, and enhancement of and removals by sinks, capacity building and adaptation measures;

(c) Cooperate in the promotion of effective modalities for the development, application and diffusion

果的な方法の促進について特に開発途上国と協力し、並びに適当な場合には気候変動に関連する環境上適正な技術、ノウハウ、慣行及び手続の特に開発途上国に対する移転又は取得の機会の提供について、促進し、容易にし及び資金を供与するための実施可能なすべての措置（公の所有に属し又は公共のものとなった環境上適正な技術を効果的に移転し並びに民間部門による環境上適正な技術の移転及び取得の機会の提供の促進及び拡充を可能とする環境を創出するための政策及び計画を作成することを含む。）をとること。

(d) 条約第五条の規定を考慮して、気候系、気候変動の悪影響並びに種々の対応戦略の経済的及び社会的影響に関する不確実性を減少させるため、科学的及び技術的研究に協力し、組織的観測の体制の維持及び発展並びに資料の保管制度の整備を促進し、並びに研究及び組織的観測に関する国際的な及び政府間の努力、計画及び協力網に参加するための固有の能力の開発及び強化を促進すること。

of, and take all practicable steps to promote, facilitate and finance, as appropriate, the transfer of, or access to, environmentally sound technologies, know-how, practices and processes pertinent to climate change, in particular to developing countries, including the formulation of policies and programmes for the effective transfer of environmentally sound technologies that are publicly owned or in the public domain and the creation of an enabling environment for the private sector, to promote and enhance the transfer of, and access to, environmentally sound technologies ;

(d) Cooperate in scientific and technical research and promote the maintenance and the development of systematic observation systems and development of data archives to reduce uncertainties related to the climate system, the adverse impacts of climate change and the economic and social consequences of various response strategies, and promote the development and strengthening of endogenous capacities and capabilities to participate in international and intergovernmental efforts, programmes and networks on research and systematic observation, taking into account Article 5 of the Convention ;

資　　料

(e) 教育訓練事業の計画（自国の能力（特に人的及び制度的能力）の開発の強化及び教育訓練専門家を養成する者の交流又は派遣（特に開発途上国のためのもの）に関するものを含む。）の作成及び実施について、国際的に及び適当な場合には既存の団体を活用して協力し及び促進し、並びに国内的な規模で気候変動に関する啓発及び情報の公開を円滑にすること。これらの活動を実施するための適切な方法は、条約第六条の規定を考慮して、条約の関連機関を通じて作成されるべきである。

(f) 締約国会議の関連する決定に従い、自国の情報の中にこの条の規定に基づいて行われる計画及び活動に関する情報を含めること。

(g) この条の規定に基づく約束の履行に当たり、条約第四条8の規定について十分な考慮を払うこと。

第十一条
1　締約国は、前条の規定の実施に当たり、条約第四条4、5及び7から9までの規定について考慮を払う。

(e) Cooperate in and promote at the international level, and, where appropriate, using existing bodies, the development and implementation of education and training programmes, including the strengthening of national capacity building, in particular human and institutional capacities and the exchange or secondment of personnel to train experts in this field, in particular for developing countries, and facilitate at the national level public awareness of, and public access to information on, climate change. Suitable modalities should be developed to implement these activities through the relevant bodies of the Convention, taking into account Article 6 of the Convention ;

(f) Include in their national communications information on programmes and activities undertaken pursuant to this Article in accordance with relevant decisions of the Conference of the Parties; and

(g) Give full consideration, in implementing the commitments under this Article, to Article 4, paragraph 8, of the Convention.

Article 11
1．In the implementation of Article 10, Parties shall take into account the provisions of Article 4, paragraphs 4, 5, 7, 8 and 9, of the Convention.

2　条約附属書Ⅱに掲げる先進締約国は、条約第四条1の規定の実施との関連において、条約第四条3及び第十一条の規定に従い、また、条約の資金供与の制度の運営を委託された組織を通じて、次のことを行う。

(a)　条約第四条1(a)の規定に基づく既存の約束であって前条(a)の規定の対象となるものの履行を促進するために開発途上締約国が負担するすべての合意された費用に充てるため、新規のかつ追加的な資金を供与すること。

(b)　条約第四条1の規定に基づく既存の約束であって、前条の規定の対象となり、かつ、開発途上締約国と条約第十一条に規定する国際的組織との間で合意するものについて、その履行を促進するためのすべての合意された増加費用を負担するために開発途上締約国が必要とする新規のかつ追加的な資金(技術移転のためのものを含む。)を条約第十一条の規定に従って供与すること。

これらの既存の約束の履行に当たっては、資金の流れの妥当性及び予測可能性が必要であること並びに先進締約国の間の適当な責任分担が重要であることについて考慮を払う。締約国会議の関連する決定(この議

2. In the context of the implementation of Article 4, paragraph 1, of the Convention, in accordance with the provisions of Article 4, paragraph 3, and Article 11 of the Convention, and through the entity or entities entrusted with the operation of the financial mechanism of the Convention, the developed country Parties and other developed Parties included in Annex Ⅱ to the Convention shall :

(a)　Provide new and additional financial resources to meet the agreed full costs incurred by developing country Parties in advancing the implementation of existing commitments under Article 4, paragraph 1 (a), of the Convention that are covered in Article 10, subparagraph (a); and

(b)　Also provide such financial resources, including for the transfer of technology, needed by the developing country Parties to meet the agreed full incremental costs of advancing the implementation of existing commitments under Article 4, paragraph 1, of the Convention that are covered by Article 10 and that are agreed between a developing country Party and the international entity or entities referred to in Article 11 of the Convention, in accordance with that Article.

The implementation of these existing commitments shall take

資料

定書の採択前に合意されたものを含む。）における条約の資金供与の制度の運営を委託された組織に対する指導は、この2の規定について準用する。

3　条約附属書Ⅱに掲げる先進締約国は、また、二国間の及び地域的その他の多数国間の経路を通じて、前条の規定を実施するための資金を供与することができるものとし、開発途上締約国は、これを利用することができる。

第十二条
1　低排出型の開発の制度についてここに定める。
2　低排出型の開発の制度は、附属書Ⅰに掲げる締約国以外の締約国が持続可能な開発を達成し及び条約の究極的な目的に貢献することを支援すること並びに附属書Ⅰに掲げる締約国が第三条の規定に基づく排出の抑制及び削減に関する数量化された約束の遵守を達成することを支援することを目的とする。
3　低排出型の開発の制度の下で、

into account the need for adequacy and predictability in the flow of funds and the importance of appropriate burden sharing among developed country Parties. The guidance to the entity or entities entrusted with the operation of the financial mechanism of the Convention in relevant decisions of the Conference of the Parties, including those agreed before the adoption of this Protocol, shall apply *mutatis mutandis* to the provisions of this paragraph.

3．The developed country Parties and other developed Parties in Annex II to the Convention may also provide, and developing country Parties avail themselves of, financial resources for the implementation of Article 10, through bilateral, regional and other multilateral channels.

Article 12
1．A clean development mechanism is hereby defined.
2．The purpose of the clean development mechanism shall be to assist Parties not included in Annex I in achieving sustainable development and in contributing to the ultimate objective of the Convention, and to assist Parties included in Annex I in achieving compliance with their quantified emission limitation and reduction commitments under Article 3.
3．Under the clean development mechanism：

(a) 附属書Ⅰに掲げる締約国以外の締約国は、認証された排出削減量を生ずる事業活動から利益を得る。

(b) 附属書Ⅰに掲げる締約国は、第三条の規定に基づく排出の抑制及び削減に関する数量化された約束の一部の遵守に資するため、(a)の事業活動から生ずる認証された排出削減量をこの議定書の締約国の会合としての役割を果たす締約国会議が決定するところに従って用いることができる。

4　低排出型の開発の制度は、この議定書の締約国の会合としての役割を果たす締約国会議の権限及び指導に従い、並びに低排出型の開発の制度に関する理事会の監督を受ける。

5　事業活動から生ずる排出削減量は、次のことを基礎として、この議定書の締約国の会合としての役割を果たす締約国会議が指定する運営組織によって認証される。

(a) 関係締約国が承認する自発的な参加
(b) 気候変動の緩和に関連する現実の、測定可能なかつ長期的な利益
(c) 認証された事業活動がない場合に生ずる排出量の削減に追加的に生ずるもの

6　低排出型の開発の制度は、必要に

(a) Parties not included in Annex I will benefit from project activities resulting in certified emission reductions; and
(b) Parties included in Annex I may use the certified emission reductions accruing from such project activities to contribute to compliance with part of their quantified emission limitation and reduction commitments under Article 3, as determined by the Conference of the Parties serving as the meeting of the Parties to this Protocol.

4．The clean development mechanism shall be subject to the authority and guidance of the Conference of the Parties serving as the meeting of the Parties to this Protocol and be supervised by an executive board of the clean development mechanism.

5．Emission reductions resulting from each project activity shall be certified by operational entities to be designated by the Conference of the Parties serving as the meeting of the Parties to this Protocol, on the basis of：

(a) Voluntary participation approved by each Party involved；
(b) Real, measurable, and long-term benefits related to the mitigation of climate change; and
(c) Reductions in emissions that are additional to any that would occur in the absence of the certified project activity.

6．The clean development mecha-

資　料

応じて、認証された事業活動に対する資金供与の措置をとることを支援する。

7　この議定書の締約国の会合としての役割を果たす締約国会議は、第一回会合において、事業活動の検査及び検証が独立して行われることによって透明性、効率性及び責任を確保することを目的として、方法及び手続を定める。

8　この議定書の締約国の会合としての役割を果たす締約国会議は、認証された事業活動からの収益の一部が、運営経費を支弁するために及び気候変動の悪影響を特に受けやすい開発途上締約国が適応するための費用を負担することについて支援するために用いられることを確保する。

9　低排出型の開発の制度の下での参加（3(a)に規定する活動及び認証された排出削減量の取得への参加を含む。）については、民間の又は公的な組織を含めることができるものとし、及び低排出型の開発の制度に関する理事会が与えるいかなる指導にも従わなければならない。

10　二千年から一回目の約束期間の開始までの間に得られた認証された排出削減量は、一回目の約束期間における遵守の達成を支援するために利用することができる。

nism shall assist in arranging funding of certified project activities as necessary.

7．The Conference of the Parties serving as the meeting of the Parties to this Protocol shall, at its first session, elaborate modalities and procedures with the objective of ensuring transparency, efficiency and accountability through independent auditing and verification of project activities.

8．The Conference of the Parties serving as the meeting of the Parties to this Protocol shall ensure that a share of the proceeds from certified project activities is used to cover administrative expenses as well as to assist developing country Parties that are particularly vulnerable to the adverse effects of climate change to meet the costs of adaptation.

9．Participation under the clean development mechanism, including in activities mentioned in paragraph 3 (a) above and in the acquisition of certified emission reductions, may involve private and/or public entities, and is to be subject to whatever guidance may be provided by the executive board of the clean development mechanism.

10．Certified emission reductions obtained during the period from the year 2000 up to the beginning of the first commitment period can be used to assist in achieving compliance in the first commitment period.

第十三条

1　条約の最高機関である締約国会議は、この議定書の締約国の会合としての役割を果たす。

2　条約の締約国であってこの議定書の締約国でないものは、この議定書の締約国の会合としての役割を果たす締約国会議の会合の審議にオブザーバーとして参加することができる。締約国会議がこの議定書の締約国の会合としての役割を果たす場合には、この議定書に基づく決定は、この議定書の締約国のみによって行われる。

3　締約国会議がこの議定書の締約国の会合としての役割を果たす場合には、締約国会議の議長団の構成員であってその時点でこの議定書の締約国でない条約の締約国を代表するものは、この議定書の締約国により及びこの議定書の締約国の中から選出される追加的な構成員に交代する。

4　この議定書の締約国の会合としての役割を果たす締約国会議は、この議定書の実施状況を定期的に検討するものとし、その権限の範囲内で、この議定書の効果的な実施を促進するために必要な決定を行う。この議定書の締約国の会合としての役割を果たす締約国会議は、この議定書により課された任務を遂行し、及び次のことを行う。

(a)　この議定書により利用が可能となるすべての情報に基づき、締約国によるこの議定書の実施状況、

Article 13

1．The Conference of the Parties, the supreme body of the Convention, shall serve as the meeting of the Parties to this Protocol.

2．Parties to the Convention that are not Parties to this Protocol may participate as observers in the proceedings of any session of the Conference of the Parties serving as the meeting of the Parties to this Protocol. When the Conference of the Parties serves as the meeting of the Parties to this Protocol, decisions under this Protocol shall be taken only by those that are Parties to this Protocol.

3．When the Conference of the Parties serves as the meeting of the Parties to this Protocol, any member of the Bureau of the Conference of the Parties representing a Party to the Convention but, at that time, not a Party to this Protocol, shall be replaced by an additional member to be elected by and from amongst the Parties to this Protocol.

4．The Conference of the Parties serving as the meeting of the Parties to this Protocol shall keep under regular review the implementation of this Protocol and shall make, within its mandate, the decisions necessary to promote its effective implementation. It shall perform the functions assigned to it by this Protocol and shall：

(a)　Assess, on the basis of all information made available to it in accordance with the provisions

この議定書に基づいてとられる措置の全般的な影響（特に、環境、経済及び社会に及ぼす影響並びにこれらの累積的な影響）及び条約の目的の達成に向けての進捗状況を評価すること。

(b) 条約第四条 2 (d)及び第七条 2 に規定する検討を十分に勘案して、条約の目的、条約の実施により得られた経験並びに科学上及び技術上の知識の進展に照らして、この議定書に基づく締約国の義務について定期的に検討すること。このことに関して、この議定書の実施状況に関する定期的な報告書を検討し及び採択すること。

(c) 締約国の様々な事情、責任及び能力並びにこの議定書に基づくそれぞれの締約国の約束を考慮して、気候変動及びその影響に対処するために締約国が採用する措置に関する情報の交換を促進し及び円滑にすること。

(d) 二以上の締約国の要請に応じ、締約国の様々な事情、責任及び能力並びにこの議定書に基づくそれぞれの締約国の約束を考慮して、

of this Protocol, the implementation of this Protocol by the Parties, the overall effects of the measures taken pursuant to this Protocol, in particular environmental, economic and social effects as well as their cumulative impacts and the extent to which progress towards the objective of the Convention is being achieved ;

(b) Periodically examine the obligations of the Parties under this Protocol, giving due consideration to any reviews required by Article 4, paragraph 2 (d), and Article 7, paragraph 2, of the Convention, in the light of the objective of the Convention, the experience gained in its implementation and the evolution of scientific and technological knowledge, and in this respect consider and adopt regular reports on the implementation of this Protocol ;

(c) Promote and facilitate the exchange of information on measures adopted by the Parties to address climate change and its effects, taking into account the differing circumstances, responsibilities and capabilities of the Parties and their respective commitments under this Protocol ;

(d) Facilitate, at the request of two or more Parties, the coordination of measures adopted by them to address climate change

気候変動及びその影響に対処するために締約国が採用する措置の調整を円滑にすること。

(e) この議定書の締約国の会合としての役割を果たす締約国会議が合意することとなっているこの議定書の効果的な実施のための比較可能な方法について、条約の目的及びこの議定書の規定に従い、また、締約国会議の関連する決定を十分に考慮して、これらの開発及び定期的な改善を促進し及び指導すること。

(f) この議定書の実施に必要な事項に関する勧告を行うこと。

(g) 第十一条2の規定に従って追加的な資金が供与されるよう努めること。

(h) この議定書の実施に必要と認められる補助機関を設置すること。

(i) 適当な場合には、能力を有する国際機関並びに政府間及び民間の団体による役務、協力及び情報の提供を求め及び利用すること。

(j) その他この議定書の実施のため

and its effects, taking into account the differing circumstances, responsibilities and capabilities of the Parties and their respective commitments under this Protocol;

(e) Promote and guide, in accordance with the objective of the Convention and the provisions of this Protocol, and taking fully into account the relevant decisions by the Conference of the Parties, the development and periodic refinement of comparable methodologies for the effective implementation of this Protocol, to be agreed on by the Conference of the Parties serving as the meeting of the Parties to this Protocol;

(f) Make recommendations on any matters necessary for the implementation of this Protocol;

(g) Seek to mobilize additional financial resources in accordance with Article 11, paragraph 2;

(h) Establish such subsidiary bodies as are deemed necessary for the implementation of this Protocol;

(i) Seek and utilize, where appropriate, the services and cooperation of, and information provided by, competent international organizations and intergovernmental and non-governmental bodies; and

(j) Exercise such other functions

資料

に必要な任務を遂行し、及び締約国会議の決定により課される任務について検討すること。

5 締約国会議の手続規則及び条約の下で適用する財政手続は、この議定書の締約国の会合としての役割を果たす締約国会議がコンセンサス方式により別段の決定を行う場合を除くほか、この議定書の下で準用する。

6 この議定書の締約国の会合としての役割を果たす締約国会議の第一回会合は、この議定書の効力発生の日の後に予定されている締約国会議の最初の会合と併せて事務局が招集する。この議定書の締約国の会合としての役割を果たす締約国会議のその後の通常会合は、この議定書の締約国の会合としての役割を果たす締約国会議が別段の決定を行わない限り、締約国会議の通常会合と併せて毎年開催する。

7 この議定書の締約国の会合としての役割を果たす締約国会議の特別会合は、この議定書の締約国の会合としての役割を果たす締約国会議が必要と認めるとき又はいずれかの締約国から書面による要請のある場合において事務局がその要請を締約国に

as may be required for the implementation of this Protocol, and consider any assignment resulting from a decision by the Conference of the Parties.

5．The rules of procedure of the Conference of the Parties and financial procedures applied under the Convention shall be applied *mutatis mutandis* under this Protocol, except as may be otherwise decided by consensus by the Conference of the Parties serving as the meeting of the Parties to this Protocol.

6．The first session of the Conference of the Parties serving as the meeting of the Parties to this Protocol shall be convened by the secretariat in conjunction with the first session of the Conference of the Parties that is scheduled after the date of the entry into force of this Protocol. Subsequent ordinary sessions of the Conference of the Parties serving as the meeting of the Parties to this Protocol shall be held every year and in conjunction with ordinary sessions of the Conference of the Parties, unless otherwise decided by the Conference of the Parties serving as the meeting of the Parties to this Protocol.

7．Extraordinary sessions of the Conference of the Parties serving as the meeting of the Parties to this Protocol shall be held at such other times as may be deemed necessary by the Conference of the Parties serving as the meeting of the Parties

通報した後六箇月以内に締約国の少なくとも三分の一がその要請を支持するときに開催する。

8　国際連合、その専門機関、国際原子力機関及びこれらの国際機関の加盟国又はオブザーバーであって条約の締約国でないものは、この議定書の締約国の会合としての役割を果たす締約国会議の会合にオブザーバーとして出席することができる。この議定書の対象とされている事項について認められた団体又は機関（国内若しくは国際の又は政府若しくは民間のもののいずれであるかを問わない。）であって、この議定書の締約国の会合としての役割を果たす締約国会議の会合にオブザーバーとして出席することを希望する旨事務局に通報したものは、当該会合に出席する締約国の三分の一以上が反対しない限り、オブザーバーとして出席することを認められる。オブザーバーの出席については、5の手続規則に従う。

第十四条

1　条約第八条の規定によって設置された事務局は、この議定書の事務局としての役割を果たす。

2　事務局の任務に関する条約第八条2の規定及び事務局の任務の遂行のための措置に関する条約第八条3の

to this Protocol, or at the written request of any Party, provided that, within six months of the request being communicated to the Parties by the secretariat, it is supported by at least one third of the Parties.

8．The United Nations, its specialized agencies and the International Atomic Energy Agency, as well as any State member thereof or observers thereto not party to the Convention, may be represented at sessions of the Conference of the Parties serving as the meeting of the Parties to this Protocol as observers. Any body or agency, whether national or international, governmental or non-governmental, which is qualified in matters covered by this Protocol and which has informed the secretariat of its wish to be represented at a session of the Conference of the Parties serving as the meeting of the Parties to this Protocol as an observer, may be so admitted unless at least one third of the Parties present object. The admission and participation of observers shall be subject to the rules of procedure, as referred to in paragraph 5 above.

Article 14

1．The secretariat established by Article 8 of the Convention shall serve as the secretariat of this Protocol.

2．Article 8, paragraph 2, of the Convention on the functions of the secretariat, and Article 8, paragraph

規定は、この議定書について準用する。さらに、事務局は、この議定書に基づいて課される任務を遂行する。

3, of the Convention on arrangements made for the functioning of the secretariat, shall apply *mutatis mutandis* to this Protocol. The secretariat shall, in addition, exercise the functions assigned to it under this Protocol.

第十五条

1 条約第九条及び第十条の規定によって設置された科学上及び技術上の助言に関する補助機関並びに実施に関する補助機関は、それぞれ、この議定書の科学上及び技術上の助言に関する補助機関並びに実施に関する補助機関としての役割を果たす。条約に基づくこれらの二の機関の任務の遂行に関する規定は、この議定書について準用する。この議定書の科学上及び技術上の助言に関する補助機関並びに実施に関する補助機関の会合は、それぞれ、条約の科学上及び技術上の助言に関する補助機関並びに実施に関する補助機関の会合と併せて開催する。

2 条約の締約国であってこの議定書の締約国でないものは、補助機関の会合の審議にオブザーバーとして参加することができる。補助機関がこの議定書の補助機関としての役割を果たす場合には、この議定書に基づく決定は、この議定書の締約国のみによって行われる。

Article 15

1. The Subsidiary Body for Scientific and Technological Advice and the Subsidiary Body for Implementation established by Articles 9 and 10 of the Convention shall serve as, respectively, the Subsidiary Body for Scientific and Technological Advice and the Subsidiary Body for Implementation of this Protocol. The provisions relating to the functioning of these two bodies under the Convention shall apply *mutatis mutandis* to this Protocol. Sessions of the meetings of the Subsidiary Body for Scientific and Technological Advice and the Subsidiary Body for Implementation of this Protocol shall be held in conjunction with the meetings of, respectively, the Subsidiary Body for Scientific and Technological Advice and the Subsidiary Body for Implementation of the Convention.

2. Parties to the Convention that are not Parties to this Protocol may participate as observers in the proceedings of any session of the subsidiary bodies. When the subsidiary bodies serve as the subsidiary bodies of this Protocol, decisions under this Protocol shall be taken only by those that are Parties to this Protocol.

3 条約第九条及び第十条の規定によって設置された補助機関がこの議定書に関係する事項に関して任務を遂行する場合には、補助機関の議長団の構成員であってその時点でこの議定書の締約国でない条約の締約国を代表するものは、この議定書の締約国により及びこの議定書の締約国の中から選出される追加的な構成員に交代する。

3. When the subsidiary bodies established by Articles 9 and 10 of the Convention exercise their functions with regard to matters concerning this Protocol, any member of the Bureaux of those subsidiary bodies representing a Party to the Convention but, at that time, not a party to this Protocol, shall be replaced by an additional member to be elected by and from amongst the Parties to this Protocol.

第十六条

この議定書の締約国の会合としての役割を果たす締約国会議は、締約国会議が行う関連する決定に照らして、条約第十三条に規定する多数国間の協議手続をこの議定書について適用することをできる限り速やかに検討し、及び適当な場合には当該協議手続を修正する。この議定書について適用する多数国間の協議手続は、第十八条の規定に従って設ける手続及び制度の実施を妨げることなく、運用される。

Article 16

The Conference of the Parties serving as the meeting of the Parties to this Protocol shall, as soon as practicable, consider the application to this Protocol of, and modify as appropriate, the multilateral consultative process referred to in Article 13 of the Convention, in the light of any relevant decisions that may be taken by the Conference of the Parties. Any multilateral consultative process that may be applied to this Protocol shall operate without prejudice to the procedures and mechanisms established in accordance with Article 18.

第十七条

締約国会議は、排出量取引(特にその検証、報告及び責任)に関する原則、方法、規則及び指針を定める。附属書Bに掲げる締約国は、第三条の規定に基づく約束を履行するため、排出量取引に参加することができる。排出量取引は、同条の規定に基づく排出の抑制及び削減に関する数量化された約束を

Article 17

The Conference of the Parties shall define the relevant principles, modalities, rules and guidelines, in particular for verification, reporting and accountability for emissions trading. The Parties included in Annex B may participate in emissions trading for the purposes of fulfilling their

履行するための国内の行動に対して補足的なものとする。

第十八条

この議定書の締約国の会合としての役割を果たす締約国会議は、第一回会合において、不遵守の原因、種類、程度及び頻度を考慮して、この議定書の規定の不遵守の事案を決定し及びこれに対処すること（不遵守に対する措置を示す表の作成を通ずるものを含む。）のための適当かつ効果的な手続及び制度を承認する。この条の規定に基づく手続及び制度であって拘束力のある措置を伴うものは、この議定書の改正によって採択される。

第十九条

紛争の解決に関する条約第十四条の規定は、この議定書について準用する。

第二十条

1　締約国は、この議定書の改正を提案することができる。

2　この議定書の改正は、この議定書の締約国の会合としての役割を果たす締約国会議の通常会合において採択する。この議定書の改正案は、その採択が提案される会合の少なくと

commitments under Article 3. Any such trading shall be supplemental to domestic actions for the purpose of meeting quantified emission limitation and reduction commitments under that Article.

Article 18

The Conference of the Parties serving as the meeting of the Parties to this Protocol shall, at its first session, approve appropriate and effective procedures and mechanisms to determine and to address cases of non-compliance with the provisions of this Protocol, including through the development of an indicative list of consequences, taking into account the cause, type, degree and frequency of non-compliance. Any procedures and mechanisms under this Article entailing binding consequences shall be adopted by means of an amendment to this Protocol.

Article 19

The provisions of Article 14 of the Convention on settlement of disputes shall apply *mutatis mutandis* to this Protocol.

Article 20

1. Any Party may propose amendments to this Protocol.

2. Amendments to this Protocol shall be adopted at an ordinary session of the Conference of the Parties serving as the meeting of the Parties to this Protocol. The text of any pro-

も六箇月前に事務局が締約国に通報する。また、事務局は、改正案を条約の締約国及び署名国並びに参考のために寄託者に通報する。

3　締約国は、この議定書の改正案につき、コンセンサス方式により合意に達するようあらゆる努力を払う。コンセンサスのためのあらゆる努力にもかかわらず合意に達しない場合には、改正案は、最後の解決手段として、その採択が提案される会合に出席しかつ投票する締約国の四分の三以上の多数による議決で採択する。採択された改正は、事務局が寄託者に通報するものとし、寄託者がすべての締約国に対し受諾のために送付する。

4　改正の受諾書は、寄託者に寄託する。3の規定に従って採択された改正は、この議定書の締約国の少なくとも四分の三の受諾書を寄託者が受領した日の後九十日目の日に、当該改正を受諾した締約国について効力を生ずる。

5　改正は、他の締約国が当該改正の受諾書を寄託者に寄託した日の後九十日目の日に当該他の締約国について効力を生ずる。

posed amendment to this Protocol shall be communicated to the Parties by the secretariat at least six months before the meeting at which it is proposed for adoption. The secretariat shall also communicate the text of any proposed amendments to the Parties and signatories to the Convention and, for information, to the Depositary.

3．The Parties shall make every effort to reach agreement on any proposed amendment to this Protocol by consensus. If all efforts at consensus have been exhausted, and no agreement reached, the amendment shall as a last resort be adopted by a three-fourths majority vote of the Parties present and voting at the meeting. The adopted amendment shall be communicated by the secretariat to the Depositary, who shall circulate it to all Parties for their acceptance.

4．Instruments of acceptance in respect of an amendment shall be deposited with the Depositary. An amendment adopted in accordance with paragraph 3 above shall enter into force for those Parties having accepted it on the ninetieth day after the date of receipt by the Depositary of an instrument of acceptance by at least three fourths of the Parties to this Protocol.

5．The amendment shall enter into force for any other Party on the ninetieth day after the date on which that Party deposits with the Depositary its instrument of acceptance of

資　料

the said amendment.

第二十一条

1　この議定書の附属書は、この議定書の不可分の一部を成すものとし、「この議定書」というときは、別段の明示の定めがない限り、附属書を含めていうものとする。この議定書が効力を生じた後に採択される附属書は、表、書式その他科学的、技術的、手続的又は事務的な性格を有する説明的な文書に限定される。

2　締約国は、この議定書の附属書を提案し、また、この議定書の附属書の改正を提案することができる。

3　この議定書の附属書及びこの議定書の附属書の改正は、この議定書の締約国の会合としての役割を果たす締約国会議の通常会合において採択する。附属書案又は附属書の改正案は、その採択が提案される会合の少なくとも六箇月前に事務局が締約国に通報する。また、事務局は、附属書案又は附属書の改正案を条約の締約国及び署名国並びに参考のために寄託者に通報する。

4　締約国は、附属書案又は附属書の改正案につき、コンセンサス方式により合意に達するようあらゆる努力

Article 21

1．Annexes to this Protocol shall form an integral part thereof and, unless otherwise expressly provided, a reference to this Protocol constitutes at the same time a reference to any annexes thereto. Any annexes adopted after the entry into force of this Protocol shall be restricted to lists, forms and any other material of a descriptive nature that is of a scientific, technical, procedural or administrative character.

2．Any Party may make proposals for an annex to this Protocol and may propose amendments to annexes to this Protocol.

3．Annexes to this Protocol and amendments to annexes to this Protocol shall be adopted at an ordinary session of the Conference of the Parties serving as the meeting of the Parties to this Protocol. The text of any proposed annex or amendment to an annex shall be communicated to the Parties by the secretariat at least six months before the meeting at which it is proposed for adoption. The secretariat shall also communicate the text of any proposed annex or amendment to an annex to the Parties and signatories to the Convention and, for information, to the Depositary.

4．The Parties shall make every effort to reach agreement on any proposed annex or amendment to an an-

を払う。コンセンサスのためのあらゆる努力にもかかわらず合意に達しない場合には、附属書案又は附属書の改正案は、最後の解決手段として、その採決が提案される会合に出席しかつ投票する締約国の四分の三以上の多数による議決で採択する。採択された附属書又は附属書の改正は、事務局が寄託者に通報するものとし、寄託者がすべての締約国に対し受諾のために送付する。

5 3及び4の規定に従って採択された附属書又は附属書A若しくは附属書B以外の附属書の改正は、寄託者が附属書の採択又は附属書の改正の採択を締約国に通報した日の後六箇月で、その期間内に当該附属書又は当該附属書の改正を受諾しない旨を寄託者に対して書面により通告した締約国を除くほか、この議定書のすべての締約国について効力を生ずる。当該附属書又は当該附属書の改正は、当該通告を撤回する旨の通告を寄託者が受領した日の後九十日目の日に、当該通告を撤回した締約国について効力を生ずる。

6 附属書又は附属書の改正の採択がこの議定書の改正を伴うものである場合には、採択された附属書又は附属書の改正は、この議定書の改正が効力を生ずる時まで効力を生じない。

nex by consensus. If all efforts at consensus have been exhausted, and no agreement reached, the annex or amendment to an annex shall as a last resort be adopted by a three-fourths majority vote of the Parties present and voting at the meeting. The adopted annex or amendment to an annex shall be communicated by the secretariat to the Depositary, who shall circulate it to all Parties for their acceptance.

5．An annex, or amendment to an annex other than Annex A or B, that has been adopted in accordance with paragraphs 3 and 4 above shall enter into force for all Parties to this Protocol six months after the date of the communication by the Depositary to such Parties of the adoption of the annex or adoption of the amendment to the annex, except for those Parties that have notified the Depositary, in writing, within that period of their non-acceptance of the annex or amendment to the annex. The annex or amendment to an annex shall enter into force for Parties which withdraw their notification of non-acceptance on the ninetieth day after the date on which withdrawal of such notification has been received by the Depositary.

6．If the adoption of an annex or an amendment to an annex involves an amendment to this Protocol, that annex or amendment to an annex shall not enter into force until such time as the amendment to this Protocol

7 この議定書の附属書A及び附属書Bの改正は、前条に規定する手続に従って採択され、効力を生ずる。ただし、附属書Bの改正は、関係締約国の書面による同意を得た場合にのみ採択される。

第二十二条
1 各締約国は、2に規定する場合を除くほか、一の票を有する。

2 地域的な経済統合のための機関は、その権限の範囲内の事項について、この議定書の締約国であるその構成国の数と同数の票を投ずる権利を行使する。地域的な経済統合のための機関は、その構成国が自国の投票権を行使する場合には、投票権を行使してはならない。その逆の場合も、同様とする。

第二十三条
国際連合事務総長は、この議定書の寄託者とする。

第二十四条
1 この議定書は、条約の締約国である国家及び地域的な経済統合のための機関による署名のために開放されるものとし、批准され、受諾され又は承認されなければならない。この議定書は、千九百九十八年三月十六日から千九百九十九年三月十五日までニュー・ヨークにある国際連合本

enters into force.

7. Amendments to Annexes A and B to this Protocol shall be adopted and enter into force in accordance with the procedure set out in Article 20, provided that any amendment to Annex B shall be adopted only with the written consent of the Party concerned.

Article 22
1. Each Party shall have one vote, except as provided for in paragraph 2 below.

2. Regional economic integration organizations, in matters within their competence, shall exercise their right to vote with a number of votes equal to the number of their member States that are Parties to this Protocol. Such an organization shall not exercise its right to vote if any of its member States exercises its right, and vice versa.

Article 23
The Secretary-General of the United Nations shall be the Depositary of this Protocol.

Article 24
1. This Protocol shall be open for signature and subject to ratification, acceptance or approval by States and regional economic integration organizations which are Parties to the Convention. It shall be open for signature at United Nations Headquarters in New York from 16 March 1998 to 15

部において、署名のために開放しておく。この議定書は、この議定書の署名のための期間の終了の日の後は、加入のために開放しておく。批准書、受諾書、承認書又は加入書は、寄託者に寄託する。

2　この議定書の締約国となる地域的な経済統合のための機関でそのいずれの構成国も締約国となっていないものは、この議定書に基づくすべての義務を負う。地域的な経済統合のための機関及びその一又は二以上の構成国がこの議定書の締約国である場合には、当該地域的な経済統合のための機関及びその構成国は、この議定書に基づく義務の履行につきそれぞれの責任を決定する。この場合において、当該地域的な経済統合のための機関及びその構成国は、この議定書に基づく権利を同時に行使することができない。

3　地域的な経済統合のための機関は、この議定書の規律する事項に関するその権限の範囲をこの議定書の批准書、受諾書、承認書又は加入書において宣言する。また、当該地域的な経済統合のための機関は、その権限の範囲の実質的な変更を寄託者に通報し、寄託者は、これを締約国に通報する。

第二十五条

1　この議定書は、五十五以上の条約の締約国であって、附属書Ⅰに掲げる締約国の千九百九十年における二

March 1999. This Protocol shall be open for accession from the day after the date on which it is closed for signature. Instruments of ratification, acceptance, approval or accession shall be deposited with the Depositary.

2．Any regional economic integration organization which becomes a Party to this Protocol without any of its member States being a Party shall be bound by all the obligations under this Protocol. In the case of such organizations, one or more of whose member States is a Party to this Protocol, the organization and its member States shall decide on their respective responsibilities for the performance of their obligations under this Protocol. In such cases, the organization and the member States shall not be entitled to exercise rights under this Protocol concurrently.

3．In their instruments of ratification, acceptance, approval or accession, regional economic integration organizations shall declare the extent of their competence with respect to the matters governed by this Protocol. These organizations shall also inform the Depositary, who shall in turn inform the Parties, of any substantial modification in the extent of their competence.

Article 25

1．This Protocol shall enter into force on the ninetieth day after the date on which not less than 55 Par-

酸化炭素の総排出量のうち少なくとも五十五パーセントを占める二酸化炭素を排出する附属書Ⅰに掲げる締約国を含むものが、批准書、受諾書、承認書又は加入書を寄託した日の後九十日目の日に効力を生ずる。

2　この条の規定の適用上、「附属書Ⅰに掲げる締約国の千九百九十年における二酸化炭素の総排出量」とは、附属書Ⅰに掲げる締約国がこの議定書の採択の日以前の日に、条約第十二条の規定に従って送付した一回目の自国の情報において通報した量をいう。

3　この議定書は、1に規定する効力発生のための要件を満たした後にこれを批准し、受諾し若しくは承認し又はこれに加入する国又は地域的な経済統合のための機関については、批准書、受諾書、承認書又は加入書の寄託の日の後九十日目の日に効力を生ずる。

4　地域的な経済統合のための機関によって寄託される文書は、この条の規定の適用上、その構成国によって寄託されたものに追加して数えてはならない。

第二十六条

この議定書には、いかなる留保も付することができない。

ties to the Convention, incorporating Parties included in Annex I which accounted in total for at least 55 per cent of the total carbon dioxide emissions for 1990 of the Parties included in Annex I, have deposited their instruments of ratification, acceptance, approval or accession.

2．For the purposes of this Article, "the total carbon dioxide emissions for 1990 of the Parties included in Annex I" means the amount communicated on or before the date of adoption of this Protocol by the Parties included in Annex I in their first national communications submitted in accordance with Article 12 of the Convention.

3．For each State or regional economic integration organization that ratifies, accepts or approves this Protocol or accedes thereto after the conditions set out in paragraph 1 above for entry into force have been fulfilled, this Protocol shall enter into force on the ninetieth day following the date of deposit of its instrument of ratification, acceptance, approval or accession.

4．For the purposes of this Article, any instrument deposited by a regional economic integration organization shall not be counted as additional to those deposited by States members of the organization.

Article 26

No reservations may be made to this Protocol.

第二十七条

1 締約国は、自国についてこの議定書が効力を生じた日から三年を経過した後いつでも、寄託者に対して書面による脱退の通告を行うことにより、この議定書から脱退することができる。

2 1の脱退は、寄託者が脱退の通告を受領した日から一年を経過した日又はそれよりも遅い日であって脱退の通告において指定されている日に効力を生ずる。

3 条約から脱退する締約国は、この議定書からも脱退したものとみなす。

第二十八条

アラビア語、中国語、英語、フランス語、ロシア語及びスペイン語をひとしく正文とするこの議定書の原本は、国際連合事務総長に寄託する。

千九百九十七年十二月十一日に京都で作成した。

以上の証拠として、下名は、正当に委任を受けて、それぞれ明記する日にこの議定書に署名した。

Article 27

1. At any time after three years from the date on which this Protocol has entered into force for a Party, that Party may withdraw from this Protocol by giving written notification to the Depositary.

2. Any such withdrawal shall take effect upon expiry of one year from the date of receipt by the Depositary of the notification of withdrawal, or on such later date as may be specified in the notification of withdrawal.

3. Any Party that withdraws from the Convention shall be considered as also having withdrawn from this Protocol.

Article 28

The original of this Protocol, of which the Arabic, Chinese, English, French, Russian and Spanish texts are equally authentic, shall be deposited with the Secretary-General of the United Nations.

DONE at Kyoto this eleventh day of December one thousand nine hundred and ninety-seven.

IN WITNESS WHEREOF the undersigned, being duly authorized to that effect, have affixed their signatures to this Protocol on the dates indicated.

資　料

　　　　　　　　　附属書A　　　　　　　　Annex A
温室効果ガス　　　　　　　　　　　　　〈Greenhouse gases〉
　二酸化炭素（CO_2）　　　　　　　　 Carbon dioxide（CO_2）
　メタン（CH_4）　　　　　　　　　　 Methane（CH_4）
　一酸化二窒素（N_2O）　　　　　　　 Nitrous oxide（N_2O）
　ハイドロフルオロカーボン（HFCs）　　 Hydrofluorocarbons（HFCs）
　パーフルオロカーボン（PFCs）　　　　 Perfluorocarbons（PFCs）
　六ふっ化硫黄（SF_6）　　　　　　　 Sulphur hexafluoride（SF_6）

部門及び発生源の区分　　　　　　　　　〈Sectors/source categories〉
　エネルギー　　　　　　　　　　　　　Energy
　　燃料の燃焼　　　　　　　　　　　　　Fuel combustion
　　　エネルギー産業　　　　　　　　　　　Energy industries
　　　製造業及び建設業　　　　　　　　　　Manufacturing industries and construction
　　　運輸　　　　　　　　　　　　　　　　Transport
　　　その他の部門　　　　　　　　　　　　Other sectors
　　　その他　　　　　　　　　　　　　　　Other

　　燃料からの漏出　　　　　　　　　　　Fugitive emissions from fuels
　　　固体燃料　　　　　　　　　　　　　　Solid fuels
　　　石油及び天然ガス　　　　　　　　　　Oil and natural gas
　　　その他　　　　　　　　　　　　　　　Other

　産業の工程　　　　　　　　　　　　　Industrial processes
　　鉱物製品　　　　　　　　　　　　　　Mineral products
　　化学産業　　　　　　　　　　　　　　Chemical industry
　　金属の生産　　　　　　　　　　　　　Metal production
　　その他の生産　　　　　　　　　　　　Other production
　　ハロゲン元素を含む炭素化合物及　　　Production of halocarbons and sulphur hexafluoride
　　び六ふっ化硫黄の生産
　　ハロゲン元素を含む炭素化合物及　　　Consumption of halocarbons and sulphur hexafluoride
　　び六ふっ化硫黄の消費
　　その他　　　　　　　　　　　　　　　Other

　溶剤その他の製品の利用　　　　　　　Solvent and other product use

　農業　　　　　　　　　　　　　　　　Agriculture
　　消化管内発酵　　　　　　　　　　　　Enteric fermentation

家畜排せつ物の管理　　　　　　　　　Manure management
稲作　　　　　　　　　　　　　　　　Rice cultivation
農用地の土壌　　　　　　　　　　　　Agricultural soils
サバンナを計画的に焼くこと。　　　　Prescribed burning of savannas
野外で農作物の残留物を焼くこと。　　Field burning of agricultural residues

その他　　　　　　　　　　　　　　　Other

廃棄物　　　　　　　　　　　　　　　Waste
　固形廃棄物の陸上における処分　　　　Solid waste disposal on land
　廃水の処理　　　　　　　　　　　　　Wastewater handling
　廃棄物の焼却　　　　　　　　　　　　Waste incineration
　その他　　　　　　　　　　　　　　　Other

附属書B　　　　　　　　　　　　　　　Annex B
締約国　排出の抑制及び削減に関する　Party Quantified emission limitation
数量化された約束（基準となる年又は　or reduction commitment
期間に乗ずる百分率）　　　　　　　　（percentage of base year or period）

オーストラリア	108	Australia	108
オーストリア	92	Austria	92
ベルギー	92	Belgium	92
ブルガリア*	92	Bulgaria*	92
カナダ	94	Canada	94
クロアチア*	95	Croatia*	95
チェッコ共和国*	92	Czech Republic*	92
デンマーク	92	Denmark	92
エストニア*	92	Estonia*	92
欧州共同体	92	European Community	92
フィンランド	92	Finland	92
フランス	92	France	92
ドイツ	92	Germany	92
ギリシャ	92	Greece	92
ハンガリー*	94	Hungary*	94
アイスランド	110	Iceland	110
アイルランド	92	Ireland	92
イタリア	92	Italy	92
日本国	94	Japan	94
ラトヴィア*	92	Latvia*	92
リヒテンシュタイン	92	Liechtenstein	92

資　料

リトアニア*	92	Lithuania*	92
ルクセンブルグ	92	Luxembourg	92
モナコ	92	Monaco	92
オランダ	92	Netherlands	92
ニュー・ジーランド	100	New Zealand	100
ノールウェー	101	Norway	101
ポーランド*	94	Poland*	94
ポルトガル	92	Portugal	92
ルーマニア*	92	Romania*	92
ロシア連邦*	100	Russian Federation*	100
スロヴァキア*	92	Slovakia*	92
スロヴェニア*	92	Slovenia*	92
スペイン	92	Spain	92
スウェーデン	92	Sweden	92
スイス	92	Switzerland	92
ウクライナ*	100	Ukraine*	100
グレート・ブリテン及び北部アイルランド連合王国	92	United Kingdom of Great Britain and Northern Ireland	92
アメリカ合衆国	93	United States of America	93

*　市場経済への移行の過程にある国

* Countries that are undergoing the process of transition to a market economy.

資料3　京都議定書の構造

*　資料3は、本書の編者である高村の責任で作成したものである。

〈締約国の義務〉

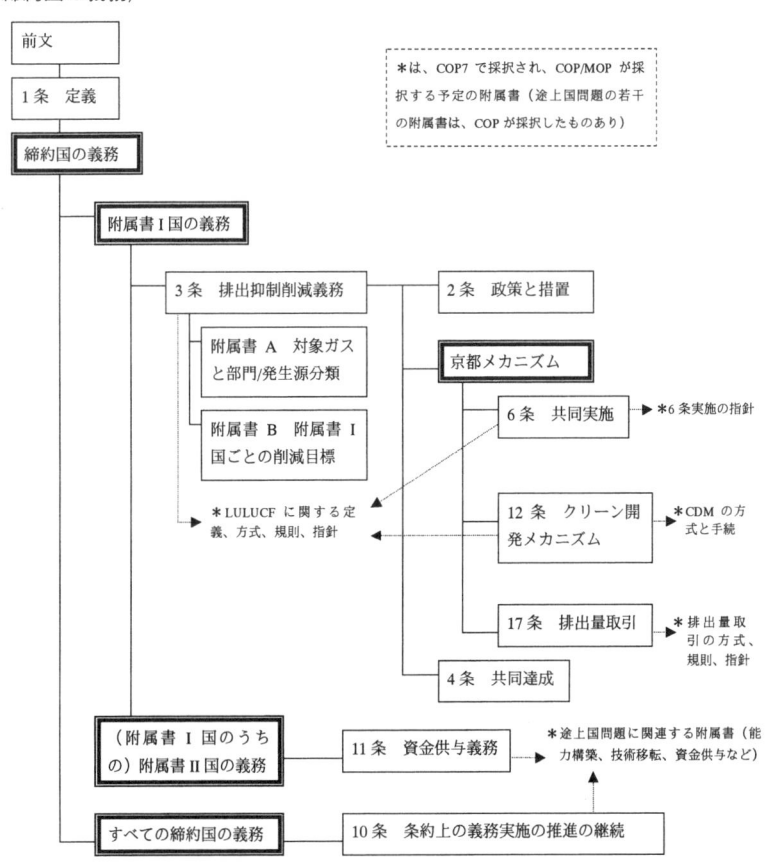

＊は、COP7で採択され、COP/MOPが採択する予定の附属書（途上国問題の若干の附属書は、COPが採択したものあり）

- 前文
- 1条　定義
- 締約国の義務
  - 附属書Ⅰ国の義務
    - 3条　排出抑制削減義務
      - 附属書A　対象ガスと部門/発生源分類
      - 附属書B　附属書Ⅰ国ごとの削減目標
      - ＊LULUCFに関する定義、方式、規則、指針
    - 2条　政策と措置
    - 京都メカニズム
      - 6条　共同実施　→＊6条実施の指針
      - 12条　クリーン開発メカニズム　→＊CDMの方式と手続
      - 17条　排出量取引　→＊排出量取引の方式、規則、指針
    - 4条　共同達成
  - （附属書Ⅰ国のうちの）附属書Ⅱ国の義務
    - 11条　資金供与義務　→＊途上国問題に関連する附属書（能力構築、技術移転、資金供与など）
  - すべての締約国の義務
    - 10条　条約上の義務実施の推進の継続

345

資料

〈履行監視メカニズム〉

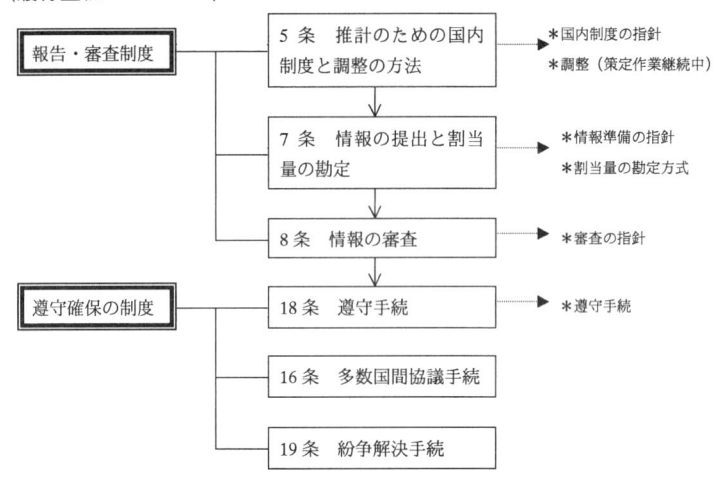

- 報告・審査制度
  - 5条　推計のための国内制度と調整の方法 → *国内制度の指針　*調整（策定作業継続中）
  - 7条　情報の提出と割当量の勘定 → *情報準備の指針　*割当量の勘定方式
  - 8条　情報の審査 → *審査の指針
- 遵守確保の制度
  - 18条　遵守手続 → *遵守手続
  - 16条　多数国間協議手続
  - 19条　紛争解決手続

〈議定書の機関とその他の事項〉

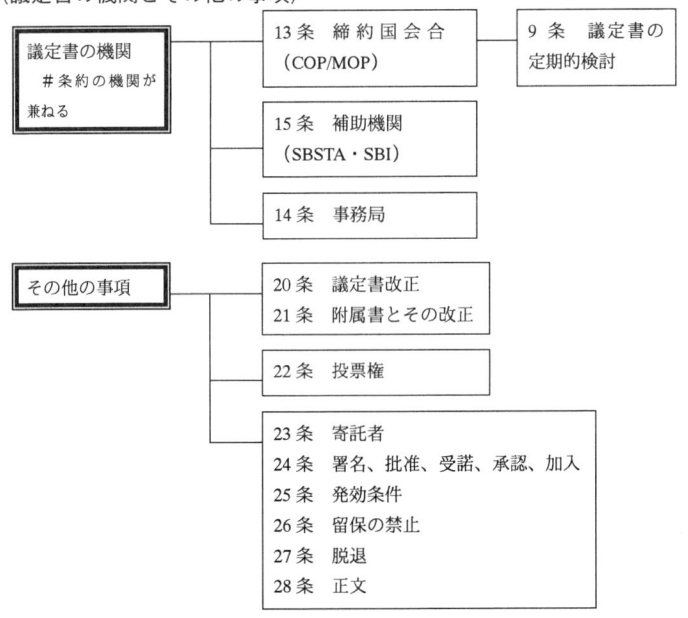

- 議定書の機関　#条約の機関が兼ねる
  - 13条　締約国会合（COP/MOP） ─ 9条　議定書の定期的検討
  - 15条　補助機関（SBSTA・SBI）
  - 14条　事務局
- その他の事項
  - 20条　議定書改正
  - 21条　附属書とその改正
  - 22条　投票権
  - 23条　寄託者
  - 24条　署名、批准、受諾、承認、加入
  - 25条　発効条件
  - 26条　留保の禁止
  - 27条　脱退
  - 28条　正文

資料4　COP6再開会合評価と概要

平成13年7月30日
日本政府代表団

概　　要

○今次閣僚会合において，京都議定書のいわゆる中核的要素に関する基本的合意（ボン合意）が得られ，京都議定書の2002年発効に向けたモメンタムが高まった。吸収源については我が国所要の吸収量が確保され，京都メカニズムについては定量的な活用上限を回避出来た。

○他方，ボン合意の細則作りの協議においては，途上国問題につき合意が得られたが，他の主要問題（ロシアの吸収源，遵守，京都メカニズム等）に関しては引き続き協議することとなり，COP7での採択を目指すこととなった。

評　　価

○政府代表団は，京都議定書の2002年発効を目指し可能な限り多くの合意を目指すとの方針に基づき，合意案形成に最大の努力を尽くした。その結果，吸収源等につき我が国の主張が盛り込まれた合意が出来たことを評価する。

○我が国は，京都議定書の2002年発効を目指し，COP7までに最終合意を達成すべく，引き続き全力を尽くすとともに，京都議定書の目標を達成するための国内制度に総力で取り組むことが適当と考える。

○全ての国が一つのルールの下で行動することが重要であり，米国を含めた合意が形成されるよう，日米ハイレベル協議等を通じ，引き続き最大限努力していく必要がある。

資　料

(参考1）COP6再開会合閣僚会合での合意（ボン合意）の概要

途上国支援	条約に基づく基金として，特別気候変動基金及び最貧国基金を設置し，京都議定書に基づく基金として，京都議定書適応基金を設置（注：資金の拠出については先進国が政治宣言の形で表明）。
京都メカニズム	［1］補足性　先進国の削減目標の達成について，京都メカニズムの活用は国内対策に対して補足的であるべきであり，国内対策は，目標達成の重要な要素を構成する（注：定量的な制限は設けない趣旨）。 ［2］排出量取引の売りすぎ防止措置　締約国は，排出枠の売りすぎ防止措置のため，予め割り当てられた排出枠の90%又は直近の排出量のうちのどちらか低い方に相当する排出枠を常に留保する必要。 ［3］共同実施・CDMにおける原子力の扱い　先進国は，共同実施・CDMのうち原子力により生じた排出枠を目標達成に利用することを控える。
吸収源	森林管理の吸収分については，国ごとに上限を設ける（日本は上限枠が13百万t-C（3.86%）となり，3.7%分が確保される見込み）。また，CDMシンクの対象活動として，新規植林及び再植林を認める。
遵守	［1］削減目標を達成できなかった場合の措置　超過した排出量を，1.3倍に割り増した上で次期排出枠から差し引くなどの措置を課す。 ［2］遵守委員会の構成　委員構成は，執行部・促進部各10名。先進国対途上国の構成が4対6となる見込み。また，投票ルールは原則コンセンサス方式であり，コンセンサスでない場合は4分の3以上の賛成が必要。さらに，執行部については，附属書Ⅰ国（先進国）と非附属書Ⅰ国（途上国）のそれぞれの過半数が必要。なお，不遵守の結果に法的拘束力を導入するか否かについては，COP/moP第1回会合で決定することとなった。

（参考2） COP6再開会合で合意が得られた細則的事項と得られていない細則的事項

交渉が完了，包括的合意が成立しており，COP7において法的文書が採択される予定の事項	［1］能力育成（途上国） ［2］能力育成（経済移行国） ［3］資金メカニズムに関する追加的ガイダンス ［4］条約上の資金拠出 ［5］議定書上の資金拠出 ［6］技術移転・開発 ［7］温暖化の悪影響及び対策の実施による影響への対処 ［8］対策の実施による悪影響の最小化 ［9］シングル・プロジェクト（アイスランド等排出量の少ない国の事業に関する特別な扱い） ［10］AIJ（共同実施活動）
交渉が進捗したが，包括的合意は未完成であり，COP7において議論の上，法的文書の採択を目指す事項	［1］吸収源 ［2］京都メカニズム ［3］遵守 ［4］議定書第5条，第7条，第8条（排出量及び政策措置の報告，審査等） ［5］政策及び措置

（出典） 環境省ホームページhttp://www.env.go.jp/earth/cop6-sai/hyoka.htmlより。

資 料

資料5　気候変動枠組条約第7回締約国会議（COP7）
（10/29～11/10（閣僚会合：11/7～11/10），於：マラケシュ）

（概要と評価）

平成13年11月10日
日本政府代表団

1．全体概要

○COP7（議長：エルヤズギ・モロッコ国土整備・都市計画・住宅・環境大臣）は，10日（土）朝，関連文書を採択し閉会した。我が国より，川口環境大臣，植竹外務副大臣，朝海地球環境問題等担当大使，浜中環境省地球環境審議官，日下経済産業省産業技術環境局長等が出席した。

○今次会議では，本年7月のCOP6再開会合（於：ボン）において達成された「ブエノスアイレス行動計画の実施のための中核的要素」に関する合意（ボン合意）に基づく，法的文書(注)が採択された。これにより，京都議定書の実施に係るルールが決定し，先進諸国等の京都議定書批准が促進される見通し。また，途上国支援のための3つの基金が設立された。

○今次会議の最大の焦点は，京都メカニズムに関するルール策定だった。我が国は，京都メカニズムを十分利用できることが，地球規模での効果的且つ持続可能な温暖化対策に繋がるとの主張を行ったところ，種々議論を経て，一定の制約はあるものの，柔軟且つ幅広い利用を可能とし得るルールとなった。

○ボン会合で争点となった遵守制度（排出削減義務の不遵守の場合の対応）については，ボン合意に基づき，法的拘束力のある措置を課し得る制度にするかどうかについて，京都議定書発効後の議定書締約国会合（COP/moP）第1回会合において措置されることとなった。

　　＊資料5と資料6は，外務省岡庭健氏（国際社会協力部気候変動枠組条約室長）から御提供いただいたものである。

○会期間にIPCC第三次報告書（TAR）に関するワークショップを開催し，TARに含まれる気候変動対策の効果等の情報の検討を行い，SB16に報告することとなった。
○CDM理事会及び技術移転専門家グループの設立とメンバー選出，並びに第1回会合が行われ，CDM理事会には岡松㈶地球環境産業技術研究機構顧問がメンバーに選出された。
○今次COPが明年9月の「持続可能な開発に関する世界首脳会議」（ヨハネスブルグ・サミット）を前に，右首脳会議開催地と同じアフリカ大陸で初めて開催されることもあって，両共同議長（ロック・スイス大臣及びムーサ南ア大臣）の指導力もあり，サミットへ向けたCOPからのメッセージが発出された。
○COP8は，来年10月23日から11月1日に開催することが決定されたが，開催場所については，現在インドが関心を表明，検討を行っており，11月24日までに結果を条約事務局長に通報することとなった。

（注） 吸収源，遵守，京都メカニズム，政策措置，議定書第5，7，8条に関する決定。ボン会合では途上国支援等に関する10の決定につき合意が成立していた。

2. 各 論

(1) **京都メカニズム**

今次協議の最大の焦点は，京都メカニズムに関するルール策定だった。我が国は，京都メカニズムが実際に機能し，費用効果的で持続可能な温暖化対策を可能とすることが，地球規模での効率的で持続可能な排出削減に繋がる旨主張し，一定の制約はあるものの，柔軟且つ幅広い利用を可能とし得るルールが作成された。

特に論点となったのは，京都メカニズムの参加資格と，（イ）遵守制度，（ロ）吸収源の報告内容の質，（ハ）政策措置による途上国への悪影響の報告との関係であったが，いずれも問題ない形で，政治決着で我が国の主張が取り入れられた。

(2) **5/7/8条**

資　料

　5／7／8条は，各国の排出量や吸収量の推計，報告，専門家によるレビュー等の手続きを定めており，技術的であると同時に削減目標達成に影響しうる問題である。排出割当量の算定や排出枠の移転・獲得手続きを定める第7条4の指針を決定したほか，排出目録上の問題により京都メカニズム参加資格が停止される場合の具体的基準に合意した。また，目標達成にあたっての途上国への悪影響の最小化に関する報告を毎年行うこととすること等につき，政治決着で合意が得られた。

(3) 遵　守

　議定書の義務不履行に対する措置を締約国会議の決定で規定するか，法的拘束力を改正議定書で規定するかは，将来のCOP/moP1まで決定を先送りすることとなった。京都メカニズムの参加資格要件（情報の報告義務）の不遵守により，京都メカニズムの参加資格を喪失した締約国について，遵守委員会執行部が，当該国からの要請に従い，依然として問題が未解決であると決定しない限り，当該締約国の参加資格を回復することとなった。また，排出削減目標が未達成の場合に課される結果の一つである排出量取引によるクレジット移転の禁止については，締約国により移転資格回復が要請された場合には，遵守委員会執行部により，次期約束期間における当該国の遵守の見通しが示されていないと決定されない限り，移転の禁止が解除されることとなった。更に，報告義務の不遵守に対する結果に対しては，第5条，第7条遵守行動計画の作成・提出が義務づけられることとなった。但し，遵守委員会執行部による追加的な措置は課されないこととなった。

(4) 途上国関連

　途上国参加問題に関しては，UG諸国とも協調しつつ，COP8で今後の協議の進め方に関し議論を開始することをCOP7で決定すべく努力した。しかしながら，途上国は新たなコミットメントに関するプロセスの開始に強く反対し，議題7「条約第4条2（a）（b）の十分性の見直し」に関しては，協議未了のままCOP8に送られることとなった。また，会期間にIPCC第三次報告書（TAR）に関するワークショップを開催し，TARに含まれる情報の検討を行い，SB16に報告することとなった。

　途上国支援問題に関しては，3つの基金，最貧国基金へのガイダンス，最

貧国専門家グループの設立及びその役割並びに国別適応行動計画準備のための指針に関する決定文が採択された。

(5) 吸収源

ボン合意では，露を除く各国の森林管理による獲得吸収量の上限値が具体的に合意されているが，露はより大きな数値を主張していたところ，主張通り，露は33メガトンの上限値となることが合意がされた。

(6) ヨハネスブルグ・サミットへの報告

我が国は，環境問題への対処と持続可能な開発は互いに利益を生み出すものとの観点から，技術革新への取組みや市場メカニズムの活用を積極的に行うべきであり，また，気候変動の関連で水や貧困の問題への取組みを重視している旨のステートメントを行ったところ，右趣旨が盛り込まれた宣言文が採択された。

3. 評　価

(1) 政府代表団は，京都議定書の2002年発効を目指し，COP7で合意を達成すべく最大限の努力を行った。遵守に関しては我が国提案に基づき合意が達成されるなど，我が国は協議に建設的に参加した。今次合意を受けて，ボン合意の「法文化作業」が完了したことにより，京都議定書の2002年発効が大きく近づいた。川口環境大臣及び植竹外務副大臣は精力的に二国間会談を行った。

(2) 協議を通じ我が国は，費用効果的で持続可能な温暖化対策を可能とする京都メカニズムについて，十分に活用し得る利用しやすいルールの策定を目指した。その結果，一定の制約はあるものの，柔軟かつ幅広い利用を可能とし得るルールが作られた点は評価出来る。また，CDM理事会に岡松顧問が選出されたことは，我が国が今後CDM事業を推進する上で意義がある。

(3) 今次協議で温暖化防止へ向けた国際交渉が終わるわけではなく，地球規模での実効的な温暖化対策のためには，米国や途上国も含む全ての国が参加する一つの国際的枠組みが重要であり，その実現に向け引き続き最大限

資　料

努力すべきと考える。

(4)　我が国は，引き続き，京都議定書の目標を達成するための国内制度に総力で取組むことが適当である。温暖化対策は経済との両立が鍵であり，我が国においては経済界の創意工夫を生かし，経済活性化に繋がる国内対策が講じられるべきであると考える。

(了)

資料6
Statement of H.E. Mme Yoriko Kawaguchi, Minister for the Environment on behalf of the Delegation of Japan
（COP7における川口順子環境大臣によるステートメント）

Mr. President,

On behalf of the Government of Japan, I would first like to express my sincere gratitude to you, President Elyazghi, for skillfully guiding the work of the Marrakech Conference to a successful conclusion. I would also like to express my deep appreciation to the Executive Secretary, Mr. Michael Cutajar, and his staff for ably supporting our work. I wish to take this opportunity to thank Mr. Cutajar for his dedicated service since the very beginning of the climate change process.

Mr. President,

It is my great pleasure to be part of this historic agreement which marks a decisive step towards the entry into force of the Kyoto Protocol in 2002. Japan will join in the consensus which will establish realistic and predictable rules with limited restrictions in order to enable the stakeholders to realize their potential for creative activities. It is our firm belief that workable rules for the Kyoto mechanisms are crucial in ensuring efficiency and sustainability of our actions against climate change. We will intensify national actions in order to achieve the reduction commitment in the Kyoto Protocol.

Mr. President,

After COP7, the climate change negotiations will enter another stage. Japan looks forward to starting consideration of ways to take further steps at COP8.

資　料

資料7　気候変動問題に関連する基本的用語と解説
(五十音順)

＊　資料7は，本書の編者である髙村の責任で作成したものである。

アンブレラ・グループ (Umbrella Group)	アメリカ，カナダ，日本，オーストラリア，ニュージーランド，ノルウェー，アイスランド，ロシア，ウクライナからなる気候変動枠組条約プロセスにおける交渉グループ。京都議定書の採択後形成された。
一酸化二窒素 (N_2O；nitrous oxide)	議定書が規制する6つの温室効果ガスの一つ。100年の地球温暖化係数は310である。燃料の燃焼，とりわけ自動車の燃料の燃焼から発生する。
欧州連合 (EU；European Union)	EUの15の構成国は，共通のポジションをとることが多く，議長国を務める国がEUを代表して発言することが多い。地域的経済統合機構として，ECみずからが条約の締約国である。ただし，構成国と別の投票権を持つものではない。
温室効果ガス (GHG；Greenhouse gas)	太陽から地表に届いた熱を受けて地表から放射される赤外線を吸収し，吸収した熱を再び地表に向かって放射することで，地表を暖める効果を有するガス。温室効果ガスによる適度な温室効果により地球の生態系が保たれるが，人間活動による温室効果ガスの排出量の増加により，地表付近の気温が急速に上昇する，いわゆる「地球温暖化」が進行していると言われる。京都議定書は，こうした温室効果ガスのうち，人間活動により発生する6つの温室効果ガス（二酸化炭素，メタン，一酸化二窒素，ハイドロフルオロカーボン，パーフルオロカーボン，六フッ化硫黄）を対象とする。附属書I国の排出量は，これらの6つのガスをまとめて，各ガスの地球温暖化係数に基づいて二酸化炭素換算で計算される。
科学上及び技術上の助言に	気候変動枠組条約のもとで設置された機関で，条

7 気候変動問題に関連する基本的用語と解説

関する補助機関 (SBSTA；Subsidiary Body for Scientific and Technological Advice)	約に関連する科学的または技術的問題に関する時宜にかなった情報と助言を，締約国会議とその他の補助機関に提供する。
環境十全性グループ (Environmental Integrity Group)	COP6への交渉過程において形成された，気候変動枠組条約プロセスの交渉グループで，スイス，メキシコ，韓国からなる。OECD加盟国の中で，アンブレラ・グループ，EUに属さない国が構成している。
気候変動に関する政府間パネル (IPCC；Intergovernmental Panel on Climate Change)	気候変動に関する科学と気候変動の影響に関する，最も権威ある国際的評価を行う機関として，広く認められている。世界気象機関と国連環境計画のもとに，1988年，政府により設置され，IPCCは，気候変動に関する最新の知見を評価する報告書を5年ごとに作成している。その報告書は，関係する2,000以上の専門家の間の国際的コンセンサスを表したものである。IPCCは，同時に，吸収源といった特定の問題に関する報告書も作成し，発表する。
気候変動枠組条約 (UNFCCC；United Nations Framework Convention on Climate Change)	ブラジル・リオデジャネイロで開催された1992年6月の「地球サミット」で採択され，1994年3月に発効。条約および議定書と条約に付されるその他の関連する文書の究極の目的は，「気候系に対して危険な人為的干渉を及ぼすこととならない水準において大気中の温室効果ガスの濃度を安定化させること」である。
技術移転 (technology transfer)	条約のもとで，先進国は，とりわけ発展途上国に対して，条約の規定を実施できるように，環境上適正な技術とノウハウを移転または取得の機会を促進し，資金供与を行うためのあらゆる実行可能な措置をとることとされている。この義務は，京都議定書のもとでも，同様の文言で規定されている。
基準年 (base year)	1990年が，気候変動枠組条約のもとで利用されている基準年であり，京都議定書のもとで定められ

357

資　　料

	た大半の排出抑制削減義務も1990年を基準年としている。ただし，COP2の決定により異なる基準年を選択する市場経済移行国は，議定書のもとではその基準年を使用しなければならない。また，すべての附属書Ⅰ国は，議定書が対象とする3つの産業ガス（ハイドロフルオロカーボン，パーフルオロカーボン，六フッ化硫黄）の排出について，1995年を基準年として選択することができる。
議定書の締約国会合 （COP/MOP；Conference of the Parties serving as the meeting of the Parties）	重複を避けるために，条約の締約国会議が，議定書の締約国会合として機能する。議定書が発効したら，COP/MOPの第一回会合が開催される。議定書の締約国でない気候変動枠組条約の締約国は，オブザーヴァとしてCOP/MOPに参加できる。
吸収源 （sinks）	炭素を吸収し，それにより，大気中から炭素を除去する森林およびその他の生態系。京都議定書は，1990年以降に行われるいくつかの人為的な吸収源活動から生じる吸収量が，附属書Ⅰ国の排出削減義務達成のために勘定されることを認めている。
共同実施 （JI；Joint Implementation）	3つの京都メカニズムの一つで，共同実施活動を引き継ぐものと考えられている。共同実施は，附属書Ⅰ国が，他の附属書Ⅰ国において，排出削減事業や吸収源強化事業に投資し，削減された排出量や吸収量について，排出削減単位（ERUs）の形で，排出枠を受け取ることを認めている。事業受入国は，その割当量からERUsに相当する分を差し引かなければならない。排出量取引と同様に，共同実施は，国内措置に補完的でなければならない。
共同実施活動 （AIJ；Activities Implemented Jointly）	他の先進国または発展途上国において，締約国が排出削減事業に投資できる試験的な制度。実際上，共同実施とクリーン開発メカニズムの前身と位置づけられる。これらの2つの京都メカニズムとの違いは，投資国が，事業により削減された排出量について，排出枠を受け取ることが認められていないことである。

7 気候変動問題に関連する基本的用語と解説

京都議定書 (Kyoto Protocol)	1997年11—12月に，京都で開催されたCOP3で採択された，気候変動枠組条約のもとでの議定書。先進国が数量化された削減義務を負うことや，市場メカニズムを利用した京都メカニズムを設けることなどを定めている。
京都メカニズム (Kyoto mechanisms)	附属書I国がその排出削減義務を達成するのに柔軟性を与えるため，「柔軟性メカニズム」とも呼ばれる。京都メカニズムは，排出量取引，共同実施，クリーン開発メカニズムの3つを指す。
クリーン開発メカニズム (CDM；Clean Development Mechanism)	3つの京都メカニズムの一つ。CDMは，途上国における持続可能な発展を促進し，附属書I国がその削減義務を達成するのを支援することを目的としている。附属書I国は，発展途上国における排出削減事業や吸収源強化事業に投資し，認証排出削減量（CERs）の発行を通じて，達成された削減分や吸収分について排出枠を獲得し，削減義務の達成のために使用することができる。COP7で設置されたCDM理事会が，CDM事業の実施を全体として監督する。
後発発展途上国 (LDC；Least developed country)	国連システムにおいてともに行動しているが，その利益を擁護するため，気候変動枠組条約プロセスでは，より積極的に交渉に参加している。ボン合意，マラケシュ合意では，後発発展途上国が気候変動への適応を行うのを支援するための基金が設けられた。
国際海事機関 (IMO；International Maritime Organisation)	議定書2条2項は，先進国が，国際海事機関を通じて，国際海運からの温室効果ガスの排出の抑制または削減を行うことを要求している。
国際民間航空機関 (ICAO；International Civil Aviation Organisation)	議定書2条2項は，先進国が，国際民間航空機関を通じて，国際民間航空からの温室効果ガスの排出の抑制または削減を行うことを要求している。
国連環境計画 (UNEP；United Nations Environment Programme)	国連総会の補助機関。世界気象機関とともに，気候変動の問題を早期に認識し，気候変動に関する政府間パネル（IPCC）を設置した。UNEPの加

359

資　料

	盟国は，IPCCに参加できる。気候変動枠組条約と議定書の資金供与メカニズムの運営を当面担っている地球環境ファシリティ（GEF）を，世界銀行，国連開発計画とともに管理する機関でもある。
国家通報 (national communication)	気候変動枠組条約は，発展途上国も含むすべての締約国が，3—5年の間隔で，国家通報を提出することを定めている。国家通報に盛り込む内容や提出開始時期は，附属書I国，非附属書I国，後発発展途上国で異なっている。
国家登録簿 (national registry)	排出削減単位（ERUs），認証排出削減（CERs）などの排出枠の発行，移転，獲得，保有などを正確に勘定するために，附属書I国は，電子データベースの形態をとった，国家登録簿を設け，維持する。また，国家登録簿の中に，各種口座を保持する。
国家目録 (national inventory)	気候変動枠組条約は，国家通報の中に含まれるべき一つの事項として，国家目録を位置づけている。議定書のもとでは，附属書I国は，自国の排出量と吸収量の目録を，毎年提出しなければならない。
CG11 (Central Group 11)	附属書Iに記載されている市場経済移行国（中央ヨーロッパ，東ヨーロッパ諸国。ロシア，ウクライナは除く）からなる交渉グループ。附属書I国として，議定書のもとで排出削減義務を負っている。ブルガリア，クロアチア，チェコ，エストニア，ハンガリー，ラトヴィア，リトアニア，ポーランド，ルーマニア，スロヴァキア，スロヴェニアからなる（マルタがオブザーヴァとして参加）。これらの諸国のうちクロアチアを除く10カ国は，EUへの加盟を交渉中の国である。
G77/China	国連システムにおける発展途上国の主たる交渉グループ。現在，132の発展途上国からなる。グループとしてまとまって交渉に参加する場面も多いが，グループの中にある，アフリカ・グループ，島嶼国連合（AOSIS），後発発展途上国グループ

	などのサブ・グループとして行動する場面も見られる。
市場経済移行国（CEIT）	気候変動枠組条約のもとで，ソ連と東ヨーロッパ，中央ヨーロッパの旧社会主義国で，現在，市場経済への移行過程にある諸国を指す。これらの諸国では，議定書のもとで多くの共同実施事業が行われると予想される。
実施に関する補助機関（SBI；Subsidiary Body for Implementation）	気候変動枠組条約のもとで設置された機関で，締約国会議（COP）が条約の実施の評価と検討を行うのを補佐する。
ジュスカンズ（JUSSCANNZ）	日本，米国，スイス，カナダ，オーストラリア，ノルウェー，ニュージーランド（EU以外の先進国）からなる，気候変動枠組条約プロセスにおける交渉グループ。
遵守行動計画（compliance action plan）	議定書のもとでの排出削減義務を遵守していないと決定された附属書Ⅰ国に，遵守委員会の履行強制部が適用する可能性のある帰結の一つ。計画は，履行強制部によって審査され承認されなければならない。
遵守手続・メカニズム（Procedures and mechanisms relating to compliance）	議定書18条にもとづいて，議定書上の規定の不遵守を決定し，不遵守の事案を取り扱うための手続を，議定書の第一回締約国会合（COP/MOP1）が承認することになっている。この遵守手続が拘束力ある帰結を生じさせる場合，議定書の改正により遵守手続は採択されなければならない。COP7が，COP/MOP1が承認する予定の手続案を採択した。設置される遵守委員会が，この手続を担う。
除去単位（RMU；Removal Unit）	3条3項，3条4項のもとで行われるLULUCF事業による温室効果ガスの純吸収量について附属書Ⅰ国がRMUsを発行する。RMUsは，削減義務の達成に利用でき，排出量取引のもとで取引を行うこともできる。ただし，取消または回収した後，残ったRMUsの次期約束期間への繰り越しはでき

資　料

	ない。
数量化された排出抑制削減義務 （QELRC；Quantified Emission Limitation and Reduction Commitment）	附属書Bに記載されている締約国それぞれに課せられている排出抑制削減義務を指す，公式の用語。
政策と措置 （PAMs；Policies and Measures）	気候変動枠組条約と京都議定書のもとで，排出抑制削減のためにとられる国内措置を指す，公式の用語。
政府間交渉委員会 （INC；Intergovernmental Negotiating Committee）	1990年の国連総会決議45/212によって，総会のもとでの政府間交渉プロセスとして設置された。1991年2月より交渉を開始し，5回の会合を経て，1992年5月，気候変動枠組条約を採択した。条約採択後も，条約発効後のCOP1（1995年3月）までの間，条約の運用を準備するための会合をさらに6回開催した。
世界気象機関 （WMO；World Meteorological Organisation）	国連の専門機関。地球規模の気候変動の問題を早期に認識し，国連環境計画（UNEP）とともに，気候変動に関する政府間パネル（IPCC）を設置した。WMOおよびUNEPの加盟国は，IPCCに参加できる。
専門家審査チーム （ERT；Expert Review Team）	附属書Ⅰ国の議定書上の義務の実施を，附属書Ⅰ国が提出する排出量と吸収量に関する情報に基づいて，専門的に評価を行う専門家からなるチーム。議定書8条に基づいて設置。
第三次評価報告書 （TAR；Third Assessment Report）	2001年4月に気候変動に関する政府間パネル（IPCC）の全体会合で承認された，気候変動政策に関連する，気候変動の科学的，技術的，社会・経済的な側面について，包括的かつ最新の評価を行った報告書。
第二次評価報告書 （SAR；Second Assessment Report）	1995年12月に気候変動に関する政府間パネル（IPCC）の全体会合で採択されたもので，京都議定書交渉の科学的基礎を提供した。
地球温暖化係数	どのくらいの期間，大気中で温室効果に寄与する

7 気候変動問題に関連する基本的用語と解説

（GWP；Global warming potential）	かを考慮して，温室効果ガスの分子ごとの相対的な効果を示すのに用いられる。現在使用されている地球温暖化係数は，100年間について計算されている。二酸化炭素は，標準のガスとして使用され，その地球温暖化係数は1である。
地球環境ファシリティ（GEF；Global Environmental Facility）	気候変動枠組条約の資金供与メカニズムの運営を委任されている環境関連事業に対する政府間基金。GEFは，世界銀行，国連環境計画（UNEP）および国連開発計画（UNDP）によって共同で管理されている。
中央アジア，コーカサス，アルバニアおよびモルドヴァ・グループ（CAC & M；Group of countries on Central Asia and the Caucasus, Albania and Moldova countries）	附属書Ⅰに記載されていない市場経済移行国である中央アジア，コーカサス諸国（アルメニア，アゼルバイジャン，グルジア，カザフスタン，キルギスタン，タジキスタン，トルクメニスタン，ウズベキスタン）とアルバニア，モルドヴァからなる交渉グループ。2001年7月のボンでのCOP6再開会合において正式に交渉グループの結成が報告された。非附属書Ⅰ国であるが，これらの国は，発展途上国とは考えられておらず，G77のメンバーではない。
締約国会議（COP；Conference of the Parties）	気候変動枠組条約の最高機関で，条約と，京都議定書のような，それに関連する文書の実施を定期的に審査する任務を負っている。COPは毎年会合を持つ。
島嶼国連合（AOSIS；Alliance of Small Island States）	海面上昇やその他の気候変動の影響によって最も脅かされている国々のうちの43カ国の島嶼国のグループ。
土地利用，土地利用変化および林業（LULUCF；Land Use, Land-Use Change and Forestry）	議定書3条3項および4項は，一定のLULUCF事業活動からの吸収量または排出量を，排出削減義務達成のために計上することを定めている。LULUCF活動については，科学的不確実性や，その他の不確実性やリスクがあることが指摘されており，とりわけ，3条4項活動から生じる吸収量を，第一約束期間にどのように計上するかは，COP6およびCOP6再開会合における最大の争点

資　　料

	となった。
二酸化炭素 （CO$_2$；carbon dioxide）	議定書が規制する6つの温室効果ガスの一つ。主たる温室効果ガスで，1990年の附属書Ⅰ国の温室効果ガス排出量の約81％を占める。地球温暖化係数計算の標準のガスとして使用され，100年の地球温暖化係数は，1である。主として，化石燃料の燃焼などにより発生する。
認証排出削減量 （CERs；Certified Emission Reduction）	CDM事業は，発展途上国で行われる各事業が削減した温室効果ガスの排出量や除去した吸収量に応じて，投資国である附属書Ⅰ国にCERsを生じさせる。附属書Ⅰ国は，約束期間終了後に，CERsの純獲得量を自国の割当量に追加することができる。附属書Ⅰ国は，CERsを削減義務の達成に利用でき，排出量取引のもとで移転・獲得できる。取消または回収した後，残ったCERsは，割当量の2.5％まで，次期約束期間に繰り越しが可能。
能力の開発または能力の構築（キャパシティ・ビルディング） （capacity-building）	気候変動枠組条約のもとで，SBSTAが，発展途上国の本来の能力の開発を支援する方法について助言を与える任務を負っている。京都議定書は，締約国が，国家の能力の開発（構築）の強化を促進し，協力することを義務づけている。COP6再開会合において，締約国は，ボン合意の一部として，発展途上国の能力の開発（構築）と，市場経済移行国の能力の開発（構築）に関する2つのCOP/MOP決定案を採択した。
排出削減単位 （ERU；Emission Reduction Unit）	共同実施事業は，各事業が削減した温室効果ガスの排出量または除去した吸収量に応じて，投資国である附属書Ⅰ国にERUsを生じさせる。投資国は，京都議定書のもとで割当量にERUsを追加できるが，事業受入国は，その割当量からその分を差し引かなければならない。ERUsは，削減義務の達成に利用でき，排出量取引のもとで移転・獲得できる。除去単位（RMUs）から転換されたERUsを除き，取消または回収した後，残った割

7 気候変動問題に関連する基本的用語と解説

	当量の2.5%まで、次期約束期間に繰り越しが可能。
排出量取引 (Emissions Trading)	議定書は、附属書B国が、その排出削減義務を達成するために、割当量の取引に参加することができる。割当量の一部を買う締約国は、議定書のもとでこれらを割当量に追加でき、売る締約国は、それらを差し引かなければならない。このような取引は、国内措置に補完的でなければならない。COP7は、COP/MOP1が採択する予定の、取引の規則と方法を採択した。
ハイドロフルオロカーボン (HFCs；Hydrofluorocarbons)	京都議定書が規制する6つの温室効果ガスに含まれる産業ガスの一族。HFCsは、多くの用途で、オゾン層を破壊するクロロフルオロカーボン(CFCs)やハイドロクロロフルオロカーボン(HCFCs)を代替している。その地球温暖化係数は、100年値で140から11,700という、強力な温室効果ガスである。カーエアコンや冷蔵庫などの冷媒、スプレーの噴射剤などに使用されている。
バブル (Bubble)	議定書4条の定める取極を呼ぶのに使用される用語。4条のもとで、附属書Ⅰ国は、各国の排出量を共同の「バブル」のなかに集めて、排出削減目標を共同して達成することができる。EUはこの規定を利用し、各国の異なる国家状況を考慮して、EU 8％削減という目標を、各構成国によって差異化した目標にしてあらためて割り当てている。
パーフルオロカーボン (PFCs；Perfluorocarbons)	議定書が規制する6つの温室効果ガスに含まれる産業ガスの一族。その総排出量は相対的に少ないが、PFCsは、大気中の寿命が長く、きわめて温室効果の高い温室効果ガスで、地球温暖化係数は、100年値で、6,500から9,200である。半導体洗浄などに使用され、その過程から大気中に放出される。
バンキング (banking)	繰越（carry-over）とも言われる。附属書Ⅰ国は、約束期間中の総排出量が、割当量を下回った場合、自国の登録簿内に保持されているクレジットにつ

365

資　　料

	いて，一定の制限のもとで，次の約束期間に繰り越すことができる。
非政府組織 （NGO；Non-governmental organisation）	気候変動枠組条約の締約国会議や補助機関会合には，会合に出席する締約国の3分の1以上の反対がない限り，民間の団体・機関もオブザーヴァとして参加できる。この分野のNGOは，ロビー活動も含め，きわめて活発な活動を展開している。気候変動に取り組む世界83カ国の環境NGO 331団体からなるNGOのネットワークとして，CAN（Climate Action Network；気候行動ネットワーク）がある。
ビューロー （BureauまたはBureaux）	条約上規定はないが，手続規則案に基づいて，継続性の確保のため，締約国会議（COP）と2つの補助機関についてそれぞれ選出される。COPのビューローは，5つの国連地域グループから2人ずつ，島嶼国連合（AOSIS）から1人指名され，COPごとにCOPにより選出される。議定書は，COPと補助機関のビューローが，COP/MOPと議定書の補助機関のビューローを兼ねることを前提とした規定をおいている。
ブエノスアイレス行動計画 （BAPA；Buenos Aires Plan of Action）	京都議定書採択の際にまだ解決していなかった問題を解決し，気候変動枠組条約のもとで履行されるべきいくつかの発展途上国に関連する問題を取り扱うために，1998年のCOP4で合意された作業計画。
附属書Ⅰ （Annex I）	気候変動枠組条約のもとで作成された，市場経済移行国（旧社会主義国）を含む先進国のリスト。このリストが，京都議定書のもとでの削減義務についても利用されている。
附属書Ⅱ （Annex II）	気候変動枠組条約のもとで作成された，市場経済移行国を除く，先進国のリスト。このリストに掲載されている国は，発展途上国が条約の義務を履行するのを支援するために，新規の追加的な資金を提供しなければならない。

7 気候変動問題に関連する基本的用語と解説

附属書A (Annex A)	京都議定書のもとで作成された，議定書が対象とする6つの温室効果ガスと，それらのガスを排出する部門または発生源を定めるリスト。
附属書B (Annex B)	京都議定書のもとで作成された，基準年を基準に，各附属書Ⅰ国が負う，第一約束期間についての，排出抑制削減義務の水準を定めるリスト。
ベルリン・マンデート (Berlin Mandate)	1995年3—4月にベルリンで開催されたCOP1における合意で，この合意をもとに京都議定書の策定が始まった。ベルリン・マンデートは，附属書Ⅰ国の義務の強化を含む，2000年以降にとられるべき措置に関する交渉の枠組を定めている。
ベルリン・マンデートに関するアド・ホック・グループ (AGBM；Ad Hoc Group on Berlin Mandate)	附属書Ⅰ国の義務の強化を含む，2000年以降にとられるべき措置に関する交渉の枠組を定めたベルリン・マンデートを遂行するためのプロセスの中軸として設置されたグループ。京都でのCOP3までに，8回の公式会合がもたれ，京都議定書の交渉が進められた。
補完性 (Supplemental, Supplementarity)	議定書は，附属書Ⅰ国による排出量取引と共同実施の利用が，排出量を抑制・削減する国内措置に補完的であることを要求している。クリーン開発メカニズム（CDM）の場合にも，附属書Ⅰ国は，その排出抑制削減義務の一部のみを達成するために利用できるとしており，このような補完性はまた，CDMの場合にも適用される。
ホット・エア (Hot Air)	ある附属書Ⅰ国がその排出量を削減する努力をしなくても，それが必要とする排出量を確実に上回りそうな割当量の部分をいう。この上回った割当量分は，排出量取引や共同実施を通じて，他の附属書Ⅰ国が削減目標を達成するのに利用することができると思われる。ロシアとウクライナが，売ることができるこのような割当量を最も多く保有している国として広く考えられている。
ボン合意 (Bonn Agreements)	COP6再開会合で合意された，京都議定書の運用規則の基本的な枠組を定めるもの。ボン合意に基

資　料

	づいてマラケシュ合意が成立した。
マラケシュ合意 （Marrakech Accords）	COP/MOP1が採択する予定の，議定書の早期発効と運用開始のための運用規則案について，COP6再開会合でのボン合意を経て，COP7において締約国が合意をしたもの。
メタン （CH_4；methane）	京都議定書で規制される6つの温室効果ガスのうち，これまでの地球温暖化への寄与度が二酸化炭素についで多いガス。地球温暖化係数は100年値で21である。燃料の漏洩や廃棄物処分などから生じるガス。
約束期間 （commitment period）	議定書のもとで，この期間をとおして平均される，附属書Ⅰ国の温室効果ガスの排出量は，その排出目標，すなわち3条1項の排出抑制削減義務の範囲内とならなければならないという期間。第一約束期間は，2008年から2012年である。議定書は，第二約束期間の目標の検討が，2005年までに開始されなければならないと定めている。
約束期間リザーヴ （commitment period reserve）	排出量取引を行うにあたって，附属書Ⅰ国が国家登録簿に保持しなければならないリザーヴ。附属書Ⅰ国は，割当量の90％または最新の目録の5倍，のいずれか低いレベルのリザーヴを国家登録簿に保持しなければならない。
六フッ化硫黄 （SF_6；sulphur hexafluoride）	京都議定書で規制される6つの温室効果ガスのうちの産業ガスの一つで，最も温室効果の高いガスである。その地球温暖化係数は，100年値で23,900である。半導体洗浄などに使用され，その過程で大気中に放出される。
割当量 （assigned amount）	各先進国（附属書Ⅰ国）が，約束期間中に排出することができる二酸化炭素換算で示される温室効果ガスの総排出量。割当量は，各国の基準年の排出量を基礎に，議定書の附属書Bの定める数量化された排出抑制削減の約束に基づいて計算される。第一約束期間（2008―2012年）の日本の割当量は，1990年の二酸化炭素換算総排出量の94％の5倍で

	ある。
割当量単位 (AAU；Assigned Amount Unit)	他の附属書Ⅰ国または法的主体への排出枠の移転に先立って，附属書Ⅰ国が発行する。共同実施の事業受入国は，この割当量単位（AAUs）を発行し，排出削減単位（ERUs）に転換して，事業投資者に移転する。AAUsは，排出量取引のもとで移転・獲得でき，取消または回収した後，残った割当量単位は，制限なく次期約束期間に持ち越しできる。

資料

資料8　京都議定書の国際制度に関する参考文献と情報源

［川阪京子］

　法学，政治学に関連する日本語の書籍，報告書など入手可能な文献を中心に，文献を発行年順に整理しました。また，これまでの条約交渉で生まれた主な国際合意やさらに情報がほしい方に対する情報源もまとめました。ホームページアドレスから原文を手に入れることもできます。

●参考文献
〈1993年から1997年〉
- 赤尾信敏『地球は訴える―体験的環境外交論』(世界の動き社，1993年)
- 岩間徹「第5章　地球温暖化と国際法」信夫隆司編『環境と開発の国際政治』129-157頁（南窓社，1993年）
- 川島康子「気候変動枠組条約における条約作成過程と因子分析を用いた国家の対立構造分析」『第9回環境情報科学論文集』139-144頁（1995年）
- 西村智朗「気候変動条約交渉過程に見る国際環境法の動向（一）―『持続可能な発展』を理解する一助として―」『法政論叢』第160号，39-81頁（名古屋大学，1995年）
- 西村智朗「気候変動条約交渉過程に見る国際環境法の動向（二・完）―『持続可能な発展』を理解する一助として―」『法政論叢』第162号，107-142頁（名古屋大学，1995年）
- 松本泰子「IPCC第2次評価報告書採択」『環境と公害』25巻4号，68頁（岩波書店，1996年）
- 川島康子「気候変動問題の解決に向けた国際交渉の今後の行方―シナリオを用いた調査手法の開発とその結果」『環境科学会誌』10巻4号，301-312頁（1997年）
- 佐和隆光『地球温暖化を防ぐ―20世紀型経済システムの転換―』(岩波書店，1997年)
- 西村智朗「気候変動に関する『枠組条約』制度形成についての予備的考察」

『法経論叢』第15巻第1号，91-116頁（三重大学社会科学学会，1997年）
・松本泰子・水谷洋一「COP 3 の争点と課題」『環境と公害』26巻2号，2-7頁（岩波書店，1997年）
・松本泰子「気候変動に関する国連枠組条約第2回締約国会議他についての報告」『環境と公害』26巻3号，69頁（岩波書店，1997年）
・松本泰子「気候変動に関する国連枠組条約ベルリンマンデイト・アドホックグループ第5回会合」『環境と公害』26巻4号，67-68頁（岩波書店，1997年）
・松本泰子「気候変動に関する国連枠組条約ベルリンマンデイト・アドホックグループ第6回会合」『環境と公害』27巻1号，70頁（岩波書店，1997年）

〈1998年〉
・大岩ゆり「温暖化防止京都会議の内幕」『世界』645号，192-200頁（岩波書店，1998年）
・川島康子『気候変動枠組条約第3回締約国会議—交渉過程，合意，今後の課題』（国立環境研究所研究報告　第139号（1998年）
・環境庁京都議定書・国際制度検討会『京都議定書・国際制度検討会報告書』（環境庁，1998年）
・グリーンピースインターナショナル『京都議定書の分析　グリーンピースブリーフィングペーパー（日本語版）』（グリーンピースインターナショナル，1998年）
・坂口洋一「地球環境問題と環境NGO—気候変動枠組条約と京都議定書—」『法の科学』第27号，71-83頁（日本評論社，1998年）
・諏訪雄三『増補版　日本は環境に優しいのか—環境ビジョンなき国家の悲劇—』（新評論，1998年）
・竹内敬二『地球温暖化の政治学』（朝日新聞社，1998年）
・西村智朗「気候変動問題と地球環境条約システム（一）—京都議定書を素材として—」『法経論叢』第16巻第1号，43-70頁（三重大学社会科学学会，1998年）
・松尾直樹その他『気候変動問題におけるクリーン開発メカニズムの制度に関する論点と提案』（㈶地球環境戦略研究機関，1998年）
・松岡譲・森田恒幸・姜克隽「発展途上国と地球温暖化問題」『環境と公害』

資　料

第27巻第4号，2-7頁（岩波書店，1998年）
- 松本泰子「京都議定書の課題」『環境と公害』第27巻第4号，47-52頁（岩波書店，1998年）
- 松本泰子「京都議定書におけるクリーン開発メカニズムの論点整理と課題」『環境と公害』28巻1号，8-15頁（岩波書店，1998年）
- 「特集　地球温暖化防止京都会議と今後の環境政策」『ジュリスト』No.1130，6-72頁（有斐閣，1998年）
- 「〈特集〉京都議定書と今後の課題」『環境と公害』第28巻第1号，2-46頁（岩波書店，1998年）
- 「特集：COP3速報」『季刊　環境研究』No.109，4-36頁（財）日立環境財団，1998年）
- 「特集：COP3『京都会議の成果と取り組み』」『季刊　環境研究』No.110，3-90頁（財）日立環境財団，1998年）

〈1999年〉
- 上園昌武「国連気候変動枠組条約第4回締約国会議（COP4）報告」『環境と公害』第28巻第4号，69-70頁（岩波書店，1999年）
- 梶原成元「気候変動枠組条約第4回締約国会議（COP4）の概要と今後の展望」『季刊　環境研究』No.113，83-100頁（財）日立環境財団，1999年）
- 川島康子「COP4における国際交渉の分析」『季刊　環境研究』No.113，101-108頁（財）日立環境財団，1999年）
- 川島康子・松浦利恵子「クリーン開発メカニズムの制度設計と効果分析」環境経済政策学会編『地球温暖化への挑戦』（東洋経済新報社，1999年）
- 川島康子・山形与志樹『CDM・共同実施におけるベースライン設定方法に関する議論の概要』（国立環境研究所研究報告　第145号（1999年）
- 竹内恒夫「脱温暖化への道」『季刊　環境研究』No.113，109-113頁（財）日立環境財団，1999年）
- 田邊敏明『地球温暖化と環境外交―京都会議の攻防とその後の展開―』（時事通信社，1999年）
- WWFジャパン「京都メカニズム―企業の取り組みと今後の方向性―」『WWFビジネス・ワークショップ講演集』（WWFジャパン，1999年）
- WWFジャパン「京都メカニズム―地球環境保全のためにどう使うか―」『WWFビジネス・ワークショップ講演集』（WWFジャパン，1999年）

- 西村智朗「気候変動問題と地球環境条約システム（二・完）―京都議定書を素材として―」『法経論叢』第16巻第2号，71-95頁（三重大学社会科学学会，1999年）
- 松尾直樹「京都メカニズムの将来展望」『季刊　環境研究』No.113, 34-38頁（㈶日立環境財団，1999年）
- 松本泰子「異なる地球環境問題の政策的相互連関：代替フロンを事例として（上）」『環境と公害』第28巻第4号，61-68頁（岩波書店，1999年）
- 松本泰子「気候変動枠組条約第4回締約国会議（COP4）」『ECO-FORUM』17巻4号，65-67頁（統計研究会，1999年）
- 森秀行「COP3以降の吸収源問題の展開」『季刊　環境研究』No.113, 114-119頁（㈶日立環境財団，1999年）
- ループホール研究会『地球温暖化防止に向けた国際制度のあり方の研究　京都議定書の抜け穴を塞ぐために』（ループホール研究会，1999年）
- 「特集　地球温暖化防止をめぐる法と政策」『環境法研究』25号，1-102頁（有斐閣，1999年）
- 「〈特集〉気候変動とエネルギー問題」『環境と公害』第28巻第4号，2-45頁（岩波書店，1999年）

〈2000年〉

- 天野明弘「クリーン開発メカニズム：期待と課題」『季刊　環境研究』No.118, 4-8頁（㈶日立環境財団，2000年）
- 井田徹治『大気からの警告　迫りくる温暖化の脅威』（創芸出版，2000年）
- 上園昌武「国連・気候変動枠組条約第6回締約国会議（COP6）の論点と課題」『環境と公害』第30巻第2号，24-31頁（岩波書店，2000年）
- 大塚直・久保田泉「排出権取引制度の新たな展開」『ジュリスト』No.1171, 77-92頁（有斐閣，2000年）
- 沖村理史「気候変動レジームの形成」信夫隆司編『地球環境レジームの形成と発展』（国際書院，2000年）
- 加藤久和「京都議定書『クリーン開発メカニズム』の可能性と限界」『法政論集』第184号，1-31頁（名古屋大学，2000年）
- 川島康子「気候変動問題のゆくえ―国際交渉と市民の役割―」『レヴァイアサン』Vol.27, 9-33頁（2000年）
- 気候ネットワーク『よくわかる地球温暖化問題』（中央法規，2000年）

資   料

- 佐和隆光・手塚哲央「地球温暖化対策としての経済的措置」『季刊　環境研究』No.118, 9-17頁（㈶日立環境財団, 2000年）
- ㈶地球・人間環境フォーラム『平成11年度遵守に関する検討調査報告書』（2000年）
- 杉山大志「京都議定書の遵守システムの構築―付：COP5概要―」『電力中央研究所研究調査資料』No.Y99008,（㈶電力中央研究所, 2000年）
- 杉山大志「温暖化問題に関する国際交渉の最近の展開について―SB13の概要およびCOP6に向けての小考察―」『電力中央研究所研究調査資料』No.Y00914,（㈶電力中央研究所, 2000年）
- 杉山大志「COP6パート1報告」『電力中央研究所研究調査資料』No.Y00917,（㈶電力中央研究所, 2000年）
- WWFジャパン『京都議定書　こうすれば成功　こうなれば失敗』（WWFジャパン, 2000年）
- 田村政美「国連気候変動枠組条約制度の発展と締約国会議決定」『世界法年報』第19号, 23-46頁（世界法学会, 2000年）
- 地球環境と大気汚染を考える全国市民会議（CASA）『吸収源をどう取り扱うべきか―CASAの意見と提案―』（地球環境と大気汚染を考える全国市民会議（CASA）, 2000年）
- 地球環境と大気汚染を考える全国市民会議（CASA）『京都議定書の遵守制度をどう設計すべきか―CASAの意見と提案―』（地球環境と大気汚染を考える全国市民会議（CASA）, 2000年）
- 西村智朗「気候変動条約制度の構築に関する一考案―京都議定書が残した課題と克服に向けて―」『法経論叢』第18巻第1号, 33-63頁（三重大学社会科学学会, 2000年）
- 平山義康「京都議定書の排出枠取引等の展望―逆インセンティブとホットエアの問題を中心として―」『季刊　環境研究』No.116, 54-65頁（㈶日立環境財団, 2000年）
- マイケル・グラブ他著，松尾直樹監訳『京都議定書の評価と意味』203-220頁（㈶省エネルギーセンター, 2000年）
- 松本泰子「国連気候変動枠組条約第5回締約国会議（COP5）報告」『環境と公害』第29巻第4号, 69頁（岩波書店, 2000年）
- 松本泰子「京都議定書と南北の公平性」『アジア環境白書2000/01』35-36

頁（東洋経済新報社，2000年）
・諸富徹『環境税の理論と実際』（第9章「国際的な排出権取引制度と国内環境税」）（有斐閣，2000年）
・山形与志樹・山田和人『京都議定書における吸収源プロジェクトに関する国際的動向』（CGER Report（CGER-D027-2000），2000年）
・「特集：温暖化防止対策の最先端」『季刊　環境研究』No.117, 3-76頁（㈶日立環境財団，2000年）

〈2001年〉
・石井敦「気候変動枠組条約第6回締約会議（COP6再開会合）報告」『地球環境研究センターニュース』8-11頁（独立行政法人　国立環境研究所／地球環境研究センター，2001年）
・岩間徹「16　地球温暖化」，石野耕也・磯崎博司・岩間徹・臼杵知史編『国際環境事件案内』132-139頁（信山社，2001年）
・オーバーテュアー（S.），オット（H.E.）著，国際比較環境法センター／㈶地球環境戦略研究機関翻訳，岩間徹／磯崎博司監訳『京都議定書―21世紀の国際気候政策―』（シュプリンガー・フェアラーク東京，2001年）
・蟹江憲史『地球環境外交と国内政策　京都議定書をめぐるオランダの外交と政策』（慶応義塾大学出版会，2001年）
・熊崎実「吸収源問題で決裂したCOP6」『世界』683号，21-26頁（岩波書店，2001年）
・杉山大志「CDMの制度設計：追加性のパラドックス」『電力中央研究所研究調査資料』No.Y00921，（㈶電力中央研究所，2001年）
・杉山大志「COP6パート2報告」『電力中央研究所研究調査資料』No.Y01910，（㈶電力中央研究所，2001年）
・髙村ゆかり「COP6再開会合の評価と今後の課題」『環境と公害』31巻2号，67-68頁（岩波書店，2001年）
・WWFジャパン『フリーライダーとクリーン開発メカニズム』（WWFジャパン，2001年）
・地球環境と大気汚染を考える全国市民会議（CASA）『プロンク議長ノートの分析「Note by the President of COP6」23 November 2000』（地球環境と大気汚染を考える全国市民会議（CASA），2001年）
・地球環境と大気汚染を考える全国市民会議（CASA）『プロンク議長ノー

資　　料

トへの各国意見の比較「Compilation of Views from Parties on the Informal Note by President of COP6 (dated 23 November 2000), 7 March 2001」(地球環境と大気汚染を考える全国市民会議 (CASA), 2001年)
- 地球環境と大気汚染を考える全国市民会議 (CASA)『プロンク新提案の分析「New Proposals by the Presidnet of COP6, 9 April 2001」』(地球環境と大気汚染を考える全国市民会議 (CASA), 2001年)
- 地球環境と大気汚染を考える全国市民会議 (CASA)『プロンク議長統合交渉テキストの分析 Consolidated negotiating text proposed by the President, FCCC/CP/2001/2/Rev. 1, FCCC/CP/2001/2/Add. 1-6, 11 June 2001』(地球環境と大気汚染を考える全国市民会議 (CASA), 2001年)
- 地球環境と大気汚染を考える全国市民会議 (CASA)『「ボン合意」FCCC/CP/2001/L. 7 24 July 2001の分析』(地球環境と大気汚染を考える全国市民会議 (CASA), 2001年)
- 西井正弘「第Ⅰ部　7　国連気候変動枠組条約および京都議定書」水上千之・西井正弘・臼杵知史編『国際環境法』, 105-129頁 (有信堂, 2001年)
- 橋本征二・高村ゆかり「京都議定書における森林等吸収源の取り扱いに関する検討—議定書の規定との整合性, および環境保全と持続可能な発展の観点から—」『行財政研究』48号, 2-27頁 (行財政総合研究所, 2001年)
- 山形与志樹・石井敦『京都議定書における吸収源：ボン合意とその政策的含意』(CGER Report (CGER-D029-2001), 2001年)
- 山形与志樹・小熊宏之・土田聡・関根秀真・六川秀一「京都議定書で評価される吸収源活動のモニタリングと認証に関わるリモートセンシング計測手法の役割」『日本リモートセンシング学会誌』第21巻1号, 43-57頁 (2001年)
- 山形与志樹・水田秀行「京都議定書・国際排出量取引のエージェントベースシミュレーション」『オペレーションズ・リサーチ』Vol. 46, No.10 (2001年)

〈2002年〉
- 大塚直「環境政策の新たな手法 — 地球温暖化防止対策を素材に —」『法学教室』No.256, 94-101頁 (有斐閣, 2002年)
- 橋本征二・高村ゆかり「京都議定書と森林等吸収源 — COP3以降の交渉

の経緯とボン・マラケシュ合意の評価および今後の課題―」『環境と公害』31巻3号，53-60頁（岩波書店，2002年）

●これまでの条約交渉で生まれた主な国際合意
気候変動に関する国際連合枠組条約
　1992年に5月9日，第5回気候変動に関する政府間交渉委員会（INC5）再開会合でまとめられた温暖化防止に向けた国際的枠組み条約。同年6月にリオで開催された地球サミットで各国の署名が始まり，ECを含む154ヶ国が署名，1994年3月21日に発効した。
　英文　http://www.unfccc.de/resource/conv/index.html
　和文　http://www.houko.com/00/05/H06/006M.HTM

ベルリンマンデート　UNFCCC/CP/1995/7/Add. 1 Decision 1/CP. 1（P 4～P 6）
　1995年4月ベルリンで開催された気候変動枠組条約第1回締約国会議（COP1）で採択。2000年以降の対策について第3回締約国会議（COP3）で数値目標をともなった議定書を採択することを約束した。
　英文　http://www.unfccc.de/resource/docs/cop1/07a01.pdf

閣僚宣言　FCCC/CP/1996/15/Add. 1　（P 71～P 74）
　1996年7月ジュネーヴで開催された第2回締約国会議（COP2）の閣僚会議で合意された宣言。アメリカの提案で，「法的拘束力」のある数値目標をCOP3で合意するという内容になった。
　英文　http://www.unfccc.de/resource/docs/cop2/15a01.pdf

京都議定書　FCCC/CP/1997/L. 7/Add. 1
　1997年12月に京都で開催された第3回締約国会議（COP3）で採択。いわゆる先進国が，2008年から2012年の間に，6つの温室効果ガスを削減する数値目標が合意された。
　英文　http://www.unfccc.de/resource/docs/convkp/kpeng.html
　和文公定訳　http://www.jccca.org/hou/kpjpn.html

ブエノスアイレス行動計画　FCCC/CP/1998/16/Add. 1 Decision 1/CP. 4（P 4）
　1998年11月ブエノスアイレスで開催された第4回締約国会議（COP4）で採択された。第6回締約国会議（COP6）で，京都メカニズムや遵守制

資　料

度などの京都議定書に関する主要な論点について，詳細なルールを合意するための作業計画を合意。
　英文　http://www.unfccc.de/resource/docs/cop4/16a01.pdf
　和文外務省要旨
　　　http://www.mofa.go.jp/mofaj/gaiko/kankyo/kiko/cop4/b_kodo.html

ボン合意　FCCC/CP/2001/L.7
　2001年7月に開催された第6回締約国会議（COP6）再開会合で，COP4で採択されたブエノスアイレス行動計画に基づき，京都議定書を実施していくために必要な京都メカニズムや遵守制度などの詳細なルールの鍵となる事項に合意したもの。
　英文　http://www.unfccc.int/resource/docs/cop6secpart/l07.pdf

マラケシュ合意　FCCC/CP/2001/13/Add 1, Add 2, Add 3, Add 4
　2001年11月に開催された第7回締約国会議（COP7）で，COP4で採択されたブエノスアイレス行動計画に基づき，合意した京都議定書を実施していくために必要な京都メカニズムや遵守制度などの詳細なルール。
　英文　http://www.unfccc.de/resource/docs/cop7/13a01.pdf
　　　　http://www.unfccc.de/resource/docs/cop7/13a02.pdf
　　　　http://www.unfccc.de/resource/docs/cop7/13a03.pdf
　　　　http://www.unfccc.de/resource/docs/cop7/13a04.pdf

●**国際交渉と国際制度を知るための基本的な英語の文献**

- Bodansky, Daniel, 'The United Nations Framework Convention on Climate Change: A Commentary', 18 *Yale Journal of International Law* 451-558 (1993)
- Mintzer, Irving and Leonard, J. (eds.), *Negotiating Climate Change-The Inside Story of the Rio Convention-* (Stockholm Environmental Institute, Cambridge University Presss, 1994)
- Depledge, Joanna, *Technical Paper Tracing the origins of the Kyoto Protocol. An Article-by-Article textual history*, FCCC/TP/2000/2, 2000.
- Victor, David, The Collapse of the Kyoto Protocol and the Struggle to Slow Global Warming (Princeton University Press, 2001)

・Seville, Granvill C. and Yamagata, Yoshiki ed, *Institutional Dimension of Global Environmental Change, Carbon Management Research Activity Report of the Initial Planning Meeting-MAY 29-30, 2000, TOKYO, JAPAN-*（CGER Report（CGER-D028-2001），2001）

● 条約交渉を知るためのサイト
〈組織・団体情報〉
▶気候変動枠組条約事務局（英文）
http://www.unfccc.int/
　気候変動枠組条約の公式文書を手に入れることができる。CDM関連情報を発信するためのホームページ〈http://unfccc.int/cdm/〉も開設された。
▶気候変動に関する政府間パネル（IPCC）（英文）
http://www.ipcc.ch/
　土地利用，土地利用変化と森林に関する特別報告書や温室効果ガス国家目録に関する指針などを手に入れることができる。
▶環境省地球環境局地球温暖化対策課「気候変動枠組条約締約国会議」ページ
http://www.env.go.jp/earth/index.html
　締約国会議の日程や論点，速報，評価などがCOP3から掲載されている。
▶経済産業省「地球環境対策」ページ
http://www.meti.go.jp/policy/global_environment/main_01.html
　国際的な動向や京都メカニズムに関する情報が掲載されている。
外務省「地球温暖化問題」ページ
http://www.mofa.go.jp/mofaj/gaiko/kankyo/kiko/index.html
　気候変動枠組条約，京都議定書の概要やCOP7の概要，主な論点についてまとめられている。
▶独立行政法人　国立環境研究所
http://www.nies.go.jp/index-j.html
　重点特別研究プロジェクトとして，地球温暖化の影響評価と対策効果のプロジェクトを行い，地球温暖化の科学的知見の解明を進めている。また，地球環境研究センターでは，京都議定書の吸収源の扱いに関する制度設計などについて研究をしている。なお，地球環境研究センターの研究報告書は，以

資　料

下のホームページから手に入れることができる（http://www-cger.nies.go.jp/kyotoprotocol.html）。

▶財団法人　地球環境戦略研究機関（IGES）
http://www.iges.or.jp/

　1999年9月にIPCC国別温室効果ガスインベントリープログラム（IPCC-NGGIP）の国別温室効果ガスインベントリータスクフォース技術支援ユニット（TSU）が設置された。2000年には，「IPCC国別温室効果ガスインベントリーにおける良好手法指針と不確実性管理に関する報告書」をまとめた。

▶財団法人　地球産業文化研究所（GISPRI）
http://www.gispri.or.jp/menu.html

　京都メカニズムに関する情報を中心に気候変動枠組条約公式文書や日本政府の条約事務局への提出文書，アースネゴシエーション・ブレティンの日本語訳を掲載している。

▶地球温暖化防止活動推進センター（JCCCA）
http://www.jccca.org/

　地球温暖化に関する情報を収集・発信している。地球温暖化の科学的知見・影響・対策関連情報が検索できる「地球温暖化情報データベース」や，国際交渉の様子を現地からレポートするページがある。

▶社団法人　経済団体連合会
http://www.keidanren.or.jp/indexj.html

　産業界で温暖化対策の自主行動計画を策定し，そのフォローアップ結果を掲載している。京都議定書を巡る議論に関する会長のコメントも掲載されている。

▶特定非営利活動法人　気候ネットワーク
http://www.jca.ax.apc.org/~kikonet/index-j.html

　地球温暖化問題に取り組む日本の環境NGOのネットワーク組織。「HOT TALK NOW!?」といったFax/Emailニュースの発行や勉強会・研究会を実施するほか，提言活動も活発に行っている。

▶特定非営利活動法人　グリーンピース・ジャパン
http://www.greenpeace.or.jp/

　条約交渉に古くから参加している環境NGOの1つ。代替フロンも使わない冷蔵庫「グリーン・フリーズ」導入推進キャンペーンを行っている。

▶特定非営利活動法人　地球環境と大気汚染を考える全国市民会議（CASA）
http://www.netplus.ne.jp/casa/index2.html
　古くから地球温暖化問題に取り組み条約交渉に参加してきた環境NGO。これまで発表してきた提言や意見書などはホームページに掲載されている。

▶特定非営利活動法人　FoE Japan（FoE-J）
http://www.foejapan.org/
　条約交渉のフォローアップ，資源開発プロジェクトの環境影響の監視，省・エネ普及/クリーン・エネ導入推進などのキャンペーンを展開している。

▶財団法人　WWFジャパン
http://www.wwf.or.jp/
　条約交渉にも活発に参加している環境NGOの1つ。自然系への影響報告，政策と措置研究，産業界へのアプローチを3つの柱に活動を行っている。

〈交渉に関するニュース〉

▶アースネゴシエーション・ブレティン/Earth Negotiations Bulletin（ENB）（英文）
http://www.iisd.ca/climate/
　持続可能な開発のための国際機関（IISD）が気候変動枠組条約の公式会合や関連ワークショップなど開催中に毎日発行される会議速報。ホームページからは，1995年2月にニューヨークで開催された気候変動に関する第11回政府間交渉委員会（INC11）で発行されたものまで遡って手に入れることができる。COP6から日本語訳を㈶地球産業文化研究所（GISPRI）が発行している。

▶エコ/eco（英文）
http://www.climatenetwork.org/eco/
　気候変動に取り組む世界83カ国の環境NGO331団体からなる気候行動ネットワーク（CAN）〈http://www.climatenetwork.org/〉が交渉会議期間中に発行するニュースレター。NGOの視点がわかる。ホームページからは，1993年8月にジュネーヴで開催された気候変動に関する第8回政府間交渉委員会（INC8）で発行されたものまで遡って手に入れることができる。

▶キコ/Kiko
http://www.jca.ax.apc.org/~kikonet/kiko/kiko-j.html

資　料

　ecoを参考に日本のNGOが会議期間中に発行しているニュースレター。現在は気候ネットワークが発行している。ホームページからは，1997年に開催された第7回ベルリンマンデート特別会合（AGBM7）で発行されたものまで遡って手に入れることができる。

編者執筆者紹介

髙村ゆかり	静岡大学人文学部法学科助教授
亀山康子	国立環境研究所社会環境システム研究領域主任研究員
沖村理史	一橋大学大学院法学研究科博士後期課程
西村智朗	三重大学人文学部助教授
加藤久和	名古屋大学大学院法学研究科教授
山形与志樹	国立環境研究所総合研究官
石井　敦	国立環境研究所NIESアシスタント・フェロー
歌川　学	産業技術総合研究所主任研究員
松本泰子	東京理科大学諏訪短期大学経営情報学科助教授 ・2002年4月1日より，国立環境研究所NIESフェロー
太田　元	同志社大学総合政策科学研究科客員教授・前経済団体連合会参与
浅岡美恵	弁護士・NGO気候ネットワーク代表
川阪京子	全国地球温暖化防止活動推進センター

京都議定書の国際制度

初版第1刷　2002年3月29日

編　者
髙村ゆかり　亀山康子

発行者
袖山貴＝村岡侖衛

発行所
信山社出版株式会社
113-0033　東京都文京区本郷　6-2-9-102
TEL 03-3818-1019　FAX 03-3818-0344

印刷・製本　勝美印刷株式会社
PRINTED IN JAPAN © 髙村ゆかり・亀山康子, 2002
ISBN4-7972-5254-5

信山社

磯崎博司 編
国際環境法　Ａ５判　本体 2900円

山村恒年 編
環境ＮＧＯ　Ａ５判　本体 2900円

日弁連公害対策・環境保全委員会 編
野生生物の保護はなぜ必要か　Ａ５判　本体 2700円

野村好弘＝小賀野晶一 編
人口法学のすすめ　Ａ５判　本体 3800円

阿部泰隆＝中村正久 編
湖の環境と法　Ａ５判　本体 6200円

阿部泰隆＝水野武夫 編
環境法学の生成と未来　Ａ５判　本体 13000円

山村恒年 編
市民のための行政訴訟制度改革　Ａ５判　本体 2400円

山村恒年＝関根孝道 編
自然の権利　Ａ５判　本体 2816円

ダニエル・ロルフ著・関根孝道 訳
米国種の保存法概説　Ａ５判　本体 5000円

浅野直人 著
環境影響評価の制度と法　Ａ５判　本体 2600円

松尾浩也＝塩野宏 編
立法の平易化　Ａ５判　本体 3000円

伊藤博義 編
雇用形態の多様化と労働法　Ａ５判　本体 11000円

三木義一 著
受益者負担制度の法的研究　Ａ５判　本体 5800円
＊日本不動産学会著作賞授賞／藤田賞授賞＊